EAUX ET RÉSEAUX

LES DÉFIS DE LA MONDIALISATION

TRAVAUX & MÉMOIRES
DE L'INSTITUT DES HAUTES ÉTUDES DE L'AMÉRIQUE LATINE

Directeurs de la publication
Jean-Michel Blanquer, directeur de l'IHEAL
Maria Eugenia Cosio-Zavala, directrice du CREDAL

Directeur de collection : Alain MUSSET

IHEAL
Institut des hautes études de l'Amérique latine
Université de la Sorbonne nouvelle, Paris III

CREDAL
Centre de recherche et de documentation sur l'Amérique latine
Unité mixte de recherche – CNRS/Université de la Sorbonne nouvelle, Paris III
28, rue Saint-Guillaume 75007 Paris

Téléphone : (33 1) 44 39 86 53
Télécopie : (33-1) 45 48 79 58
Courriel : iheal.edition@univ-paris3.fr

Diffusion : La Documentation française

ISBN : 2-915310-04-1
Travaux & Mémoires de l'IHEAL n° 76

Illustration de couverture Peinture murale à Sao Paulo (Cliché : Alain Musset)
Cartographie: Violette Brustlein

EAUX ET RÉSEAUX

LES DÉFIS DE LA MONDIALISATION

Sous la direction de

GRACIELA SCHNEIER-MADANES et BERNARD DE GOUVELLO

IHEAL – 2003

CREDAL

Centre de Recherche et de Documentation sur l'Amérique latine
Avec le soutien de l'Université Paris III Sorbonne nouvelle,
du "rés-EAU-ville" Groupement de Recherche 2524 du CNRS
et du programme Ecos-*Sud*/SeCyT

Patzun – corvée d'eau : jeune fille à la fontaine (Guatemala).
Dans la petite ville de Patzun, les habitants les plus pauvres viennent encore remplir leurs jarres de plastique aux fontaines publiques (Cliché : Alain Musset).

PRÉFACE

FAIRE PARLER LES RÉSEAUX

PIERRE-YVES JACOPIN*

J'AI GRANDI DANS UNE VILLE OU CHAQUE LOGEMENT jouissait de deux réseaux d'eau potable : un robinet d'eau de source pour boire et cuisiner, et d'autres robinets dans la salle d'eau pour se laver. En ce temps-là, il aurait été invraisemblable de considérer l'eau comme une marchandise, même si elle avait un coût municipal.

Nées avec le capitalisme, les sciences sociales sont toujours en retard sur son développement. Depuis la préhistoire, lorsque la production est essentiellement domestique, l'autoproduction ne se distingue pas de l'autoconsommation : le travail ne peut se concevoir comme activité productive. Ce n'est que lorsque les produits du travail deviennent des marchandises, c'est-à-dire des produits échangeables « au loin » (hors de l'unité résidentielle), que le marché en tant que système devient pensable et théorisable – c'est-à-dire bien après que des objets rares ou jugés précieux, aient été confectionnés ou extraits, et transportés sur de longues distances. Mais une fois les marchandises et surtout « le marché » reconnus comme tels, l'image que chaque société se fait d'elle-même change, transformant jusqu'à la conception même des objets (marchands ou non) et leur production.

De même en est-il des réseaux. Si à l'évidence ils se développèrent bien avant d'être représentés, ils ne furent théorisés que sous la pression de l'industrialisation. Les premières représentations abstraites de réseaux concernent les bassins hydrographiques des cours d'eau navigables (1802), puis vinrent la géologie et la formation des couches géologiques (1812), la guerre et l'organisation des fortifications sur le territoire national (1821) et finalement le système de conduites de distribution d'eau dans Paris (1828). En 1832, la notion est généralisée par les Saint-simoniens qui, dans leur *Manifeste* (rédigé par Michel Chevalier), décrivent l'organisation d'un grand système de voies de communication et d'institutions financières.[1] Que les Saint-simoniens élaborent le concept de réseau ne nous étonnera pas : ils sont parmi les premiers idéologues de la société industrielle. Ainsi, parce qu'elle induit forcément une vision peu ou prou systématique de la société, la notion de

* Professeur d'anthropologie, Iheal-Paris III

réseau a une signification sociale qui dépasse son aspect technique. Les réseaux nous disent quelque chose sur la société et les hommes qui les mettent en œuvre. Il est donc possible de faire parler les réseaux. Dans le cas particulier des Saint-simoniens, leur conception révèle à la fois ses limites et son potentiel : ses limites, en ce sens que le capitalisme n'est conçu – de manière classique – que comme l'articulation « des besoins de la consommation » avec « les ressources de la production », et son potentiel, dans la mesure où le développement est pensé en fonction du cadre financier...[2] Dès l'instant où l'on se libère de la vision technique des réseaux, des points de vue apparaissent, qui sont révélateurs de la conception du social qui les sous-tend et de la nature des systèmes sociaux qui les produit. Bref la notion de réseau contraint l'observateur à envisager le contexte de ses observations et à abandonner toute velléité de définition des réseaux en-soi, c'est-à-dire centralisatrice, universelle, hors du temps et de l'espace social.[3]

Mettre l'eau en réseau est une manière particulière de lui donner forme. Dans la mesure où les humains ne peuvent se passer d'eau, cette dernière les contraint à se rassembler. Que ce soit en Amazonie, où elle est partout en quantité, dans les déserts chauds où elle est rare, sous les climats tempérés, dans les villes ou dans les campagnes, en altitude ou en plaine, l'eau constitue un rapport social fondamental. Même parmi les systèmes sociaux acéphales sans États, les sociétés n'ayant pas à se préoccuper de l'eau sont organisées très différemment de celles qui dépendent d'un réseau de puits. Le mode d'accès à l'eau (surface ou profondeur, quantité, pente, etc.) détermine en grande partie la forme des sociétés. Réciproquement la nature de la société va déterminer la fonction et la valeur donnée à l'eau. Par exemple à Valencia, la nécessité de l'irrigation et le régime de distribution de l'eau (quantité, qualité selon les saisons, etc.) sont, depuis le Moyen Âge, un des éléments essentiels du système politique communal. Considérée du point de vue de la structure et de la fonction sociale, l'eau est un extraordinaire révélateur des transformations sociales et de la portée des innovations. En d'autres termes, considérées dans le long terme, les découvertes techniques relatives à l'eau ne sont pas plus la cause que la conséquence du changement social : il faut que les conditions sociales soient réalisées pour qu'une invention puisse être reconnue et adoptée.

Dans les années 1930, archéologues et ethnohistoriens se mirent à réfléchir sur l'émergence de l'État et à chercher une explication déterministe de son apparition.[4] Dans une thèse qui eut un grand retentissement (autant auprès des scientifiques que des politiciens des pays concernés), Karl Wittfogel tentait de démontrer que l'État devait nécessairement émerger pour organiser la construction des réseaux d'irrigation, en particulier en Chine et en Mésopotamie.[5] Cependant dans les années 1950, Angel Palerm et Eric Wolf montrèrent, à partir d'exemples méso-américains, que la thèse de Wittfogel était en grande partie contredite par les faits, que l'évolution vers les sociétés urbaines ne pouvait être unilinéaire et qu'il fallait admettre une grande diversité de causes, du moins avant que n'existe une sorte de « masse critique hydraulique ». Bref, les réseaux d'irrigation pouvaient être à l'origine des cités-États aussi bien que le contraire.[6] Il faut non seulement examiner la présence ou l'absence de réseaux hydrauliques, mais également comprendre comment ils se sont formés, et reconstituer les formes de leur développement – c'est ce que nous entendons par « faire parler les réseaux ».

Plus près de nous, la rénovation de Paris présente les mêmes problèmes. De nos jours l'on a tendance à voir dans les réformes du Préfet Haussmann, sous le Second Empire, une des premières applications de la notion de réseau urbain. La reconstitution s'est faite en deux étapes: d'une part l'établissement de grands axes sur la rive droite (1855-1858) et d'autre part les liaisons entre les nouvelles gares et ces grands axes (1858-1869). Toutefois lorsque l'on examine ces projets et leur réalisation, Haussmann et ses collaborateurs ne parlent pas de réseaux. Ils se réfèrent à « l'hygiénisme », une théorie alors à la mode et adoptée par Napoléon III, lequel estimait que par rapport à Londres, Paris, bien que sans circulation automobile, était (déjà) une métropole mal aérée manquant de parcs. Les difficultés que rencontre Haussmann sont financières et politiques; elles seront résolues par des emprunts et des institutions de crédits *ad hoc* imposées par l'Empereur (loi de 1841, décret de 1852, texte de 1859). Les seuls travaux où la notion de réseau est pleinement opératoire concernent l'aménagement de la distribution d'eau, apparemment toujours insuffisante à cette époque. Le problème sera résolu par la captation de la Dhuis, de la Vanne, des eaux du puits artésien de Passy et par la construction d'aqueducs et le creusement d'un réseau de 500 km d'égouts. Là encore, les débats et les acteurs sont essentiels à la compréhension de la dynamique des réseaux.[7]

Si aujourd'hui les problèmes sont quasiment les mêmes, ils nous paraissent complètement différents dans la mesure où les discours et les situations ont changé. Les dimensions de ces problèmes sont telles que les préoccupations de Napoléon III nous apparaissent pour le moins mineures par rapport aux « crises » que traversent les grandes villes depuis des décennies. Depuis plus de 10 ans, ces crises se déroulent dans un contexte d'expansion du capitalisme financier international, parfois en contradiction avec le développement traditionnel du capitalisme industriel et foncier national. Ainsi l'eau a-t-elle suivi le mouvement et prit la forme de « la privatisation » – considérée comme une panacée libérale. Même si l'on se refuse à commercialiser l'eau en tant qu'objet quantifiable,[8] elle devient pourtant une marchandise dès lors qu'elle est manipulée en bourse – au même titre que d'autres concessions techniques (téléphonie, transporteurs, etc.). Si en Europe, l'on s'efforce encore tant bien que mal de traiter les « clients » comme « usagers » d'un bien public, en Amérique latine, « les nouveaux usagers » grèvent de plus en plus les réseaux de distribution. Constituant la part croissante de la demande potentielle, ils ne peuvent plus véritablement faire face aux offres des entreprises concessionnaires multinationales. Lorsque ces dernières ne sont pas propriétaires des réseaux, et qu'elles n'en ont que « la gestion déléguée », l'État, reste le propriétaire légitime de l'infrastructure. La réalité des rapports entre l'entreprise concessionnaire et ses clients reste marchande. Le but est « de faire du chiffre d'affaire et du bénéfice ».[9]

Dans l'optique d'une philosophie de la conscience, « faire parler les réseaux » est évidemment une formule. Pourtant, derrière la métaphore, il y a l'idée que les institutions et les rapports sociaux ne fonctionneraient pas sans la médiation du langage. Elle permet aux hommes et aux femmes de mettre en mots, en gestes ou en actes leurs perceptions du réel, et du même coup de les partager pour en faire ce qu'ils appellent « la réalité ». Depuis Descartes, on a coutume de croire que le monde se donne à l'individu dans la transparence et l'immédiateté de l'action. Or sans le langage et la communication, la réalité des hommes resterait foncièrement fragmentaire, égocentrée et subjective. En particulier les institutions et les réseaux sociaux, invisibles mais bien réels, n'existent que parce qu'ils donnent lieu à des pratiques et des échanges consensuels. Ce sont ces pratiques, ces échanges, et les discours qui les accompagnent, qui, finalement, les structurent. Telles sont les « paroles de réseaux ».

Comme « les altermondialistes », « les clients » des réseaux de distribution de l'eau commencent à s'organiser. Réactions essentielles dans un contexte de dollarisation, de dérégulation et d'affaiblissement des instances de l'État (si c'est encore possible !), elles révèlent un changement de médiation langagière. Les diverses formes de souveraineté nationale s'estompent, parfois considérablement, pour faire place à la souveraineté des grandes entreprises multinationales. Même si le cadre juridique reste essentiellement national, ses règles changent. Ainsi, les consommateurs locaux se trouvent de plus en plus directement confrontés aux représentants des multinationales. Jusqu'à maintenant et bien qu'ils en aient le plus souvent pris conscience, les responsables des instances internationales (FMI, Banque mondiale, etc.) de certains gouvernements des pays développés continuent à tenir des discours contradictoires favorables aux plus puissantes entreprises internationales – en dépit de leurs malversations. On peut se demander jusqu'à quand.

Notes

1 André Guillerme, *Genèse du concept de réseau. 1760-1815, Étude ronéotée pour le Ministère de l'équipement*, Paris, 1988, p. 8. Cité par Pierre Musso, *Critique des réseaux*, Paris, P.U.F., p. 16.

2 En ce sens Saint-Simon est le véritable précurseur de Marx : « tous les instruments de travail, les terres et les capitaux, qui forment aujourd'hui le fonds des propriétés particulières, devraient être réunis en un fonds social, et que ce fonds soit exploité par association et hiérarchiquement ». L'État devrait répartir ou dispenser les instruments de travail que sont la terre et les capitaux, en fonction des besoins de la production, production qui sera dirigée par un « système général de banques » ayant à sa tête une banque nationale.

3 Même quand ils se réclament d'un rationalisme pur et dur (d'obédience cartésienne ou kantienne), les scientifiques sociaux délaissent assez vite le plan de l'abstraction pour le champ des comparaisons exemplaires.

4 Par exemple, Gordon Childe, *De la préhistoire à l'histoire*. 1942. Ces préoccupations étaient en partie dues au projet de Staline de « construire le socialisme dans un seul pays », c'est-à-dire à la recherche d'un modèle de civilisation non occidental.

5 Karl Wittfogel, *Le Despotisme oriental*. (traduction française), Paris, Minuit, 1964

6 Ángel Palerm et Eric Wolf, *Agricultura y civilización en Mesoamérica*. Mexico, Sepsetenta, 1972.

7 Si Haussmann peut être considéré comme le premier urbaniste moderne (Le Corbusier) dans la mesure où il traite la ville comme une totalité, il ne se considère pas lui-même comme tel et ne voit pas dans l'urbanisme une discipline en soi. Son influence sera considérable. Paris, « la ville lumière », deviendra un modèle non seulement en Europe (Vienne, Berlin, Rome, Anvers, etc.), mais aussi en Amérique du Nord (Chicago) et en Amérique du Sud (Buenos Aires).
8 Encore qu'avec l'accroissement de la pollution et de la publicité, la consommation de l'eau en bouteilles progresse rapidement.
9 En fait les entreprises concessionnaires ne se privent pas de faire pression sur l'État pour demander la révision de la concession en leur faveur, bien avant la fin des contrats.

LOCALISATION DES ÉTUDES DE CAS EN AMÉRIQUE LATINE.

INTRODUCTION

Graciela Schneier-Madanes*
& Bernard de Gouvello**

Longtemps considérée comme une ressource « naturelle » vitale, l'eau accède progressivement au statut de bien stratégique : l'or bleu, et apparaît désormais comme un bien économique qui suscite des intérêts considérables et antagoniques. La question de l'eau est devenue en effet, celle du marché mondial de l'eau. À telle enseigne que certains observateurs évoquent la nécessité d'un gouvernement de l'eau supranational qui deviendrait ainsi un des acteurs majeurs de la politique et du social au XXIe siècle. Cette « vision mondiale de l'eau » constitue le soubassement d'une future politique de l'eau à l'échelle planétaire : elle est promue par des événements internationaux (Sommets de la terre en 1992 à Rio de Janeiro et en 2002 à Johannesburg), Forum mondiaux pour l'eau à Marrakech (1997), à La Haye (2000) à Kyoto (2003) et de nouvelles institutions (Conseil Mondial de l'Eau, Water Global Partnership, International Water Association, Académie de l'Eau, Vision 2020, etc.).

La nouvelle pensée globale sur l'eau est fortement teintée d'économie. Pour les acteurs de l'eau, particulièrement les grands groupes de services, les stratégies sont devenues transnationales. En raison de la diversification de leur offre commerciale (approvisionnement en eau potable, assainissement, biens d'équipement et services aux collectivités locales), les grands groupes de services, notamment français, redéploient leurs activités dans le monde. Ce redéploiement concerne non seulement leurs activités mais la création de nouveaux marchés concernant particulièrement l'eau dans les villes.

À la base de cet ouvrage se trouve l'idée qu'en raison de l'existence d'un marché mondial de l'eau aujourd'hui reconnu, il devient nécessaire de mener des recherches s'appuyant sur des comparaisons entre aires géographiques et culturelles distinctes. L'objet « eau » ne peut pas être isolé de la crise et des évolutions des sociétés contemporaines depuis une vingtaine d'années Ainsi l'analyse des formes d'organisation émergentes se doit dépasser les aspects purement économiques pour s'engager dans une approche résolument pluridisciplinaire (politique, sociale, culturelle, urbaine).

* Directeur de recherche CNRS au CREDAL, Directeur du rés-EAU-ville GDR 2524 du CNRS "Eau, Ville et Territoire "
** Ingénieur, CSTB Centre Scientifique et Technique de Bâtiment, chercheur associé CREDAL

Eaux et réseaux propose un regard croisé entre le cas français et celui des pays d'Amérique latine. Le choix de ces deux aires géographiques se justifie pour trois raisons :

- les grands groupes français ont eu une part active dans les processus de privatisation des services de l'eau et obtenu un grand nombre de concessions en Amérique latine ; dans nombreuses villes latino-américaines les services d'eau ont été privatisés ;
- la redéfinition de notions fondamentales tels que la régulation ou le service public s'est muée en un enjeu international d'une complexité qui dépasse largement les définitions d'origine (historiquement et culturellement connotées)
- aussi bien en France qu'en Amérique latine, la question de l'eau suscite de la part de la société civile une demande de participation croissante aux processus de décision dans le secteur.

Dans ce contexte, l'objectif de cet ouvrage est de contribuer à la difficile mais nécessaire structuration d'un milieu de recherche à échelle internationale autour de la problématique des services de l'eau tout en dégageant des pistes et des méthodes de travail pour l'avenir.

VERS LA STRUCTURATION D'UN MILIEU DE RECHERCHE

Vers la fin des années quatre-vingt-dix se constitue au sein du Credal, l'équipe STU « Systèmes techniques urbains ». Deux facteurs ont contribué à sa création : l'explosion des privatisations dans le domaine des services urbains en Amérique latine d'une part, l'influence des travaux de la recherche française et latino-américaine sur les réseaux d'autre part. Dans ce contexte, et partant du postulat sur les effets structurants des réseaux, cette équipe s'est proposée d'étudier « l'interaction entre les réseaux matériels et les rapports sociaux qu'ils engendrent ou dont ils sont la conséquence ».[1] La région métropolitaine de Buenos Aires, sur laquelle un certain nombre de travaux avaient déjà été réalisés ou engagés, a fourni un terrain d'étude privilégié. Par la suite, l'équipe a décidé de concentrer ses efforts sur le réseau le plus traditionnel, le réseau d'eau, avec un double objectif : élargir l'aire géographique de référence et développer une méthodologie spécifique de recherche. L'intérêt d'organiser un séminaire s'est rapidement imposé. Par la suite, le programme ECOS-*Sud*/SeCyT a retenu le projet « La gestion et l'évolution du service d'eau et d'assainissement : les problèmes de la privatisation et les défis pour l'amélioration du contrôle et de la régulation. L'expérience en France et en Argentine » proposé par l'équipe STU en partenariat avec FLACSO, les Université de Buenos Aires et de General Sarmiento (2002-2004). Plusieurs textes sur l'Argentine ont pu être réalisés dans le cadre de ce projet.

Le séminaire « Faire parler les réseaux : l'eau. Europe – Amérique latine »

Le séminaire international « Faire parler les réseaux : l'eau. Europe – Amérique latine » à Paris (20 au 21 janvier 2000) s'est tenu à l'Institut des hautes études de l'Amérique latine, sous les auspices du CNRS, du Credal, de l'Université de la Sorbonne Nouvelle/Paris III et de l'Observatoire Amérique latine[2]. Il s'est inscrit dans une logique de montée en puissance des problématiques de l'eau L'Université de la Sorbonne Nouvelle/Paris III et l'Institut des hautes études de l'Amérique latine ont tous deux à cœur de promouvoir une confrontation scientifique des travaux concernant l'aire latino-américaine à des travaux portant sur la France et d'autres régions du monde.

Le séminaire était structuré en quatre sessions, organisées « du local vers le global » : usagers, consommateurs, conflits ; enjeux urbains ; privatisations et régulations ; mondialisation et concurrence. Y ont participé non seulement des chercheurs mais également des professionnels du secteur, notamment des consultants latino-américains ayant suivi de près les processus de privatisation du secteur de l'eau dans leur pays.

Le séminaire a eu comme objectif principal l'analyse pluridisciplinaire des services de l'eau et de l'assainissement dans un contexte de mondialisation. En effet, d'une part, les travaux ont porté sur des expériences de gestion de service où l'acteur privé est impliqué depuis un temps suffisamment long pour permettre d'en réaliser un premier bilan et, d'autre part, l'ambition était d'interroger le réseau d'eau à partir de multiples points de vue : institutionnel, économique, social, politique et territorial. L'idée sous-jacente était que, à partir de la confrontation de ces différentes approches, le réseau « parle » c'est-à-dire nous permette de saisir la manière dont les différents acteurs (opérateurs, gestionnaires publics, usagers, chercheurs) s'expriment par rapport à l'eau : de cette confrontation des discours pouvant être dégagées différentes conceptions de l'eau, des sociétés et de la ville.

Du séminaire au livre

Le séminaire a permis de constater qu'il existait au niveau international un milieu de recherche concerné par l'eau en tant que question sociale, institutionnelle et urbaine. Le contexte de la mondialisation, et les logiques des changements d'échelle qui l'accompagnent, requièrent cependant de nouvelles pratiques de recherche créant des synergies entre multiples travaux individuels. La réalisation de cet ouvrage s'inscrit dans cette perspective. Son objet est de dresser un bilan critique des thématiques afin de contribuer à l'élaboration de problématiques futures.

Toutefois, l'ouvrage que nous présentons ne constitue pas une édition des actes du séminaire. À partir de ces premiers matériaux, nous avons mené une réflexion en vue de créer un ouvrage cohérent et équilibré et, surtout, tenant compte des lacunes apparues lors du séminaire et de certains besoins d'approfondissement exprimés par les participants. C'est pourquoi nous nous sommes livrés à un double travail. D'une part, nous avons structuré l'ouvrage autour de trois parties :

1) la question des usagers-clients;
2) les problèmes de gestion sociale et de gestion urbaine;
3) les changements institutionnels, les pratiques de régulation et leurs évolutions.

À partir de cette redéfinition, nous avons procédé à une sélection des communications réalisées lors du séminaire: celles-ci ont été spécialement retravaillées pour la présente publication par les auteurs en fonction de nos commentaires. De plus, nous avons aussi contacté de nouveaux auteurs pour la rédaction de textes complémentaires.

Un découpage spatio-temporel précis a été établi: la période analysée s'étend des années quatre-vingt-dix jusqu'à nos jours, période de l'expansion internationale des groupes de services urbains; l'aire géographique des travaux présentés est constituée par la France (berceau des grands groupes urbains de l'eau) et les pays d'Amérique latine particulièrement concernés par cette expansion. À ce titre, l'Argentine, qui fut l'un des premiers pays à avoir largement privatisé ses services, fait figure de cas de référence.

Fidèles à notre parti pris de « regards croisés » nous avons placé en tête de chaque partie les articles sur la France et l'Europe, puis ceux sur l'Amérique latine. Des textes se référant à une autre aire géographique (Afrique Australe, Indonésie) complètent les présentations afin d'élargir, par une sorte de contrepoint, la perspective comparative.

Du livre au « rés-EAU-ville »

Ce livre est à la fois un aboutissement et un outil de recherche. Sa préparation a permis aux auteurs d'avoir un dialogue régulier avec les auteurs, de formuler des projets conjoints et de les mettre en route. Des collaborations croisées ont vu le jour et le souhait d'avoir un cadre commun de travail s'est concrétisé avec la création par le CNRS du Groupement de recherche GDR 2524 « Eau, ville et territoire », le « rés-EAU-ville » dont plusieurs des membres fondateurs ont été les organisateurs du séminaire (Claude Dupuy, Jean-Marc Fournier) ou figurent dans cet ouvrage[3].

Le « rés-EAU-ville » s'est constitué comme un groupement de recherche international dont l'objectif est « d'appréhender scientifiquement l'ensemble des questions relatives à la gestion sociale, territoriale et urbaine de l'eau, insérées dans le processus de mondialisation en cours ». L'aire considérée comme référence pour notre recherche, France-Europe, devrait permettre de saisir les processus des années quatre-vingt-dix, période où l'expansion internationale des grands groupes de services urbains a produit une nouvelle géographie nationale et internationale de la gestion de l'eau. Le GDR se donne ainsi pour mission d'aborder les multiples aspects de l'interface technique/société, diversifiant les questions, transposant les préoccupations, comparant les points de vue, multipliant les échelles… »[4]. On peut d'ores et déjà constater que « l'agenda » des thèmes de recherche du « rés-EAU-ville » apparaissent déjà ébauchés dans cet ouvrage ou reprennent les « questions manquantes » signalées par Horacio Capel dans son compte rendu de séminaire.

L'EAU COMME QUESTION URBAINE

Comme son nom l'indique, le livre issu du colloque traite du service urbain de l'eau sur plusieurs domaines et à plusieurs échelles : la société, la ville, l'organisation institutionnelle, les entreprises. Le « service urbain de l'eau » est considéré ici comme un instrument de recherche permettant d'appréhender les multiples facettes de la question sociale. Le thème considéré se prête par ailleurs à une étude comparative dans le contexte mondial. En effet, le thème de l'eau présente un pouvoir d'intégration puissant des objets le plus divers – tels la transformation des villes, la participation des femmes, le nouveau rôle de l'État et du service public, l'émergence de nouveaux acteurs, la marchandisation de l'environnement et l'explosion de la communication.

Une approche par le réseau

Notre idée de départ est que le nombre croissant de recherches sur les réseaux urbains conduit à une différenciation et à une spécificité grandissante des approches. L'analyse de la ville par les réseaux a en effet connu en France un développement théorique important issu non seulement de la convergence de disciplines (économie, géographie, sociologie, urbanisme, ingénierie) sans oublier les recherches opérationnelles. Un milieu scientifique s'est progressivement constitué à partir de ces objets. Si l'on s'en tient à la production scientifique en France, citons parmi les différentes approches : réseaux et territoires (Offner, 1996 ; Pumain, 1996 ; Coutard, 1998 ; Petitet, 1999), archipels (P. Veltz, 1991), réseaux et modèles (D. Lorrain 1995), réseaux de communication (N. Curien 1998), d'eau (B. Barraqué 1995), « qui nous gouvernent » (M. Gariépy, M. Marié 2000), métaphores, mythes ou réalités (Ch. de Gournay 1996) métaphores et finalement « métisses » ou « en développement » (H. Coing 1987, 95).

« L'urbanisme des réseaux » (G. Dupuy 1987, 91) a joué un rôle considérable en proposant l'abandon des notions géographiques en faveur d'une vision réticulaire, voire d'une nouvelle pensée sur la ville. Ils ont envahi depuis peu, le milieu de l'architecture et du projet urbain (C. Devilliers 1996). Rappelons finalement, un courant d'idées qui, après une période de méfiance suscitée par l'explosion des nouvelles technologies attribue au « réseau » le rôle de créateur des liens sociaux et de démocratie dans un modèle urbain utopique et universel Au-delà du milieu scientifique, les thématiques de la privatisation, de la dérégulation et plus largement du service public et de la citoyenneté ont connu une impulsion nouvelle et une révision complète de leurs présupposés et de leurs approches au fur et à mesure que l'Union Européenne se consolidait et que s'élargissait le débat en conséquence (P. Bauby 1998, J.-C. Boual 2000).

Pour l'Amérique latine, le réseau REDES constitué par le CEUR (Buenos Aires), SUR (Santiago), CIDAP (Lima), CEDE-U de los Andes (Bogota), CIUDAD (Quito) et ses chercheurs (M. Vascones, H. Vargas, G. Riofrio, O. Figueroa, A. Rodriguez, F. Brunstein, I. Montano, S. Jaramillo, L. M. Cuervo, M. Perlo, E. Pradilla, M. Lungo, etc.) et les programmes Ciudagua et Ciudagua

Andina des années quatre-vingt promus par Cités Unies (M. Nowersztern, D. Faudry), ont contribué au dialogue entre les différents acteurs de l'eau à une époque dominée par le modèle de l'entreprise publique du service de l'eau. Des recherches monographiques et comparatives, permettant d'ouvrir « la boîte noire » du service (pour reprendre l'expression d'H. Coing), ont vu le jour au Mexique, en Colombie, au Venezuela, en Argentine, au Brésil, au Pérou et en Équateur; elles constituent aujourd'hui le socle pour des travaux contemporains sur la rupture introduite par les privatisations, dans une perspective historique.

Le présent ouvrage propose un renversement de perspective par rapport aux approches sur les réseaux et il s'organise du « local au mondial ». Il part en effet de l'usager pour élargir ensuite l'approche aux questions sociales et urbaines pour aboutir enfin au débat actuel sur la régulation et les services urbains d'eau privatisés. Il ne s'agit pas de se focaliser sur le processus de privatisation (objet de nombreux travaux), mais de s'intéresser à la réalité concrète des services publics d'eau et d'assainissement gérés par des acteurs privés. Car, depuis plusieurs années maintenant, il s'agit d'une réalité partagée par la France et une fraction croissante des pays d'Amérique latine. Les cas présentés ont permis d'apprécier la portée du « modèle français à l'exportation » (pour reprendre l'expression de D. Lorrain) dans ce continent.

En France, la gestion privée dans le secteur de l'eau a déjà une longue histoire. Le principe de délégation des services qui est à la base du système français, a été érigé en modèle sur la scène internationale lorsque les institutions internationales (FMI, Banque Mondiale) ont encouragé l'implication d'acteurs privés dans le secteur de l'eau et de l'assainissement dans les pays en développement. En Amérique latine, le processus de diffusion de la gestion privée a débuté depuis plusieurs années. Il est possible dès lors de porter un regard sur le fonctionnement d'expériences concrètes de gestion de ces services par des acteurs privés. À ce titre, le cas de l'Argentine apparaît comme exemplaire: la mise en concession des services de la zone métropolitaine de Buenos Aires constitue une référence tant par son ampleur que par le fait qu'elle constitue l'une des toutes premières expériences menées en la matière. C'est pourquoi une place importante sera consacrée à cette expérience qui présente l'avantage d'être observable sur une certaine durée. En ce qui concerne les autres pays du continent, il sera intéressant de considérer de quelle manière cette première expérience peut servir de référence. Mais auparavant, nous présenterons d'emblée la problématique générale de chacune des trois parties.

Première partie : usagers, consommateurs, citoyens...

Paradoxalement et parallèlement au développement de la privatisation et de la mondialisation se développent diverses formes de mouvements sociaux relatifs au service de l'eau. Tant dans les petits villages que dans les villes, des associations se multiplient. Prenant de l'ampleur, ce mouvement s'est enraciné et il a su évoluer en développant compétence technique et en intégrant de nouvelles problématiques. L'eau est en effet à l'origine de dispositifs nouveaux de concertation et de médiation. Ces mouvements de revendication sont hétérogènes et rassemblent dès leur origine des acteurs et des stratégies d'action très différents. Cette disparité se présente comme un défi pour l'analyse et la comparaison. S'agit-il du même phénomène en Europe et en Amérique latine ? Et au-delà du constat, comment ont évolué les mouvements autour de l'eau au cours de ces dernières années ? Comment, à travers ces mouvements, les perceptions sur le rôle des usagers ont-ils changé ? En quoi ces conflits potentiels ou réels conduisent à une redéfinition des rôles ?

Pierre Bauby ouvre le livre en présentant le cas français et rappelle comment les réseaux d'eau se sont développés au tournant du siècle, parallèlement à l'élaboration des grands principes juridiques du service public (continuité, égalité et adaptabilité). Il montre aussi comment, à la différence de la plupart des autres pays européens, qui avaient conservé une gestion publique (au moins jusqu'à la moitié des années quatre-vingt-dix), la gestion en France a évolué vers le modèle de la gestion déléguée, un système où les élus locaux ont délégué de plus en plus souvent la gestion de leurs services d'eau et d'assainissement à des entreprises privées. La gestion déléguée offre la possibilité de recourir à l'investissement privé, sans pour autant relever d'une privatisation, puisque l'infrastructure reste propriété de la collectivité. Ce mode de gestion qui présente de nombreux avantages a aussi des inconvénients liés au processus de concentrations et de déséquilibres provoqués par la constitution de trois grands groupes (Compagnie générale des Eaux-Vivendi, Société Lyonnaise des Eaux-Suez et Bouygues-Saur) qui sont aujourd'hui les leaders mondiaux du secteur.

Youcef Hadj Ali brosse un panorama de l'explosion du mouvement associatif (depuis 1994) né des conflits suscités par l'augmentation du prix de l'eau. Analysant ce « front de refus » qui a engagé un bras de fer avec les « majors de l'eau » à partir de revendications concernant la tarification, il montre comment un nombre croissant d'usagers conteste aujourd'hui la qualité de l'eau, et dénonce la pollution. Ce mouvement associatif mobilise généralement un objectif précis et ponctuel, mais les formes d'organisation et d'action sont très diverses et médiatisées grâce à internet. Ainsi l'usager, entité quelque peu abstraite et bénéficiaire supposé du système et qui était traditionnellement un usager passif, fait son apparition sur le devant de la scène. S'interrogeant sur la place de l'usager dans la gestion de l'eau en France, Sandrine Dall'Aglio note le caractère récent (1990) des associations de consommateurs représentant spécifiquement les usagers de manière distincte des consommateurs, prenant en compte les spécificités qui distinguent les services publics locaux d'un bien ou d'un service marchand. Son texte analyse les relations entre usagers, collectivités locales et prestataires à partir de cas concrets dans la région lyonnaise (Givors, ACE sud-ouest) et stéphanoise (Saint-Etienne) et présente les dimensions politiques et gestionnaires des conflits, tout en insistant par ailleurs sur l'isolement de l'usager. L'expérience de ces associations montre une société civile qui ne trouve plus des moyens d'expression adaptés à son évolution dans la vie politique française, et qui semble explorer aujourd'hui des formes nouvelles de démocratie locale.

À la différence de la France ou de l'Europe qui fournissent des exemples de « réseau achevé », la question des usagers de l'eau est, en Amérique latine, liée à l'absence ou plutôt à l'incomplétude du réseau ainsi qu'aux pratiques mises en œuvre pour obtenir son extension. Avec la privatisation des compagnies nationales d'eau, on retrouve dans de nombreuses métropoles les grands groupes face à un monde de « nouveaux usagers », réels ou potentiels.

Deux articles sur la concession de Buenos Aires représentent une première approche de la « question des usagers » latino-américaine. José Villadeamigo propose une approche économique de l'usager des services d'eau et d'assainissement qu'il définit par ses revenus en tant qu'« unité de consommation ». L'unité considérée est le foyer moyen de l'agglomération et sa répartition par couches de revenus en tant qu'acquéreur des services publics. Les processus de concentration des revenus joint à la réduction des revenus moyens, l'absence d'offre et l'insuffisance de demande affectent de manière évidente les « nouveaux usagers », c'est-à-dire ceux qui se connectent ou veulent se connecter au réseau. D'après l'analyse de Andrea Lopez et Ruth Felder, les mouvements des usagers de l'eau à Buenos Aires commencent à se constituer un an après la privatisation en opposition au « modèle du client » promu par les entreprises. Le secteur de l'eau en Argentine a été marqué par une montée en puissance des revendications – phénomène qui avait jusque là épargné le secteur – et par la participation croissante des usagers au cours de ces dernières années. Un exemple concret de pratiques de participation est présenté à travers l'expérience de la Fundacion Ciudad. L'organisme de régulation de la concession de Buenos Aires a ainsi créé une commission des usagers comme partie intégrante du modèle de régulation de l'eau.

Que ce soit en France ou dans différents pays d'Amérique latine, l'action de ces mouvements appelle à un renversement de perspectives dans les traditions politiques ainsi qu'à une redéfinition de la notion de service public par l'acceptation graduelle du rôle de nouveaux acteurs. En définitive, c'est une réflexion sur la nature même de la démocratie qui se trouve en jeu.

Seconde partie : gestion urbaine, gestion sociale

Mais pourquoi une approche urbaine du service de l'eau ? Peut-on avancer l'hypothèse que les études urbaines – tout particulièrement en géographie et urbanisme – sont plus concernées par les éléments visibles, du tangibles ou perceptibles de la vie urbaine ? Cette approche visuelle se trouverait-elle en opposition avec le caractère invisible du réseau d'eau (et d'autres réseaux) ? Le caractère « sans problème » apparent de l'accès à l'eau a-t-il contribué à cette absence d'intérêt de la part des sciences sociales ?

Les recherches montrent à quel point interroger la ville à partir des réseaux permet de poser de nouvelles questions. Tout d'abord, la relation entre universalisation du service et fragmentation de l'offre, au cœur du débat actuel concernant la notion de service public, apparaît désormais comme une question-clé pour comprendre la nature de la ville. Comment analyser les réponses que soulève la généralisation du service : segmentation croissante de l'offre et mise en place d'un service pluriel dans les villes en développement ? Ou, lorsque le service est généralisé, quelle interprétation donner aux innovations techniques et organisationnelles ainsi qu'aux normes envisagées pour faire face à l'insolvabilité d'une partie de la population.

Dans cette perspective, Olivier Coutard analyse la question de la solvabilité des ménages dans trois pays européens (France, Grande-Bretagne, Allemagne) caractérisés par le double processus d'augmentation du prix de l'eau et de développement de la précarité. Face à une contrainte essentielle

– l'impossibilité de couper l'eau en tout cas pas durablement –, les compagnies de distribution d'eau ou les collectivités publiques mettent en place diverses mesures techniques, commerciales ou tarifaires de traitement des difficultés de paiement. Ainsi, la question des tarifs sociaux est-elle explicitement posée : subvention aux faibles consommations, fourniture gratuite des premiers mètres cubes, aide personnalisée aux ménages. Il en va de même d'autres dimensions de la prestation comme la facturation (modalités, fréquence), le paiement des sommes dues (modalités, échelonnement, prépaiement), la prévention des impayés (par incitation à la réduction de la consommation ou par l'aide aux travaux de réparation de fuites d'eau dans les logements), la réduction plus ou moins consentie des quantités d'eau fournies, etc. Replacées dans le contexte des pays dits en développement, ces questions renvoient aux problèmes d'absence du réseau et de pauvreté de vastes secteurs de population.

Pour l'Amérique latine, Jean-Marc Fournier analyse comment la distribution inégalitaire de l'eau dans les villes est avant tout le résultat de rapports sociaux très anciens, établis lors de la colonisation. Si les contextes sociaux et urbains ont évolué depuis, notamment avec la mise en place de réseaux d'eau impliquant l'égalité des prestations, les inégalités ont cependant perduré ou sont réapparues sous de nouvelles formes, avec la très forte croissance des dernières décennies. L'étude du cas de Puebla au Mexique montre que les niveaux des services d'eau (de la piscine aux camions-citernes) et des systèmes d'évacuation des eaux usées continuent de refléter la position des individus dans la hiérarchie sociale.

Dans cette perspective, Sylvy Jaglin indique que dans toutes les villes africaines les taux de desserte en eau potable restent médiocres, et comment, malgré les différences entre régions, toutes doivent surmonter au moins trois défis majeurs : le nombre d'habitants, la pauvreté et l'hétérogénéité socio-spatiale. L'article montre que ces questions se posent avec une acuité particulière dans les sociétés urbaines très inégalitaires d'Afrique australe elle s'interroge, notamment à partir du cas de la Namibie, sur le sens pour les usagers, du passage des ségrégations antérieures, celles qui résultaient par exemple de « l'apartheid hydrique », à la segmentation croissante de l'offre, présentée comme une adaptation à la diversité des demandes urbaines.

De l'interrogation sur les méthodes les plus appropriées pour penser et éventuellement gérer les inégalités du service naît et se développe une réflexion sur les dispositifs actuels de gestion de l'eau, sur les échelles pertinentes d'intervention et sur les nouveaux acteurs. Comment analyser les pratiques au niveau urbain des nouveaux acteurs qui interviennent à l'échelle mondiale ? Peut-on affirmer que l'analyse des acteurs de la ville doit incorporer dorénavant celle des entreprises de services d'eau ? Quels enseignements peut-on retirer de la « pratique des projets » pour l'invention de solutions impliquant des ONG ?

La présence de grands groupes de l'eau dans des villes aussi importantes et diverses que Manille, Djakarta, Sydney, Buenos Aires, La Paz, Santiago, Cartagena, Mexico, Barcelone, Lisbonne, Prague n'est pas sans effet sur la gestion urbaine et la politique de la ville. En effet, ces villes ne représentent-elles pas aujourd'hui des « espaces laboratoires » où l'on observe de manière privilégiée les effets de la mondialisation sur les sociétés locales et leurs pratiques politiques et urbaines ?

Graciela Schneier-Madanes analyse les conflits suscités dans la concession de Buenos Aires par les modalités de financement de l'extension des réseaux. Ces conflits ont eu pour effet l'introduction et l'institutionnalisation de nouveaux acteurs notamment les associations de consommateurs et d'usagers. Les discussions soulevées par ces conflits sont révélatrices de différentes conceptions sociales relatives à l'eau. On assiste à l'élaboration de nouvelles conceptions qui dépassent le domaine de l'eau et au passage de l'eau « patrimoine » à l'eau « marchandise ». De plus, dans une situation où la gestion métropolitaine globale est absente, la politique de développement de l'eau joue le rôle de schéma directeur de l'urbanisme et l'entreprise mondiale, de planificateur.

Mireille Murawski et Roland Hauswald pour leur part présentent un cas concret de gestion de l'eau dans des quartiers pauvres au début de la concession : il concerne l'intervention d'une ONG locale sur la base d'une méthodologie privilégiant la participation des habitants. La difficulté de ces expériences de collaboration avec le concessionnaire est mise en valeur à partir de l'analyse du rôle de la médiation dans l'installation du réseau considéré comme un facteur essentiel dans le changement de l'image du quartier.

À cette échelle et par une approche anthropologique, Dominique Vidal entend pourtant rappeler le caractère unique de ce bien qu'est l'eau à partir d'un regard « depuis le bas » dans une favela de Recife (Brésil). Si l'eau a pu être (et est) toujours pour les habitants à la fois un danger ou un milieu d'où certains tirent leur subsistance, le rôle des réseaux est essentiel dans la transformation des représentations sociales de la population quant au statut de leur lieu de résidence et l'absence du réseau. Il renvoie également aux enjeux liés à la maîtrise et à la distribution de l'eau dans la légitimation politique et les stratégies électorales.

Dans une autre perspective Emmanuel Subangun soulignait, lors du colloque, l'émergence du « matriotisme » en Indonésie, une attitude consistant à défendre sa patrie comme un enfant défend sa mère *(ibu pertiwi)*. « L'État contrôle la terre et l'eau pour le bien-être du peuple » indique la Constitution et la Loi agraire d'Indonésie, un territoire qu'on appelle aussi la « terre-eau » *(tanah-air)*, la patrie… La privatisation de la gestion de l'eau à Djakarta est analysée par Karen Bakker quant à ses conséquences en matière de gouvernance urbaine et sociale, tant du point de vue des citadins que pour les fonctionnaires des services concernés. Etant donné que les contrats de « participation du secteur privé » (PSP) sont généralement d'une durée de 20 à 30 ans, une évaluation à court terme d'un tel contrat doit être prudente. Cependant, certains problèmes et erreurs stratégiques peuvent d'ores et déjà être identifiés ainsi que les risques potentiels futurs.

Troisième Partie : Changements institutionnels et régulation

En 1993, la Lyonnaise des Eaux signe le contrat de concession des services d'eau potable et d'égouts de l'agglomération de Buenos Aires. Un organisme de régulation est alors créé pour veiller au bon fonctionnement de la concession. Le cas de Buenos Aires a servi de référence « incontournable" en ce qui concerne la définition de cahiers des charges et la mise en place d'organismes et d'outils de régulation.

Dix années plus tard, il est possible d'entreprendre un premier bilan de ce mouvement. Plus précisément, il s'agit d'analyser la manière dont la notion et surtout les pratiques concrètes de régulation ont évolué grâce aux apprentissages réalisés au fil des nombreuses expériences connues. En premier lieu, au fur et à mesure que se diffuse le modèle de gestion privée, comment l'organisation des nouveaux appels d'offre s'enrichit-elle profité de l'expérience des appels d'offre précédents. Y a-t-il eu diffusion du savoir ou tout a-t-il été redéfini au coup sur coup à chaque fois ? En second lieu, en quoi le déroulement des contrats a-t-il agi sur la définition (ou redéfinition) des pratiques et modalités de régulation ? Comment la pratique quotidienne de la gestion privée a-elle conduit à (re)modeler acteurs, pratiques et instruments de régulation ? Quels problèmes ont surgi face à l'inefficacité des nouveaux instruments de régulation ? Et, plus généralement existe-t-il des risques pour l'équilibre ou la viabilité du système ? Les premiers éléments de réponse sont apportés sur un plan transversal par Dominique Lorrain qui montre notamment que les nombreuses expériences de privatisation des services d'eau ont conduit à l'élaboration progressive d'une *doxa* relative aux bonnes pratiques en matière de délégation de services.

L'Argentine, et plus particulièrement Buenos Aires, a fait l'objet d'analyses plus détaillées sur ces questions. Au début des années 1990, souligne Bernard de Gouvello, le pays s'est lancé dans un vaste programme de libéralisation de l'économie et de privatisation des entreprises publiques. Cette politique s'est traduite dans le secteur de l'eau et de l'assainissement par de profonds bouleversements affectant l'organisation institutionnelle antérieure. Bien que l'influence des modèles servant de références actuelles sur la scène internationale (le modèle anglais de privatisation/régulation et le modèle français de délégation) soit tangible, les solutions organisationnelles retenues et les formes institutionnelles concrètement adoptées varient notablement d'une ville à l'autre. La diffusion de l'expérience de Buenos Aires, par exemple, a reçu des interprétations différentes selon les provinces et a donné lieu à une re-territorialisation du secteur de la part d'acteurs locaux. Cette diversité est également le fruit de la logique de construction des modes de gestion émergents : ceux-ci s'élaborent progressivement, par un processus incrémental de définition des attributions réelles des acteurs (processus d'« apprentissage productif »), en phase avec la reconnaissance de leur légitimité.

Emilio Lentini, pour sa part, analyse l'évolution de la concession de Buenos Aires depuis 1993. Il en tire plusieurs enseignements quant à la manière d'organiser la prestation privée des services urbains de l'eau et de l'assainissement dans les pays d'Amérique latine. Les insuffisances du schéma d'organisation et de mise en place du processus de concession, les faiblesses du contexte juridique ainsi que de l'organisation institutionnelle ont toutes généré des difficultés. Deux éléments sont en effet déterminants dans ces processus : d'une part les déficits des taux de couverture des services qui impliquent des investissements significatifs pour étendre les services dans les zones où, en général, habite une population à faibles revenus et, d'autre part, l'absence d'une politique de l'État visant à adopter des mesures efficaces (pour que les populations les plus démunies puissent quand même avoir accès aux services). La prévision adéquate de ces éléments aurait permis d'éviter des comportements indésirables de la part des agents intervenants (autorité concédante, régulateur, concessionnaire). À Buenos Aires, un grand nombre des obligations contractuelles n'a pas été tenu, notamment en ce qui concerne le développement des infrastructures dans les quartiers de la conurbation. Soulignons qu'il s'agit de questions largement étudiées par la théorie et les expériences de régulation et qu'elles ont provoqué malgré tout, les crises qui ont amené aux renégociations du contrat de concession.

Selon Henri Coing, la privatisation des entreprises publiques, accompagnée de la création d'institutions régulatrices, a pu apparaître à certains comme la solution-miracle capable de résoudre simultanément les problèmes de financement du service, de gestion, et d'efficacité. L'analyse qu'il développe sur l'expérience vénézuélienne confirme qu'il ne saurait y avoir de miracle en la matière : surmonter la crise des services publics exige la mise en œuvre d'un processus de changement dans toute l'épaisseur des appareils de l'État et de la société. La privatisation suppose d'une certaine manière le problème déjà résolu. Comme ce n'est pas le cas, l'insertion du secteur privé devient un outil parmi d'autres dans une stratégie de changement beaucoup plus vaste. Le cas de l'entreprise Aguas de Monagas, qui est le résultat d'une décentralisation du service couplée à un contrat de « gestion intégrale » passé avec une entreprise étrangère et assorti d'un prêt de la Banque Mondiale permet d'identifier les aspects les plus saillants de ce processus d'apprentissage tout en apportant un éclairage sur la nature et le rôle des contrats dans un tel contexte. Ana Britto s'attache aux transformations récentes de la gestion de l'eau dans la Région Métropolitaine de Rio de Janeiro et montre les perspectives ouvertes non seulement pour l'action publique (locale et régionale), ainsi que les également pour les groupes privés.

Les années 1990 ont été caractérisées par une nouvelle forme de participation du pouvoir local dans la gestion des services pour l'adoption d'une conception des services qui articule différents secteurs de la gestion de l'eau dans une intégration horizontale : celle-ci vise la durabilité environnementale de la ville, la séparation des fonctions de régulation et de gestion des services et la création d'organismes régulateurs autorisant une participation croissante du secteur privé. La logique d'autres réformes institutionnelles, en particulier les relations entre sphère publique et secteur privé, est analysée par Edmundo Dupre-Echevarria à partir du cas chilien. Les exigences institutionnelles nécessaires pour mener à bien le changement dans la gestion du service de l'eau seraient liées, d'une part, à une production socialement durable et des coûts socialement acceptables et, d'autre part, aux questions d'équité et d'égalité d'accès à ce qui n'est plus un bien public (dont l'accès était traditionnellement garanti par l'État).

* * *

L'organisation de l'ouvrage articulé en trois parties résulte d'un choix qui a été justifié plus haut. Toutefois, ce choix n'épuise pas les possibilités de lecture et de mise en relation des différentes contributions selon d'autres logiques. Par exemple, le lecteur trouve un traitement complet de la concession de Buenos Aires, à la fois à partir des usagers, de la gestion urbaine et de la régulation. De même, un panorama des politiques par rapport aux faibles revenus en Europe et en Amérique latine peut être dégagé des différents articles. Plusieurs grandes métropoles se prêtent particulièrement à une lecture comparative : Buenos Aires, Rio de Janeiro, Djakarta, etc. Les conceptions de la régulation tant sur leur forme institutionnelle que sur la place qu'y occupent les usagers peuvent également être confrontées entre différentes régions.

Le livre se conclut par une synthèse des débats tenus lors du séminaire « Faire parler les réseaux : le cas de l'eau. Europe/Amérique latine ». Rédigée par le professeur Horacio Capel, géographe de l'Université de Barcelone, elle dresse un « état de la question » sur le thème et offre également une perspective critique. Mais au-delà de conclure le présent ouvrage, cette synthèse invite également à définir des programmes de recherche pour les années à venir.

Notes

1 STU : Equipe pluridisciplinaire en urbanisme, anthropologie, économie et architecture, composé par Graciela Schneier-Madanes, Pierre-Yves Jacopin (IHEAL/CREDAL), Daniel Faudry lepe/CNRS Grenoble, les Universités de Quilmes et de La Plata en Argentine, ainsi que des doctorants et des stagiaires ayant bénéficié du programme Ecos dirigé par Jean Revel Mouroz. L'incorporation de Bernard de Gouvello (ingénieur-urbaniste) a eu lieu en 1999 dans le cadre de sa participation à une Action concertée incitative – Ville du ministère de la Recherche.

2 Le Credal (Centre de recherche et de documentation sur l'Amérique latine) a assuré l'organisation du séminaire dans ses aspects logistiques. Le pilotage scientifique a été réalisé par un comité formé de Graciela Schneier-Madanes, Bernard de Gouvello du CREDAL-CNRS-Paris III, Jean-Marc Fournier du Creso (Centre de recherche sur les espaces et les sociétés) CNRS-Université de Caen, et Claude Dupuy du LEREPS (Laboratoire d'étude et de recherche sur l'économie, les politiques et les systèmes sociaux de l'Université Toulouse I).

3 Le GDR 2524 est composé de différentes laboratoires de recherche : CREDAL (Centre de recherche et de documentation sur l'Amérique latine, UMR 7530-Université Sorbonne Nouvelle Paris III), ESO (Espace géographique et sociétés UMR 6590-Université de Caen), « Villes, environnement et sociétés », RIVES, Ecole Nationale des Travaux Publics de l'État, IREPD UMR 5039-Université Pierre-Mendès-France, Grenoble, LADYSS (Laboratoire Dynamiques sociales et recomposition des espaces), UMR 7533 Université Paris I, PRODIG – Université Paris I, SET UMR 5603-Université de Pau et des pays de l'Adour, LATEC UMR 5601-Université de Bourgogne, LEREPS Laboratoire d'études et de recherche en économie - Université Toulouse I, LED Laboratoire d'économie dionysien, Université Paris VIII. De nouvelles adhésions sont en cours

4 Extrait du document de présentation du GDR, Paris, juin 2002

Bibliographie

Barraqué B.(dir.), 1995, *Les politiques de l'eau en Europe*, Paris, La Découverte

Bauby P., 1998, *Reconstruire l'action publique. Services publics, au service de qui ?*, Paris, Syros.

Bauby P, Boual J.-P., 1993, *Les Services publics au défi de l'Europe*. Paris, Editions ouvrières, Paris

Coing H., 1987, « Servicios urbanos : viejo o nuevo tema ? », Séminaire international *La investigacion urbana en América latina : caminos recorridos o por recorrer,* Mexique, *miméo.* 1996, « Mimétisme ou métissage », *Annales des Ponts et Chaussées,* n° 80, pp. 58-60

Coutard O. (dir.), 1999, *The Governance of Large Technical Systems,* London and New York, Routledge.

Curien N., 1995, « L'économie des réseaux »

De Gournay Ch., 1997, « Le réseau : mythe ou réalité », *Urbanisme,* pp. 61-65

Devilliers Ch., 1996, *Le projet urbain,* Paris, Pavillion de l'Arsenal

CIUDAGUA 88, Encuentro América Latina-Europa sobre el acceso de la poblacion a los servicios de agua y saneamiento en las ciudades de América latina. Actas de coloquio, Cités Unies, Montevideo

Dupuy G., 1987, *La crise des réseaux d'infrastructure : le cas de Buenos Aires,* Noisy-le-Grand, LATTS-ENPC ; 1991, *L'urbanisme des réseaux ? Théories et méthodes,* Paris, A. Colin.

Gariépy M, Marié M. (dir), 1997, *Ces réseaux qui nous gouvernent,* Paris, L'Harmattan.

Lorrain D., 1995, *Gestions urbaines de l'eau,* Paris, Economica.

Petitet S., Varaschin D. (ed.), 1999, *Interêts publics et initiatives privées ; Initiatives publiques et interêts privés,* Vaulx-en-Vélin, ENTPE, Onzièmes entretiens Jacques Cartier.

Offner J.-M., Pumain D., 1996, *Réseaux et territoires,* Paris, L'Aube.

Veltz P., 1996, *Mondialisation, villes et territoires : une économie d'archipel.* Paris, PUF.

PREMIÈRE PARTIE

USAGERS, CONSOMMATEURS, CITOYENS...

LA REPRÉSENTATION DES USAGERS DANS LE SERVICE PUBLIC DE L'EAU EN FRANCE

Pierre Bauby*

La construction et la gestion des réseaux de distribution d'eau ont, dès l'origine, relevé des communes ou de syndicats intercommunaux, tant il est apparu évident d'une part qu'on ne pouvait faire relever un équipement aussi essentiel pour toute la population de la seule initiative privée, d'autre part que la maille technique et économique des réseaux était locale. Les réseaux d'eau se sont développés parallèlement à l'élaboration au tournant du siècle des grands principes juridiques du service public (continuité, égalité et adaptabilité) : préposés à la satisfaction des besoins du public, les services publics sont tenus de fonctionner de manière régulière et continue (disponibilité constante), dans des conditions égales pour tous (égalité d'accès et de service) et leurs règles de fonctionnement doivent pouvoir être modifiées à tout moment par l'autorité politique compétente pour répondre à l'évolution des besoins.

Selon cette conception, l'autorité politique (État ou collectivité territoriale), qui décide de faire relever telle ou telle activité du « service public », peut soit assurer elle-même le service (par un ministère, une régie, une agence ou une entreprise publique, etc.), soit en déléguer la mise en œuvre à une entreprise privée, à capitaux mixtes ou à une association, en assurant alors son contrôle (à travers un régime de concessions, de licences ou de franchises, de cahiers des charges, la fixation des tarifs, le contrôle des investissements, etc.). Le gestionnaire du service, qu'il soit personne publique ou privée, dispose d'un monopole territorial et temporel de gestion pour un laps de temps défini et sur un territoire donné, au sein duquel il met en œuvre le plus souvent une péréquation des tarifs (zone nationale, comme pour l'électricité ou la poste, zone locale, pour l'eau.)

*Docteur de l'institut d'Etudes Politiques de Paris, directeur de l'Observatoire électricité et sociétés d'EDF

LE DÉVELOPPEMENT DE LA GESTION DÉLÉGUÉE

En France, à la différence de la plupart des autres pays européens, qui avaient conservé une gestion publique de l'eau[1], les élus locaux ont délégué de plus en plus souvent la gestion de leurs services d'eau et d'assainissement à des entreprises privées et ce mouvement s'est accéléré ces trente dernières années. Il se répand aujourd'hui dans de nombreux pays.

Ce mouvement tient à la conjonction de plusieurs facteurs. D'abord, la production et la distribution de l'eau exigent des traitements de plus en plus importants pour satisfaire aux règles de santé publique et à des normes de qualité de plus en plus contraignantes ; le traitement des eaux usées (assainissement) s'est développé avec l'installation de stations d'épuration plus performantes que le simple « tout à l'égout ». Certaines communes ont rencontré des difficultés à avoir elles-mêmes les compétences et la technicité accrue requises. La gestion déléguée offre la possibilité d'une intégration de la conception, de la réalisation et de la maintenance d'une infrastructure ou d'un service. La gestion déléguée offre la possibilité, dans des situations budgétaires difficiles, de recourir à l'investissement privé, sans pour autant relever d'une « privatisation », puisque l'infrastructure reste propriété de la collectivité (à la différence de la réforme intervenue en Angleterre, où il y a eu privatisation complète des compagnies régionales). Elle permet de substituer une logique d'entreprise aux contraintes de la gestion administrative et incite à l'efficacité de la gestion. De plus, l'accroissement des traitements de l'eau et de l'assainissement conduit généralement à une augmentation du coût du service supérieur aux progrès de productivité et donc, à la différence des services publics comme l'électricité ou les télécommunications, à un renchérissement pour les usagers, même si elle n'en est pas la seule origine. La gestion déléguée permet aux élus d'éviter d'assumer la responsabilité de l'augmentation du prix de l'eau et plus généralement de la gestion du service.

La gestion déléguée est censée conjuguer les avantages du monopole (la concessionnaire disposant d'un monopole pendant la durée de son contrat) et de la concurrence, puisque celle-ci est de mise lors de chaque renouvellement. En outre, la gestion déléguée a été utilisée en France pendant de nombreuses années comme mode important de financement des activités politiques et des campagnes électorales, ce qui a entraîné le développement des pratiques de corruption. Pour autant, ce mode de gestion présente des problèmes que je voudrais aborder de manière aussi objective que possible.

CONCENTRATIONS ET DÉSÉQUILIBRES

L'accroissement de la technicité, la diversification des besoins, ainsi que l'autonomie des élus locaux renforcée par la décentralisation ont débouché sur un mouvement d'intégration verticale et horizontale et sur la constitution de trois grands groupes: Compagnie générale des Eaux, Société Lyonnaise des Eaux-Suez, Bouygues-SAUR, qui sont aujourd'hui les leaders mondiaux du secteur.

Deux de ces sociétés, la Compagnie générale des Eaux et la Lyonnaise des Eaux, trouvent leur origine dans la distribution de l'eau potable et l'assainissement au XIXe siècle. Avec le temps, elles ont étendu leur domaine à toutes les activités qui touchent à la production et à la gestion de la ville. Le troisième groupe privé, Bouygues, a été créé au début des années 1950 et s'est développé avec la vague d'urbanisation des années 1960 et 1970. Ces trois groupes se sont engagés dans un mouvement d'intégration verticale et horizontale, et couvrent aujourd'hui l'ensemble de la filière, du génie urbain au bâtiment et travaux publics. Ils offrent aux élus locaux la totalité des prestations nécessaires pour les services existants : ingénierie financière, études, réalisation et gestion des équipements, etc. ; ils peuvent aussi satisfaire, à la demande, de nouveaux besoins (maison de retraite médicalisée, télévision par câble, téléphonie mobile, etc.). On les retrouve dans tous les appels d'offre de quelque importance, tant pour les collectivités locales que pour l'État.

Ce sont de véritables multinationales, implantées en Europe et à travers le monde, qui étendent leurs activités dans chaque secteur libéralisé (télécommunications, énergie, transports) et au secteur de la communication (TF1, Havas, Canal+, M6, câble, programmes, presse, etc.). Leur ambition plus ou moins affichée mais de plus en plus évidente de modeler la société de demain pose un problème.

Dans ces conditions, la gestion déléguée du service public de l'eau est marquée par de profonds déséquilibres. L'inégalité existe d'abord entre, d'un côté, les trois grands groupes disposant de fortes capacités techniques et financières, et de l'autre 36 000 communes à la capacité de négociation et de contrôle réduit. L'asymétrie des informations et des compétences est patente et le rapport de forces est fortement inégal, au détriment des élus et collectivités locales.

Alors que l'histoire de tous les réseaux de service public a été marquée par une adaptation progressive de l'échelon de la régulation au territoire technique, économique et capitalistique d'activité des opérateurs, il n'en a rien été dans le cas des services publics locaux. La création en 1964 des six agences de l'eau, aux objectifs et moyens limités, n'a pas été à la hauteur de l'enjeu. L'organisation-régulation de l'eau reste de la compétence de la commune ou du syndicat intercommunal (qui est à la fois autorité organisatrice et « régulatrice »), alors que la production et l'assainissement, voire la distribution pour les stations de pompage, ne sont plus, dans la plupart des cas, assurés au niveau communal. Les questions de l'eau sont de plus en plus appréhendées au niveau des « bassins » (en France, les agences de bassin ont été créées en 1964). Quant aux grands groupes, leur champ d'intervention stratégique est national et international. Ils peuvent jouer de ces différences pour échapper à la transparence.

Plus que dans tout autre secteur, il est légitime de parler ici de « capture » du régulateur par l'opérateur. Par ailleurs, la concurrence qui existe entre les opérateurs est souvent une pseudo-concurrence oligopolistique, soit qu'il y ait entente ou partage du marché entre eux (environ 90 % des contrats sont renouvelés au même concessionnaire), soit qu'ils aient un comportement opportuniste pour entrer dans la place avec l'idée de « faire suer le contrat » (assurer une très forte rentabilité) ensuite, à l'occasion de multiples révisions ou de travaux, tout en sous-investissant à la fin de contrat.

Le déséquilibre existe également entre les gestionnaires des services et leurs clients. Ces derniers sont le type même de la clientèle captive : ils n'ont pas le choix du prestataire de service, ce dernier disposant d'un monopole ; ils n'ont qu'une capacité très restreinte pour négocier le prix du service ; ils se voient souvent imposer des clauses abusives. Des améliorations ponctuelles sont intervenues depuis quelques années pour renforcer l'information préalable des consommateurs et la lisibilité des factures, mais ces aménagements ne modifient pas la situation structurellement inégale dans laquelle se trouvent les usagers à l'égard des gestionnaires.

Une difficulté particulière pour sensibiliser les usagers à la gestion du service tient au fait qu'ils n'en mesurent pas toujours le coût. Le service n'est financé par un prix que dans le cas de la distribution de l'eau et de l'assainissement, et encore ce prix n'est-il pas facilement identifiable dans le cas de l'habitat collectif puisqu'il figure dans les charges. Les autres services locaux sont financés par la fiscalité qui n'est individualisée que pour la taxe d'enlèvement des ordures ménagères. Enfin, les usagers se heurtent souvent aux élus qui ont encore trop tendance à se percevoir comme leurs seuls représentants légitimes, sans permettre l'expression autonome des organisations de consommateurs. Il faut ajouter que, du fait du niveau communal ou intercommunal de l'organisation-régulation, les services publics locaux sont les seuls à ne pas avoir connu un phénomène de péréquation nationale des tarifs.

Le manque de transparence, l'absence de contrôle réel et de contre-pouvoir, la rente qui en découle, l'utilisation du gré à gré ou, en cas d'appel d'offre, le choix de l'opérateur selon le principe de l'*intuitu personae*, les difficultés de recours, ont favorisé les prévarications, voire la corruption, et ont été utilisés jusqu'à la fin des années 1980 pour financer la vie politique, avant que la loi Sapin sur les mécanismes de choix des délégataires et les lois sur le financement des partis politiques viennent « moraliser » le secteur, sans parvenir toutefois à faire disparaître toute suspicion dans l'opinion.

Il faut souligner le développement d'associations locales d'usagers contestant les augmentations des prix de l'eau ou se mobilisant sur des enjeux de sa qualité. Ces associations ont souvent développé des actions juridiques par rapport aux compagnies concessionnaires, qui ont fréquemment conduit à leurs condamnations. Il est frappant de constater le nombre de petites associations disposant de faibles moyens arrivant à mettre en difficulté de grands groupes internationaux.

L'importance croissante des groupes privés, le fait qu'ils disposent d'une position dominante et constituent un véritable oligopole, leur capacité à offrir la totalité des services de proximité, l'existence d'un véritable besoin social, soit au sens étroit (la distribution de l'eau en tant que service de base indispensable), soit au sens large (protection de l'environnement, communication) constituent un véritable enjeu pour la démocratie. Étendant leur sphère d'influence non seulement aux moyens de communications (les « tuyaux »), mais aussi au contenu (ce qui transite dans les « tuyaux »), on peut craindre qu'ils aient l'ambition de modeler la société de demain. Cela pose la question de la maîtrise publique de leurs activités et de leur développement. D'autant que les trois groupes privés qui monopolisent les délégations locales de services publics sont aussi les nouveaux opérateurs « entrants » dans les secteurs libéralisés des grands services publics nationaux (télécommunications aujourd'hui, transports, énergie, etc.); il se développe une suspicion croissante à l'égard de l'hypothèse qu'ils aient utilisé les surprofits du monopole de l'eau et de l'assainissement pour investir dans les autres secteurs.

MAITRISER ET RÉGULER LE SERVICE PUBLIC DE L'EAU

Le critère d'adaptabilité du service public a conduit avec l'évolution des besoins des usagers-consommateurs, des citoyens et de la collectivité, à une redéfinition du service public (Bauby, 1997). Il est à chaque niveau territorial (local, régional, national, européen) l'emboîtement de :

– la garantie du droit individuel de chacun d'accéder à des biens ou services essentiels pour la satisfaction de ses besoins, la garantie d'exercice des droits fondamentaux de la personne, conditions du lien social (universalité, continuité),
– l'expression de l'intérêt général de la collectivité pour assurer la cohésion sociale et territoriale (égalité d'accès, de fourniture, de service et de qualité, recherche du moindre coût, péréquation géographique des tarifs, adaptabilité).

C'est aussi un moyen essentiel que se donne la puissance publique pour conduire des politiques publiques (par exemple de protection de l'environnement, de développement durable, de recherche-développement, etc.), pour concourir au développement économique et social – emploi, participation au développement local, etc. Dès lors, l'eau et l'assainissement sont plus que jamais une composante essentielle du service public, puisqu'ils voient converger un droit individuel de chacun, la prise en compte de la solidarité territoriale et l'inscription dans la problématique du développement durable. La loi du 3 janvier 1992 affirme ainsi que l'eau fait partie du patrimoine commun de la nation et que son usage appartient à tous (sa protection, sa mise en valeur, le développement de la ressource, le respect des équilibres naturels y sont définis d'intérêt général). Encore faut-il donner vie à ces principes, assurer la rénovation et la régulation, c'est-à-dire la maîtrise et le contrôle, du service public de l'eau.

La maîtrise publique du service public de l'eau passe par sa réappropriation par la collectivité, afin d'assurer un service de qualité au moindre coût. Cela implique tout d'abord de permettre aux collectivités territoriales et aux élus locaux d'assurer leurs missions d'orientation et de contrôle, ainsi que, pour ceux qui le souhaitent, la possibilité de reprendre la gestion directe de leur service, en développant de réels moyens d'expertise à leur disposition à l'échelle du département ou du bassin. En même temps, les enjeux du service public de l'eau ne sauraient relever du seul niveau communal ou intercommunal, mais de chacun des niveaux où existe une maille technique, économique ou capitalistique.

Une gestion rationnelle de cette ressource rare qu'est l'eau implique d'organiser la convergence de multiples acteurs publics et privés en charge d'intérêts territoriaux ou sectoriels différents, voire contradictoires, en particulier des usagers. À chaque niveau communal et intercommunal, départemental, des bassins et national, il y a donc lieu de mettre en place des instances permettant une régulation publique effective en se saisissant des vrais enjeux du service public de l'eau. On devrait ainsi, en particulier, clarifier les objectifs des agences de l'eau pour en faire des acteurs moteurs du service public.

L'eau ne doit financer que l'eau et sa gestion doit être transparente : il convient donc d'obliger les opérateurs délégataires à isoler de façon indiscutable les charges et produits liés à cette activité (filialisation des services concernés), de renforcer les contrôles de la Cour des Comptes et des Chambres régionales, de développer des instances pluralistes et contradictoires d'évaluation au niveau des bassins, voire de favoriser l'existence d'un opérateur public qui puisse rendre effective la concurrence lors du renouvellement des concessions.

De même, le service public de l'eau doit intégrer les préoccupations en matière de protection de la nature et de l'environnement, de développement durable, dans toutes ses activités. Il s'agit d'éléments à prendre en compte, au même titre que les données technico-économiques, dans les décisions et les stratégies. Le service public doit être exemplaire dans la prise en compte des interactions entre ses activités et son environnement (études d'impact de leurs projets d'infrastructures). Il y a lieu de rendre en la matière des séries d'arbitrages, chaque mesure de protection de l'environnement ayant un coût qu'aura finalement à payer le consommateur ou le citoyen. Ceci implique de mettre en débat public, à partir d'expertises pluralistes (ce qui suppose le financement d'organismes indépendants), les enjeux et les propositions d'arbitrage, afin de permettre aux citoyens de se les approprier.

Il faut également reposer la question de l'échelon de la péréquation des tarifs de l'eau. Jusqu'ici, elle s'est limitée au cadre de chaque commune ou syndicat intercommunal, même si différentes taxes sont venues progressivement opérer certaines redistributions, comme le Fonds national pour le développement des adductions d'eau. Mais aujourd'hui les disparités de prix restent considérables. Pourquoi ne pas engager une réflexion pour la mise en œuvre progressive d'une péréquation d'abord à l'échelle des bassins, puis au plan national, à la manière de ce qui existe pour la poste ou l'électricité, qui ne sont pas plus indispensables que l'eau à la vie ? Le département du Rhône a engagé fin 1997 une réflexion en ce sens.

RÉGULATION ET ARBITRAGES

En une dizaine d'années, le concept de « régulation » a enregistré en France un succès foudroyant en économie et en sciences sociales. Pourtant, il est pour l'essentiel étranger à notre histoire et à notre culture économique, administrative et politique. Il est employé dans de nombreux secteurs, avec des sens assez divers, et son usage est très rarement défini avec précision. Pour ma part public (Bauby, 1998), je définirai la « régulation » comme modes d'ajustements permanents d'une pluralité d'actions et de leurs effets, permettant d'assurer l'équilibre dynamique de systèmes instables. La régulation recouvre donc la « réglementation », c'est-à-dire l'établissement des lois et contrats, le « contrôle » de leur exécution, ainsi que les nécessaires adaptations. S'il y a « régulation », c'est parce que les règles ne peuvent tout prévoir, doivent être interprétées, et sont remises en cause – en adaptation perpétuelle, en fonction des situations et des objectifs.

La régulation de tout groupe social correspond aux interactions entre les intérêts particuliers de chaque composante du groupe et l'intérêt commun ou général de celui-ci. Elle permet d'éviter que la coexistence d'intérêts et d'aspirations différents et contradictoires ne se traduise pas par le combat permanent de chacun contre chacun et contre tous. La régulation est pour partie interne au groupe considéré (« autorégulation »), voire à l'individu (par rapport à ses pulsions), mais concerne aussi les rapports et interactions du groupe avec ce qui l'entoure. La régulation de la société relève d'une combinatoire associant les mécanismes de marché et l'intervention publique. C'est dans cette articulation que s'exprime, de manière conflictuelle, l'intérêt collectif de la société.

Toute régulation implique une série d'arbitrages entre des intérêts différents – compte tenu de la diversité des acteurs, des échelles temporelles prises en compte (intérêts des générations futures), des spécificités territoriales, de l'internalisation de telle ou telle externalité, etc. La régulation ne saurait donc relever ni des seuls responsables politiques, ni de la seule expertise administrative, mais de la confrontation de la pluralité des approches, de leur mise en relation, en négociation. Elle suppose de mettre l'accent sur la transparence et l'intervention des populations et citoyens, tant le contrôle sociétal est le garant de l'efficacité de la régulation.

La problématique de la régulation implique donc d'une part de développer une évaluation multicritères et la pluralité d'expertises, permettant la délibération collective, la négociation et la médiation, d'autre part de rompre avec les conceptions interventionnistes, centralisatrices, uniformisatrices, bureaucratiques et autoritaires, de l'action publique, pour mettre l'accent, en prenant en compte les différents aspects de la réalité sociale, sur la définition et la mise en œuvre des orientations stratégiques à moyen et long terme de développement et de cohésion de la collectivité concernée public (Bauby, 1991).

Encore faut-il que les instances publiques non seulement permettent, mais favorisent l'expression de la diversité des situations, des besoins, des aspirations, des intérêts. Cet enjeu d'une démocratie intégrale n'est pas un supplément d'âme, mais un besoin essentiel, vital, pour la régulation de collectivités de plus en plus complexes. La régulation repose toujours sur des arbitrages entre intérêts et forces qui non seulement ne sont pas identiques, mais le plus souvent s'opposent. Mais pour qu'il y ait arbitrage efficace et quelque peu stable, il faut préalablement que toutes les propositions et issues puissent s'exprimer à égalité. Cette expression permet non d'éviter l'existence d'effets pervers, inhérents à toute action sociétale, mais d'en limiter l'ampleur et d'en corriger rapidement les défauts. En matière de régulation de la société, il y a toujours supériorité du collectif sur l'individuel. Toute entrave à l'expression d'une composante du corps social est une mutilation pour l'ensemble de celui-ci. La reconnaissance de l'existence d'oppositions d'intérêts, de contradictions dans tout groupe humain est la condition même de son existence comme groupe et de la définition de son intérêt commun ou général.

RÉINTRODUIRE LES USAGERS-CONSOMMATEURS-CITOYENS

L'existence de contre-pouvoirs n'est donc pas, comme c'est le cas dans la culture politique française dominante, une entrave à l'exercice du pouvoir de toute institution, mais au contraire une condition de son efficacité. Fondamentalement, la légitimité de tout pouvoir repose sur l'existence de contre-pouvoirs. Il faut donc opérer un retournement de perspective par rapport à la tradition française. Il est de la responsabilité de l'instance publique, non seulement de ne pas entraver le développement de contre-pouvoirs, mais de susciter, promouvoir, organiser leur expression, ce qui passe par la reconnaissance de leur pleine autonomie d'organisation, de critique et de proposition. Un moyen important de mettre en œuvre cette orientation consiste à impulser, dans tous les domaines, l'évaluation démocratique, pluraliste et contradictoire des actions publiques. Il faut que tous les acteurs aient réellement la possibilité d'exprimer leurs intérêts et aspirations et de participer à la procédure d'élaboration de l'intérêt général, ce qui est en France rarement le cas des « consommateurs », qui sont pourtant les destinataires finaux de la production de biens ou de services, à la fois comme usagers du service et comme citoyens.

À la différence d'autres pays européens, il n'existe pas en France de forte tradition « consumériste ». On assiste à une sorte de « cercle vicieux » qu'il devient urgent de rompre: le faible développement des organisations de consommateurs et d'usagers conduit à leur accorder peu de place dans la définition et le fonctionnement des services publics et cette secondarisation fait douter les usagers de leur utilité et de leur capacité, ce qui conduit à limiter leur représentativité. La montée en puissance progressive de la « protection des consommateurs » dans les orientations et politiques européennes peut être un levier pour dépasser les blocages encore forts qui existent aujourd'hui. L'organisation et l'expression de contre-pouvoirs, comme celui des consommateurs, ne sont pas des obstacles à l'action publique, mais au contraire une condition nécessaire à sa pertinence, sa légitimité et son efficacité.

Cette orientation implique de ne pas rester figé sur la défense des formes anciennes de l'intervention publique, mais de la redéployer, qualitativement et quantitativement, pour lui permettre d'exercer pleinement ses responsabilités de régulation. Certaines fonctions qui relevaient de la puissance publique peuvent être progressivement remplacées par des initiatives privées, à mesure que se développent les compétences (formation, progrès technique, innovations), les mécanismes de marché (marchandisation des services) et la complexité de la société (spécialisation des fonctions, différenciation de la demande). Mais ce désengagement de l'instance publique lui attribue des responsabilités nouvelles en matière de régulation de ces nouveaux systèmes. Pour assurer l'essence de sa fonction, la collectivité publique doit inciter à faire, plutôt que de faire elle-même, et en même temps réguler aussi finement et démocratiquement que possible le jeu des différents acteurs concernés. Elle gagnera en efficacité ce qu'elle peut sembler perdre en boulimie d'interventions.

QUELLE RÉGULATION SPÉCIFIQUE DES SERVICES PUBLICS ?

On a beaucoup trop souvent tendance à assimiler dans le langage commun la « régulation » des services publics à la mise en place d'un « régulateur » et à le définir comme « indépendant » (de l'État supposé être intrinsèquement pervers ou du moins inefficace). Du fait des missions de service public, la régulation publique des services publics ne se réduit pas à la mise en œuvre du droit commun de la concurrence. Quelles sont les fonctions que cette régulation spécifique recouvre ? Sept peuvent être

Tableau n° 1 : Les Sept Fonctions de Régulation

Fonctions de régulation	**Responsabilité et mise en œuvre**
Réglementation du secteur	Pouvoirs publics à l'échelon territorial pertinent : autorité organisatrice. Loi définissant les missions, leur financement, le mode d'organisation, le mode de régulation, l'expression des acteurs, la vérification de la mise en œuvre, l'évaluation du système. Décrets et règlements
Objectifs de politiques publiques Sectorielles ou transversales	Pouvoirs publics Lois, décrets, règlements, décisions
Surveillance de la concurrence	Conseil de la concurrence – Droit de la concurrence
Équité d'accès à l'infrastructure – monopole naturel	" Commission " spécialisée autonome (et non " indépendante ") par rapport aux acteurs (donc par rapport à l'État-actionnaire) disposant de pouvoirs forts d'investigation, de décision (tarifs d'accès), d'arbitrage et de sanction L'un des acteurs de la régulation (et non " le " régulateur)
Relations évolutives entre missions de service public et concurrence	Pas de " face à face " opérateur(s)-régulateur Expression de tous les acteurs concernés aux différents échelons territoriaux pertinents (en particulier consommateurs domestiques et industriels, citoyens, élus, personnels) Avis de la " Commission " – Décision de l'autorité organisatrice – Recours judiciaires
Tarification " service public ", rente et financement, subventions croisées	Pouvoirs publics Avis de la " Commission " et des instances d'expression des acteurs
Évaluation de l'efficacité économique et sociale	Évaluation multi-critères de l'ensemble du système, rapports publics Offices pluralistes, disposant de capacités d'expertise autonomes Emboîtement des échelons territoriaux pertinents

recensées (*cf.* tableau). S'il y a régulation spécifique des services publics et pas seulement droit commun de la concurrence, c'est qu'il faut prendre en compte les interactions évolutives entre concurrence et missions de service public.

Ces dispositifs sont à mettre en œuvre au niveau européen, en emboîtement avec les échelons nationaux et infra-nationaux. C'est à la fois : la réglementation, les objectifs publics sectoriels ou transversaux, la surveillance de la concurrence, l'équité d'accès à l'infrastructure (monopole naturel), les relations évolutives entre missions de service public et opérateurs, la tarification du « service public », la répartition de la rente et le financement des missions, l'évaluation de l'efficacité économique et sociale du système (y compris de la régulation elle-même). L'ensemble de ces fonctions ne saurait relever d'une responsabilité unique, d'un organe désigné comme « le » régulateur et censé assurer l'ensemble des fonctions de régulation, mais de l'emboîtement de plusieurs instances à responsabilités complémentaires à la fois quant à leurs fonctions et à leur champ territorial (du local à l'échelon européen).

La mise en œuvre des services publics implique d'abord une définition claire et transparente des missions de la part de l'instance publique qui décide d'en reconnaître la nécessité (autorité organisatrice) : loi définissant les missions, le mode d'organisation, le type de régulation, l'expression des acteurs, décrets, règlements, etc. Outre la réglementation, les pouvoirs publics peuvent décider et mettre en œuvre des politiques publiques, sectorielles ou transverses (lois, règlements, décisions). Compte tenu de l'ouverture des secteurs concernés à une concurrence oligopolistique, les conditions de cette concurrence entre opérateurs ont à relever du droit de la concurrence et donc du Conseil de la concurrence.

Dans la plupart des cas, il subsiste une part d'infrastructure continuant à relever du « monopole naturel », mais auquel les différents acteurs (opérateurs de services, consommateurs « éligibles ») ont accès. Les enjeux d'équité d'accès à ce réseau apparaissent décisifs. Compte tenu également de la complexité du domaine, cette fonction amène à créer des « commissions » spécialisées « autonomes » (et non « indépendantes », car aucune instance dans la société n'est « indépendante ») par rapport aux autres acteurs, donc évidemment par rapport à l'État-actionnaire d'un des opérateurs, disposant de réels pouvoirs d'investigation, de décision (en particulier en matière de tarifs d'accès à l'infrastructure), d'arbitrage et de sanction. Ces « commissions » constituent l'un des acteurs – certes essentiel – de la régulation et non « le » régulateur. La régulation est trop importante et complexe pour être confiée à un organe disposant d'un nouveau monopole. Plutôt d'ailleurs que d'utiliser le qualificatif d'« indépendant », il me semble préférable d'inverser la perspective pour examiner les conditions qui permettent à chaque organe d'être le moins dépendant possible de chacun des autres acteurs du système (*cf.* « régulateur » / opérateur).

Les relations entre missions de service public et concurrence relèvent d'abord de l'expression de tous les acteurs concernés aux différents échelons territoriaux pertinents (variables selon les secteurs), en particulier les consommateurs (usagers individuels, PME-PMI, collectivités, industriels), élus, personnels et organisations syndicales. Les « commissions » ont à être consultées pour avis, mais le pouvoir de décision doit revenir à l'autorité organisatrice, avec possibilité de recours judiciaire. La tarification du « service public », les enjeux en termes d'affectation des gains de productivité et de répartition de la rente inhérente aux réseaux d'infrastructures entre consommateurs, entreprises du secteur, personnels, autorités publiques nationales et locales, le financement proportionné de la mise en œuvre des missions des services publics doivent relever des pouvoirs publics, après avis des « commissions » et des instances d'expression des acteurs.

L'évaluation des activités et performances, de l'efficacité économique et sociale du système (y compris de sa régulation) suppose de mettre en place à chaque niveau d'organisation-régulation, des observatoires multi-critères, pluralistes dans leur composition comme dans les critères d'appréciation, disposant de capacités d'expertise autonomes pour rendre des rapports publics. Ils doivent associer tous les acteurs concernés (régulateurs, opérateurs, élus nationaux et locaux, représentants des différentes catégories de consommateurs, des personnels et des organisations syndicales, des associations de la société civile, des chercheurs et universitaires, etc.). Ces dispositifs ne sauraient être mis en œuvre uniquement en France, mais viser à emboîter les échelons territoriaux pertinents du niveau local et régional au niveau européen.

Le face-à-face entre opérateur(s) et régulateur s'accompagne le plus souvent d'un déséquilibre structurel d'informations en faveur du premier pouvant déboucher sur un phénomène de « capture du régulateur par l'opérateur ». Les opérateurs de service public, qui disposent de droits spéciaux, exclusifs, de monopoles ou d'oligopoles (qu'ils soient publics ou privés), sont spontanément tentés d'abuser de l'asymétrie d'informations dont ils bénéficient pour s'accaparer ou détourner la rente au détriment des consommateurs et/ou de la collectivité.

Cette caractéristique implique de sortir du « jeu à deux », du face-à-face entre régulateur et opérateur(s), pour passer d'une régulation d'« experts » à une régulation d'« acteurs ». Les autorités publiques doivent d'une part assujettir les services publics à des règles de droit clairement établies, précises mais limitées, sous le contrôle des juridictions nationales et communautaires, d'autre part, œuvrer au développement de contre-pouvoirs et de participations à la fois internes et externes. Il faut faire intervenir tous les acteurs concernés : non seulement les autorités publiques et les opérateurs, mais aussi les consommateurs (les usagers domestiques comme industriels – grands et petits), les citoyens, les collectivités locales et les élus (nationaux et locaux), les personnels et organisations syndicales. Les uns et les autres disposent, de par leurs expériences multiples, de nombreuses informations qui « manquent » au régulateur et sont porteurs d'aspirations et d'exigences sur la base de la diversité de leurs besoins. Associer tous les acteurs concernés, les amener à engager la confrontation, le dialogue, la négociation, est un moyen de renforcer la régulation des services publics.

CONCLUSION

Aujourd'hui, un nouveau niveau de régulation apparaît avec l'Union Européenne. À travers l'élaboration des directives, puis leur transposition, ou l'application directe des règlements, elle est en mesure de modifier en profondeur les « règles du jeu » dans l'ensemble des États membres. Elle est l'initiatrice et la formalisatrice de décisions toujours plus nombreuses, mais renvoie le plus souvent la mise en œuvre et l'évaluation de celles-ci au niveau national. Bien loin de suivre ceux qui estiment prématuré de poser la question des instances européennes de régulation, il faut prendre en compte le fait que les institutions européennes, la Commission (aujourd'hui, la DG Concurrence, instituée en régulateur de fait des services publics) et la Cour de justice, exercent d'ores et déjà un rôle de régulation, le plus souvent sans le reconnaître explicitement. Il convient donc de procéder aux nécessaires clarifications et, en considérant le principe de subsidiarité, de préciser ce qui relève d'une régulation européenne, en s'interrogeant sur les bases, les organes et les modes de relations avec les régulations nationales et infra-nationales.

Il s'agit donc, aussi bien en France qu'en Europe, d'opérer un véritable « retournement de perspective » : de définir le service public non à partir des principes et « d'en haut », mais en partant des droits fondamentaux de la personne et de leur garantie d'exercice, des besoins et aspirations des consommateurs, des citoyens et de la société, qui sont la finalité des services publics, et en cherchant à mettre en œuvre la convergence de tous les acteurs concernés (opérateurs, régulateurs, élus, utilisateurs, personnels, chercheurs et universitaires, mouvement associatif, etc.). Il faut donc les introduire dans l'organisation, la régulation et l'évaluation des services publics. Seules des confrontations pluralistes, et finalement la démocratie et la citoyenneté, sont susceptibles de régénérer les rapports régulateur-opérateur et par là même de refondre le service public, de relégitimer l'action publique. C'est ainsi que le service public de l'eau sera réapproprié par ceux dont il est la finalité, c'est-à-dire à la fois les usagers-consommateurs, les citoyens et la collectivité.

Notes

1 Au milieu des années quatre-vingt-dix, la gestion était publique à 100 % en Irlande, en Italie, au Luxembourg et au Pays-Bas, 96 % en Belgique, 95 % au Danemark, 88 % en Allemagne, 70 % en Espagne.

Bibliographie

Bauby, Pierre, 1991, *L'État-stratège*. Paris, Éditions ouvrières.

Bauby, Pierre, 1997, *Le service public*. Paris, Flammarion.

Bauby, Pierre, 1998, *Reconstruire l'action publique. Services publics, au service de qui ?* Paris, Syros.

SOCIÉTÉ CIVILE ET MAJORS DE L'EAU : LES RÉSEAUX DE LA COLÈRE

YOUCEF EL HADJALI*

HISTOIRE D'EAU, S EAU S, EAU NETTE, A.B.U.S, Eau Secours, Rév Eau lution, ou encore Saurdide, contre laquelle la Saur a introduit une action en justice pour usage malveillant de sa dénomination, sont autant de noms d'associations qui peuplent désormais l'univers de l'eau. Le choix de ces appellations, conçues souvent sur le mode de la dérision, est significatif du mécontentement et de la nature des revendications des usagers de l'eau. Par-delà le sarcasme, ces cadres d'expression témoignent de l'irruption de la société civile sur le marché de l'eau alors que la France s'apprête à célébrer le centenaire de la liberté d'association consacrée par la loi de 1901.

Société civile au sens « d'institutions dans lesquelles les individus poursuivent des intérêts communs sans direction, ni interférence du gouvernement »[1] ou encore comme « l'ensemble des instances, associations, personnalités et médias qui ont vocation à garantir ou protéger, en dehors de toute institution de l'État, l'exercice effectif, par des moyens pacifiques, des libertés publiques et à favoriser l'émergence et l'affirmation autonome d'une identité collective pluraliste fondée sur les valeurs universelles des droits de l'homme et la promotion d'une culture citoyenne ».

Partant de cette acception, nous nous proposons de présenter et d'analyser quelques aspects de cette composante essentielle de la société civile – le mouvement associatif – qui se déploie dans le secteur de l'eau. « Société civile » dont le regain idéologique est lié à la fois à la tentative de la deuxième gauche de produire une doctrine de l'autogestion en France – dont Pierre Rosanvallon a été l'un des théoriciens – et au discours néolibéral des années 1980 prônant « l'État minimal » par opposition au « tout État ».[2]

* Journaliste, Lereps, Université des Sciences Sociales, Toulouse I

ÉMERGENCE ET AVANCÉS DU MOUVEMENT ASSOCIATIF DANS LE SECTEUR DE L'EAU

En l'espace d'une décennie, ce secteur est devenu le théâtre d'une poussée ininterrompue d'un mouvement associatif véhiculant souvent un « véritable potentiel de rébellion » contre l'emprise et certaines pratiques des grandes compagnies sur le marché de l'or bleu. À Colmar, Poulx, Mazamet, Saint-Étienne, Saint-Brieuc, Ternay, Grenoble, c'est sur un terrain de colère que des consommateurs d'eau potable s'organisent et multiplient les actions face aux groupes Vivendi, Lyonnaise et Saur-Cise pour une eau moins polluée et surtout moins chère. Des animateurs de ce mouvement vont jusqu'à déclarer que c'est « un certain âge d'or des compagnies privées gérant le Service Public de l'eau potable qui est en train de prendre fin ». Le principe d'une gestion démocratique de l'eau – fondée sur des pratiques participatives, transparentes – associant les représentants des usagers de l'eau aux organismes chargés de sa gestion est évoqué avec une fréquence accrue. Cette nouvelle donne n'a pas échappé au directeur général de l'Eau de la Lyonnaise qui confirme que « dans un marché français de l'eau devenu très compliqué, l'évolution majeure est l'irruption des consommateurs dans le débat (...)».[3]

À ce propos, le Forum Européen n'a pas manqué de souligner en 1998 que : « la gestion rationnelle de l'eau est un des facteurs essentiels de la démocratie » ce qui présuppose « la participation des communautés locales et l'existence de canaux d'expression par lesquels la Société Civile peut participer aux débats et influencer les processus de décision ».[4]

L'émergence et les avancées de ce mouvement associatif s'expliquent d'abord par la transformation brutale du marché de l'eau potable. En effet, si à la fin des années soixante-dix 75 % du secteur de la distribution d'eau était géré sous la forme régie, en moins de deux décennies, ce rapport s'est inversé complètement de sorte que 75 % de la distribution et du traitement de l'eau est assuré sous la forme de délégation. C'est précisément au cours de la décennie quatre-vingt-dix que les factures des consommateurs explosent. Le prix de l'eau s'engouffre dans une spirale qui paraît inexorable : 8,60 francs en moyenne le mètre cube en 1990 ; 14,10 francs en 1995 ! Un prix moyen qui dissimule d'ailleurs des records dans certaines grandes agglomérations : 17 francs le mètre cube à Saint-Étienne, Nice ou Lille. Un rapport officiel montrait que, de 1991 à 1996, ce prix avait progressé de 56 % alors même que l'indice général des prix augmentait de 10 %.[5]

Comme le soulignait la Cour des Comptes, la « hausse du prix est à mettre en relation avec la délégation de services ». Si la relation entre l'augmentation du prix de l'eau et le passage à la délégation est évidente, il est tout aussi indéniable que ce bouleversement du marché de l'eau n'est pas étranger à son tour à l'essor de ce mouvement associatif qui prend progressivement la forme d'une sorte de front du refus des usagers face aux majors de l'eau. Dans le Vaucluse par exemple, c'est un collectif constitué de 74 associations d'usagers qui, depuis 1994, multiplie les actions contre les sociétés locales, toutes filiales de Vivendi ou de la

Lyonnaise. C'est quasiment tout le département qui proteste contre les factures d'eau et partout circule le mot d'ordre de ne pas en payer l'intégralité.

À l'origine de ce mouvement associatif, il y a également « les affaires ». On peut remarquer effectivement que de nombreuses associations voient le jour dans une conjoncture marquée par une série de scandales mettant en cause des élus. Des abus dans la gestion des compagnies, épinglées dans les rapports de la Cour des Comptes, et de grandes affaires éclatent dans un secteur qui paraît particulièrement gangrené par la corruption. C'est dans un tel contexte, pendant le procès Carignon, que « Eau Secours » est fondée à Grenoble. Cette association qui se constitue partie civile s'illustre par la publication d'une brochure intitulée « Autopsie d'un Waterl'eau « adressée aux consommateurs qui « refusent de boire la tasse ». En 1994, c'est au tour du député-maire socialiste Boucheron d'être condamné par défaut à quatre ans de prison ferme par la 11ème chambre correctionnelle de Paris pour diverses malversations dont le marché de l'eau de la ville « offert » à la CGE contre rémunération indirecte. Alors que le maire est en fuite en Amérique du Sud (février 1992) le prix de l'eau augmente de 70 % à Angoulême. C'est aussi en 1995, une fois de plus en pleine affaire Carignon, que voit le jour la « Coordination des associations de consommateurs d'eau » (Cace).

La forte médiatisation des affaires qui éclaboussent les élus participe à l'essor du mouvement associatif et conforte le bien-fondé des batailles menées par des usagers qui tendent à durcir leurs positions. Cette poussée des associations apparaît aussi comme une réponse au laxisme supposé ou réel des élus et des pouvoirs publics en général, ce qui concorde avec l'une des significations de l'expression « société civile » qui sert aussi à la mise en cause de la « société politique » présentée souvent comme inefficace sinon corrompue.[6] De nombreuses associations s'élèvent contre « La frilosité parfois complice des élus »[7] et « l'ardente inaction des pouvoirs publics » (« Les robinets de la colère »[8]). Bref, ce mouvement manifeste une certaine défiance vis-à-vis des élus « qui ne défendent pas la cause des usagers comme ils devraient le faire ».[9]

Le renforcement de la société civile s'explique enfin par un facteur plus général à savoir la crise du militantisme politique dont sont victimes les partis et dont semble tirer profit – en termes d'effectifs – ce mouvement associatif. Sur fond de discrédit – réel ou supposé – affectant une classe politique qui ne tiendrait pas ses engagements se greffe une crise de confiance sur la capacité des cadres partisans à répondre aux aspirations du citoyen.[10]

La défiance vis-à-vis des partis politiques se manifeste non seulement par l'érosion des troupes[11] mais également par la modification des formes de l'action militante. Le militantisme politique à caractère strictement idéologique, inconditionnel et durable est en régression face à un militantisme ponctuel, festif, d'action, de terrain, de solidarité, d'urgence qui, lui, est en progression[12]. Notons que cet essor de la société civile n'est pas spécifique à la France. Tendance lourde des années à venir, cet élan de la société civile se rencontre partout dans le monde et semble bien irréversible comme a pu le constater Bill Clinton en personne en s'adressant aux délégués de l'OMC à Seattle.[13]

Face à la proteste des usagers, élus et groupes de l'eau réagissent très tôt. La création, en 1996, de « Service Public 2000 » apparaît, en partie, comme une réponse à l'inquiétude des usagers. Fondée conjointement par l'Association des maires de France (AMF) et la Fédération nationale des collectivités concédantes et régies (FNCCR), cette association veut jouer le rôle de « tiers acteur indépendant » entre partenaires publics et privés. Le député Ambroise Guelec, auteur d'un rapport sur le prix de l'eau juge que « l'explication du prix de l'eau est plus importante que sa valeur absolue », et que « la transparence doit désamorcer la grogne des usagers ».

Élus et gestionnaires, en quête de transparence, décident de faire œuvre de pédagogie afin de mettre un terme au discrédit qui frappe le marché de l'eau. Le directeur de la FNCCR invite les élus à assimiler les textes à la suite d'une étude sur le prix de l'eau qui montrait que la quasi-totalité des collectivités délégantes des Landes ignoraient que le délégataire du service de l'eau devait leur adresser un rapport annuel de gestion. Les groupes, dont l'image est gravement éclaboussée par le flot d'affaires de corruption et de critiques sur le prix de leurs services, rebondissent à leur tour.

Pour établir un meilleur contact avec l'usager, la Lyonnaise des Eaux innove fin 1994 avec « une direction de la clientèle ». L'année 1995 est celle des « journées portes ouvertes », des explications sur la décomposition du prix, des incitations à « boire l'eau du robinet 100 fois moins chère » que celle en bouteille... Jean-Marie Messier, alors nouveau numéro deux de la Générale, initie « l'opération séduction » avec le lancement d'une « charte client-service » qui s'inscrit « dans une politique de reconquête de l'image de la Compagnie ».[14] Dans ce document de quatre pages le leader français de la distribution d'eau s'engage vis-à-vis du client sur la qualité, le service et le prix de l'eau. La veille de cette opération, hasard du calendrier, le rapport de la Cour des comptes contestait sévèrement les modalités du contrat liant la Compagnie Générale des Eaux et le syndicat des eaux d'Ile-de-France, soient 130 communes et 4 millions d'habitants. Le rapport explique que la « compagnie cumule certaines attributions de maître d'ouvrage avec des missions de conducteur d'opération et de maître d'œuvre, selon des modalités contraires aux dispositions légales en vigueur et dans des conditions de nature à fausser la concurrence ».[15]

MAJORS ET RÉSEAUX DEVANT LES TRIBUNAUX

La tarification de l'eau constitue la cause principale du bras de fer engagé avec le fermier. Un nombre croissant d'usagers conteste les augmentations de prix jugées abusives, les surfacturations ou les facturations rétroactives. C'est le cas de ce comité de 800 usagers de La Ferté-sous-Jouarre (Seine-et-Marne) qui revendique toujours la baisse du prix de l'eau. Dans la Vallée du Paillon (Alpes-Maritimes), on dénonce un trop-perçu de 600 francs par abonné et par an. À Saint-Étienne, c'est le prix du mètre cube d'eau fixé à 17,50 F qui déclenche la colère des Stéphanois, constitués en association « Eau : Service Public », qui finissent par obtenir la révision des tarifs et le remboursement du trop-perçu alors que le maire est contraint à la démission. En 1995, ce sont des usagers lillois qui exigent la baisse du prix de l'eau à la suite d'un rapport de la Chambre régionale des comptes qui constate « un excédent d'exploitation trop important » de la Société des

Eaux du Nord[16] et d'une enquête de la Communauté Urbaine de Lille qui conclut à l'enrichissement abusif de cette société sur le dos des usagers.

Ce sont aussi les usagers de Mazamet (Tarn) qui refusent de payer la facture d'eau à la suite d'une explosion du tarif de l'assainissement qui passe de quelques centimes à 4,72 F/m^3 alors que la station d'épuration confiée (en 1990) par la municipalité à la Saur n'est pas achevée. De surcroît, le volume facturé est supérieur de 37 % à celui réellement consommé. La chambre régionale des comptes relève à son tour diverses irrégularités : les dépenses du service d'eau, répercutées sur les factures, comprenaient des places pour les matchs de football (5 850 F pour 3 personnes) et des abonnements au théâtre (40 000 F). La Saur assigne les consommateurs en injonction de payer devant le tribunal d'instance qui donne raison aux usagers. Les récentes révélations de Jacques Michel[17] font, elles aussi, tache d'huile. Cet ancien cadre de la Lyonnaise des Eaux a évalué à « 20 millions de francs » le montant de la surfacturation imposée par la Compagnie Méditerranéenne des Eaux (filiale Vivendi) aux habitants de Fréjus et de Saint-Raphaël localités ou le prix du m^3 est passé de 15 F à 25 F entre 1992 et 1996.

L'action des usagers ne porte pas uniquement sur les questions de surtarification voire de corruption, c'est la qualité de l'eau qui est parfois en cause. Pour une eau trop chargée en nitrates, le tribunal de Guingamp condamne, fin 1995, la Lyonnaise des Eaux à verser 1 200 F à 176 consommateurs du district de cette ville. C'est aussi le tribunal de Saint-Brieuc qui donne raison à 34 usagers de Trégueux (Côtes-d'Armor) en retenant le principe d'une indemnisation de 229 jours de consommation d'eau minérale. La CGE fait appel, mais en 1996 le jugement est confirmé et aggravé par la cour d'appel de Rennes qui condamne la CGE à rembourser aux consommateurs 4 ans de consommation d'eau minérale soit 142 000 F d'eau en bouteille.

Les objectifs de nombre d'associations, initialement défensifs, prennent une tournure plutôt offensive depuis peu. Alors que dans un premier temps, elles se contentaient de protester contre la pollution où l'augmentation du prix de l'eau, désormais elles vont au-delà. Elles contestent d'une part les conditions dans lesquelles s'opère la concession (contrats flous, prolongations sans appel d'offres) et préconisent, d'autre part, le retour à la gestion directe comme le revendique « Aquarévolte » qui est, depuis 1996, le cadre d'une rencontre annuelle des associations de consommateurs d'eau. Les remises en cause des délibérations de conseils municipaux relatifs aux avenants du contrat d'affermage pour atteintes à l'égalité dans la procédure d'offre se multiplient. C'est pour « atteinte à l'égalité dans la procédure d'offre » (sept. 1998) que « S. Eau S. » et « Rassemblés pour Colmar » engagent une action en justice au terme de laquelle ils obtiennent gain de cause : le tribunal administratif annule la décision du conseil municipal qui déléguait la gestion à la Lyonnaise. Invalidation que prolonge le collectif des usagers par une pétition pour le retour de la régie. C'est aussi le cas d'« Auxerre Écologie » qui conteste la délibération (décembre 1997) du conseil municipal autorisant le maire à signer un avenant du contrat d'affermage qui prorogeait de 5 ans le contrat de la Lyonnaise expirant fin 1999. En janvier 1999, le Tribunal administratif de Dijon annule les délibérations autorisant le maire à signer l'avenant et condamne la mairie à verser 500 F à l'association. C'est à l'initiative de l'Union fédérale des consommateurs du Vaucluse et de dizaines d'associations que les conditions de passation du marché de l'eau d'Avignon avec la Société avignonnaise des eaux (Vivendi) sont actuellement au pénal et examinées par le SRPJ de Montpellier à la demande d'un juge d'instruction. Le tribunal administratif de Marseille est également saisi par l'UFC qui veut casser le contrat liant la mairie à cette société.

FORMES D'ORGANISATION ET D'ACTION

Factures d'eau anormalement élevées, opacité des comptes, pollution et « main mise de grands groupes financiers sur le marché de l'eau » sont donc à l'origine d'un mécontentement qui trouve dans ce mouvement associatif de nouveaux modes d'expression et de nouvelles formes d'organisation. Ce mouvement associatif se mobilise généralement sur un objectif précis et ponctuel. Le refus de payer les factures jugées excessives (ou la redevance assainissement) – déposées par les usagers sur un compte bloqué auprès d'un huissier – est une des pratiques qui tend à se généraliser. Depuis 1993, 643 Ardéchois sont toujours assignés devant la justice par une filiale de Bouygues pour non-paiement de leurs factures d'eau. En 1997, dans les Côtes-d'Armor, c'est le « Collectif Eau Pure » (42 associations) qui lance une opération de « rétention » de la redevance pollution. En quelques jours 600 chèques (50 à 200 F) déduits des factures sont placés sur un compte séquestre. C'est également en raison de leur refus de payer la redevance « assainissement » que des usagers de Malancourt-la-Montagne (Lorraine) sont traduits par la CGE devant le tribunal d'instance de Metz. Les usagers obtiennent finalement gain de cause, le tribunal jugeant que « la taxe d'assainissement est par nature une redevance pour service rendu et non une redevance fiscale ». Tandis que la CGE fait appel en cassation, près de 400 usagers qui s'étaient acquittés de leurs factures exigent à leur tour le remboursement. Dans le pays rochois, Vivendi est toujours en conflit avec une centaine de consommateurs qui retiennent sur un compte bloqué la partie « assainissement », soit les 2/3 de la facture, à la suite d'une hausse du prix de l'eau qui passe brutalement de 11,50 F à 47 F le m^3.

Dans ce type de situation, le fermier assigne les usagers devant les tribunaux et les menace de coupures d'eau y compris lorsque le litige est en attente de jugement devant le tribunal administratif. En mars 1998, le tribunal de grande instance de Privas avait débouté et condamné la Cise pour ses menaces. En 1995, en parlant de « privation d'un élément essentiel à la vie » et « d'une gêne très importante pour la santé », le tribunal des référés donne raison à un abonné de la Société Avignonnaise des Eaux privé du liquide précieux parce qu'il relevait sa propre consommation et établissait lui-même la facture suivant l'appel de l'UFC locale. Le tribunal demande le rétablissement de l'eau sous astreinte de 5 000 francs par jour et lui alloue 2 000 francs en raison de « troubles de jouissance ».[18]

Sur le plan organisationnel, ces associations s'appuient sur des structures légères reposant le plus souvent sur un ou deux bénévoles. De tailles inégales, elles peuvent rassembler quelques personnes ou plusieurs milliers. Bien que dotés de faibles moyens matériels (téléphone, fax) et pesant peu face à la puissance des groupes de l'eau, de nombreuses associations parviennent à surmonter leurs handicaps en s'organisant en réseaux.

La forme pyramidale n'a pas en effet les faveurs de ces collectifs qui estiment que ces structures sont inaptes à les représenter au niveau national. Le rejet de ce type d'organisation est dicté par la crainte d'une confiscation du pouvoir des adhérents ainsi que par la volonté de démanteler les cloisons et de supprimer la distance qui sépare la base des dirigeants. Le réseau leur permet de partager les expériences dérivées de leurs actions locales. Début 1995, à Lyon, une douzaine d'associations de la région Rhône-Alpes annonçaient la création d'une Fédération nationale des associations de consommateurs d'eau (Fnace) destinée à lutter « contre les tarifications abusives ». Le premier objectif de la Fnace est d'obtenir « la transparence prévue par la loi qui a du mal à s'imposer dès que sont impliquées des sociétés privées » d'autant que « les élus sont incapables de fournir des explications et d'analyser les effets induits des budgets qu'ils ont votés, et ne sont pas en mesure de justifier auprès des citoyens les tarifications prohibitives de l'eau ».[19]

Depuis 1995 les regroupements se sont multipliés. C'est le cas du collectif « Rév-Eau-Lution » fondé en juin 1998 et composé de 9 associations réparties sur 17 communes du Nord Pas-de-Calais. « Eau et Rivières de Bretagne » regroupe quant à lui 1 200 adhérents directs et fédère 60 associations bretonnes. L'assise sociale croissante de ce collectif est d'ailleurs à l'origine des états généraux de l'eau organisés par le Conseil général de la préfecture du Finistère en 1999. Dans le Morbihan, le réseau « Cohérence » rassemble quant à lui 80 associations préoccupées par la défense de l'environnement et soucieuses de la qualité de l'eau. C'est aussi la Cace – créée en 1995 et regroupant 38 associations – qui a mis en place les Réseaux d'Échanges pour la Transparence Subaquatique (R.E.T.S) lors de la rencontre dite « Aquarévolte » en 1998[20]. Ce collectif, qui s'adresse régulièrement aux d'élus pour « faire prévaloir les intérêts publics sur ceux des groupes financiers », affiche clairement ses options politiques en affirmant que seules les actions locales d'associations d'usagers peuvent « démontrer, démonter et dénoncer les pratiques obscures des 3 grands groupes financiers qui se partagent l'essentiel des délégations des services publics ». C'est dans cet ordre d'idée que « Aquarévolte » revendique « la création d'une mission d'enquête parlementaire sur la gestion et les profits des sociétés délégataires de service d'eau, la reconnaissance d'un nouveau droit des consommateurs d'eau, un retour rapide à la gestion en régie directe des services de distribution d'eau, l'accès des consommateurs à toutes les commissions locales de l'eau ».[21]

L'échange d'expériences et d'informations (textes légaux, jugements, cas de jurisprudence, etc.) a connu une impulsion considérable à la faveur de l'Internet qui permet à cette société civile de se mobiliser rapidement et massivement. Chaque succès ou échec devant les tribunaux est porté à la connaissance de toutes les associations. La combinaison entre structure, réseau et Internet permet à chaque association de sortir de son isolement sans pour autant la dépouiller de sa liberté d'action.

L'eau, longtemps intarissable et peu coûteuse, est devenue un énorme enjeu financier. Un enjeu financier longtemps occulte avant l'irruption de la société civile qui donne désormais à cette question des dimensions sociales et politiques. Pourtant tout n'est pas réglé dans « un secteur qui permet la corruption » comme le remarque le magistrat Bernard Bouchez (membre du service central de prévention de la corruption dépendant du ministère de la Justice) qui confie que : »Nous sommes abreuvés d'informations qui nous laissent penser que ces problèmes de surfacturation peuvent couvrir des abus de biens sociaux voire des délits de corruption ». Il n'est pas aisé pour autant de voir clair dans les comptes car selon Bouchez « ces grands groupes interviennent dans d'autres secteurs et ont d'autres délégations. Pour savoir si les comptes sont exacts il faudrait pouvoir examiner tous les contrats et tous les comptes de la société mère. Or, « Vivendi c'est 2 000 entreprises, la Lyonnaise 1 300, un véritable maquis financier ! ».[22]

Par ailleurs, selon Francis Baquet, la loi Sapin qui fixe les conditions de passation des contrats pour faire jouer la concurrence entre opérateurs ne s'est pas traduite par un changement réel dans la compétition. Ce responsable de « Service Public 2000 » soutient que « le poids du passé reste important et la logique de partage des territoires entre opérateurs de longue date est encore présente » puisque « sur 500 contrats arrivés à échéance » en 1997 « seulement 2 % ont conduit à des changements de prestataires ».[23]

* * *

La période 2002-2010 qui est celle de l'arrivée à échéance de nombreux contrats confirmera-t-elle la tendance à la baisse observée dans certaines communes ? C'est le point de vue du journal *Les Échos* pour qui « le rapport de forces entre les groupes privés et les collectivités locales s'est rééquilibré au profit des secondes »[24] au point où « Hyères fait plier Vivendi et obtient une baisse du coût de l'eau » à la suite de l'expertise de Jacques Michel.

Cette opinion sur le rééquilibrage du rapport de force élus-groupes de l'eau mérite à son tour une nuance de taille. En effet, c'est souvent sous la pression des associations d'usagers que de nombreuses collectivités locales, longtemps peu préoccupées par la gestion de l'eau, reconsidèrent les contrats avantageux concédés aux majors et exigent une baisse des tarifs. C'est sous la pression des associations que les élus de l'agglomération dunkerquoise ont engagé en mars 1999 une remise à plat des contrats les liant à la Lyonnaise des eaux.

Nourrie d'une aspiration indéniable à participer à la démocratie locale, l'action du mouvement associatif donne de premiers résultats en particulier dans le sens d'une plus grande transparence. L'issue des rendez-vous 2002-2010 est largement tributaire du poids, de l'action et de la maturité d'une société civile qui n'est certes plus « gélatineuse » et « informe » pour reprendre les termes de Gramsci mais qui est en voie d'achever sa gestation. Un rendez-vous qui sera peut-être l'occasion de la délivrance.

Notes

1 Selon la définition donnée par Reinhard Bendix.

2 Colas D., *Sociologie Politique*, P.U.F, 1994.

3 *Revenu Français*, n° 481.

4 Déclaration de Strasbourg, « L'eau, source de citoyenneté, de paix et de développement régional », février 1998.

5 *La Tribune*, 27 janvier 1997.

6 Colas D., *Sociologie Politique*, P.U.F, 1994.

7 *ACF info*, la Fontaulière, mars 1999.

8 Article signé Coïtus Robinetus Interruptus, L'Échos des Cévennes, n° 56 – Hiver 1998/1999.

9 Dabit J., *Le Télégramme de Brest* 07/12/1998.

10 Si, en 1989, 39 % des Français avaient le sentiment d'être bien représentés par un parti politique, en 1999 ils ne sont plus que 26 %. Idem pour la confiance vis-à-vis des leaders politiques : 35 % en 1989 et 24 % en 1999. Cf. Enquête Sofres octobre 1999.

11 Ex. PS : 1981 : 200000 adhérents, 1998 : 125000.

12 Barthélémy M., Cevipol, *Les Échos*, 10 janvier 2000.

13 « Nous devons comprendre que l'environnement a complètement changé. Nous sommes entrés dans une société d'information globale, qui renforce le pouvoir des citoyens dans le monde entier. Et ils frappent à notre porte, et disent : laissez-nous entrer, et écoutez-nous. Ce processus ne peut plus être réservé aux élites. Les décisions commerciales ne peuvent plus être le domaine réservé des dirigeants d'entreprise, des ministres et des politiciens qui les soutiennent ».

14 *La Tribune*, 22 mars 1995.

15 *La Tribune*, 5 octobre 1995.

16 SEN, filiale CGE et Lyonnaise.

17 Actuellement directeur du cabinet d'expertise « Assistance et Contrôle des Services Publics ».

18 *La Tribune*, 16 mai 1995.

19 *La Tribune*, 1er février 1995.

20 Troisième rencontre, mai 1998, Véranne, Loire.

21 Avignon, juin 1999.

22 *La Provence*, 5 juin 1999.

23 *La Tribune*, 17 avril 1998.

24 *Les Echos*, 25 mars 1999.

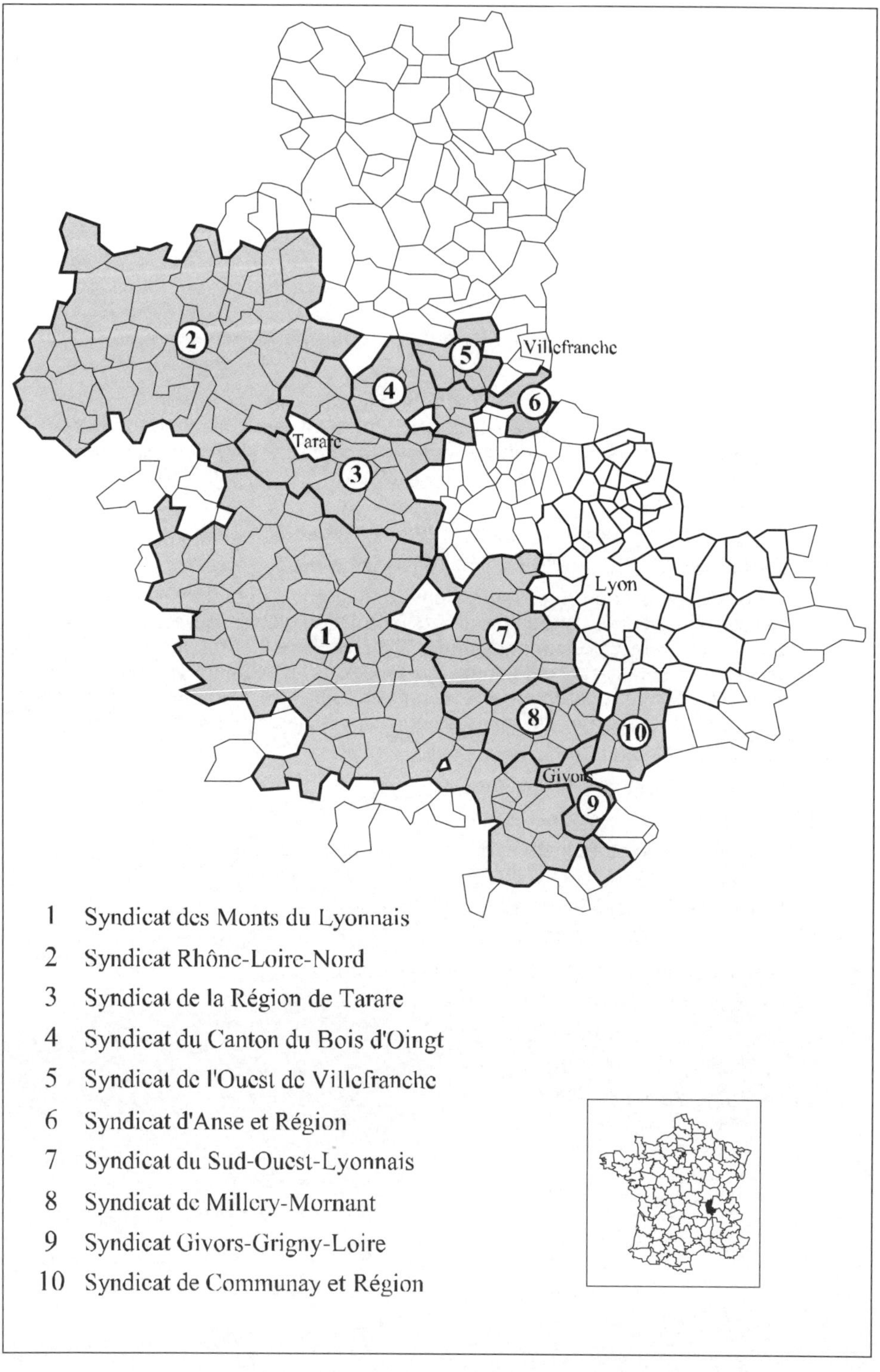

LES ASSOCIATIONS LOCALES D'USAGERS DANS LA RÉGION DE LYON.

LES ASSOCIATIONS LOCALES D'USAGERS-CONSOMMATEURS D'EAU : LE CAS DE LA GRANDE RÉGION LYONNAISE

SANDRINE DALL'AGLIO*

DEPUIS LE DÉBUT DES ANNÉES QUATRE-VINGT, la question de la gestion de l'eau est devenue en France un enjeu majeur de société. L'opinion publique, en particulier à partir du début des années quatre-vingt-dix, a pris conscience, notamment en raison de l'importance donnée au sujet dans la presse et des médias, de la rareté de la ressource en eau, que l'on avait cru jusqu'alors inépuisable. Les réflexions quant à la préservation et à la protection de la ressource se multiplient alors dans les milieux professionnels. Les Français sont progressivement sensibilisés à la nécessité d'économiser l'eau potable et au fait que l'eau fournie à domicile n'est pas un élément naturel, propriété commune de tous, mais un produit complexe élaboré grâce à des techniques sophistiquées nécessitant des compétences toujours accrues et entraînant des coûts importants pour l'ensemble de la société, coûts qui doivent être répartis non plus à travers les impôts, mais répercutés sur la facture de chacun afin que tous prennent conscience de leur responsabilité dans ce domaine sensible[1].

Mais au même moment éclatent plusieurs « affaires de l'eau », dont les plus célèbres sont celles de Saint-Etienne et de Grenoble. Les habitants de ces communes en particulier, mais d'autres aussi, se demandent ce qui s'est passé. Dans le domaine de l'eau, les intérêts publics sont en effet représentés par des élus locaux, responsables des services d'eau et d'assainissement. Pourtant, de nombreuses associations sont créées un peu partout en France par des usagers de l'eau protestant contre les hausses brutales que connaissent leurs factures d'eau. Ce mouvement, qui ressemblait fort à une simple fronde de mécontents, s'est parfois enraciné dans la durée et a évolué dans ses revendications. Aujourd'hui, qui sont ces associations ? Comment évoluent-elles et comment font-elles évoluer le système de gestion de l'eau en France, à

* Ingénieur des travaux publics de l'État (ENTPE), doctorante en géographie, Université Lumière Lyon II

travers la mise en place progressive de dispositifs de concertation et la réévaluation des divers intérêts liés à cette gestion de l'eau, à travers aussi, depuis le début des années quatre-vingt-dix, la prise en compte de plus en plus forte des contraintes environnementales et du principe de précaution ? Comment le système politique français et en particulier les modes de représentation traditionnels peuvent-ils intégrer ces nouveaux modes d'action des habitants ? Nous montrerons comment ces associations inscrivent aujourd'hui leur action à la fois dans une perspective de participation à la vie politique locale et de revendication d'une évolution, tant dans le domaine de la gestion de l'eau que dans celui de la représentation des usagers des services publics au niveau national.

LA PLACE DE L'USAGER DANS LA GESTION DE L'EAU EN FRANCE

Jusqu'à ce qu'éclatent récemment les scandales de Saint-Etienne et de Grenoble, la gestion du service public de l'eau en France était considérée comme fonctionnant globalement de manière correcte en associant deux acteurs essentiels : d'un côté, une autorité organisatrice responsable de la définition du service, de son organisation (mode de gestion, cahier des charges) et de son contrôle et, d'un autre côté, une entreprise prestataire, le plus souvent fermière ou concessionnaire[2]. Deux autres acteurs entrent en scène : l'État, qui fixe les règles du jeu, définit les lois, les normes, et parfois distribue des financements[3] et l'usager, entité souvent abstraite et individuelle pour le bénéfice duquel l'ensemble du système fonctionne. Au-delà du rôle de l'État dans ce domaine et de la relation entre l'opérateur et la collectivité locale, l'analyse met l'accent sur l'évolution des relations entre usagers et collectivité locale ou encore entre usagers et opérateur, qui nous intéressent plus particulièrement ici.

La relation usager/collectivité locale : relation politique et dimension gestionnaire

Dans le système politique français, les élus municipaux représentent l'ensemble des intérêts des habitants de leur commune. Ainsi, les intérêts des usagers dans le domaine de l'eau comme dans tous les services publics locaux, qu'ils soient administratifs ou industriels et commerciaux[4], sont indistincts des intérêts de ces mêmes usagers considérés comme des électeurs. L'évaluation du travail des élus par le vote est donc réalisée de manière globale sur l'ensemble de la politique d'une équipe municipale une fois tous les six ans, lors des élections correspondantes. Pourtant, dans le domaine des services publics locaux, et en particulier dans le domaine de l'eau qui nous intéresse plus particulièrement ici, les élus jouent un double rôle, gestionnaire et politique.

Le rôle de gestionnaire est très peu perçu par les usagers car c'est essentiellement l'entreprise prestataire qui tient ce rôle : en effet, c'est bien l'opérateur du service qui ouvre et ferme les compteurs, réalise la facturation et est responsable le plus souvent du contact avec les usagers (relevés de compteur, problèmes de fuites d'eau, de gel du compteur, explications concernant la facture, etc.). L'ensemble des responsabilités des élus en tant que gestionnaires des services d'eau et d'assainissement, pourtant étendues, sont en effet beaucoup moins visibles : choix des investissements à réaliser, organisation du renouvellement des réseaux, emprunts, détermination du prix de l'eau, responsabilité du maire quant à la qualité de l'eau distribuée, etc. Ainsi, pour ce qui est de la gestion du service, les usagers se sont d'abord focalisés sur le rôle de l'opérateur qui était plus directement visible et accessible : en général, le numéro de téléphone du service clientèle de l'opérateur est indiqué sur la facture alors que le nom de l'autorité organisatrice (commune ou syndicat de communes) n'y figure pas toujours.

En ce qui concerne l'aspect politique de la gestion de l'eau, la relation démocratique qui lie les usagers aux élus paraît lointaine : en effet, il est d'abord impossible pour les usagers de juger spécifiquement la gestion de l'eau au moment des élections municipales (ayant lieu tous les six ans) qui concernent l'ensemble des affaires de la commune. En outre, les entretiens réalisés auprès des usagers montrent que ceux-ci ne connaissaient généralement pas les autorités organisatrices dans les domaines de l'eau et de l'assainissement (avant la création des associations d'usagers). Enfin, l'organisation de ces autorités est relativement complexe : la constitution historique des syndicats étant liée à l'histoire des réseaux, mais aussi aux affinités politiques des maires des communes depuis plus de cinquante ans, on trouve aujourd'hui de multiples syndicats des eaux dont les territoires ne correspondent pas aux territoires des syndicats d'assainissement concernant les mêmes communes. Parfois même, une commune est divisée en deux syndicats d'alimentation en eau potable, un réseau alimentant le bourg et un autre alimentant certains hameaux éloignés. De plus, la production de l'eau potable est parfois dissociée de sa distribution, ce qui crée deux autorités organisatrices différentes et pour ce qui est de l'assainissement, on a jusqu'à trois autorités organisatrices distinctes : la commune (qui gère généralement le bourg, pour des raisons historiques), un syndicat intercommunal de collecte et un autre de traitement des eaux usées. Enfin, dans le cas de syndicats regroupant de nombreuses communes, l'essentiel des responsabilités du syndicat est généralement confié à un bureau élu pour la durée du mandat, dans l'impossibilité de réunir régulièrement une assemblée comprenant jusqu'à 142 délégués (cas du syndicat des Monts du Lyonnais par exemple, qui rassemble 71 communes). La responsabilité du service est ainsi confiée à un troisième niveau de délégation (conseillers municipaux, conseillers syndicaux, bureau du syndicat).

On comprend bien que dans ces conditions, la relation démocratique entre l'usager et l'élu responsable de la gestion d'un service d'eau ou d'assainissement soit pour le moins faible et qu'il soit difficile pour l'usager de peser sur les décisions concernant ces services publics.

La relation usager/prestataire : « transparence » de l'opérateur et isolement de l'usager

La relation entre l'usager du service public de l'eau et l'entreprise prestataire est tout à fait particulière à ce type de service : en effet, bien que l'entreprise ait la charge d'un certain nombre d'opérations dont nous avons donné des exemples plus hauts, elle n'a généralement aucun contact pendant plusieurs années avec l'usager, si celui-ci est « sans problème », puisqu'une fois le compteur ouvert, le service fonctionne normalement sans qu'il n'y ait jamais ou presque contact entre l'usager et le prestataire. La fourniture du service est ainsi quasiment transparente, au point que l'on en oublie presque l'existence du dispositif technique qui permet d'avoir « l'eau sur l'évier ». En contrepartie de ce service à domicile, l'usager est relativement isolé face à sa facture : c'est sans doute la contrepartie d'une fourniture individuelle du service. Il lui est ainsi difficile de s'organiser face à une organisation politique, juridique et technique complexe. La relation entre l'usager et l'opérateur est aussi marquée par la volonté forte des entreprises prestataires de considérer les usagers comme des clients tout en considérant que l'interlocuteur réel reste l'élu, puisque c'est entre la collectivité locale et l'entreprise qu'est signé le contrat de délégation du ou des service(s). C'est donc au maire ou au président de la collectivité concernée que le prestataire du service renvoie logiquement l'usager lors de conflits importants comme on en connaît aujourd'hui.

Enfin, l'isolement de l'usager face à la question du coût du service est accentué par l'extrême diversité des prix de l'eau. En effet, si la loi sur l'eau de 1992 définit une forme unique de tarification sur l'ensemble du territoire (tarification binôme), elle laisse toute latitude aux communes et syndicats pour fixer la répartition des contributions respectives des usagers en fonction de leurs charges propres, ce qui d'ailleurs paraît cohérent avec le principe de la compétence locale de la distribution d'eau et de l'assainissement. Ainsi sur le territoire d'un même syndicat des eaux, on peut encore avoir 3 ou 4 facturations différentes selon le mode de gestion de l'assainissement. Même si un standard de comparaison des factures a été récemment mis en place par l'INSEE[5], il reste difficile de comparer réellement les prix de l'eau tant les conditions particulières de chaque collectivité, issues de choix réalisés sur un très long terme, sont variées.

Une prise en compte récente de la notion d'usager

Par ailleurs, la position de l'usager dans les services publics en France est certainement à souligner. En effet, si on constate au début des années quatre-vingt une amélioration des relations entre les grandes administrations et services publics nationaux (EDF, La Poste, SNCF...) et leurs usagers à travers la mise en place de structures de concertation intégrant les fédérations nationales des associations de consommateurs, les services publics locaux ne participent pas à cette évolution. Ainsi on ne connaît pas avant 1990 d'associations de consommateurs représentant spécifiquement les usagers de manière distincte des consommateurs, prenant en compte les spécificités qui distinguent les services publics locaux d'un bien ou d'un service marchand.

Les nouvelles relations qui se sont établies entre les élus locaux et la population après la décentralisation sembleraient ainsi avoir limité aux grands services publics nationaux l'évolution qui était en cours au niveau de l'État : amélioration des relations entre l'administration et les administrés, accès des usagers à l'information, développement de la politique de réforme de l'État, participation des grandes associations de consommateurs aux conseils d'administration des grandes entreprises nationales de service public.

On peut penser que dans les services publics locaux, la légitimité des élus locaux, proches des demandes de la population et des réalités concrètes du terrain, et l'estime des Français pour leurs maires ont certainement contribué à l'absence de structuration d'un mouvement spécifique d'usagers en France ni même d'une action des associations de consommateurs dans le domaine des services publics locaux. Enfin, les temporalités propres à ces services ont certainement eu un poids important sur la perception qu'en ont les Français : si toutes les villes sont depuis longtemps équipées d'un service d'eau potable, la question de l'extension des réseaux s'est posée jusqu'à un très récent passé dans des zones plus rurales puisqu'on note dans le département du Rhône que les financements du Fndae (Fond national pour le développement des adductions d'eau) ont participé jusqu'au milieu des années quatre-vingt à ces extensions. Pour ce qui est de l'assainissement, l'équipement du territoire français est plus récent encore : en effet, beaucoup de villes, en particulier les villes moyennes, n'ont été équipées de stations d'épuration qu'à la fin des années quatre-vingt ou au début des années quatre-vingt-dix (pour le département du Rhône : Villefranche en 1989, Givors en 1995, etc., les exemples sont nombreux). Ainsi le développement de ces services pourtant essentiels est suffisamment récent encore dans les mentalités pour apprécier le confort apporté et limiter le mécontentement.

LA CRÉATION RÉCENTE D'ASSOCIATIONS D'USAGERS-CONSOMMATEURS : LE CAS DE LA RÉGION LYONNAISE

Un peu partout en France, des associations de consommateurs d'eau se sont pourtant créées pour protester contre les hausses brutales qu'ont connues les factures d'eau au début des années quatre-vingt-dix ou contre les problèmes de qualité de l'eau potable que connaissent un nombre croissant de consommateurs (en particulier en Bretagne). Issues de mouvements de « grogne » spontanés, ces associations ne sont en général pas liées au mouvement consumériste traditionnel[6], et ne revendiquent que sur ce sujet précis.

Afin de mieux comprendre les conditions dans lesquelles ces associations se sont formées et leurs modes de fonctionnement, nous avons choisi de nous intéresser plus particulièrement à un territoire précis, le département du Rhône, où une dizaine d'associations se sont créées à la même époque (1993-1994) afin de protester contre les hausses importantes de leurs factures d'eau. Il est important de noter qu'il s'agit d'un secteur où les délégations de service sont anciennes (le choix de ce mode de gestion a été fait dès la création des syndicats des eaux, c'est-à-dire dans les années 1920 pour le syndicat de Givors-Grigny-Loire et dès la fin de la seconde guerre mondiale pour les autres). La hausse du prix n'est donc pas liée directement au passage de la régie à la délégation mais à d'autres facteurs que nous développerons plus loin. Le déclencheur de cette « colère » des usagers est plutôt lié à la nouvelle facturation qui a été mise en œuvre du fait de la mise en application de la loi sur l'eau de 1992, qui entraîne l'obligation pour tous les syndicats des eaux de pratiquer une tarification binôme, c'est-à-dire comprenant une partie calculée en fonction du volume réellement consommé et éventuellement une partie fixe. Lors du changement de facturation[7], les prévisions des syndicats, de leurs fermiers et de la Direction Départementale de l'Agriculture, responsable de l'aide technique aux collectivités locales dans ce domaine, faisaient l'hypothèse d'une baisse importante des consommations des ménages du fait de la facturation au réel. Les tarifs ont donc été fixés en fonction de cet élément afin de maintenir pour les syndicats et les fermiers des recettes équivalentes au système précédent (permettant en particulier aux syndicats de faire face à leurs charges fixes constituées d'annuités de prêts contractés sur de longues durées), alors que contrairement aux prévisions, la consommation n'a que peu baissé, ce qui a donc entraîné une hausse des factures pour de nombreuses familles.

Notons encore qu'il n'y a pas eu dans la région lyonnaise d'affaires de corruption notoire comme cela a pu se passer à Grenoble. Par contre, la proximité des lieux, des personnes et des sociétés a certainement eu pour conséquences d'accroître la colère et la méfiance des usagers envers un système jugé opaque. Ainsi l'étude sur une durée relativement longue (1994-1999) de l'ensemble des associations du département, dans le cadre d'une continuité et d'une homogénéité territoriale nous permet de mieux comprendre l'histoire de ces associations, leurs relations avec le monde politique et technique et d'appréhender de façon approfondie les formes de leurs actions, tout en développant une relation de confiance avec les responsables de ces associations, qui n'y étaient pas particulièrement prédisposés, tant leurs relations avec l'ensemble des acteurs de l'eau étaient conflictuelles. Il nous paraît ainsi intéressant de développer l'action de plusieurs de ces associations afin de mieux comprendre ce mouvement (*cf.* Carte, p. 48).

Givors : manifestations et action en justice

À Givors (ville de 20 000 habitants environ, centre d'un syndicat de trois communes et 30 000 habitants), la colère gronde dès le mois de mai 1994 suite aux premières factures appliquant la nouvelle tarification. Une association d'usagers naît lors de réunions organisées par la mairie de Grigny pour expliquer les causes de l'augmentation des factures. En effet les explications données par les élus ne satisfont pas les usagers qui réclament une baisse des tarifs de l'eau. Progressivement, les exigences de l'association s'affinent au fur et à mesure que les usagers comprennent mieux l'organisation de l'eau et de l'assainissement : ils demandent alors non seulement la baisse du prix de l'eau (baisse globale de la facture, eau et assainissement), mais aussi une meilleure information des usagers concernant l'ensemble du système de l'eau et de l'assainissement, une simplification des factures, la prise en charge par les budgets communaux de 30 % des investissements de la station d'épuration (part correspondant selon les membres de l'association aux eaux pluviales), la renégociation des emprunts, et enfin le « retour »[9] de la gestion de l'eau à une régie communale ou syndicale afin de supprimer les coûts liés à l'affermage que l'association considère comme exorbitants. Il y a surtout une très forte demande de clarification de la part d'usagers qui ne comprennent pas un système particulièrement complexe : la distribution d'eau est assurée par le syndicat de Givors-Grigny-Loire, mais celui-ci ne produit pas l'eau, qu'il reçoit d'un syndicat mixte de production d'eau potable (Rhône-Sud) qui alimente quatre syndicats et une commune de la région, soit environ 110 000 habitants. La responsabilité de l'assainissement est partagée entre les communes et deux syndicats (collecte et traitement des eaux usées).

Le syndicat des eaux de Givors Grigny Loire accepte au départ de négocier avec l'association en organisant des rencontres avec ses responsables afin de clarifier la situation, tout en renvoyant la responsabilité du prix de l'eau à l'État, responsable de la loi sur l'eau et de la disparition progressive des subventions concernant les réseaux d'eau et d'assainissement pour les communes urbaines. Il renvoie aussi l'association à la responsabilité des communes en matière d'assainissement, ainsi qu'aux normes européennes concernant le traitement des eaux usées, de plus en plus sévères. Le syndicat accepte d'abord la mise en place d'une commission consultative, mais les règles de fonctionnement mises en place l'empêcheront en pratique de se réunir. Puis il compare les prix de l'eau qu'il pratique avec les syndicats voisins. La comparaison est favorable au syndicat de Givors-Grigny-Loire[10] bien que les conditions ne soient guère comparables, puisqu'il s'agit de syndicats plus ruraux, qui d'une part ont développé leurs réseaux d'eau bien plus tard que Givors et qui d'autre part bénéficient encore de subventions pour l'adduction d'eau en zone rurale. On retrouve ici l'hétérogénéité des situations concrètes et la difficulté de comparer les prix pratiqués alors qu'il s'agit de syndicats dont les habitants utilisent la même eau, puisée dans la nappe d'accompagnement du Rhône à quelques kilomètres en aval de Lyon.

L'association connaît un certain succès en 1994 ; son action permet certainement à nombre d'usagers de bénéficier d'un surcroît d'information et de négociation, suite aux nombreuses réunions entre les responsables de l'association et les élus du syndicat ; l'information est transmise aux adhérents sous forme de tracts et de comptes rendus de réunions. Mais les tensions deviennent vives tant à l'intérieur de l'association qu'avec les élus. En effet, les « affaires de l'eau » à Saint-Etienne et à Grenoble entretiennent le flou autour du financement des hommes et des partis politiques, alors que s'annonce la campagne électorale pour les élections municipales de 1995. Deux membres actifs de l'association se présentent sur des listes municipales opposées, ce qui crée un certain flottement dans l'association. Il est en effet difficile pour les adhérents de faire la part de ce qui concerne la défense des usagers de l'eau (en étant élu, on peut mieux connaître et suivre l'ensemble du dossier) et ce qui concerne les éventuelles ambitions politiques personnelles.

Parallèlement la municipalité de Givors met en place une seconde association de consommateurs, l'Association de défense de l'Eau et des Consommateurs, qui achève de rendre tout à fait opaque la question de l'eau pour l'ensemble des habitants des communes concernées, ceux-ci ne pouvant plus distinguer ce qui relève de la défense des intérêts des usagers de l'eau de ce qui relève des ambitions politiques personnelles des uns ou des autres (volonté de prendre pied dans une municipalité ou de conserver son mandat). Les deux associations organisent manifestation (pour la baisse du prix de l'eau) et contre-manifestation (pour le soutien aux élus). Le mélange des genres entraîne un certain découragement des adhérents : dès la fin de 1995, on perçoit un essoufflement dans l'action de l'association. Mais les principaux membres de l'association n'en restent pas là et le président intente une action en justice contre la tarification qui établit trois termes calculés sur des bases différentes alors que la loi n'en prévoit explicitement que deux. De plus, des tarifs avantageux sont réservés aux communes et à l'hôpital (suppression de la partie fixe), ce que conteste l'association au nom de l'égalité des usagers devant le service public. Le particulier perdra son procès et de plus celui-ci aura pour effet de réduire à néant toute possibilité de négociation avec les élus pendant deux ans, tout en étalant l'action dans une durée et un immobilisme démotivants pour les adhérents.

Ainsi les modes d'action de cette association, et en particulier la durée de l'action en justice, montrent la difficulté pour ce type de mouvement de gérer la motivation des adhérents dans la durée, mais aussi la relation au politique ; les conséquences des élections municipales auront été néfastes à l'association. Parallèlement, les élus conserveront tout au long de cette période une attitude d'acceptation de la négociation mais aussi de renvoi des responsabilités à d'autres niveaux, en particulier celui de l'État responsable de la loi sur l'eau qu'ils estiment perfectible avec la disparition des subventions pour les zones urbaines, mais aussi, nouvel acteur certainement, l'Europe qui impose des normes de traitement des eaux usées de plus en plus strictes, entraînant un coût difficilement supportable pour l'usager.

L'ACE du Sud-Ouest lyonnais : entre pressions et négociations

Une autre association particulièrement intéressante est l'association des consommateurs du Sud-Ouest lyonnais, née sur le territoire, voisin de Givors, du syndicat intercommunal des eaux du même nom. Il s'agit d'un important syndicat de la région, composé de 14 communes regroupant environ 30000 habitants. L'association naît dans les mêmes circonstances que celle de Givors, à cette différence près que le syndicat semble avoir beaucoup moins réfléchi à l'évolution de sa tarification, puisque le tarif voté pour être appliqué en 1994 n'est pas conforme à la loi sur l'eau. L'action de l'association, avertie par l'expérience d'autres associations plus expérimentées, s'est très rapidement dirigée vers les élus, pour obtenir des explications sur les hausses subies (de 30 % à 80 % selon les usagers). Les élus répondent d'abord, comme dans l'ensemble des syndicats du département que ce n'est pas le tarif qui a changé mais le mode de facturation, conformément à l'application de la loi sur l'eau de 1992. Les habitants ne comprennent pas les mécanismes de cette nouvelle tarification et réagissent par des pétitions et par une forte présence aux réunions du conseil syndical. Certains habitants, en situation difficile (chômage, faible retraite), connaissent de réelles difficultés pour honorer leur facture.

Les élus répondent que l'eau devenant de plus en plus rare, il est normal qu'elle devienne de plus en plus chère afin de limiter le gaspillage. Interpellés à leur tour par les maires et conseillers municipaux, les élus du syndicat organisent une première réunion publique surtout destinée aux élus interrogés sur ce sujet mais, l'information s'étant diffusée très largement dans l'ensemble des communes concernées, l'affluence y est bien plus forte que prévue. Cette réunion ne répond pas aux questions des habitants, bien au contraire. Mais ceux-ci se rendent compte qu'ils sont assez nombreux à se sentir concernés et rapidement, une association se crée autour d'un noyau de personnes motivées (dont certaines au chômage). Ayant commencé son activité avec trente personnes à la toute première réunion (l'information n'avait circulé que de bouche à oreille d'un village à l'autre), l'association compte jusqu'à 3500 adhérents quelques mois plus tard.

Cette association développe dès le départ une action en direction des élus, contrairement aux toutes premières associations qui s'étaient adressées aux sociétés fermières. Comme ailleurs, un fort climat de méfiance envers tout le système de gestion de l'eau s'y retrouve : « que font les élus ? Les administrations, la Préfecture ? [...] j'apprends par les journaux que, régulièrement, les dirigeants des grandes sociétés de distribution d'eau sont mis en examen ici ou là... à qui faut-il faire confiance ? »[8]. Dans ce climat, l'association décide d'agir pour payer « le juste prix de l'eau », comme l'indique le président dès le départ.

Après les premières pétitions et réunions publiques, l'association s'organise et décide d'assister aux réunions du comité syndical. C'est le mois de mars 1994, et le moment du vote du budget annuel. Les premières remarques de l'association concernant le fonctionnement du syndicat entraînent de la part des délégués le refus de voter le budget proposé par le président, et par suite la démission de celui-ci ; on se rend compte alors qu'il n'avait aucun mandat électif lui permettant d'être légalement membre du comité syndical (président du syndicat depuis

28 ans, il n'était plus conseiller municipal de sa commune depuis 1989) ... Le budget n'ayant pas été voté à la date limite du 31 mars, le préfet prend les choses en main, d'où un certain remue-ménage dans la vie politique locale. Il se substitue en effet au président du conseil syndical pour définir le budget du syndicat. Un nouveau président est élu, qui progressivement réorganise le fonctionnement du syndicat. Les augmentations prévues au départ (doublement du prix de l'eau entre 1994 et 1999) sont annulées, le syndicat n'augmente plus sa surtaxe (contrairement à ce qui avait été prévu) et tente une première négociation avec la société fermière.

Mais l'association ne s'arrête pas là : après plusieurs courriers aux élus, elle décide de déposer des requêtes contre les délibérations ayant permis de renouveler les contrats d'affermage avec la société fermière. En effet, sous la pression de l'association qui dépose une requête au Tribunal Administratif à ce sujet, les élus modifient le tarif dès le mois de septembre, sans attendre le résultat de l'action intentée contre le tarif initial, sur le conseil de la Direction de la concurrence, de la consommation et de la répression des fraudes. Ces actions, même si elles n'aboutissent que bien plus tard, prouvent aux élus la détermination de l'association et sa capacité à travailler dans le long terme : en 1997, elle compte encore près de 2 000 adhérents, et les membres les plus actifs se relaient pour participer aux différents conseils syndicaux ou municipaux, être présents sur les marchés des villages qui constituent le syndicat d'eau potable informant les habitants de l'évolution de leur action, rédiger un bulletin régulier à destination de l'ensemble de la population du syndicat (et non des seuls adhérents), etc.

En même temps, l'organisation de l'association évolue : elle embauche un salarié à 1/5ème de temps, lui permettant d'assurer un très important travail administratif (gestion du fichier des adhérents, rédaction des requêtes pour le tribunal administratif, permanence téléphonique, collecte de documents dans les différentes administrations aux heures d'ouverture, etc.) grâce aux nombreuses adhésions maintenues jusqu'à aujourd'hui. Cette activité forte et durable permet de développer un certain dialogue avec les élus dans la mesure où l'action de l'association n'a jamais eu pour objectif de les attaquer directement. Notons cependant qu'un élu a démissionné et que plusieurs ne se sont pas présenté à nouveaux aux élections municipales de 1995.

Les résultats concrets ne sont pas négligeables, puisque l'association obtient d'une part la cessation des augmentations des surtaxes syndicales prévues en 1993 (doublement du prix de l'eau entre 1994 et 1999), le vote d'une nouvelle tarification binôme conforme à la loi sur l'eau, mais aussi le contrôle par la Chambre Régionale des Comptes du syndicat, ainsi qu'une plus grande insistance des élus pour obtenir de la société fermière les rapports techniques et financiers annuels permettant l'information des élus et des usagers. Les fermiers n'avaient en effet jamais fourni au syndicat ces rapports pourtant obligatoires dans le cadre de la délégation de ces services. Dans le domaine de l'assainissement, la renégociation du contrat d'affermage, parvenu à son terme, permet d'obtenir un montant de 513 000 francs annuels alors que ce même contrat avait été signé pour un montant de 1 186 000 francs jusqu'en 1997... De plus le contrat n'est signé que pour une période de quatre ans, ce qui rend possible la renégociation des conditions plus régulièrement qu'auparavant (contrats généralement signés pour douze ans).

L'association démontre ainsi non seulement sa combativité et sa ténacité, mais montre aussi aux élus qu'il est possible de renégocier les contrats avec la société fermière, ce qui leur paraissait difficile dans la mesure où cette dernière est très bien implantée dans la région et où l'imbrication des différents syndicats et des contrats rend difficile une approche globale des problèmes. Les préoccupations de l'association évoluent pour se développer sur des domaines connexes; elle s'intéresse en particulier à une décharge dont le contenu suspect semble polluer un ruisseau et un étang situés dans une zone protégée, mais aussi à une carrière située sur la nappe phréatique et dont l'extension menace à long terme l'alimentation en eau potable du secteur; elle s'intéresse encore à l'utilisation illicite d'une prise d'eau réservée à la lutte contre l'incendie pour le nettoyage d'une déchetterie.

De plus, la fusion avec trois associations des syndicats limitrophes (dont l'association de Givors Grigny-Loire) permet de développer une action plus cohérente sur un territoire plus large, avec certainement l'idée à long terme d'une action au niveau départemental ou même au niveau du bassin Rhône méditerrané corse. Dans l'immédiat, le rapprochement entre ces diverses associations permet de revitaliser les associations voisines, de centraliser et de comparer les diverses informations collectées par les diverses associations et d'augmenter la légitimité de l'association vis-à-vis des élus, tout en réduisant l'investissement sur les dossiers communs.

Plusieurs actions en justice maintiennent une pression importante sur les élus, malgré la difficulté que cela entraîne de suivre ces dossiers sur le long terme et de maintenir la mobilisation des adhérents alors que les résultats concrets se font parfois attendre.

Ainsi cette association a su jusqu'à aujourd'hui gérer l'action dans la durée entre participation active à travers les commissions consultatives des différents syndicats et revendication tant dans le domaine du droit à l'information des usagers que dans le domaine de la baisse du prix de l'eau et de l'assainissement.

Le cas de Saint-Etienne : entre action en justice et médiatisation

À Saint-Etienne, la situation est un peu différente : il ne s'agit pas de services affermés de tout temps à une même entreprise comme dans le département du Rhône mais d'une régie municipale qui est remplacée par une délégation du service à une entreprise créée pour l'occasion, la Société Stéphanoise des Eaux. Celle-ci appartient à parts égales aux deux principaux majors de l'eau : Vivendi (à l'époque Compagnie Générale des Eaux) et Lyonnaise des Eaux. Le mouvement contestataire est initié par le tissu associatif familial et syndical traditionnel de Saint-

Étienne : Cdafal (Conseil départemental des associations familiales laïques), Cscv (Confédération syndicale du cadre de vie), Asseco – CFDT (Association Études et Consommation de la CFDT), auxquelles se joignent rapidement les sections locales de la CNL (Confédération Nationale du Logement), de la CSF (Confédération Syndicale des Familles), de l'Adeic-FEN (Association d'éducation et d'information du consommateur de la Fédération de l'éducation nationale), l'association Apfs (Association populaire familiale-syndicale) et l'Arco (association culturelle ayant pour but une redécouverte et une valorisation du patrimoine urbain stéphanois). Ces associations ont pour objectif de contrer les augmentations du prix de l'eau qui ont lieu à Saint-Etienne. De 1990 à 1992, la municipalité fixe progressivement des tarifs de l'eau correspondant à son objectif de délégation du service : de 3,38 F/m^3 en 1989, le tarif de l'eau passe à 7,90 F en 1992, avant même la délibération du 9 juillet 1992 qui approuve le principe de délégation du service. C'est cependant la décision de délégation qui met le feu aux poudres et entraîne une succession de recours contre différentes délibérations du Conseil Municipal de Saint-Etienne fixant le prix de l'eau. Nous n'entrerons pas ici dans le détail des recours, ce qui serait à la fois fastidieux et décalé par rapport à notre propos. Nous noterons cependant qu'ils ont toujours concerné les délibérations du conseil municipal de Saint-Etienne, car les usagers pouvaient, eu égard aux règles générales de fonctionnement de la justice, justifier de leur intérêt à agir dans ce domaine, alors qu'ils étaient tiers par rapport au contrat de délégation du service (signé entre la commune et la Société Stéphanoise des Eaux), et qu'ils ne pouvaient donc pas agir directement en justice contre ce contrat. Ce qui nous intéresse ici, c'est plutôt le fonctionnement des associations de consommateurs et d'usagers dans ce domaine de l'eau, et leur positionnement par rapport au système politique local traditionnel.

On note plusieurs points particulièrement importants. D'abord, l'action des usagers à Saint-Etienne passe par trois canaux traditionnels :

1) les associations de consommateurs, bien implantées sur le terrain et actives dans d'autres domaines, se sont intéressées à l'eau rapidement (certainement mises en alerte par l'opposition municipale), mais aussi concrètement (par l'augmentation des factures de leurs adhérents) ;
2) les syndicats des personnels municipaux de la régie de l'eau, inquiets du devenir des agents, ont plusieurs fois manifesté leur désaccord avec la politique suivie par la municipalité de Saint-Étienne ;
3) les partis politiques et élus municipaux de l'opposition ont alerté les associations de consommateurs et ont tenté de déposer des recours contre les délibérations municipales.

Deux autres acteurs ont eu une importance capitale : d'une part, l'association des usagers de Saint-Etienne, créée spécifiquement pour permettre à des usagers individuels, non adhérents des associations traditionnelles citées ci-dessus, de participer à la contestation[11] ; et d'autre part, les tribunaux (civils et administratifs), qui sont intervenus de façon beaucoup plus importante que dans d'autres communes. En effet, dès le départ, les associations de consommateurs se tournent vers un professeur de droit, Marc Véricel, pour présenter au tribunal administratif un dossier comportant des arguments juridiques opérants. M. Véricel est le conseiller juridique d'une autre association de consommateurs (non impliquée directement dans ce dossier), il est aussi au départ secrétaire départemental adjoint du Parti Socialiste et Secrétaire Général à Saint-Etienne. La confusion entretenue par les partis de gauche au sujet de son action dans le dossier de l'eau à Saint-Etienne l'a contraint à démissionner de ces responsabilités à la fin de l'année 1994, ce qui lui a permis parallèlement, de s'affirmer comme le porte-parole du Collectif Eau et de lui donner une existence plus concrète vis-à-vis de la presse et de la population.

L'action du Collectif est activement relayée au niveau de la population par les correspondants locaux des associations de consommateurs et de l'association des usagers. Plusieurs pétitions sont signées par une part importante de la population, et les campagnes de grève d'une partie de la facture sont suivies massivement. Contrairement aux associations dont nous avons parlé précédemment, le mouvement de Saint-Etienne ne part pas de rien, puisqu'il s'appuie, comme nous l'avons dit, sur un réseau d'associations familiales ou de consommateurs actives et bien ancrées dans les différents quartiers. Le Collectif Eau utilise aussi la presse soit pour informer (donner son avis sur le prix provisoire fixé en 1995), soit pour expliquer à la population les jugements du tribunal administratif dans ce dossier complexe aux rebondissements multiples, soit encore pour faire pression sur la municipalité en la menaçant de nouveaux recours au tribunal administratif ou au tribunal d'instance (menace mise à exécution par exemple pour obtenir le remboursement de la partie des factures indûment perçue).

Un dernier acteur entre en jeu en octobre 1996, l'association « Eau: service public ! » créée après une manifestation organisée en mars par des militants du Parti Communiste de Saint-Etienne, mais à laquelle les associations du Collectif Eau ont refusé de s'associer, de peur d'une récupération politique de l'action qu'elles mènent depuis plusieurs années. Cette association s'est donnée pour but de faire revenir la gestion de l'eau à Saint-Étienne en régie.

Les associations de consommateurs et d'usagers de Saint-Étienne ont fonctionné différemment de celles que nous avons étudiées plus haut: plus axées sur la bataille juridique, elles ont obtenu la reconnaissance d'un principe fort de la gestion de l'eau, en raccourci : « l'eau paye l'eau », c'est-à-dire que les recettes du service doivent permettre de couvrir l'ensemble des dépenses, mais aussi que ces mêmes recettes ne doivent pas servir à financer le budget général de la commune. Ce principe, aujourd'hui intégré dans la loi sur l'eau, n'était pas affirmé de manière aussi claire à l'époque où les usagers de Saint-Étienne ont commencé leur action. Le maire de Saint-Étienne, F. Dubanchet, avait même justifié l'augmentation du prix de l'eau lors du débat au conseil municipal par le fait que celle-ci permettait d'alléger les impôts locaux, et donnait la possibilité, à travers l'eau, de faire participer les habitants des communes périphériques aux équipements de la commune de Saint-Étienne, à défaut d'une concertation intercommunale manifestement difficile (Gay et Gay, 1996: 243-250). C'est cet argument même qui a entraîné l'annulation de la délibération correspondante pour détournement de pouvoir.

Les conséquences visibles pour les usagers ont été plus faibles que n'auraient pu l'espérer les associations : le remboursement des factures a été estimé à environ 300 F par famille, pour une lutte ayant mobilisé des énergies considérables pendant 8 ans. Mais la hausse constante des tarifs a été limitée, et d'autres principes ont été (ré-) affirmés (comme le remboursement, imposé par le tribunal d'instance, ou l'impossibilité de fixer des prix rétroactifs). Les jugements ont servi à de nombreuses associations, et la combativité des usagers de Saint-Etienne a servi d'étendard et de soutien moral à toutes. Enfin le fonctionnement de l'eau et de l'assainissement à Saint-Etienne a été entièrement remis en cause dans ses principes organisationnels. En effet, la politique de l'eau pour l'agglomération stéphanoise est entièrement décidée unilatéralement par la commune de Saint-Etienne qui détient l'eau, les installations de captage et les réseaux, et qui vend l'eau produite en gros aux autres communes n'ayant plus en charge que la distribution et ne pouvant influer sur les décisions stratégiques concernant la production. L'intervention des usagers a permis aussi de remettre en cause cette organisation et de relancer des négociations entre les différentes communes de l'agglomération.

LES ASSOCIATIONS LOCALES D'USAGERS : UNE RELATION DIFFICILE AU POLITIQUE

À travers ces exemples, il est possible de tirer quelques conclusions sur le mouvement des usagers qui s'est créé en France depuis le début des années quatre-vingt-dix. À partir d'actions de revendication spécifiques (baisse du prix de l'eau notamment, information des usagers, etc.), on constate ainsi une très forte demande d'information et de prise en compte des exigences concrètes des usagers, qui se définissent comme telles (c'est-à-dire dans une relation mixte entre consommateurs et acteurs politiques issus de la société) dans les décisions des élus. Les revendications initiales, très concrètes, ont ainsi été relayées par des demandes plus diversifiées et plus fondamentales, concernant la relation entre les citoyens et les élus locaux. Aujourd'hui, la question de la pérennisation de ces mouvements se pose : certaines associations ont estimé qu'elles avaient obtenu ce qu'elles souhaitaient au niveau local et ont cessé toute activité ; mais nombre d'entre elles souhaitent aujourd'hui faire évoluer les revendications plus larges, qui sont tout autant une demande de participation à la politique nationale de l'eau. Les moyens divergent même si on perçoit cette nette évolution.

L'association des consommateurs d'eau de l'Ouest lyonnais et l'Association des consommateurs de Givors-Grigny-Loire ont fusionné avec l'Association des consommateurs d'eau de Millery-Mornant, qui travaille sur un territoire correspondant au syndicat d'eau voisin et ce qui restait de l'Adfmm (Association de défense des familles des montagnes du matin)[12] pour former l'Association des consommateurs d'eau du Lyonnais, qui a aujourd'hui pour territoire d'action quatre syndicats de l'Ouest et du Sud-ouest lyonnais. Cette fusion avait pour objectifs de « *tisser une toile* de consommateurs *responsables* intéressés par le prix, bien sûr, mais aussi la qualité de l'eau et l'environnement aquatique, [qui] représenteront l'ACE sur tous ces secteurs », « surveiller avec vigilance les décisions prises par les syndicats et mairies et participer aux commissions officielles réunissant élus et consommateurs », « faire savoir et publier toute information sans compromission et en toute indépendance »[13]. L'objectif à terme était de coordonner l'action sur l'ensemble du département, en réactivant celles des associations qui étaient en sommeil.

Le Collectif Eau a lui, entreprit une action de sensibilisation du cabinet du Ministre de l'Environnement, en publiant une « Charte pour une réforme de la gestion des services d'eau et d'assainissement », qui rappelle que les factures d'eau ne doivent pas servir à l'établissement d'un impôt déguisé, demande que la gestion des services d'eau et d'assainissement soit exclusivement confiée à des collectivités publiques (régie directe) ou à des sociétés d'économie mixte (SEM) permettant un contrôle étroit de la collectivité sur l'activité de la société et, enfin, demande au niveau national un meilleur contrôle global du fonctionnement du système de l'eau, à travers une Haute Autorité de l'Eau et un contrôle plus étroit de l'activité des agences de l'Eau. Un certain nombre de ces revendications étaient sur le point d'aboutir dans le cadre de la nouvelle loi sur l'eau (discutée au niveau national jusqu'aux élections présidentielles et législatives).

Enfin un certain nombre d'associations ont créé une Coordination nationale des associations de consommateurs d'eau (Cace), qui regroupe actuellement une quarantaine d'associations dont Eau Secours (de Grenoble) et Eau: service public de Saint-Etienne. L'objectif de cette coordination est de permettre la mise en commun de documentations sur l'eau (jugements, articles de presse, comptes rendus d'actions individuelles ou collectives, etc.). Cette coordination refuse la mise en place d'une structure associative reconnue (de type Loi 1901) par crainte de devenir une « coquille vide » n'ayant plus qu'une représentation nationale et perdant ses accroches et sa légitimité locales. Si les colloques « Aquarévolte » organisés chaque année par cette coordination permettent aux associations et à leurs membres de mieux se connaître et d'échanger leurs idées à propos de leurs expériences respectives, ils n'ont cependant pas permis jusqu'à aujourd'hui la reconnaissance d'une force organisée au niveau national.

Au-delà des évolutions possibles que nous évoquions plus haut, nous pouvons d'ores et déjà reconnaître certaines conséquences et certaines orientations de ce mouvement. Aujourd'hui les associations ressentent une forte tension liée à la double nécessité d'un ancrage fort sur le terrain d'où elles sont originaires et à celle de porter la réflexion à un autre niveau, départemental ou national. En effet, pour la plupart des associations, l'essentiel des améliorations qui pouvaient être obtenues au niveau local l'ont été, comme le reconnaît M. Véricel, porte-parole du Collectif Eau de Saint-Etienne. Toujours est-il qu'on sort aujourd'hui d'une époque où la gestion de l'eau était une question technique, réservée à une « élite », pour la réinscrire dans le champ du politique.

Ces associations ont aussi l'intérêt majeur d'avoir reporté l'attention des élus sur ces services souvent délaissés du fait de leur haute technicité et de leur complexité dans tous les domaines. Une réflexion est en cours dans tous les lieux de discussion des élus, d'abord à travers le projet de loi sur l'eau en préparation pour la session parlementaire de 2001, mais aussi dans le cadre de rencontres au sein de l'association des maires de France (qui ont permis par exemple la création de Service Public 2000[14] en 1996). À travers ces associations de consommateurs d'eau, on a aussi la création d'une expertise pouvant servir la collectivité ou, au contraire, mener à la contre-expertise si elle ne trouve pas les moyens de s'exprimer. La reconnaissance de l'eau comme principe vital par les tribunaux est une conséquence très forte des actions des associations de consommateurs d'eau. Au début de l'action de ces associations, l'eau était davantage considérée comme un service industriel et commercial que comme un service public. Les premières réactions des élus locaux interpellés ont souvent été de dire « si vous trouvez normal de payer votre loyer, alors vous devez aussi trouver normal de payer votre facture d'eau » ; ainsi l'eau était comparée au loyer ou bien à une marchandise comme une autre : « on doit payer ce que l'on consomme ». Aujourd'hui les tribunaux ont affirmé l'interdiction de couper l'eau du fait des conséquences importantes que pourraient avoir les coupures d'eau sur la santé publique. La raison d'être du caractère public de ces services est ainsi réaffirmée, à travers un intérêt général (la santé publique) qui dépasse largement les intérêts locaux. Cette interdiction de suspendre la fourniture du service n'existe, à notre connaissance, pour aucun autre SPIC[15]. Cela nous semble modifier très clairement la relation service rendu/facturation individuelle, et remettre au centre du débat une des notions-clés du service public qui est l'utilité collective, ici « la privation d'un élément essentiel à la vie » et « une gêne très importante pour la santé »[16].

Il y a aussi la volonté d'affirmer un droit au contrôle permanent sur le politique, pas seulement au moment des élections. Ceci entraîne la difficulté d'une participation permanente qui ne soit pas un blocage. Mais il devient aujourd'hui impossible de gouverner (tant au niveau local qu'au niveau national) sans accepter la participation de ceux qui souhaitent s'investir, même de façon non traditionnelle, dans la vie politique. L'expérience de ces associations montre dans de nombreux cas[17] qu'une poignée de militants déterminés et compétents peuvent paralyser un projet pourtant soutenu aux plus hauts niveaux. Ainsi, il ne s'agit pas seulement d'activisme juridique, mais aussi du dernier ressort d'une « société civile » qui ne trouve plus les moyens d'expression adaptés à son évolution.

Enfin la question de l'eau rejoint aussi la question des usages, c'est-à-dire de la prise en compte des intérêts collectifs parfois divergents. Ce qui remet dans le débat la question de l'intérêt général et de sa négociation, dans un nouveau cadre qui n'est plus celui dans lequel ont été créées les agences de l'Eau (la décentralisation et l'Europe ayant profondément modifié les conditions de négociation de l'intérêt collectif). Savoir quelle eau potable on veut, savoir quel prix on est prêt à payer, ne relève plus de l'évidence (une eau toujours meilleure mais toujours plus chère) mais d'une réflexion collective dans laquelle les usagers ne veulent plus être seulement « le référent ultime de l'action de l'État »(Chevallier, 1994: 21), mais des acteurs sociaux qui cherchent encore leur mode d'expression.

CONCLUSION

Les exemples d'association que nous avons traités ont montré que les associations locales d'usagers s'inscrivent aujourd'hui dans une forme nouvelle de démocratie locale, associant participation à la vie politique locale et revendications d'une évolution, tant dans le domaine de la gestion de l'eau que dans celui de la représentation des usagers des services publics à tous les niveaux territoriaux. On perçoit aussi une remise en cause du pouvoir fort de l'exécutif local, le maire et le président du syndicat, ce qui est assez nouveau dans la vie politique française dans laquelle l'attachement au maire semblait une constante inamovible.

Par contre, ces associations ne semblent pas adaptées au système politique actuel de participation: en effet, seules certaines associations de consommateurs agréées peuvent aujourd'hui participer au niveau national à l'élaboration de politiques, de normes ou de lois concernant ces services. En particulier, l'agrément est soumis au caractère généraliste de ces associations, et nous avons vu que pour beaucoup d'entre elles ce n'est pas le cas. Elles estiment d'ailleurs avoir suffisamment de travail dans un domaine spécifique pour ne pas s'investir dans d'autres domaines, même si l'une d'elles (l'ACE du Lyonnais) a développé progressivement une action de défense individuelle des consommateurs comme pourrait le faire une association généraliste. Elles estiment par ailleurs que les associations consuméristes traditionnelles, généralistes, ne répondent pas à leurs besoins dans la mesure où elles n'ont pas développé d'expertise dans ces domaines spécifiques.

Notes

1 C'est l'esprit de la loi sur l'eau du 3 janvier 1992: « Art. 1°: L'eau fait partie du patrimoine commun de la nation. Sa protection, sa mise en valeur et le développement de la ressource utilisable, dans le respect des équilibres naturels, sont d'intérêt général ». L'article 13 définit la structure de la facture d'eau et le tarif binôme désormais applicable y compris en zone rurale. La loi réaffirme aussi le principe de l'équilibre financier obligatoire pour chacun des services, interdisant le financement des services de l'eau et de l'assainissement par le budget général de la commune.

2 Nous traiterons en particulier de ce mode de gestion, majoritaire en France (il a été choisi dans 75 % des communes, et il dessert 80 % de la population; *cf.* Guellec, 1995). Il reste le modèle évoqué lorsqu'on parle d'exportation du modèle français; le système de la gestion directe (régie communale ou syndicale) est en effet aujourd'hui marginal.

3 Un nouvel acteur, l'Europe, prend progressivement une place croissante dans le domaine de l'eau et de l'assainissement et, plus généralement, de l'environnement, l'État français intégrant dans ses lois les directives européennes.

4 Les responsabilités des communes sont nombreuses: de l'État-civil aux pompes funèbres en passant par l'assainissement, l'élimination des déchets ménagers ou l'entretien de la voirie communale, les élus locaux gèrent tout un pan de la vie quotidienne des Français et de l'organisation pratique du pays.

5 L'INSEE a défini une facture type correspondant à une consommation moyenne de 120 m^3, c'est-à-dire à une famille de 3 à 4 personnes, comprenant l'ensemble des coûts de l'eau et de l'assainissement: production et distribution de l'eau potable, collecte et traitement des eaux usées (parts du gestionnaire et de la collectivité), taxes diverses.

6 Il existe cependant quelques exceptions par exemple à Cruseilles (Haute-Savoie), et dans le Var, où les sections locales de l'Union Fédérale des Consommateurs se sont fortement mobilisées sur cette question. À Saint-Étienne aussi, c'est d'abord le tissu associatif traditionnel, syndical et consumériste (Confédération Nationale du Logement, Confédération syndicale du cadre de vie, Confédération Syndicale des Familles, Asseco-Cfdt) qui s'est mobilisé au sein d'un Collectif Eau.

7 Les syndicats du département du Rhône, hormis la Communauté Urbaine de Lyon, appliquaient pour la plupart une tarification au forfait, c'est-à-dire qu'à une somme fixe correspondait le droit à une consommation donnée. Si cette consommation était dépassée, un prix au m^3 était alors ajouté pour les m^3 supplémentaires consommés, appelés « excédents ». Par contre le fait de ne pas consommer toute l'eau à laquelle on avait droit ne donnait pas droit à une réduction.

8 Texte introductif du président de l'association à une brochure présentant celle-ci et son histoire (1998).

9 La notion de « retour » est ici tout-à-fait relative puisque le service d'eau est né en 1928 à Givors et Grigny avec, dès l'origine, la participation active de l'ancêtre de la société fermière actuelle à la définition du projet ainsi qu'à la gestion du réseau (Petitet, 1999).

10 Il semble bien que le syndicat de Givors soit celui dans la région qui ait le mieux préparé l'évolution de sa tarification (nombreuses réunions d'une commission spécifique sur ce thème de 1992 à 1994, lettre d'information des usagers en janvier 1994), ce qui explique la capacité des élus à justifier longuement la tarification choisie et les différences avec les syndicats voisins, en particulier pour les plus petits consommateurs.

11 L'ensemble des neuf associations (associations de consommateurs citées, plus l'association des usagers), ainsi que deux associations de quartier, les amicales laïques de Terrenoire et du Soleil, forment le Collectif Eau de Saint-Etienne.

12 Cette association n'a plus d'activité connue mais une personne reste très active à titre individuel, ce qui a permis de donner une plus grande envergure aux associations fusionnées.

13 « L'ACE vous informe », publication trimestrielle de l'association des consommateurs d'eau de l'Ouest Lyonnais, n° 16, janvier 1999, p. 3.

14 Service Public 2000 est un bureau d'études créé par l'association des Maires

de France et la Fédération Nationale des Collectivités Concédantes et Régies qui a pour objectif d'offrir aux collectivités locales une expertise sur leurs contrats de délégation.

15 Sauf pour l'électricité, mais c'est la conséquence toute récente de la libéralisation de la production d'électricité conformément à la directive européenne correspondante, et dont on ne peut encore évaluer la mise en œuvre et les conséquences pratiques.

16 Jugement du tribunal d'instance de Roanne, concernant les coupures d'eau aux usagers du syndicat Rhône Loire Nord. Ce jugement en référé du 11 mars 1996, favorable aux usagers, condamne la SDEI à rétablir l'eau aux usagers sous astreinte.

17 S. Dall'aglio, S. Petitet, « D'une concertation institutionnelle « exemplaire » à une contestation associative unitaire, le cas de la station d'alerte de Ternay (Rhône) », Communication au Colloque International « L'eau, l'aménagement du Territoire et le Développement Durable », organisé par l'Académie de l'eau avec le concours des Agences de l'Eau, Sénat, Paris, 10 au 10 février 2000.

Bibliographie

Brachet P., 1994, *Le partenariat de service public avec usagers, élus, professionnels*, Paris, l'Harmattan.

Chevallier J., 1994, *Le service public*, Paris, PUF, Coll. « Que sais-je? », (3è éd.).

Collectif, 1991, *La relation de service dans le secteur public*, Actes du Colloque « A quoi servent les usagers? », Plan Urbain – RATP – DRI, 5 tomes.

Curapp Craps, 1999, *La démocratie locale. Représentation, participation et espace public*, Paris, PUF.

Gay D., Gay G., 1996, « La distribution d'eau potable, levier et reflet des dynamiques territoriales dans l'agglomération stéphanoise », *Revue de Géographie de Lyon*, vol. 71, n° 3, p. 243-250.

Godbout J.-T., 1987, *La démocratie des usagers*, Montréal, Ed. Boréal.

Guellec A., 1995, *Le prix de l'eau: de l'explosion à la maîtrise?* Rapport d'information à l'Assemblée Nationale n° 2342, novembre 1995.

Ion J., 1997, *La fin des militants?*, Paris, Les Editions de l'Atelier, Coll. « Enjeux de société ».

Petitet S., 1999, « Du « *modèle français des services urbains* » à l'analyse de leur production », *Revue d'économie régionale et urbaine* n° 4, p. 737-764.

Petitet S., 1999, « De l'eau du Rhône à l'eau de la Ville: le cas de Givors », *Recherches Contemporaines.*

Rondin J., 1985, *Le sacre des notables, la France en décentralisation*, Paris, Ed. Fayard, coll. « L'espace du politique ».

Rosanvallon P., 1992, *La crise de l'État-Providence*, Paris, Ed. du Seuil, (3è éd.).

Sapin M., 1983, *La place et le rôle des usagers dans les services publics*, Rapport au Premier Ministre, Paris, La Documentation Française.

Warin P., 1997, *Quelle modernisation des services publics? Les usagers au cœur des réformes*, Paris, La Découverte, Coll. « Recherches».

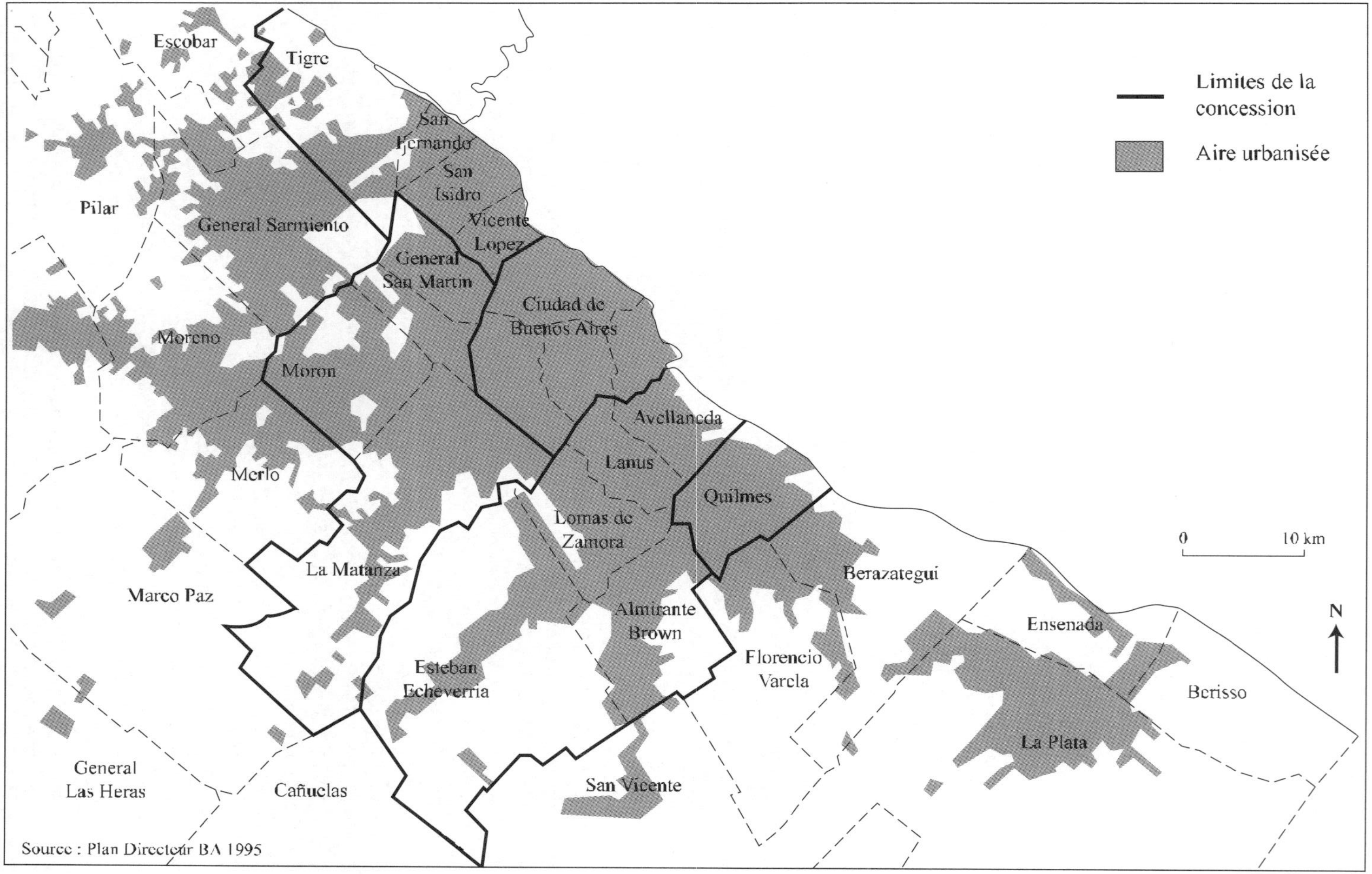

Région métropolitaine de Buenos Aires, la concession de l'eau.

PORTRAIT ÉCONOMIQUE DE L'USAGER DE L'EAU À BUENOS AIRES

José Villadeamigo*

Les revenus de la population constituent un élément fondamental pour définir l'usager du service d'eau et d'assainissement comme « unité de consommation", c'est-à-dire capable de se constituer en tant que demande réelle lui permettant d'acheter ce service. Ceci implique nécessairement une analyse de la base productive de l'économie de l'agglomération car celle-ci est un facteur important pour comprendre les revenus d'une population.

Dans ce texte, nous faisons l'examen descriptif d'un ensemble de variables macro-économiques afin d'obtenir une vision générale de la base économique de la Région Métropolitaine de Buenos Aires (RMBA), principale agglomération urbaine de la République d'Argentine (Cf. Carte, p. 68). Les principales variables ici considérées, qui permettent de caractériser, depuis un point de vue économique, les conditions qui ont une incidence sur la demande de services publics dans RMBA sont : 1°) le comportement de la population ; 2°) la production globale de marchandises et de services ; 3°) sa localisation dans la région ; 4°) le revenu des familles et sa distribution et, finalement, 5°) la dépense des familles en services publics. L'analyse recourt à l'évolution des variables sélectionnées afin de fournir des éléments de jugement quant aux tendances qui se font jour.

Le travail est exclusivement basé sur des sources secondaires et l'information recueillie porte sur la période 1970-1997 pour que soient appréciées les caractéristiques de son évolution à longue échéance. Ceci permet de détecter les principaux changements qui se sont produits autour des variables qui affectent l'offre et la demande de services dans le contexte général où elles se manifestent[1].

* Économiste, professeur, Universidad de Buenos Aires

LES FACTEURS

Population et emploi

La population de la Région Métropolitaine de Buenos Aires (RMBA) était de 13 900 000 hab. lors du dernier Recensement National, en 1991. La ville même de Buenos Aires regroupait à cette même date 2 966 000 individus, chiffre qui n'a pratiquement pas varié dans les trois derniers recensements, ce qui implique une diminution relative de sa population par rapport à celle de l'ensemble du pays et de la région. Une grande partie de la population de cette région, 10 934 000 hab., est implantée dans la conurbation et enregistre une croissance moyenne de près de 1,5 % par an[2]. Cette moyenne recouvre, pourtant, une disparité dans sa composante spatiale. Certaines communes font montre d'une croissance plus rapide de leur population tandis que d'autres stagnent relativement. Celles dont la population augmente son généralement situées dans ce qu'on appelle le Second Cordon de la Conurbation qui est caractérisé par un degré plus grand de sous-développement.

Dans la RMBA, en 1991, 4 200 000 personnes avaient un emploi et 259 000 étaient sans travail. La plus importante proportion de chômeurs se trouvait dans la conurbation. En 1997, les personnes occupées étaient au nombre de 4 457 900[3] tandis que le nombre de chômeurs avait triplé. À cela il faut ajouter le total des « sous-employés » qui a presque doublé entre 1991 et 1997, passant de 328 000 à 678 000. Les facteurs susceptibles d'expliquer le non-emploi de la force de travail se maintiennent et, pire encore, montrent des signes clairs de leur accentuation; c'est pourquoi on peut pronostiquer une croissance tant du non-emploi que du sous-emploi.

Actuellement environ 60 % des personnes occupées de la région habitent la conurbation tandis que les 40 % restants sont installés dans la capitale fédérale. Le comportement de la population de la RMBA fait que la plupart des personnes (52,2 %) sont établies dans ce qu'on appelle la première couronne[4], qui affiche une densité plus réduite d'habitants. Par ailleurs, cette zone concentre le plus grand nombre relatif de chômeurs et de pauvres de la région. On constate donc que la dynamique de croissance et la composition par tranches d'âge[5] de la population et sa distribution dans l'espace pose des exigences spécifiques pour l'offre de services de base. Il s'agit, en effet, de subvenir aux besoins d'un nombre chaque fois plus élevé de personnes, relativement peu concentrées dans une zone dont les carences sont notoires, particulièrement en matière de service d'eau et d'assainissement. On peut également ajouter à ceci l'existence de limitations de l'offre dans le Premier Cercle et même dans les zones les mieux servies de la région.

La production des marchandises et des services

Dans la RMBA, cette production a représenté, au cours des quinze ans qui commencent en 1970, près de 40 % de la production totale du pays. Cette proportion dépassait de 17 % la concentration de population dans la même région. La composition de cette production régionale montrait que le secteur secondaire (industrie manufacturière et construction civile) y générait, dans la première moitié des années soixante-dix, 47,6 % du

Produit Brut Géographique (PBG) et le secteur tertiaire 52,2 %. Dans les dix ans qui ont suivi, l'importance des services est allée en s'accentuant de telle façon, qu'en 1985-1986, ils représentaient pratiquement 60 % du PBG. À partir de 1986, les statistiques officielles ne présentent plus de série temporelle du PBG dans la RMBA. De ce fait, nous avons réalisé une estimation du PBG de l'année 1993 à partir des chiffres fournis par le CEN de 1994. Selon ceux-ci le PBG de la RMBA aurait atteint 42,9 % du PIB argentin et le PBG de la CBA aurait dépassé de 80,3 % le PBG de la conurbation.

La valeur du PBG *per capita* dans la région métropolitaine estimé pour 1993 était de 9700 $, selon les valeurs de 1994. Mais la concentration spatiale des activités productives détermine que dans la CBA le PBG a été de 22000 $. Pourtant l'importante masse d'habitants de la conurbation, intégrant la RMBA, présentait non seulement un produit moyen plus bas que celui de la CBA (le plus élevé du pays) mais aussi plus bas que la moyenne nationale qui était de 7059 $ contre 4411 $ dans la conurbation elle-même.

La distribution spatiale des activités de production

Dans le cas de la conurbation, l'unité minimum d'analyse des effets de la localisation spatiale des activités économiques est le municipe et dans la Ville de Buenos Aires, celle-ci même. Afin de permettre une meilleure observation des effets de la distribution spatiale des activités productives les municipes de la Conurbation ont été regroupés en trois zones : Nord, Sud et Ouest. Ce regroupement coïncide en ligne générale avec ceux qui sont faits dans les diverses études sur la RMBA. Les activités économiques urbaines recensées ont été regroupées selon une division sectorielle tripartite : 1) Industrie ; 2) Commerce, Restaurants et Hôtels ; 3) Services.[6] L'importance d'arriver tant à interpréter les chiffres de la production qu'à les actualiser tient à ce que cela donne la possibilité de mesurer l'ampleur du processus de concentration/déconcentration spatiale des activités économiques, sa connexion avec le processus d'établissement de la population et les caractéristiques propres au revenu des familles.

Si l'on observe les zones Nord, Ouest et Sud ainsi que le Premier et le Seconde Cercle, on s'aperçoit que le Nord et le Sud de la conurbation réunissent, respectivement, 44 et 32 % du Produit Brut des activités prises en compte, c'est-à-dire les 3/4 du total. Le quart restant se situe dans la zone Ouest. Pratiquement les deux tiers du VAB total durant la première année de la période 1993-1997 (en $ de 1993) correspond à l'industrie manufacturière. Le premier et le second cercles présentent une différence très marquée dans la mesure où l'un concentre les 4/5èmes du Produit Brut desdites activités tandis que l'autre n'en représente qu'un cinquième. La croissance relative de la production du Nord constitue également une sorte de prolongation d'un processus urbanistique parallèle, situé sur le territoire de la Ville de Buenos Aires et ayant une même orientation géographique (depuis le « Centre » vers le Nord, en passant par les quartiers de Retiro, Palermo, Belgrano, Núñez et Saavedra). Dans ce cas, le processus révèle des tendances à la concentration de la population à hauts revenus.

Niveau et distribution du revenu des familles

Vouloir connaître le niveau et la distribution du revenu familial se justifie par le fait que ces deux éléments, étant donné le volume de la population et si l'on prend en considération les prix, constituent des facteurs importants pour la demande et l'offre des services publics (électricité, gaz, communications, transport, eau et assainissement). Au dernier trimestre de 1997 l'ensemble des foyers de la région totalisaient un chiffre de 3 520 000 hab. 89 % d'entre eux, soit 3 130 200 avaient des revenus normaux tandis que 1,4 % n'avaient aucun revenu, et le reste, soit 341 400, percevaient des revenus partiels. Le regroupement des foyers en fonction du niveau de leurs revenus permet d'apprécier que les 10 % de la population à revenu le plus bas perçoivent 172 $ par foyer tandis que ceux qui sont au sommet perçoivent 3 827 $. On en conclut que la relation entre les revenus de ces deux groupes est de 22,25. Le tableau n° 1 montre l'évolution de la distribution des revenus pour les habitants de la Région Métropolitaine de Buenos Aires, regroupés en quintiles, selon l'information obtenue auprès de la EPH réalisée par l'INDEC en 1970, 1974, 1986 et 1997 (voir annexe : tableaux).

Comme il a déjà été mentionné pour l'INDEC, le Grand Buenos Aires comporte la capitale fédérale et 19 municipes de la conurbation qui l'entoure. Il est important de signaler que la forte chute du revenu moyen familial (46,4 %) en 1988 par rapport à 1974 (ce qui a impliqué une baisse de 34,4 % du revenu total des foyers) n'a pas signifié une réduction aussi importante du Revenu National. La perte de revenu des familles a été compensée par une plus grande rétention des revenus des sociétés anonymes (sociétés de capital) et de ceux du Gouvernement, à cause de l'exportation de capitaux et, finalement, de la chute de la production physique. La légère récupération du revenu moyen familial qui s'est produite entre 1997 et 1998 n'a été ressentie que dans le quatrième et le cinquième quintile tandis que les trois premiers ont perdu des points par rapport à l'année de la plus haute inflation.

Les principales observations que nous avons tirées de ces éléments chiffrés sont les suivantes :

– *Une concentration des revenus et une réduction des revenus moyens.*

Sur le long terme apparaît, de façon évidente, un processus de forte concentration des revenus familiaux dont la particularité tient au fait que tous les quintiles connaissent une réduction de leurs revenus moyens si l'on prend pour référence les années 1970 et 1974[7], et que celle-ci est plus accentuée pour les groupes à plus bas revenus.

– *Une accentuation de l'appauvrissement.*

Ceci a donné lieu à une forte augmentation du degré d'appauvrissement ainsi qu'à la réduction du revenu dans une grande partie des foyers de la RMBA. Cette région, comme nous l'avons signalé auparavant, est la plus importante du pays car elle concentre la part la plus élevée du PIB ainsi que le plus haut pourcentage de la population argentine. En outre, il faut se rappeler qu'elle est divisée en deux zones, la ville de Buenos Aires et la conurbation, dont les revenus moyens sont très différents. De ce fait la conurbation, sur laquelle se trouvent les 3/4 de la population de la RMBA, réunit le plus grand nombre de ces foyers en voie d'appauvrissement et souffre, aussi, des plus fortes carences au niveau de l'offre de services publics. Le pourcentage de foyers avec NBI (et pauvreté du Second Cercle de la conurbation) dépasse toujours et de façon très importante le chiffre moyen de la RMBA et de l'ensemble de la conurbation (Tableaux n° 2 et n° 3).

Il est important de signaler que la proportion de la population avec NBI de la RMBA a diminué depuis 1988 ; ce phénomène a d'ailleurs aussi atteint la conurbation. Pourtant, une telle diminution a été accompagnée d'une accentuation de la différence entre la conurbation et la moyenne régionale. Ainsi, alors qu'en 1988 le taux de NBI était de 15,4 % pour la RMBA et que celui de la conurbation le dépassait de 13,1 % (100 à 137,1), en 1997 la différence enregistrée était de 43 % (100 à 143). Dans le Second Cercle, les différences étaient encore plus prononcées. En ce qui concerne la pauvreté, il apparaissait qu'elle s'accentuait et augmentait très rapidement : tandis qu'en 1988 (année de la plus haute inflation en Argentine) la proportion de la population pauvre de la RMBA était de 14,2 %, en 1997 elle atteignait 18,8 % ; soit une augmentation de 4,6 points. Dans la conurbation et dans le Second Cercle, les augmentations furent encore plus rapides puisque l'on enregistrait, alors, des taux très supérieurs à la moyenne régionale (Tableau n° 2).

– *L'absence d'offre et l'insuffisance de la demande.*

Ces carences impliquent autant une absence d'offre, en ce qui concerne tout particulièrement les services d'eau et d'assainissement, le téléphone et le gaz, qu'une insuffisance de la demande effective. Les limitations de l'offre et de la demande ont entre elles une relation étroite car elles dénotent une certaine circularité, en particulier quand le service est vendu à son coût de production : d'un côté, ce qu'on appelle le « rationnement d'acheteurs", qui révèle l'étroitesse des possibilités de l'infrastructure liée à la mise en œuvre du service, ne peut être séparé des exigences de rentabilité de l'entreprise et, d'un autre côté, la rareté de la demande, déterminée par un bas niveau de revenu, conditionne cette rentabilité.

Facteurs du processus de redistribution régressive du revenu

On peut affirmer que ces tendances ont leur origine dans la restructuration de la production et dans les politiques économiques qui ont été adoptées. On doit attribuer les effets de l'augmentation des inégalités dans les rémunérations, d'une part, à la plus grande hétérogénéité de la structure productive argentine à la fin des années quatre-vingt et, d'autre part, aux mesures – chaque fois plus nombreuses – qui tendent à établir des ajustements macro-économiques telles que les modification des types de change, les stratégies anti-inflationnistes ou la diminution du pouvoir syndical.

Les changements annoncés après 1988 en matière de revenu familial ont à voir avec l'approfondissement des tendances signalées en matière de transformation de la production du pays et de la région.[8] À cela viennent s'ajouter une forte augmentation du chômage ouvert et du sous-emploi. Ce dernier était un effet, prévu, de ce type de transformations sur le marché du travail si on ne les accompagnait pas d'une croissance forte du taux d'investissement et de l'incorporation de nouvelles technologies. Par ailleurs, on a introduit des mesures de politique économique qui ont eu une incidence négative sur la rétribution du travail, comme les diminutions successives des apports patronaux et individuels à la sécurité sociale, les indemnisations pour accidents du travail et le paiement des heures supplémentaires. Ceci est venu s'ajouter à l'effet de dépréciation sur le niveau du salaire causé par l'augmentation du chômage. Finalement, cela a débouché sur la consécration par la loi des relations très défavorables aux travailleurs qui s'étaient établies de facto entre ceux-ci et leurs entreprises, à partir d'un fléchissement de la législation qui régule le marché du travail. Tout ceci prit place dans le cadre d'un ensemble de mesures de politique économique teintée d'un « néo-libéralisme » trop sûr de lui qui n'a pas tenu compte des effets négatifs ni des indicateurs de l'évident échec par rapport aux différents objectifs que l'on prétendait atteindre. Ceci est bien illustré à travers le cas du système de change et du système monétaire (le modèle dollar), et à partir d'un fléchissement de la législation régulant le marché du travail, on constate une brusque et profonde diminution de la protection par rapport à la production nationale. On peut donc dire, sans se tromper, qu'il aurait fallu une vraie volonté politique pour que les effets indésirables des diverses mesures prises ne soient pas irréversibles.

LES DÉPENSES FAMILIALES RELATIVES AUX SERVICES PUBLICS

Les services qualifiés de publics comprennent l'électricité, le gaz, le transport, les communications, l'eau et l'assainissement. Ces services sont produits et distribués sur la base d'une contre-prestation, c'est-à-dire qu'ils sont fournis contre le paiement simultané en espèces, même si cette simultanéité ne consiste pas en un strict paiement au comptant, cette condition est maintenue au niveau conceptuel. Les dépenses en services publics résultent de la multiplication des volumes physiques utilisés dans chaque cas par leur coût unitaire. Pour l'usager, le coût unitaire correspond : a) au tarif du service public ; b) au déboursement nécessaire pour permettre l'accès au service, autrement dit l'installation nécessaire pour le recevoir.

Les tarifs

Le marché de la plupart des services publics est de type monopolistique et oligopolistique dans la mesure où certains d'entre eux constituent des monopoles naturels. C'est à partir de cette dernière qualité qu'était justifiée la propriété de l'État sur les entreprises qui les produisaient. Pourtant, l'État a aussi déterminé, en termes légaux, la production de plusieurs de ces services à caractère monopolistique. Par exemple, dans le cas du Service des Postes, l'État avait maintenu l'interdiction pour des entreprises privées de prendre en charge ce service mais la politique de dérégulation et de privatisation a éliminé cette protection.

Durant les dernières décennies, l'évolution des tarifs des services publics a été très inégale. Dans le cas des transports publics de passagers, le tarif moyen pondéré de l'automobile collective a augmenté d'environ 78 % tandis que le mode ferroviaire s'est maintenu très au-dessous de ce niveau (1970-1996)[9]. Les prix de l'électricité, du gaz, du téléphone, du courrier, de l'eau et de la santé ont enregistré des variations très dissemblables. La fixation par le gouvernement des prix et des tarifs des entreprises d'État chargées de produire ou de fournir les services publics a engendré pour ceux-ci des fluctuations que l'on peut vraiment qualifier d'erratiques. Pourtant, l'indice des prix et des tarifs de l'ensemble des services destinés aux familles s'est maintenu durant des années plus souvent au-dessous de leur valeur moyenne de base (1960) qu'au-dessus (Tableau n° 4). À partir de la privatisation des entreprises en question, au début des années quatre-vingt-dix, ils ont tous subi de fortes augmentations.

La politique des tarifs appliquée par les gouvernements n'a pas été exposée, au moins durant la dernière décennie, de façon explicite par les autorités adéquates. Au lieu d'une position élaborée qui tiendrait compte des diverses facettes de cette importante question, on a imposé soit une simple validation des tendances enregistrées, et qui sont le fruit des conditions du marché (par exemple, en ce qui concerne le transport), soit une volonté d'encouragement à la participation des entrepreneurs privés pour la production desdits services (électricité, gaz, communications, eau et assainissement)[10]. L'ensemble des tarifs établis est plus lié à des objectifs financiers qu'à des objectifs économiques; ils excluent tous, au moins en principe, les subventions directes aux usagers.

Les principaux effets de cette politique de tarifs de type « ad hoc » sont : a) une croissance inégale des tarifs des divers services qui ne semble pourtant pas justifiée par les coûts respectifs d'exploitation et la qualité de la prestation; b) une augmentation prononcée des prix relatifs; c) une augmentation relative des dépenses en services publics pour les familles, tant en ce qui concerne les services considérés comme « obligatoires » que ceux dits de « prestation universelle". Même si l'on ne peut pas attribuer ce fait à la seule politique des prix[11], il n'en reste pas moins que celle-ci constitue une partie essentielle de ce résultat. On doit ajouter à cela l'utilisation du tarif comme moyen de financement des ouvrages à long terme, comme dans le cas de l'infrastructure économique et sociale

Dans le cas du service d'eau et d'assainissement, le tarif minimum en vigueur avant l'implantation du SUMA (montant fixe qui s'additionne à la facture et sert à financer les travaux d'expansion) peut être estimé à 2,50 $ par mois et par service en valeurs actuelles, soit 5 $ pour les deux. L'extension du service vers de nouveaux usagers supposait le recouvrement de la proportion correspondante à l'infrastructure. Une estimation de la dépense minimale à laquelle étaient soumis les nouveaux usagers du service apparaît dans le tableau n° 5. La dépense mensuelle comprend le tarif et la taxe d'infrastructure. Celle-ci pouvait être payée sur 24 mois. La taxe d'infrastructure initiale a été de $ 325 pour l'eau et de $ 460 pour les égouts; elle est ensuite passée à $ 450 et $ 670 puis à $ 366 et $ 606, respectivement.

La dépense totale en services publics est enregistrée par l'Enquête sur les dépenses des foyers de la région, élaborée par l'INDEC. Pourtant, ne sont publiés séparément que les chiffres correspondants aux Transport et Communications. Nous avons, pour cette raison, réuni à partir d'autres sources les informations correspondant aux items électricité, gaz, eau et assainissement, afin de présenter un tableau complet de la dépense en services publics par foyer. Trois années ont été sélectionnées : 1969-1970, 1986 et 1996-1997. Le tableau n° 11 présente un résumé des dépenses mensuelles par foyer pour les services publics (transport public, communications, électricité, gaz, eau et égouts) correspondant à l'année 1996-1997, à laquelle ont été adjoints les chiffres des périodes additionnelles (1969-1970 et 1986) exprimées en monnaie de pouvoir d'achat constant. Les chiffres qui se réfèrent aux années en question contiennent des détails uniquement en ce qui concerne les rubriques « transport » et « communications » ; ceci fait qu'on ne peut observer l'évolution à long terme que sur ces deux éléments. Alors qu'en 1970 la dépense mensuelle était de $ 57,10, quinze ans plus tard elle était descendue à $ 46,70 tandis qu'en 1997 la même dépense s'élevait à $ 74,20 par famille et par mois.

Les foyers intégrés aux quatre premiers quintiles dépensent pour ces services environ 14,5 % du total de leur consommation ; cette proportion tombe à 10,5 % dans le cas des foyers qui intègrent le dernier quintile. Donc, chaque foyer du premier quintile destine 45,60 $ à la dépense en services publics tandis que ceux du cinquième quintile en consacrent 231,54. Le rapport entre les deux ensembles de dépenses est donc de un à cinq. Cette différence implique une fourniture inégale en termes de volumes physiques entre l'un et l'autre type de foyer, et met en évidence des consommations tout à fait moindres pour une partie significative de la population. Ce fait est déjà connu de façon précise à travers l'information fournie par les travaux sur le degré de satisfaction des besoins de base de la population.[12] Nous avons donc ici une confirmation du fait que de larges secteurs de la population de la RMBA souffrent d'une carence au niveau de la satisfaction de leurs besoins fondamentaux.

La dépense moyenne en services publics des foyers de la RMBA (agglomération du Grand Buenos Aires selon la terminologie de l'INDEC) a atteint, en 1997, 5 264 millions de dollars (en valeur de l'année en question). Les 20 % de population qui ont la consommation la plus basse représentent 7,1 % du total de ces dépenses tandis que les 20 % qui avaient la consommation moyenne la plus élevée en représentaient 36,2 %. Dix ans auparavant, en 1986, la dépense annuelle mentionnée avait été réduite de probablement 12 % par rapport au chiffre de 1970 alors que la population de l'agglomération dépassait de 25 % celle de 1970. Enfin, pour la période 1996-1997, la dépense effectuée par foyer pour ces rubriques s'était maintenue au même niveau qu'en 1986. Quant au service d'eau et d'assainissement, le prix établi pour une consommation moyenne minimale, qui correspondrait aux foyers à niveau socio-économique bas (premiers déciles du tableau de distribution des revenus), il est consigné dans le tableau n° 9. Sur la base de cette estimation, il est intéressant d'interpréter la dépense en électricité et gaz, d'un côté, et celle en eau et assainissement, de l'autre, calculé pour le premier quintile des foyers de la RMBA dont la consommation moyenne mensuelle est de $ 324,7.

La dépense correspondant au service d'eau potable et d'égouts est supportable pour une grande partie des foyers qui ont des revenus pleins et qui utilisent ce service et tous les autres. Dans les foyers du premier cinquième, il représente en moyenne 11 % des dépenses en services publics et 1,5 % de l'ensemble des dépenses de consommation. Le nouveau tarif de 8 $ qui signifie une augmentation de 60 % par rapport au tarif antérieur élève l'importance relative de la dépense de cette rubrique à 16,5 % du total des services et à 2,5 % du total de la consommation[13]. Mais, dans le cas de ceux qui sont de « nouveaux » usagers, situés principalement dans les premiers dixièmes de revenu, on doit ajouter au tarif la charge liée aux infrastructures qu'ils devront payer pour accéder au service ; ceci fait passer la dépense mensuelle à 16 $. En outre, il faut aussi compter la dépense afférente à l'installation interne estimée à 1 500 $ (voir les Tableaux n° 6 et n° 7).

Toutefois, dans le premier dixième des foyers ayant des revenus pleins, il existe une partie de la population qui ne peuvent pas payer ces dépenses (le revenu moyen mensuel du premier dixième des foyers à revenus pleins était, en 1997, de 172 $). À ces foyers, il faut ajouter ceux qui n'ont pas de revenus ou qui ne reçoivent qu'un revenu partiel. La question est que, dans de tels cas, les services ne sont pas utilisés, ou de façon incomplète (certains usagers n'en paient qu'une partie). Ainsi, l'incapacité de payer limite directement la demande et aussi l'offre orientée vers ces secteurs de la population qui sont, maintenant, très nombreux.

La limitation de l'offre de services publics, et en particulier celle de l'eau et des égouts, existait déjà lorsque le service était fourni par les organismes d'État, car c'était la limitation budgétaire du gouvernement qui empêchait les investissements publics et, donc, la concrétisation de l'universalisation des services. La privatisation de la production des services publics, en introduisant le calcul économique privé, maintient en définitive cette limitation du côté de l'offre. En outre, l'accès aux services publics qui, pour une partie de la population, passait à travers la libre distribution (dans certains cas, par le branchement clandestin qui n'était ni empêché, ni puni par les entreprises publiques et, dans d'autres, par la continuité dans la prestation malgré le non-paiement) a disparu au fil du temps après que le s monopoles soient passés au secteur privé.

* * *

L'appauvrissement et la réduction des revenus qu'a enregistré une large partie de la population de la RMBA constituent une difficulté structurelle pour l'expansion des services. L'accomplissement du principe d'universalisation des services exige donc l'implantation de subventions en tant qu'outil à portée significative. De cette manière, la règle générale selon laquelle « celui qui consomme paie », considérée comme un ingrédient rationnel fondamental de l'efficacité, devra être limitée chaque fois que l'on voudra assumer le dit principe d'universalisation. C'est là que surgit la nécessité de compléter la mécanique du marché en recourant à la régulation, même si celle-ci peut apparaître comme un type de solution qui n'est pas pleinement satisfaisant.

Annexes : tableaux

TABLEAU N° 1 : ÉVOLUTION DE LA DISTRIBUTION DU REVENU FAMILIAL PAR QUINTILES DANS LA RÉGION MÉTROPOLITAINE DE BUENOS AIRES (VALEUR DE L'ANNEE 1997)

QUINTIL	ANNÉE 1970			ANNÉE 1974		
	Participation dans le revenu total %	Revenu mensuel *per capita*	Revenu mensuel familial	Participation dans le revenu total %	Revenu mensuel *per capita*	Revenu mensuel familial
1	5,9	191,1	651,5	7,1	202,2	712,8
2	13,8	450,2	1267,7	11,7	337,6	1191,3
3	15,7	510,7	2154,6	16,2	466,3	1649,6
4	22,4	727,7	3222,8	22,5	648,1	2291,2
5	42,2	1373,4	4337,7	42,5	1222,2	4337,2
Total	100	650,0	2211,2	100	575,2	2036,6

QUINTIL	ANNÉE 1988			ANNÉE 1997		
	Participation dans le revenu total %	Revenu mensuel *per capita*	Revenu mensuel familier	Participation dans le revenu total %	Revenu mensuel *per capita*	Revenu mensuel familier
1	4,8	70,9	262,9	4,3	60,9	243,7
2	9,8	144,9	537,7	8,9	131,6	508,1
3	14,8	217,6	807,9	14,1	246,2	800,6
4	22,5	331,3	1.229,8	22,0	399,7	1.251,1
5	48,0	707,1	2.624,8	50,7	1146,0	2.875,2
Total	100	294,3	1.092,6	100	340,8	1.133,7

Source : INDEC « Enquête permanente sur les foyer ».

TABLEAU N° 2 : POPULATION AVEC NBI : POURCENTAGE DE FOYERS

Année	RMBA	Conurbation	Second cordon/ conurbation
1988	15,1	20,7	29,9
Indice	100	137,1	198,1
1990	16,2	22,1	29,5
1992	14,4	19,2	26,0
1994	15,5	21,1	29,9
1996	12,0	16,4	25,5
1997	10,7	14,3	20,6
Indice	100	143,0	206,0

TABLEAU N° 3 : FOYERS EN CONDITION DE PAUVRETÉ (EN %)

Année	RMBA	Conurbation	Second cordon/ conurbation
1994	14,2	18,2	23,7
Indice	100	128,2	166,9
1995	16,3	21	21,8
Indice	100,0	128,8	133,7
1996	19,6	25,3	31,8
Indice	100	129,1	162,2
1997	18,8	24,8	32,7
Indice	100	131,9	173,9

TABLEAU N° 4 : PRIX ET TARIFS DES ENTREPRISES PUBLIQUES DONT LES PRODUITS SONT DESTINÉS AUX FAMILLES ENTRE 1960 ET 1983 (ANNÉE DE BASE : 1960)

ANNÉE	**1960**	**1961**	**1962**	**1963**	**1964**	**1965**	**1966**	**1967**
	100	89,8	90,9	102,2	85	87	87,9	94,7
ANNÉE	**1968**	**1969**	**1970**	**1971**	**1972**	**1973**	**1974**	**1975**
Prix et tarifs pour les familles (1)	102,8	98,3	94,7	86,3	80,2	88,6	124,5	132,9
ANNÉE	**1976**	**1977**	**1978**	**1979**	**1980**	**1981**	**1982**	**1983**
Prix et tarifs pour les familles (1)	100,6	102,1	102,2	81,3	80	96,1	88,4	101,4

Source: SIGEP (1) Indice pour actualiser les prix et tarifs: Prix au consommateur.

TABLEAU N° 5 : DÉPENSES DU SERVICE D'EAU ET D'ÉGOUTS POUR LES NOUVEAUX USAGERS JUSQU'EN 1996 AVEC CHARGE D'INFRASTRUCTURE (VALEURS EN PESOS)

	Coût total du raccordement			Dépense mensuelle*		
	Eau	Égout	Total	Eau	Égout	Total
Charge d'infrastructure	450	670	1120	18,8	27,9	46,7
Raccordement interne	500	1000	1500			
Tarif mensuel				2,5	2,5	5
TOTAL	950	1670	2620	21,3	30,4	51,7

* La dépense mensuelle comprend le tarif et la taxe d'infrastructure.

TABLEAU N° 6 : VALEUR EN PESOS DE LA FACTURE MENSUELLE DES SERVICES D'EAU ET D'ÉGOUTS (ANNÉE 1999)*

Eau	4
Égout	4
TOTAL	8

* Ce tarif minimum est assimilable à celui qui serait appliqué dans la zone d'expansion.

TABLEAU N° 7 : VALEUR DE LA FACTURE MENSUELLE DES SERVICES D'EAU ET D'ÉGOUTS DANS LES ZONES D'EXPANSION (ANNÉE 1999)

Concept	Coûts du raccordement			Dépense mensuelle *		
	Eau	Égout	Total	Eau	Égout	Total
Charge d'intégration au service*	240	240	480	4	4	8
Raccordement externe	500	1000	1500			
Tarif mensuel				4	4	8
Total	740	1240	1980	8	8	16

* En vigueur depuis la date d'annulation de la taxe d'infrastructure, la taxe d'intégration au service est payée par tranche durant cinq ans. La dépense mensuelle comprend le tarif plus la taxe d'infrastructure.

TABLEAU N° 8 : ÉVOLUTION DE LA DÉPENSE MOYENNE MENSUELLE EN SERVICES PUBLICS PAR FOYER DANS LA RÉGION MÉTROPOLITAINE DE BUENOS AIRES (EN POURCENTAGES ET VALEURS DE L'ANNÉE 1994)

Type de dépense	1970		1986		1997	
	%	Pesos	%	Pesos	%	Pesos
Transport public	2,19	45,50	2,6	30,30	5,1	50,20
Taxis et transport scolaire	S/d	S/d	0,5	5'9	S/d	S/d
Téléphone et courrier	0,56	11,6	0,9	10,5	2,44	24,0
Transport public et communications	3,25	57,10	4,0	46,70	7,54	74,20
Électricité					2,14	21,09
Gaz					1,59	15,65
Eau et égouts					1,47	14,46
Électricité, gaz, eau et égouts					5,20	51,20
Total de services publics					12,74	125,40
Total des dépenses	**100**	**2075,4**	**100**	**1165,5**	**100**	**985**

Élaboré à partir de a) INDEC, 1998, *Enquête des dépenses des foyers de l'agglomération du Grand Buenos Aires*, mai 1998; b) Chisari, Omar et Estache, Antonio, 1999, *Texte de discussion n° 3*, table n° 4, UADE, CEER, mars 1999, p. 56.

TABLEAU N° 9 : DÉPENSE MENSUELLE EN SERVICES PUBLICS PAR FOYER SELON LES QUINTILES EN % DANS LA RÉGION MÉTROPOLITAINE DE BUENOS AIRES (ANNÉE 1997)

Type de dépense	Premier quintil	Second quintil	Troisième quintil	Quatrième quintil	Cinquième quintil	Total de la population
Transport public	6,34	7,04	6,05	5,93	3,66	5,10
Téléphone et courrier	2,61	2,46	2,61	2,57	2,28	2,44
Total de transport et communications :	8,95	9,50	8,66	8,50	5,94	7,54
Électricité, gaz, eau et égouts	5,28	5,31	5,65	6,01	4,52	5,20
Total de services publics	**14,23**	**14,81**	**14,31**	**14,51**	**10,46**	**12,74**
Dépense de consommation moyenne ($ de 1997)	324,7	553,5	792,99	1 153,5	2 214,4	1 008,5
Nombre de foyers (en milliers)	684,7	684,7	684,0	685,8	685,2	3 424,5

Élaboré à partir de INDEC, *op. cit.*, mai 1998 et Chisari et Estache, *op. cit.*, mars 1999.

TABLEAU N° 10 : DÉPENSE MENSUELLE EN SERVICES PUBLICS PAR FOYER, SELON LES QUINTILES EN PESOS DANS LA RÉGION MÉTROPOLITAINE DE BUENOS AIRES (ANNÉE 1997)

Type de dépense	Premier quintil	Second quintil	Troisième quintil	Quatrième quintil	Cinquième quintil	Total de population
Transport public	20,59	38,96	47,98	68,40	81,05	51,43
Téléphone et courrier	7,85	13,61	20,70	29,65	50,49	24,60
Total de transport public et communications	28,44	52,58	68,68	98,05	131,53	76,03
Électricité, gaz, eau et égouts	17,15	29,39	44,80	69,35	100,01	53,00
Total services publics	**45,59**	**81,97**	**113,48**	**167,74**	**231,54**	**129,03**
Dépense de consommation moyenne	324,7	553,5	793,0	1 153,5	2 214,4	1 008,1

Élaboré à partir de INDEC, *op. cit.*, mai 1998 et Chisari et Estache, *op. cit.*, mars 1999.

TABLEAU N° 11 : DÉPENSE ANNUELLE EN SERVICES PUBLICS PAR FOYER SELON LES QUINTILES DANS LA RÉGION MÉTROPOLITAINE DE BUENOS AIRES (EN MILLIONS DE PESOS DE 1997 ET EN %)

Année 1997	Premier quintil	Second quintil	Troisième quintil	Quatrième quintil	Cinquième quintil	Total de population
Dépense annuelle en transport public, y compris taxi et transport scolaire	169,1	320,1	393,8	562,9	666,4	2 113,6
Participation par quintil (%)	8,0	15,1	18,6	26,6	31,5	100,0
Dépense annuelle en téléphone et courrier	64,50	111,82	169,92	244,00	415,15	1 005,40
Participation par quintil (%)	6,42	11,12	16,90	24,27	41,29	100,0
Dépense annuelle en électricité, gaz, eau et égouts	140,94	241,51	367,61	571,13	822,49	2 144
Participation par quintil (%)	6,57	11,27	17,15	26,64	38,37	100
Dépense annuelle en services publics	**374,6**	**673,5**	**931,5**	**1 380,4**	**1 903,8**	**5 264**
Participation par quintil (%)	7,12	12,79	17,70	26,22	36,17	100,0

Élaboré à partir de INDEC, *op. cit.*, mai 1998 et Chisari et Estache, *op. cit.*, mars 1999.

Notes

1 Il est important de noter que la définition de la zone couverte par la Région Métropolitaine de Buenos Aires a tenu compte avant tout de la disponibilité d'information puisqu'il a fallu recourir exclusivement à ce qui existait déjà dans les organismes spécialisés. Pour cette raison, nous avons accepté que, outre la Ville de Buenos Aires, soient incorporés à l'ensemble dix-neuf districts de la conurbation que l'INDEC considère comme partie intégrante de ce que l'on appelle le « Grand Buenos Aires ».

2 Ce taux est pratiquement égal à l'évolution végétative et correspond à la moyenne enregistrée pendant la période de 1980 à 1991 qui sépare les deux recensements.

3 Soit une augmentation de 6,1 % par rapport à l'augmentation de 18,2 % de la population économiquement active (PEA).

4 La première couronne est formée par les districts de Vicente Lopez, San Isidro, San Fernando, Tres de Febrero, San Martin, Moron, Merlo, une partie de La Matanza, Lanús, Quilmes, Lomas de Zamora, A. Brown et Avellaneda. Dans la seconde couronne, on trouve : El Tigre, Gral Sarmiento, le reste de Matanza, E. Echeverría, Moreno, F. Varela, Berazategui.

5 Le nombre de personnes comprises dans les trois grandes tranches d'âge (jusqu'à 14 ans, 15-64 ans et plus de 65 ans) a subi des variations qui ont accentué l'importance des premiers et troisième groupe.

6 Il faut souligner que les activités urbaines regroupées ne comprennent pas l'ensemble de celles qui sont incluses dans l'estimation des sommes du Produit provincial bien qu'elles en représentent une portion significative. Par exemple, sous la rubrique Services, l'électricité, le gaz et l'eau ne sont pas compris.

7 Voir le commentaire du Tableau 3 en ce qui concerne la diminution absolue du revenu familial durant les années 1988 et 1997.

8 L'industrie manufacturière, principale activité économique de la conurbation, a perdu entre 1985 et 1994, 126 266 postes de travail, soit 29,2 % du total.

9 Ces tarifs avec ceux du taxi constituent la partie principale du prix du transport public de passagers dans la Ville de Buenos Aires et dans son aire métropolitaine. Les autres tarifs correspondent au transport automobile à longue distance ainsi qu'aux transports aérien et fluvial.

10 Il est intéressant de signaler l'existence de cette préoccupation même lorsque les services octroyés sont tous de type monopolistique.

11 L'augmentation de la dépense relative de certains biens et services peut résulter de la croissance du prix relatif de certains d'entre eux et/ou de la diminution des revenus des consommateurs. Une chute des revenus peut, à elle seule, impliquer également une augmentation de la dépense relative à ces biens pour lesquels la demande est fort peu élastique.

12 INDEC, Necesidades Básicas Insatisfechas, Distintas regiones de Argentina.

13 On suppose que celui-ci n'augmente pas puisqu'aucune augmentation de revenu n'a été de pair avec l'augmentation du tarif. Ceci signifie que l'augmentation de la dépense en eau, bien à demande non élastique et dont l'offre est monopolistique, réduit dans le foyer la part destinée à la consommation des autres biens.

PARTICIPATION DES USAGERS DANS LE CONTRÔLE DES SERVICES PUBLICS PRIVATISÉS EN ARGENTINE

ANDREA LOPEZ* & RUTH FELDER**

LA PLUPART DES PAYS ENGAGÉS DEPUIS LES ANNÉES QUATRE-VINGT dans des processus radicaux de réforme du secteur public, ont choisi la privatisation des entreprises prestataires de services publics de base (électricité, gaz, eau) comme l'une des politiques presque obligatoires pour la réduction de l'appareil de l'État. Cependant, pour ces schémas « États-centrés » le transfert au secteur privé de services de base a provoqué de nouvelles demandes à l'État, liées fondamentalement au développement et à l'affirmation de son rôle de régulateur. La construction de ces nouvelles instances étatiques a entraîné une redéfinition des formes d'intervention dans le champ économique et, plus largement, des modalités de gestion et de relation entre l'administration publique et les administrés.

Comme l'a souligné une grande partie de la littérature spécialisée, le système administratif qui a accompagné le processus de croissance et d'expansion des États s'est caractérisé par une tendance à la standardisation, une faible capacité de réception, d'apprentissage et d'adaptation, et une culture politique et administrative fermée à la diversité des besoins et à l'échange dans les processus de prestation (Brugué, Amorós et Gomá, 1994). Par opposition à la logique centrée sur l'État où la prise de décisions est dans les mains de bureaucrates hautement qualifiés techniquement mais sans responsabilité vis-à-vis des citoyens (Jenkins et Gray, 1994), les perspectives actuelles de « management public" mettent l'accent sur un nouveau type de relation avec l'administration. Élargissant son espace politique, l'État fait alors face aux demandes des citoyens à la recherche d'un ordre normatif qui fasse une place tant aux compétences techniques qu'aux compétences sociales liées aux services publics (Brachet, 1995). De ce point de vue, et pour

* Instituto Nacional de Administración Pública (INAP), Buenos Aires, Argentina
** Instituto Nacional de Administración Pública (INAP), Buenos Aires, Argentina

éviter que les usagers des services publics soient relégués à un rôle « d'administrés passifs » leur inclusion et/ou celle de leurs organisations ou d'autres organisations de la société civile gagne en importance comme moyen de générer plus de responsabilité de l'État vis-à-vis du public (De Sarlo J. et Langton S., 1987).

ENTRE « MODÈLE CONSUMÉRISTE » ET « MODÈLE CITOYEN »

Ce management public a une portée différente selon que l'on se place dans une perspective de la « consommation" ou une approche « citoyenne ». Dans le premier cas, sur la base de « l'orientation vers le client », on privilégie la fourniture d'information et la connaissance de l'opinion des récepteurs des services publics pour améliorer la qualité des prestations. Cette approche est critiquée pour son mimétisme avec les initiatives privées dans un terrain où les usagers n'ont pas le pouvoir de choisir. Par ailleurs, en envisageant les usagers comme des clients individuels, on n'autorise leur présence que sur des thèmes « micro » de la consommation concernée et leur participation à des objectifs collectifs est obérée. Partant de ces critiques, le modèle « citoyen » reconnaît l'existence d'un intérêt collectif non réductible à la somme des intérêts individuels et appuie des processus de gestion dans lesquels les citoyens participent à la résolution de leurs propres problèmes.

Si les deux perspectives concordent sur le fait que l'ouverture de canaux de participation dynamise l'exercice du contrôle et confère plus de fiabilité aux décisions administratives, les différences de conception se traduisent dans des instances, des formes de représentation et des degrés d'engagement différents des usagers par rapport aux services publics.

Dans cette perspective, Brachet (1995) propose une classification des attitudes de l'administration par rapport à la question de la participation des usagers à partir de quatre niveaux hiérarchiques : la fourniture d'information, l'institutionnalisation de mécanismes de consultation, les formes de concertation et enfin le partenariat. L'information est la matière première de base pour que les usagers puissent exercer leurs droits et remplir leurs obligations. La consultation implique de la part de l'administration d'obtenir l'opinion des usagers, sans forcément tenir compte des opinions reçues. La concertation, en revanche, suppose que les décisions prises considèrent les points de vue exprimés par les usagers. Enfin, le partenariat suppose une pratique de concertation avec un certain degré d'institutionnalisation et de reconnaissance des parties.

La prise en compte des usagers ou, en d'autres termes, la rupture avec le modèle bureaucratique traditionnel n'est pas un processus exempt de difficultés et de controverses. En Argentine où le droit à la participation des usagers dans les organismes de contrôle est inclus dans la Constitution nationale, un ensemble d'expériences visant à désactiver la logique centrée ont été mises en place. Toutefois, l'existence d'un cadre normatif permettant la participation constitue une condition nécessaire mais non suffisante pour la concrétiser. S'y opposent : l'absence de réglementations spécifiques dans la Constitution de 1994, la résistance de la bureaucratie de l'État et celle de certaines entreprises privatisées confrontées à un mouvement d'associations d'usagers et de consommateurs encore trop faibles, en raison de la pauvreté de leurs ressources et de leurs sérieuses difficultés à devenir le référent des formes d'organisation des usagers.

Services publics en réseau : privatisation et régulation

La privatisation des entreprises prestataires de services publics a été l'un des aspects les plus importants de la réforme de l'État. En Argentine, la légitimité de cette politique s'est appuyée sur l'inefficacité généralisée des entreprises d'État qui souffraient d'un manque d'investissement et d'une instrumentalisation de plus en plus prononcée de la part de groupes et de corporations dotés de pouvoir de pression. Dans un contexte de chaos économique, marqué par l'hyper-inflation, la pression des organismes financiers internationaux et des créanciers internes et externes, la loi de Réforme de l'État de 1989 a déclaré plus d'une vingtaine d'entreprises et d'organismes passibles de privatisation, parmi lesquels figuraient les prestataires de services publics comme l'Empresa Nacional de Telecomunicaciones (ENTEL), Gas del Estado, Servicios Eléctricos del Gran Buenos Aires (SEGBA) et Obras Sanitarias de la Nación (OSN)[1].

En contrepartie du transfert des entreprises au secteur privé, les tâches de régulation et de contrôle des services publics sont restées à la charge de nouveaux organismes : la Commission nationale de communications (CNC)[2], l'Agence nationale de régulation du gaz (Enargas), l'Agence Nationale de Régulation de l'Electricité (ENRE) et l'Agence tripartite de travaux et services sanitaires (ETOSS). Ces organismes, créés par loi uniquement dans le cas de l'ENRE et de l'Enargas, ont pris la forme juridique d'agences déconcentrées appartenant à l'Exécutif national à l'exception de l'ETOSS qui est intégrée par trois juridictions : la Nation, la province de Buenos Aires et la ville de Buenos Aires. Ils sont dirigés par des directeurs nommés par l'exécutif, bien que dans les cas d'Enargas et d'ENRE l'intervention d'une Commission spéciale consultative du Parlement soit requise.

L'Enargas, l'ENRE et la CNC élaborent leurs budgets et les présentent à l'Exécutif pour les inclure dans le projet de budget national. Dans les trois cas, les ressources viennent fondamentalement des taxes d'inspection et de contrôles payés par les différents acteurs du système ainsi que des amendes appliquées aux opérateurs des services. L'ETOSS établit aussi son propre budget, mais à la différence des autres organismes, il est financé par un pourcentage du chiffre d'affaires de l'opérateur.

Dès leur mise en place, les décisions des agences de régulation sur les thèmes à forte répercussion dans le public (ajustements des tarifs, surfacturation, réclamations pour des factures déjà payées, etc.) ont été l'objet de critiques de la part des législateurs, des Défenseurs du Peuple de la Nation et de la Ville (*ombudsman*), des associations d'usagers et de consommateurs. Les critiques concernent en général, le manque d'autonomie politique et les risques de capture des organismes par les entreprises. Sous la forte pression des associations d'usagers, la question de l'implication des usagers dans le contrôle des services privatisés a été inscrite dans l'agenda politique. La réforme de la Constitution Nationale en 1994 a constitué une initiative d'une portée importante dans ce domaine : son article 42 stipule que la législation devra prévoir « la nécessaire participation des associations de consommateurs et d'usagers et des provinces concernées » dans les organismes de contrôle des services publics[3].

Le paysage institutionnel : les organisations d'usagers et de consommateurs

À l'exception d'Adelco, créée en 1980, la plupart des associations d'usagers et de consommateurs[4] se sont constituées entre 1994 et 1996, sur l'initiative de dirigeants politiques critiques du processus de privatisation. De façon générale, ces entités ont circonscrit leur action à la ville de Buenos Aires, l'une des zones les plus riches de l'Argentine et dans laquelle les usagers disposent le plus souvent des services. Et ceci à la différence de la périphérie de la ville et de la majorité des régions les plus pauvres du pays où l'on trouve surtout des usagers « potentiels ».

La direction de ces associations est assurée par des professionnels (en général, avocats ou économistes) ; leur travail consiste principalement à conseiller les usagers et les consommateurs et, plus ponctuellement, à réaliser des cours, des séminaires et des études spécifiques sur les services publics ; un nombre limité d'associés participent à ces activités. Plutôt que comme une référence pour les usagers, ces associations tendent (pour le moment) à fonctionner comme des « intermédiaires » entre les usagers, les entreprises et l'administration publique. D'une certaine façon, ce sont les mêmes organisations d'usagers qui ont pris le rôle de « médiateurs » en réalisant un ensemble de tâches de compétence spécifique des organismes de régulation[5]. Elles reconnaissent leurs faiblesses en ce qui concerne la diffusion de leurs activités (particulièrement vers des groupes avec une expérience d'organisation moindre) bien qu'ils attribuent ce déficit au manque de moyens économiques, et dans la plupart des cas, à un financement de l'État insuffisant[6].

Toutes les associations consultées considèrent l'absence de contrôle effectif de la part des agences de régulation comme un point particulièrement critique de la gestion privée des services publics. Les opinions sont moins uniformes en ce qui concerne l'analyse des schémas normatifs en vigueur et sont nettement contrastées pour l'évaluation des instruments de participation des usagers dans les organismes de contrôle. D'un côté, Cruzada Cívica s'oppose à l'inclusion des usagers dans les directions des agences et, d'un autre côté, Adelco signale que le manque d'expertise technique des représentants des usagers limite leur capacité à y tenir un rôle effectif[7]. Au contraire, Codelco comme Adecua, Unión de Usuarios y Consumidores et Consumidores Argentinos réclament l'incorporation d'un représentant des usagers dans la direction des agences. S'ils reconnaissent que cette participation à elle seule n'assure pas la défense de leurs intérêts ni le changement total des agences, elle constitue « un premier pas en cette direction ». Ils prennent aussi en compte la nécessité pour les représentants d'avoir un profil professionnel adéquat, bien que pour l'Unión de

Usuarios y Consumidores, il ne faut pas perdre de vue le « caractère militant » des organisations.

Comme cela est indiqué ci-dessous, les agences régulatrices n'ont pas, à l'exception d'un cas, mis en place des mesures pour inclure ces associations, comme le stipule la Constitution. Jusqu'à présent, elles ont développé des moyens plus limités d'expression des usagers, tels les sondages d'opinion et les audiences publiques, avec des degrés de développement plutôt différents selon les services publics concernés.

MÉCANISMES DE PARTICIPATION DES USAGERS

Si l'on considère les niveaux d'analyse proposés par Philippe Brachet, il convient d'examiner en premier lieu la mise en pratique des mécanismes impliquant un moindre degré d'engagement des usagers ou de leurs représentants dans la prise de décisions publiques. En seconde instance, on aborde la question des Audiences Publiques comme espace de concertation et l'intégration des associations d'usagers et de consommateurs dans les agences de régulation, dans la mesure où celle-ci peut donner lieu à des formes de partenariat, i.e. assurer un plus grand engagement de la part de l'administration concernant la participation des usagers dans le contrôle des services publics.

Les sondages d'opinion

Le niveau le plus simple de participation des usagers est le sondage d'opinion. Seul la CNC l'a mis en pratique dans le cas du service téléphonique. Elle a élaboré un Projet de règlement d'étude et d'analyse de l'opinion publique[8] qui fixe des normes d'analyse de l'opinion des usagers et permet de recueillir des informations sur l'utilisation des lignes téléphoniques et le fonctionnement des divers aspects du service[9].

Les entreprises téléphoniques se sont fortement opposées à accepter que les enquêtes puissent servir de base à l'élaboration d'un indicateur de qualité des services, même si les résultats de ces sondages ne les obligent pas à modifier les standards de service mis en question, *Telefónica Argentina* pense qu'il « n'y a pas de corrélation nécessaire entre la tutelle adéquate des droits des clients et des usagers et la mise en place d'un système comme celui qui est proposé »; elle a présenté aussi un recours en justice contre l'obligation de suivre cette procédure[10]. Pour sa part, *Telecom* soutient que les études d'opinion ne doivent pas constituer un mécanisme parallèle d'évaluation des objectifs, et en accord avec *Telefónica*, exprime une forte réserve sur la possibilité de diffuser les résultats[11].

Face au refus des entreprises de mettre en pratique ce type de sondages, la CNC invoque l'impossibilité de prendre une résolution définitive jusqu'à ce que les Tribunaux donnent leur avis. Mais même si l'agence prend à sa charge cette initiative, les controverses évoquées mettent en lumière le manque de disposition des entreprises pour accepter la participation strictement consultative des usagers dans le contrôle des conditions de prestation des services.

Les autres agences n'ont pas mis en place de mécanismes systématiques de consultation pour connaître l'opinion des usagers sur la qualité des services offerts. L'ETOSS et l'Enargas ont réalisé des enquêtes pour évaluer leur image institutionnelle où elles demandaient indirectement l'opinion des usagers sur certaines conditions de prestation des services (compréhension des factures, retards de réception, erreurs, etc.) Dans les deux organismes, la possibilité de recourir périodiquement à ce type de mécanisme n'a pas fait l'objet d'un consensus, car ils considèrent suffisants les enquêtes effectuées par les prestataires de services eux-mêmes. Notons que les sondages d'opinion réalisés par les entreprises ne sont pas soumis à une réglementation qui assure la validité des données obtenues en termes de représentation des différentes catégories d'usagers, des aires géographiques de couverture et du type de service offert.

Les Audiences Publiques

Les audiences publiques mises en place en Argentine permettent aux instances de régulation de connaître l'opinion des différents acteurs impliqués dans le processus de régulation et de noter des informations importantes en ce qui concerne la prestation des opérateurs comme des instances de régulation elles-mêmes. Des études récentes ont montré que les audiences publiques étaient perçues par la majorité comme étant le meilleur dispositif pour garantir la participation active des usagers et/ou des associations au contrôle des services publics sous gestion privée. De fait, les conflits les plus aigus avec les services publics privatisés, comme ceux suscités par la redéfinition tarifaire du service de téléphonie, la grande coupure du service électrique ou encore les renégociations polémiques des contrats concernant les chemins de fer, ont été l'objet de débats dans diverses audiences, en raison de la pression exercée par les associations d'usagers et de consommateurs. Celles-ci sont parvenues à afficher leurs réclamations et leurs propositions dans un espace qui a progressivement gagné une plus grande visibilité publique et suscité un intérêt de la part des moyens de communication et de la classe politique. Toutefois le caractère non contraignant des opinions qui y sont exprimées, le fait que la décision de convoquer l'audience demeure une prérogative exclusive du régulateur, et le manque d'uniformité des questions traitées obèrent la possibilité d'utiliser les audiences comme outil privilégié de concertation (López y Felder, 1997). Rodríguez Pardina (1998) va lui aussi dans ce sens lorsqu'il précise que « le principal problème des audiences est qu'elles se sont transformées en instruments purement formels dépourvus de capacité d'influence dans le processus de prise de décisions. Dans les cas où les audiences publiques son obligatoires, elles se tiennent généralement après que le processus de prises de décision ait eu lieu (...) ».

L'ENRE, l'Enargas et l'ETOSS comptent un « défenseur de l'usager » et la CNC un « défenseur des clients ». Ceux-ci fournissent une assistance légale et technique aux usagers pendant le déroulement des audiences. Il est possible de considérer ces figures comme étant des agents des organismes, désignés par les directions des agences sans aucune intervention de la part des usagers et/ou de leurs organisations représentatives, et liés à leurs mandats institutionnels plutôt qu'aux demandes spécifiques des destinataires des services. Les associations d'usagers signalent toutes que l'intervention de ce fonctionnaire ne parvient pas à résoudre les problèmes qui se manifestent dans l'instrumentation des audiences : asymétrie notoire de l'information et inégalité des moyens techniques entre les parties, qui débouchent dans une sur-représentation virtuelle des intérêts des entreprises.

La commission des usagers de l'ETOSS et la révision du plan d'expansion de *Aguas Argentinas*

Par des modifications apportées au règlement des audiences publiques[12], l'ETOSS a tenté de corriger cette situation en faisant intervenir au titre de défenseur de l'usager les associations d'usagers et de consommateurs qui font partie de la *comisión de usuarios* (« commission des usagers »). Habilitée à défendre les intérêts des usagers dans tout le processus d'audience publique ainsi que dans d'autres instances administratives supérieures, cette commission a commencé à fonctionner pour la première fois lors de l'Audience Publique des 27 et 28 juin 2000, convoquée pour examiner la proposition de révision du Plan d'Amélioration et d'Extension concernant le second quinquennat de la concession des services d'eau potable et d'égouts de l'entreprise Aguas Argentinas[13]. La commission a jugé sa participation positive, en raison de l'interaction avec un grand nombre d'organisations de quartier et de la possibilité de discuter face-à-face la proposition de l'entreprise, très éloignée des besoins réels des secteurs les plus vulnérables de la société.

En raison de l'absence de délais prédéfinis pour la promulgation d'une résolution une fois l'audience terminée, la réponse de l'ETOSS a été différée jusqu'à la fin du mois de janvier 2001. Malgré le rejet unanime de « toute augmentation tarifaire au titre du financement des travaux d'extension », la décision de l'organisme de régulation fut finalement d'accorder une augmentation des tarifs. Cette audience publique pourrait ainsi être considérée comme une expérience témoin démontrant à nouveau le faible niveau de prise en compte du point de vue des usagers au moment de la prise de décision. Toutefois, cette expérience permet également d'apprécier la portée et les limites de la commission des usagers pour garantir une véritable représentation des différents segments de la population, en particulier de ceux qui ne sont pas encore connectés au réseau. En effet, cette dernière audience publique convoquée par l'ETOSS s'est caractérisée, non seulement par le rôle tenu par la Commission des Usagers, mais également par la présence de nombreuses associations de base (*asociaciones vecinales* et *sociedades de fomento*) situées dans les zones les plus défavorisées du Grand Buenos Aires et où l'extension des réseaux d'eau potable et d'égouts ne couvre encore qu'une fraction minoritaire de la population. Ces associations de base[14] ne sont pas représentées dans l'organisme de régulation et font généralement remonter leurs demandes au travers des mairies de leur localité ou municipalité respective.

Les positions de la commission des usagers et des associations de quartier se sont révélées les mêmes sur deux points importants : l'entreprise s'est mal comportée au cours des huit premières années de gestion du service et la proposition de révision du contrat doit être rejetée. Toutefois, le discours très technique tenu par le représentant de la commission a tranché avec la tonalité enflammée avec laquelle la majorité des délégués des quartiers ont exprimé leurs réclamations. L'appréciation de l'action de l'organisme de régulation et de l'État concédant et contrôleur a fait apparaître un écart important entre les critiques très vives manifestées par les associations et les timides remises en question introduites par la commission.

En ce qui concerne la gestion de Aguas Argentinas, les plus grandes objections ont porté sur les augmentations tarifaires[15], la non-réalisation ou les retards pris en matière de travaux, les graves problèmes de contamination bactériologique et le débordement des nappes phréatiques dans certains districts. Les coupures de service pour non-paiement de la part des usagers à faibles revenus ont également été dénoncées, ainsi que les charges élevées perçues par l'entreprise au titre de la coupure et de la re-connexion des services. L'opinion exprimée par les associations sur ce dernier point est tranchante : « Nous disons non aux coupures du service, non seulement en ce qui concerne l'eau, mais également pour les égouts, car lorsqu'un habitant a des arriérés, Aguas Argentinas continue de lui facturer le service et de surcroît lui intente un procès avec la menace de procéder à la saisie de sa propriété. Non aux coupures de service qui prennent la forme de véritables extorsions ! ». Ont aussi été évoquées : les pressions d'eau souvent insuffisantes[16], le peu d'attention portée par l'entreprise aux réclamations des usagers, l'absence d'une ligne téléphonique gratuite dédiée à ces réclamations, le caractère inconsistant du Règlement des Usagers (qui, paradoxalement, est l'œuvre de l'entreprise) et la grande réticence de l'entreprise à fournir de l'information.

L'un des points les plus critiqués concerne l'utilisation par Aguas Argentinas des travaux réalisés pour le compte de tiers (OPCT : *Obras por cuentas de terceros*), un système de réalisation de travaux d'extension financés directement par les usagers. Sur ce point, les opinions divergent : la commission des usagers en accepte la réalisation dans la mesure où l'avis des habitants concernés a été pris en compte, et elle a proposé de définir un système de « prix témoins » régulés par l'ETOSS ainsi que des compensations tarifaires pour les usagers qui financent eux-mêmes directement l'extension des services. En revanche, les associations de quartier ont manifesté leur franche opposition à ce système considéré comme « injuste ». En premier lieu, « parce qu'il ne s'agit pas d'apports volontaires de la communauté comme l'indique l'entreprise ». Ensuite, parce qu'il s'agit de décisions prises sans même connaître les populations concernées : « lorsque les OPCT ont été utilisées dans la périphérie de Buenos Aires, les moins informés étaient nous-mêmes, les habitants, ceux qui devaient payer. Les entités intermédiaires, elles non plus n'étaient pas au courant ». Mais, plus fondamentalement encore, parce que cette stratégie met à jour la politique de discrimination de l'entreprise, qui progresse avec le plan d'amélioration et d'extension des services dans les zones où se trouvent les usagers à revenus élevés, tandis que les zones défavorisées, celles où se trouvent « les petits Noirs (*negritos*) de la périphérie », il y a davantage de travaux réalisés par OPCT.

La discrimination apparaît également dans la nouvelle offre concernant l'extension des services qui privilégie les zones géographiques dans lesquelles l'investissement peut être récupéré au travers des tarifs. De fait, la majorité des représentants des usagers considèrent que « les zones de risque sanitaire et les cartes d'extension de l'entreprise ne coïncident que très peu ». À cela s'ajoutent les augmentations de tarif directes ou indirectes, la diminution des objectifs à portée environnementale et l'ajournement des investissements concernant l'assainissement.

La proposition de mise en place d'une « tarification sociale » subventionnant le service dans les bidonvilles génère quant à elle, des opinions différentes. Pour la commission d'usagers, cette question devrait être intégrée au débat plus général sur le service universel, sans que l'État délègue au prestataire privé la définition de ceux qui doivent être concernés par ce tarif. Parmi les associations de quartier, les préoccupations sont différentes : certaines en refusent le principe, considérant que le prix de l'eau doit être défini en tenant compte de l'ensemble des habitants, d'autres désirent que soient véritablement déjà garantis les mécanismes de subventions prévus, comme ceux concernant les retraités à faibles revenus, les institutions sans but lucratif comme les foyers d'enfants ou de vieillards, ainsi que les bâtiments de culte.

Dans ce panorama de postures divergentes, les positions les plus dures ont été exprimées par les mouvements sociaux, lesquels n'ont pas exclu d'exiger une augmentation des sanctions pouvant aller jusqu'à la résiliation du contrat, l'organisation d'un nouvel appel d'offre, et même « mettre fin à la concession, en la remplaçant par une coopérative d'usagers », [car] (...) « si les habitants sont ceux qui doivent assumer en dernier recours le risque de l'entreprise, la concession doit être gérée directement par les habitants ».

Par ailleurs, face à la faiblesse des critiques adressées par la commission des usagers à l'organisme de régulation – celle-ci fut seulement exhortée à prendre en considération les propositions formulées au cours de l'audience et à « être plus proche des usagers dans les différentes juridictions » –, le discours porté par les associations tranche fortement, avec ses critiques vives portant sur le faible contrôle exercé sur l'entreprise, l'absence d'exercice effectif du pouvoir de police et de réponses aux problèmes rencontrés par les habitants. Cela renvoie à la question de la « capture » du régulateur par le régulé, raison pour laquelle de nouvelles associations exigent d'intégrer l'entité, « non pas en tant que conseillers, mais au sein même de la Direction. Il s'agit de la seule manière d'éviter une cohabitation entre les entreprises et les autorités de l'ETOSS ». Face à un organisme qui « s'est toujours montré favorable à l'entreprise », les usagers chargés de le financer ne connaissent pas l'usage des ressources et « sont toujours restés comme les statues du commandeur (*convidados de piedra*) ».

Enfin, le caractère public des services n'a été évoqué dans le débat que par ces organisations, lesquelles ont insisté sur la perte de cette notion : « L'entreprise ne vient pas assurer un service public (...), qui nous appartient à tous ». De même en a-t-il été avec la remise en question du terme de clients (« Nous ne sommes pas clients, comme le dit Aguas Argentinas, mais des usagers captifs ») et l'invocation des droits du citoyen (« la législation argentine ne prévoit pas la défense du citoyen qui consomme l'eau ; en revanche, elle assure la défense de l'entreprise »).

Sur un autre plan, seuls les représentants des quartiers ont remis en question l'exigence imposée aux associations d'être reconnues au niveau national comme préalable à leur intégration dans l'organisme de régulation. Qualifié d'argument « formel » qui, par ailleurs, entre en collision avec la nature juridictionnelle tripartite de l'ETOSS, cette remise en question témoigne clairement de l'une des positions exposées plus ou moins clairement au cours de cette assemblée : « nous représentons ceux qui n'ont pas de voix et vers qui on ne vient pas ».

Les agences de régulation et les usagers

La plupart des agences n'ont pas encore créé les canaux institutionnels pour concrétiser la disposition de la Constitution qui incorpore les associations d'usagers à ces organismes. Le seul cas où l'on a reconnu formellement la représentation des usagers est celui de l'ETOSS, qui avait tout d'abord prévu la création d'une Commission de Conseil *ad honorem*[17] (*Comisión Asesora ad honorem*) et, par la suite, a également constitué une Commission d'usagers (*Comisión de Usuarios*). Les deux instances présentent des caractéristiques différenciées en ce qui concerne leurs compositions, compétences et formes de relation avec l'agence de régulation.

Les fonctions de la première sont d'assister la direction dans les questions concernant la concession du service, de proposer des méthodologies de contrôle et de participer, à la demande de l'agence, dans les questions qui se suscitent entre les usagers et le concessionnaire. Comme leurs propositions n'obligent pas la direction de l'agence, cette instance constitue plutôt un mécanisme de consultation. L'admission dans la commission – qui compte des représentants d'organisations d'usagers de services publics, d'institutions en lien avec la santé et l'environnement, les milieux académique et syndical du secteur concerné – est une prérogative de la Direction de l'ETOSS. Cette admission peut être faite à titre de membre permanent ou de membre invité. Dans la pratique, son fonctionnement a été limité à une seule convocation pour discuter la proposition d'un « Règlement de l'usager » présentée par Aguas Argentinas en 1993 et son action s'efface progressivement face à la commission d'usagers mentionnée ci-dessus[18].

Cette dernière, instaurée à partir de 1999[19], est composée d'un représentant disposant d'une voie et d'un vote désigné par chacune des organisations d'usagers et de consommateurs qui remplissent les conditions exigées par la loi de défense du consommateur. De cette façon, la commission des usagers a débuté avec la participation de huit associations[20]. Pour son fonctionnement, il lui a été attribué un montant mensuel provenant du budget de l'organisme de régulation. L'ETOSS doit lui soumettre les propositions de modification concernant le régime et le cadre tarifaire, les plans d'investissement et/ou d'extension des services, la qualité et/ou la quantité des services à assurer, et le règlement et/ou les régimes d'attention et de réclamation des usagers. Elle peut également se prononcer sur n'importe quel thème qu'elle considère important pour la défense des intérêts des usagers des services de la concession. Dans les deux cas, ces prises de position et les opinions émises ne revêtent pas un caractère obligatoire.

La Commission a un bureau au siège de l'organisme de régulation pour consulter les usagers. Elle participe également à la « Table des controverses » (*Mesa de Controversias*[21]) et peut demander à participer aux réunions de la direction de l'organisme. Elle maintient des relations avec les organisations de quartier et les institutions universitaires impliquées dans le problème de l'eau potable et de l'assainissement. Elle peut également recourir à l'assistance technique de celles-ci pour effectuer les audits que réclame l'ETOSS. Alors que la relation habituelle avec les autorités de l'organisme est qualifiée d'« acceptable », le contact avec l'entreprise ne s'effectue que pour résoudre des problèmes ponctuels, cette dernière ne reconnaissant pas toujours cette forme de participation.

Le bilan de cette pratique participative est jugé positif par la commission, notamment en raison de l'indépendance vis-à-vis de l'organisme de régulation, du travail en commun réalisé par les associations et des financements mis à disposition pour engager des experts sur des points techniques. Toutefois, la commission réclame de peser plus dans la prise de décisions de l'organisme sans pour autant intégrer sa direction, ce qui restreindrait son autonomie[22]. Pour leur part, les fonctionnaires de l'ETOSS, tout en se montrant également satisfaits par les résultats de cette initiative, insistent sur la nécessité de coordonner leurs actions avec celles des autres entités de quartier, qui, par leur ancrage en dehors de la capitale « connaissent et partagent la vie des habitants les plus affectés par l'absence de réseaux d'eau potable ». Les agences de régulation des autres secteurs expriment des opinions assez variables quant à la possibilité de faire participer activement les usagers. Toutefois, les organismes se montrent tous intéressés par cette thématique, comme cela apparaît dans le tableau ci-dessous.

TABLEAU : LA PARTICIPATION DES USAGERS

Agence	**Position concernant la participation**
ENRE	Aucune objection exprimée ; absence de moyens pour concrétiser celle-ci ; regarde l'expérience de l'ETOSS.
Enargas	La formalisation de la représentation des usagers n'est pas nécessaire : « ce qui est important, c'est le contact ».
ETOSS	Commission de consultation *ad honorem* et Commission des usagers
CNC	Contact avec les associations ; formaliser la représentation des usagers n'est pas nécessaire ; « assure elle-même la défense du client ».

Une première interprétation de la volonté réduite ou le refus explicite des agences de régulation à l'institutionnalisation de la participation mettrait en relief la réluctance de l'administration à accepter un modèle de gestion différent de celui imposé par la logique de fonctionnement centrée au sein de l'État. Dans une autre perspective d'analyse, il faudrait aussi prendre en compte le caractère de « juges administratifs » de ces organismes, et en tant que tels, le déséquilibre virtuel qu'entraînerait la représentation d'une seule partie du processus de régulation (les usagers).

Mais même si on accepte cette caractérisation, le dilemme majeur réside dans l'évidente inégalité des parties, pour lesquelles les agences de régulation doivent agir comme médiateurs : tandis que les prestataires privés disposent d'informations, de moyens techniques, matériaux et économiques et maintiennent un contact fréquent et direct avec les instances de contrôle, les usagers constituent un univers hétérogène et dispersé, avec des moindres ressources et une capacité de pression limitée[23]. On peut se demander alors si les agences régulatrices ont des mandats clairs et effectifs pour protéger les intérêts des destinataires des services, dans la mesure où les fonctions de « juge » et de défenseur des droits des usagers attribués à ces organismes entraînent de fortes contradictions.

La question évoquée dépasse le seul plan de la réflexion théorique, lorsque dans la pratique s'opère un déplacement des agences régulatrices vers l'exercice de la défense des droits des usagers à partir de l'action concrète des autres services de l'administration, parmi lesquelles le Défenseur du peuple, et en moindre degré la Direction de défense du consommateur. Dans une certaine mesure, et malgré la portée limitée des décisions concernant les services publics de gestion privée, ces agences publiques sont des instances de médiation de l'État pour résoudre des conflits entre les entreprises prestataires et les usagers des services publics. Elles occuperaient le « vide de représentation » de ces derniers au sein des organismes régulateurs.

LES PROJETS DE RÉGLEMENTATION DE LA PARTICIPATION DES USAGERS DANS LES ORGANISMES DE CONTRÔLE

Entre 1994 et 1997, les législateurs du parti politique au pouvoir (péroniste) comme de l'opposition (radical et autres) ont présenté un ensemble de projets destinés à réglementer l'article 42 de la Constitution Nationale qui stipule la participation des associations d'usagers et de consommateurs dans les organismes de contrôle. Bien qu'aucune de ces propositions ne fût finalement traitée au parlement, il convient de faire un bref commentaire sur les débats qu'elles ont générés, car les thèmes abordés réapparaissent lors des moments de tension avec les services publics privatisés ou au cours des campagnes électorales.

Une grande partie de ces projets rappellent la soumission des agences régulatrices aux mandats de l'Exécutif, l'absence de contrôle effectif des entreprises prestataires et le manque de protection des usagers. En conséquence, ils cherchent à obtenir une plus grande présence du Législatif dans le « contrôle des contrôleurs » ainsi qu'à renforcer la position des usagers face aux actions des nouveaux prestataires privés de services publics, en réglementant le droit de participation des associations dans les organismes de contrôle.

Compte tenu du présupposé selon lequel la régulation et le contrôle sont des tâches que l'État ne peut pas déléguer, très peu de projets proposent la création de commissions intégrées par les associations d'usagers et qui fonctionneraient comme des instances de consultation émettant des avis sur les prises de décisions de grand impact social (même si leurs recommandations n'ont pas un caractère obligatoire). Bien qu'ils reconnaissent l'existence d'une disparité entre les entreprises et les usagers, ils argumentent que la participation directe de ces derniers dans les tâches de contrôle des services « consacrerait un déséquilibre d'opportunités entre intérêts divers et un acte d'inégalité vis-à-vis des entreprises concessionnaires ».

En revanche, la plupart des propositions prétendent élargir les marges de participation des usagers, en incluant des représentants des associations dans les directoires des agences régulatrices. Les différences concernent le nombre de représentants (un ou plusieurs directeurs) et les mécanismes de sélection, soit par proposition des fédérations et confédérations d'associations d'usagers et consommateurs, soit d'un comité d'associations d'usagers soit des mêmes associations.

À différence des projets évoqués ci-dessus, une seule proposition crée une instance de participation de deux représentants des associations d'usagers qui ne se place pas dans le domaine institutionnel des agences régulatrices mais dans celui de la Commission nationale de contrôle et coordination de la régulation rattachée au Parlement. La Commission aurait à sa charge la supervision, le contrôle et la coordination des agences, des organismes régulateurs des services et des activités privatisées ou privées qui requièrent de la régulation[24]. Elle suggère aussi la création de structures de consultation où toutes les associations de consommateurs et d'usagers puissent s'intégrer, bien qu'elle ne spécifie pas la modalité de leur mise en place.

Contester, revendiquer, participer

Malgré l'existence d'un droit à la participation qui figure dans la Constitution, les pas concrets de l'État pour promouvoir en Argentine la participation des usagers dans le contrôle des services publics ont un caractère embryonnaire.

Un premier aspect qu'il faut signaler est l'imprécision de la norme, qui en disposant de la « participation nécessaire » donne lieu à des interprétations diverses, comme il a été exposé dans les divers projets de loi analysés. En fait, les propositions qui soutiennent la création d'espaces d'information ou de consultation non obligatoires mettent en jeu des niveaux d'engagement différents, où il n'y a pas de rupture avec la souveraineté unilatérale de l'administration publique, à la différence des projets qui incluent les associations d'usagers dans les instances de décision des agences régulatrices, en assurant des formes de relation entre l'administration publique et les usagers des services publics plus proches du modèle de partenariat.

En outre, l'absence de réglementation des articles de la Constitution concernant les droits des usagers a, dans la pratique, contraint la participation des associations à un rôle exclusivement consultatif. Dans le cas des audiences publiques, la pression exercée par les entités représentatives des usagers n'a eu qu'une incidence faible face aux propositions des entreprises. Par conséquent, ce mécanisme de participation reste perçu comme un outil destiné à « écouter l'opinion publique » et non pas à impliquer la société civile et ses formes organisées dans les processus de décision concernant les services publics. Les formes de participation de base, tels que les sondages d'opinion, connaissent pour leur part un développement encore plus embryonnaire que les audiences et ne touchent que des aspects de « micro gestion » des services.

En ce qui concerne la seule expérience de participation à un organisme de régulation, à savoir la commission des usagers de l'ETOSS, il convient de noter qu'elle est significative, puisqu'elle fournit aux représentants des usagers du service de l'eau un espace de participation institutionnalisé. Toutefois, le droit de participation devrait être ouvert à un autre type d'organisations qui comme les mutuelles, les associations locales ou les mouvements de quartier, expriment la voix des groupes les plus faibles et des laissés pour compte. Ils constituent des usagers futurs ou potentiels du service de l'eau. La garantie d'une représentation égale des différents types d'usagers pourrait être assurée en favorisant une convocation ouverte à toutes les organisations intéressées et en établissant une présence rotative dans les tâches de direction.

Que ce soit dans le « modèle consumériste » ou le « modèle citoyen », la participation des usagers est peu acceptée par les agences de régulation qui n'admettent en général que les consultations et les réclamations.

Probablement la consolidation des instances de participation de caractère décisionnel et élargi dépendra plus largement de la capacité effective de pression des associations d'usagers, qui ne démontrent pas une posture uniforme sur le sens de la participation. Actuellement, les agences relevées concentrent leurs efforts dans l'attention aux réclamations des usagers, en déplaçant au domaine de l'association une tâche propre à l'administration. Dans ce cadre, la volonté de devenir une instance active d'organisation et de mobilisation des usagers n'apparaît pas clairement.

Par ailleurs, si elles s'y auto-définissent comme des représentants des usagers, on n'observe pas une volonté très appuyée de toucher des secteurs plus larges de la population – ce qui peut être lié au manque de ressources – ni d'élargir la participation au sein des propres agences. Ces associations se limitent à agir comme des médiatrices entre les usagers, les entreprises et l'administration publique, sans poser comme sujet problématique la question de leur représentativité. Dans ce schéma, les usagers, avec des moindres capacités à afficher leurs besoins et à faire écouter leurs réclamations, restent très faiblement représentés, par opposition aux secteurs disposant de plus de ressources d'organisation.

Dans le domaine législatif, les partis politiques se font l'écho des débats et proposent différentes alternatives d'institutionnalisation qui vont de la participation au sein de commissions de consultation à l'intégration de représentants des usagers dans les directions des organismes de régulation.

Dans le premier cas, les sujets spécifiquement liés aux fonctions de régulation et de contrôle considérés comme exclusifs de l'État sont exclus. De ce point de vue, les agences régulatrices doivent donner le primat à la défense de l'intérêt public et protéger les droits des usagers par l'application objective du régime légal, en exerçant des fonctions d'arbitrage entre les intérêts contrastés reconnus comme inégales.

En revanche, en incluant les associations d'usagers dans la direction des agences, on élargit l'éventail de décisions auxquelles elles peuvent participer. Ainsi, on leur donne accès à l'information sur des aspects importants de la performance des entreprises, et on leur octroie la faculté de participer dans la conception et la mise en pratique des critères de contrôle à égalité des conditions avec les autres directeurs. Ces propositions sont inspirées par certaines caractéristiques du modèle citoyen qui affirme la possibilité des usagers d'exprimer leurs choix sur plusieurs points : la planification, le développement, l'organisation, le management et la distribution des services.

À l'opposé, le choix de prendre le modèle « consumériste » ne peut que reproduire et non inverser l'inégalité existante entre les usagers et les compagnies qui assurent les services. De plus, l'identité « client » met seulement en jeu la capacité de ce dernier à exiger un service en accord avec le prix payé. La question de l'accessibilité aux services et les objectifs sociaux qui y sont attachés sont occultés : ils devraient pourtant primer sur le seul critère qui a jusqu'à présent guidé la politique de privatisation des services publics, à savoir la rentabilité économique.

Notes

1 La modalité de restructuration des entreprises retenue a maintenu les situations de monopole régional, particulièrement dans les marchés de détail, limitant ainsi l'effet que peut exercer la concurrence et aggravant le risque d'abus de la situation de monopole de la part des prestataires. Dans le cas du gaz, huit entreprises de distribution contrôlent le marché de détail et ont une licence d'exclusivité de 35 ans pour la prestation du service. Trois entreprises de distribution d'électricité ont l'exclusivité pour 95 ans et fournissent 36 % de la demande d'énergie, ce qui représente une population de presque 12 millions d'habitants. Un seul consortium doit fournir en eau et en égouts la Capitale Fédérale et les 17 municipalités du Grand Buenos Aires. Deux entreprises possèdent une licence pour offrir le service de téléphonie en exclusivité dans chacune des deux régions qui ont été créées sur le territoire national. Avec la dérégulation des télécommunications, mise en place depuis 2000, ce duopole a été progressivement ouvert.

2 Après la privatisation du service de téléphonie, a été créée la Commission Nationale de Télécommunications (CNT). En 1996, elle a fusionné avec la Commission Nationale des Postes et Télégraphes pour donner naissance à la CNC.

3 Il faut souligner que dans le cadre de la Convention Constituante, la commission de rédaction n'avait proposé à la majorité que « l'intervention consultative » des associations d'usagers. Suite à un débat animé, le texte final a remplacé ce terme par celui de « nécessaire participation » des associations d'usagers dans les organismes de contrôle.

4 Actuellement, il existe officiellement dix associations reconnues de défense des droits du consommateur et des usagers : Acción del Consumidor (Adelco), Consumidores Argentinos, Asociación de Defensa de los Consumidores y Usuarios de la Argentina (Adecua), Unión de Usuarios y Consumidores, Asociación Civil Cruzada Cívica, Comité del Consumidor (Codelco), Asociación Vecinal de Belgrano « C" Asociación Protectora de Suscriptores de Planes de Ahorro, Asociación Civil Formoseña de Defensa del Consumidor et Defensa de Usuarios y Consumidores. Pour ce travail, l'auteur a pu obtenir des entretiens avec les autorités des six premières.

5 Ce caractère a été formalisé dans le cas de la CNC, qui avait signé une convention avec Adelco pour que celle-ci canalise les réclamations des usagers dans un bureau de la Commission de sorte à « alléger le travail de la CNC » selon les mots d'un fonctionnaire.

6 Selon la loi de défense du consommateur, les associations d'usagers et de consommateurs qui répondent aux critères exigés doivent recevoir une subvention de l'État.

7 Pour étayer cet argument, une personne interrogée signale qu'Adelco – l'association la plus ancienne et ayant le plus d'expérience –, aurait des difficultés pour discuter à égalité avec les autres membres de la direction des entités.

8 Résolution 161/96 du Secrétariat de Communications.

9 Il envisage les possibles problèmes dans les communications urbaines et interurbaines, les communications réussies, le service de renseignements, le service d'opérateurs, les possibles défaillances dans le fonctionnement des lignes, l'accueil des services de réparations, les problèmes de facturation, l'utilisation des téléphones publics, etc.

10 Telefónica de Argentina affirme que le rôle régulateur doit être « objectivement fixé » et ne doit pas dépendre du consensus de l'opinion publique. Dans ce même esprit, elle ne croit pas que « parmi les fonctions d'État se trouve celle de contrôler les niveaux de satisfaction du public sur la qualité du service et encore moins, que ceci puisse constituer un mécanisme parallèle de contrôle de l'accomplissement des buts et des obligations établis dans l'appel d'offre ».

11 Telefónica de Argentina demande des précisions sur les aspects qui deviendront publics et la forme sous laquelle ils seront diffusés pour pouvoir émettre une opinion. Telecom refuse la publication des résultats désagrégés par entreprise, en argumentant que les niveaux d'exigence des clients des régions couvertes par les entreprises prestataires sont différents compte tenu de l'hétérogénéité de la composition socio-économique. Plus généralement, elle propose de maintenir la confidentialité de l'enquête, dont la diffusion pourrait favoriser les entreprises concurrentes.

12 Résolution de l'ETOSS Nº 42/00.

13 Il convient de noter que la révision évoquée aurait dû s'effectuer trois ans auparavant, lorsque le concessionnaire entamait le second quinquennat du contrat.

14 Les associations de quartier concernées sont : Asociación Coordinadora de Usuarios, Consumidores y Contribuyentes ; Comisión de Enlace de Usuarios y Consumidores del Gran Buenos Aires ; Asociación Coordinadora de Usuarios, Consumidores y Contribuyentes, de la provincia de Buenos Aires y la Capital Federal ; Confederación de Asociaciones Vecinales y Sociedades de Fomento de todo el país ; Federación de Sociedades de Fomento del Partido de La Matanza ; Comisión de Defensa de los Intereses del Consumidor de Almirante Brown ; Asociación Civil Defensa de los Usuarios de Servicios Públicos ; Asociación Civil Defensa de Usuarios y Consumidores ; Junta Vecinal Solidaridad del partido de La Matanza ; Asociación Vecinal Ciudad Evita ; Sociedad de Fomento Parque Delfino ; Sociedad de Fomento de Aldo Bonzi ; Asociación de Defensa de los Derechos Sociales ; HABITAT ; Asociación de la Mujer Ricardo Gutiérrez ; Sociedad de Fomento Barrio Seré ; Cooperativa COMACO.

15 La critique porte en premier lieu sur le processus de renégociation. Effectué peu de jours avant la fin du mandat du gouvernement antérieur, il aboutit à la modification de plusieurs clauses du contrat. Si la concession du service s'est effectuée à partir d'un appel d'offres basé sur le tarif proposé le plus faible, « finalement le tarif pratiqué aujourd'hui est supérieur de 8 % à celui en vigueur avant la privatisation du service ».

16 Selon ce qui a été dit, 40 % des usagers ne disposeraient pas du niveau de pression minimale défini dans le contrat, et ne seraient pourtant pas dédommagés pour ce manquement de l'entreprise.

17 Décret de l'Exécutif 999/92, art. 21.

18 Les fonctionnaires des organismes de régulation interrogés considèrent que l'expérience de la Commission de Conseil n'a pas été concluante, « en raison du caractère hétérogène des représentants (professionnels, syndicalistes, etc.) qui a empêché d'élaborer des consensus sur les questions abordées ».

19 Résolution de l'ETOSS nº 38 du 21 avril 1999.

20 L'acte de constitution du 20 mai 1999 énumère ces associations. Il s'agit de : Adelco, Adecua, Proconsumer, Union De Usuarios Y Consumidores, Consumidores Activos, Consumidores Argentinos, Consumidores Libres et Cruzada Civica.

21 La « table des controverses » a été créée par l'organisme de régulation pour traiter des questions urgentes ou particulièrement délicates. À celle-ci participent les responsables des directions de l'entreprise concernées par la problématique abordée.

22 En effet, il est déjà arrivé que les décisions prises par la direction de l'ETOSS aillent dans le sens contraire des rapports produits par la commission.

23 Un de sujets habituels de la littérature sur la régulation des services publics de gestion privée est la reconnaissance effective de cette disparité. Nous sommes en train de parler du risque de « capture par les entreprises » qu'encourent les régulateurs. Dans beaucoup de cas, on considère que la représentation des usagers est un contrepoids pour neutraliser ce problème.

24 L'objectif central de ce projet est de redéfinir l'appartenance institutionnelle des entités régulatrices, qui devraient dépendre de la Commission et non plus de l'Exécutif. En plus des deux représentants des usagers proposés par leurs organisations, cette commission est formée par deux représentants de la Chambre de Députés, deux du Sénat et un de l'Exécutif.

Bibliographie

Brachet P., 1995, « Des expériences de partenariat entre usagers « particuliers » et organismes de service public », dans *L'administration de l'équipement et ses usagers*, Paris, La Documentation française.

Brugué Q., M. Amoros et R. Gomá, 1994, *La administración Pública y sus clientes : ¿ Moda organizativa u opción ideológica ? Gestión y análisis de políticas públicas*, Madrid, INAP, Septembre-décembre 1994.

De Sario J. et S. Langton, 1987, « Citizen Participation and Technocracy », dans *Citizen Participation in Public Decision Making*, Connecticut, Greenwood.

Jenkins B. et A. Gray, 1994, *Evaluación y el usuario : la experiencia del Reino Unido. Gestión y análisis de políticas públicas*, Madrid, INAP, Septembre-décembre 1994.

Lopez A. et R. Felder, 1997, *Nuevas relaciones entre el Estado y los usuarios de servicios públicos en la post-privatización*, Buenos Aires, INAP-DIEI, Serie II, Documento nº 30.

Rodriguez Pardina M., 1998, *Las Instituciones Reguladoras en la Argentina*, Buenos Aires, FADE.

Autres sources

Textes réglementaires et juridiques :

Constitution Nationale

Loi 24.076, sanctionnée le 20-05-92

Loi 24.065, sanctionnée le 16-01-92

Loi 24.240, sanctionnée le 22-9-93, modifiée par la Loi 24.787, Bulletin Officiel du 02-04-97.

Décret National N° 999 du 18-6-92.

Décret National 1185/90 modifié par les Décrets 2728/90 et 2160/93.

Secrétariat des Communications, Résolution N° 161/96.

Défenseur du Peuple de la Nation, Troisième Rapport Annuel 1996. Tomes I et II.

Résolution ETOSS Nº 38/99.

Résolution ETOSS Nº 42/00.

Audience Publique de l'ETOSS réalisée les 27 et 28 juin 2000. Version reproduite sur la page web (www.etoss.org.ar).

Entretiens :

Fonctionnaires de la Défense du Peuple de la Nation.

Fonctionnaires de la Direction de la Défense du Consommateur.

Fonctionnaires de la C.N.C., de l'ETOSS, de l'ENRE et de l'Enargas.

Membres de la Commission des Usagers de l'ETOSS.

L'EAU SELON « LES GENS » : LE FORUM DE BUENOS AIRES

FUNDACIÓN CIUDAD*

LA RÉCENTE AUTONOMIE DE LA VILLE de Buenos Aires[1] a contribué à la formation de diverses associations liées à des thèmes urbains comme la Fundación Ciudad, créée en 1995. Son programme *Forums participatifs pour une Buenos Aires durable* tente d'organiser la collaboration de la société civile dans le processus de planification stratégique élaboré par les autorités de la ville. Le problème de l'eau a été au centre de l'un d'entre eux : le Forum « L'eau à Buenos Aires », réalisé en mai 1999.

LA PARTICIPATION CITOYENNE DANS LA PRISE DE DÉCISIONS

Les forums ont comme principal objectif de promouvoir la participation citoyenne à travers des débats organisés et des activités de diffusion qui permettent de construire des consensus autour d'une question et amènent le citoyen à assumer un rôle actif dans la formulation des politiques publiques[2]. Ces rencontres permettent aux citoyens, fonctionnaires et organisations non gouvernementales de dialoguer et de décider *ensemble* des solutions à donner aux problèmes concernant la qualité de vie dans la ville. C'est ce que la Fundacion appelle « la voix des gens » qui est le fruit d'une pensée commune, surgie du vécu direct et quotidien des problèmes, très au-delà des préférences personnelles ou des intérêts sectoriels.

Cette méthode a différents objectifs et montre les résultats aux participants du forum : citoyens, fonctionnaires et médias. Elle permet aux citoyens :

– de comprendre, à partir d'un langage simple, les thèmes complexes de politiques publiques ;

– de percevoir d'autres points de vue ainsi que les coûts et les avantages des diverses solutions proposées ;

* Association de la Ville de Buenos Aires, f.ciudad@interlink.com.ar

- de se sentir moins isolés et d'avoir un sentiment plus fort d'appartenance à leur communauté ainsi qu'une plus grande disposition pour s'unir à une action citoyenne.

Elle permet aux fonctionnaires et responsables des politiques publiques :

- de comprendre les besoins et les priorités de leurs administrés ;
- d'incorporer à leurs plans de gouvernement des propositions acceptées par la communauté ;
- d'installer le mécanisme de la participation dans les processus de prise de décisions comme moyen de garantir les actions du gouvernement.

Enfin, elle permet aux médias :

- d'interpréter le calendrier du citoyen et de le faire connaître ;
- de servir de lien entre citoyens, experts et fonctionnaires.

La méthodologie

Une fois le thème d'un forum défini (le fleuve, l'eau, l'air), l'équipe d'organisation démarre une recherche sur les thèmes à traiter en ayant recours à des spécialistes, elle prépare des matériaux simples pour la compréhension du sujet et rédige un manuel de travail dont la lecture est obligatoire pour ceux qui participent au forum. Les objectifs de celui-ci sont les suivants :

- Elaborer des solutions optionnelles aux problèmes qui sont perçus par les citoyens comme ayant une importance vitale.
- Analyser les avantages et les coûts de chaque solution alternative.
- Promouvoir les valeurs sous-jacentes aux diverses propositions.

LE FORUM : « L'EAU À BUENOS AIRES »

Fondée sur les rives du généreux Rio de la Plata, Buenos Aires est une grande métropole d'environ 13 millions d'habitants. L'eau y est une ressource économique, sociale et récréative de grande valeur pour les générations futures. La surabondance de cette ressource est peut-être ce qui a empêché que les citoyens y prêtent vraiment attention. Par rapport à cela, la ville de Buenos Aires vit une série de problèmes qui se manifestent de plusieurs façons : le gaspillage, la pollution, les maladies transmises par l'eau et les inondations. Les causes qui engendrent ce type de problèmes ne s'appliquent pas seulement à l'eau mais se retrouvent par rapport à plusieurs autres thèmes concernant l'environnement. Par exemple, le manque de planification et l'absence de contrôle, la déficience dans l'application des normes de la part de l'État et une législation inadéquate. Mais on trouve aussi des défaillances sérieuses, tant chez les entrepreneurs qui n'appliquent pas les normes que du côté des citoyens dont le niveau de participation est faible.

Pour déterminer la portée du problème plusieurs groupes ont été consultés : des experts sur le thème (universitaires, spécialistes, chercheurs et experts internationaux), des organisations non gouvernementales, des fonctionnaires du gouvernement et aussi des citoyens qui, d'une manière ou de l'autre, souffrent du problème et peuvent à leur tour faire des propositions. Ont été aussi utilisées des enquêtes d'opinion, des ateliers de diagnostic participatif et des groupes locaux ainsi que la presse.

Le Forum de l'eau s'est tenu dans la Ville de Buenos Aires et pendant deux jours consécutifs environ 200 personnes se sont réunies pour analyser les possibles avantages et inconvénients des options présentées. Les ateliers, d'environ 15 personnes chacun, coordonnés par un modérateur, avaient pour consigne d'élaborer une proposition consensuelle du groupe pour chaque type de problème. Les consensus de tous les groupes ont ensuite été rendus compatibles et transformés en une proposition générale pour chaque option. Le Forum a créé un espace pour la délibération entre les différents groupes et pour la recherche de consensus pour les usages et la gestion de l'eau. Dans cette rencontre, on a cherché :

- à connaître les attentes et les besoins de la population métropolitaine par rapport à l'eau ;
- à réaliser une recherche préliminaire sur l'état, les principaux problèmes, les usages et les projets concernant le fleuve et le service d'eau dans la ville ;
- à élaborer des options pour l'usage et la gestion de l'eau ;
- à produire une délibération publique sur les propositions énoncées ;
- à créer un réseau d'organisations de la société civile disposées à soutenir les propositions.

Les options

Les options constituent un outil méthodologique pour faciliter la discussion et l'analyse des divers points de vue. Chacune d'entre elles privilégie une approche du problème, un type de solution et un ensemble de valeurs qui lui sont sous-jacentes.

Cinq options furent mises en débat :

1) les divers usages possibles du Rio de la Plata ;
2) la qualité de l'eau de consommation (rénovation du réseau, chlore, ozone);
3) l'usage rationnel de l'eau (conscientisation et éducation, mise en place de compteurs) ;
4) le contrôle de la pollution et la participation à la régulation ;
5) le contrôle plus général (conseils consultatifs ou de districts et réunions publiques obligatoires).

À la fin des deux journées de travail, l'ensemble des participants a présenté aux fonctionnaires et aux médias les consensus suivants relatifs aux usages et à la gestion de l'eau dans la ville de Buenos Aires :

- Pour les options relatives aux différents usages du Rio de la Plata, le consensus des participants s'est fait autour de l'option « Le Rio de la Plata pour tous les usages et pour tous les citoyens ».

- Sur la question de la qualité de l'eau de consommation, les citoyens se sont mis d'accord pour demander « une qualité sûre de l'eau potable et la garantie d'eau potable et d'égouts dans toute la région métropolitaine ».
- Par rapport à l'usage rationnel de l'eau, les participants ont considéré comme indispensable « l'éducation et la diffusion ».
- Sur la question du contrôle de la pollution, le consensus fut que « l'État mettra en œuvre le contrôle de la pollution. Les stratégies devront être délibérées dans des négociations intersectorielles en présence des organisations non gouvernementales, des industries, des universités et des citoyens ».
- En ce qui concerne la régulation et le contrôle, les participants se sont mis d'accord sur une proposition qui incluait « des conseils de districts et des réunions publiques ».

CONSTRUIRE « AVEC LES GENS »

Avec les Forums Participatifs, on voit se mettre en marche une nouvelle stratégie pour consolider la démocratie en créant un nouveau modèle de prise de décisions qui octroie au citoyen une plus grande responsabilité pour agir directement ou à travers des institutions. Dans le cas concret du forum « L'eau à Buenos Aires » et pour garantir que les autorités publiques se sentent concernées, la Fundacion Ciudad a fait une présentation formelle de la rencontre devant les commissions d'Écologie et d'Environnement des autorités municipales de Buenos Aires et leur a remis, en présence des médias, les conclusions des travaux. Elle s'est aussi engagée à suivre de près ces propositions ainsi que les actions gouvernementales et entrepreneuriales concernant l'eau dans la ville. Selon les analyses pré- et post-forum, réalisées par les participants, il ressort qu'un pourcentage élevé de personnes ont admis que les délibérations autour de l'eau avaient amélioré non seulement leur propre compréhension sur le thème mais, également, sur les points de vue des autres acteurs sociaux.

Dans les mois qui ont suivi cet événement et jusqu'à aujourd'hui, on a pu identifier quelques éléments qui démontrent l'impact de ce forum. Par exemple, le projet de Loi sur l'Eau qui est en ce moment étudié par les autorités de la ville de Buenos Aires. Le fait que l'entreprise concessionnaire de l'eau ait incorporé à son langage publicitaire des concepts qui reflètent les opinions des usagers, confirme ce mouvement des idées. Mais ce qui est, peut-être, le plus significatif, c'est que des expériences de ce type montrent aux fonctionnaires, aux entreprises et à divers acteurs de la société que l'on résout plus facilement les problèmes qui concernent le citoyen, en prenant en compte son avis, la « voix des gens ».

Notes

1 C'est en 1996 que la ville a obtenu son autonomie, à la suite de la réforme de la Constitution de 1994. Les premières élections à la Mairie ont eu lieu en 1996.

2 Selon la méthode utilisée par la Fondation Kettering aux États-Unis.

Bibliographie

Fundacion Ciudad, 1999, *Foro el Agua en Buenos Aires*, Document de base, Buenos Aires, Ed. Tauro.

DEUXIÈME PARTIE

GESTION URBAINE, GESTION SOCIALE

Concours de dessin à Toluca (Mexique). Dans le cadre du festival international de l'eau organisé en février 2003 par la municipalité de Toluca (Estado de México), un concours de dessin a été organisé pour inciter les enfants à préserver une ressource naturelle en voie d'épuisement (Cliché : Alain Musset).

LA FACE CACHÉE DU SERVICE UNIVERSEL :

DIFFÉRENCIATION TECHNIQUE ET TARIFAIRE DANS LE SECTEUR DE L'EAU EN EUROPE

OLIVIER COUTARD*

L'EAU ÉTANT À LA FOIS UN BIEN INDISPENSABLE À LA VIE (alimentation, santé, hygiène) et un bien marchand (coûteux à produire, à distribuer, à retraiter) a un statut économique ambigu. Mais cela n'a pas suscité de difficultés particulières dans les pays développés tant que les réseaux de distribution d'eau potable se développaient (souvent par des subventions publiques massives) et que le prix de l'eau restait faible en diminuant par rapport aux revenus croissants de la majorité des ménages.

La période récente (depuis une à deux décennies) est à divers égards différente. D'une part, les réseaux d'eau assurent un niveau de desserte quasi-universel (dans les pays développés, redisons-le), et le service de distribution d'eau par réseau est désormais considéré comme un acquis : on a « droit au réseau ». Mais, d'autre part, le prix de l'eau a fortement augmenté (sous l'effet notamment de normes de qualité et de protection de l'environnement plus strictes) ; en outre, la précarité s'est développée pour toucher une part de la population qui, certes, reste faible mais croissante. Ainsi, même si le phénomène demeure marginal, un changement qualitatif s'est produit : après s'être constamment étendu au cours d'une longue période, le droit au réseau marque le pas, voire recule pour une frange fragile de la population.

La question de la solvabilité des ménages, notamment les plus démunis, se pose donc socialement (accroissement du nombre de ménages éprouvant des difficultés pour payer leurs factures d'eau ou plus généralement pour faire face à leurs dépenses de base : logement, alimentation, santé, eau, énergie) mais aussi politiquement (le sentiment qu'il faut « faire quelque chose » se développe, en lien avec une critique plus diffuse de

* Chargé de recherche CNRS au LATTS-ENPC

l'eau hors de prix qui n'est pas spécialement focalisée sur les questions d'insolvabilité). Les modalités de gestion des situations d'insolvabilité ou des difficultés de paiement doivent composer avec une contrainte implicite essentielle : on ne peut pas couper l'eau – en tout cas ni durablement, ni à un grand nombre de ménages.

Dans de nombreux pays, la question des tarifs sociaux est explicitement posée : subvention aux faibles consommations ; fourniture gratuite des *x* premiers mètres-cubes par an et par personne (ou par ménage) ; aide personnalisée aux ménages ; etc. Mais la différenciation des services n'est pas seulement tarifaire. Elle peut concerner bien d'autres dimensions de la prestation : la facturation (modalités, fréquence), le paiement des sommes dues (modalités, échelonnement, prépaiement), la prévention des impayés (par incitation à la réduction de la consommation, ou par l'aide aux travaux de réparation de fuites d'eau dans les logements), la réduction plus ou moins consentie des quantités d'eau fournies, etc.

Sur la base d'une étude comparative portant sur trois pays européens (France, Grande-Bretagne, Allemagne) menée en 1999 pour le compte de l'Agence de l'Eau Seine-Normandie (Coutard, 2000), on analyse dans cette contribution, différentes formes techniques, commerciales ou tarifaires de traitement des difficultés de paiement mises en œuvre par les compagnies de distribution d'eau, les collectivités publiques locales régionales ou nationales, les associations, etc. ces différentes institutions pouvant agir conjointement ou séparément. On ne proposera évidemment pas un inventaire exhaustif des situations nationales ou locales, mais on s'attachera à analyser les principaux dispositifs rencontrés et à les évaluer au regard de l'objectif social qui préside le plus souvent à leur mise en œuvre. La comparaison avec des recherches menées dans les pays en développement devrait être riche d'enseignements, même si le problème de l'accès à l'eau ne se pose pas pour l'essentiel dans les mêmes termes, que ce soit sur le plan de l'expansion de réseaux, de la qualité de l'eau ou de la solvabilité des ménages.

L'ORGANISATION DE LA DISTRIBUTION D'EAU POTABLE DANS TROIS PAYS EUROPÉENS : FRANCE, ALLEMAGNE ET GRANDE-BRETAGNE

En France, la distribution de l'eau est un service public local, fourni soit directement par les collectivités publiques, soit dans le cadre de formes diverses de délégation de service public, la tendance déjà ancienne, étant au développement de la concession. Il y a en 1995 en France 15 500 services locaux de distribution d'eau organisés au niveau communal (environ 13 500 communes isolées) ou intercommunal (2 000 syndicats intercommunaux). La distribution en régie (directement par la collectivité locale) concerne un peu plus de 20 % des abonnés, contre près de 80 % pour la gestion déléguée. Le secteur des entreprises délégataires est dominé par la Compagnie Générale des Eaux (groupe Vivendi, 40 % des abonnés), la Lyonnaise des Eaux (groupe Suez-Lyonnaise, 25 % des abonnés), la SAUR (groupe Bouygues, 10 % des abonnés) et la CISE (groupe Saint-Gobain, quelques pour cent) (Barraqué, 1995: 115 sq.). À travers les contrats de concession, la collectivité publique locale concédante contrôle notamment les caractéristiques techniques (qualité) et tarifaires du service.

En Allemagne, dans les anciens *Länder* (ex-Allemagne de l'Ouest) comme dans les nouveaux *Länder* (ex-Allemagne de l'Est), s'agissant en particulier des villes, le secteur était traditionnellement structuré par les *Stadtwerke*, entreprises publiques locales (régies) généralement multi-services. L'organisation du secteur est en cours d'évolution, avec la sociétisation (ouverture partielle du capital) des *Stadtwerke*, engagée notamment pour réduire le déficit budgétaire des collectivités publiques et en prévision des très gros investissements requis pour la mise à niveau des infrastructures (en particulier à l'Est). Dans trois villes étudiées (Berlin, Wismar, Dresden), cette ouverture s'est faite récemment (en 1998 ou 1999) avec l'arrivée d'investisseurs privés à hauteur de 49 % du capital des entreprises (51 % restant à la collectivité locale concernée).

En Grande-Bretagne, le secteur est beaucoup plus concentré. La fourniture d'eau potable est organisée nationalement et contrôlée par un régulateur économique s'apparentant à une autorité administrative indépendante: l'*Office of Water Services* (Ofwat). Le secteur est formé d'une petite trentaine de compagnies régionales (dont une partie seulement est chargée du service d'assainissement), privatisées au début des années 1990 mais conservant un monopole sur leur territoire de desserte. Depuis la privatisation, les gouvernements britanniques successifs ont cherché à développer de manière progressive des mécanismes de concurrence dans l'activité de fourniture d'eau, d'abord au bénéfice de consommateurs industriels, et très récemment au bénéfice de certains consommateurs domestiques[1]. Il est naturellement trop tôt pour observer les conséquences de la concurrence pour les consommateurs domestiques.

On constate sur cet échantillon une importante diversité, tant sur le plan de l'organisation industrielle du secteur de l'eau (degré de concentration, régime de propriété des entreprises) que sur celui de la réglementation (locale ou nationale) ou des principes de financement des services.

LE PRIX DE L'EAU

On s'est efforcé de comparer le prix de l'eau (eau + assainissement) dans les trois pays étudiés (en rendant compte des variations locales de ce prix au sein de chaque pays). Le terme de « prix » de l'eau est employé au sens le plus large pour englober l'ensemble des aspects importants sur le plan de l'équité tarifaire et dans la compréhension des mécanismes d'endettement. L'expression recouvre quatre dimensions principales:

- *Le comptage*. La consommation en eau des ménages est-elle mesurée ou non ? Si oui, est-elle mesurée pour chaque logement ou pour un groupe de logements ?
- *La tarification*. Plusieurs tarifs domestiques coexistent-ils sur la zone de desserte d'une même compagnie (en fonction de la quantité consommée, de la localisation géographique, ou de tout autre facteur, notamment

le revenu des ménages) ? Si oui, ces tarifs sont-ils optionnels ou imposés ? Si la consommation est mesurée, y a-t-il un abonnement ou non ? Les factures et charges d'eau incluent-elles une rémunération pour le service d'assainissement ? Les mêmes questions sont à l'évidence également pertinentes entre zones de desserte : il n'est pas sans incidence sociale que le « prix du mètre cube » varie du simple au double, voire au triple, d'un endroit à l'autre du territoire national ;

- *L'évolution des prix.* Les prix ont-ils tendance à augmenter plus ou moins vite que l'inflation, le PIB ou le revenu des ménages ?
- *La facturation.* Tous les ménages sont-ils clients directs de la compagnie ou certains payent-ils leur eau de manière indirecte ? Le cas échéant, les charges sont-elles incluses dans le loyer ou payable séparément ? Quelle est la fréquence de facturation ?

Le tableau n° 1 « structures tarifaires » (en annexes) synthétise un certain nombre d'informations relatives au prix de l'eau dans les trois pays étudiés.

Le comptage

Le comptage du volume d'eau consommé comme base de la facturation est la règle en Allemagne et en France où il concerne la quasi-totalité des ménages. La principale différence (entre compagnies) concerne le partage de la facture entre coûts fixes et coûts variables (*cf.* 3.2. infra). En outre, dans les deux pays, le comptage est effectué soit au niveau de chaque logement, soit pour un groupe de logements (immeubles collectifs) ; dans ce dernier cas, la consommation mesurée est ensuite répartie entre les différents logements au *prorata* des tantièmes (surfaces habitables). La tendance est toutefois au développement du comptage individualisé par logement (aspiration de la plupart des ménages qui ne souhaitent pas « payer pour les autres » et de la puissance publique soucieuse en particulier de promouvoir une consommation d'eau « rationnelle »).

En Grande-Bretagne, le comptage est en revanche minoritaire. Pour la grande majorité des ménages, la consommation d'eau est encore facturée au forfait, même si la tendance est au développement rapide du comptage individuel. Notons que la loi britannique fait obligation depuis 1990 d'installer des compteurs d'eau individuels dans tous les logements neufs. Une disposition similaire est envisagée en France dans le cadre de la préparation d'un projet de loi sur l'eau devant être déposé devant le parlement en 2001.

La tarification

La tarification de l'eau dans les trois pays étudiés obéit d'abord au parti retenu en matière de comptage : à la tarification au forfait (indépendante de la consommation) dominante en Grande-Bretagne, s'oppose en France et en Allemagne une tarification volumétrique (fonction de la quantité d'eau consommée, soit au niveau des logements individuels, soit au niveau des immeubles collectifs). En France, la tarification au forfait est non seulement inusitée mais interdite, sauf exceptions ponctuelles, depuis la loi n° 92.3 sur l'eau du 3 janvier 1992 (article 13).

En Angleterre et au Pays de Galles, la facture d'eau de la plupart des ménages est calculée à partir d'une valeur théorique d'imposition (RV, pour *rateable value*) de leur logement. La somme annuelle à payer peut, soit être simplement proportionnelle à RV, soit comporter un terme fixe auquel s'ajoute un montant proportionnel à RV. En mai 1999, l'Ofwat indique que ce mode de tarification concerne 82 % des ménages et 14 % des consommateurs non domestiques (Ofwat, 1999: 18). Les ménages britanniques facturés à la consommation (dont le nombre croît rapidement) payent un abonnement, plus ou moins élevé, auquel s'ajoute un montant proportionnel au volume réellement consommé – à l'instar de ce qui se pratique en Allemagne et en France.

Dans les trois pays, le prix de l'eau (ou la facture moyenne) accuse des variations considérables d'une zone de desserte à l'autre. À titre d'exemple, en région Ile-de-France, en 1994, le prix moyen du mètre cube d'eau pour les ménages (calculé pour une consommation annuelle de 150 m^3) variait du simple au double dans la zone agglomérée (départements 75, 92, 93, 94), entre 11,16 F par m^3, prix le plus bas dans les Hauts-de-Seine, et 21,77 F par m^3, prix le plus haut dans le Val-de-Marne. Et il variait dans un rapport de 1 à 16 pour l'ensemble de la région, entre 1,62 F par m^3, prix le plus bas en Seine-et-Marne, et 26,76 F par m^3, prix le plus haut dans le Val-d'Oise ! (Dreif, 1995). En Angleterre et au Pays de Galles, la facture annuelle moyenne d'eau pour les consommateurs domestiques pour l'année fiscale 1999-2000 sera comprise, selon la compagnie, entre £ 74 (Porstmouth Water) et £ 171 (South East Water). Le service d'assainissement est facturé séparément, mais selon la même méthode. La facture totale moyenne pour 1999-2000 sera comprise entre £ 104 (Thames Water) et £ 262 (South West Water). Pour la fraction des consommateurs facturée au volume d'eau consommée, les factures varient dans un rapport comparable (de 1 à 2,5 ou de 1 à 3) (Ofwat, 1999). Ces variations des prix sont moins importantes mais plus significatives qu'en France, car les zones de desserte (au sein desquels la tarification est unifiée) sont toutes d'une taille importante (chaque tarif publié concerne donc un grand nombre de clients domestiques). On ne dispose pas de données significatives pour l'Allemagne, mais il n'y a guère de raison pour que la situation soit très différente. Cette grande dispersion des prix doit être soulignée : il n'est pas indifférent pour un ménage, et en particulier s'il est modeste, de payer le service d'eau-assainissement 5 ou 20 francs par m^3. Les inégalités tarifaires entre zones sont donc réelles et significatives.

En outre, au sein d'une même zone de desserte, les ménages ne paient pas tous la même somme. La facture dépend soit de la valeur attribuée à leur logement (système anglo-gallois de tarification au forfait), soit du volume consommé. De manière marginale, elle dépend aussi du débit maximal autorisé par le raccordement au réseau du logement ou de l'immeuble considéré. Mais elle ne dépend d'aucun autre paramètre (tel que la localisation au sein de la zone de desserte ou le revenu du ménage). Il existe toutefois une exception à cette règle dans le cadre de certaines expériences de tarification dite « sociale » consistant à offrir un tarif optionnel favorable aux ménages faibles consommateurs. Ainsi, en 1997-1998, une compagnie (Anglian Water) avait introduit un tarif au volume pour « faibles consommations » (*low user tariff*). Elle a été suivie en 1999-2000 par deux autres compagnies (Mid Kent Water et Hartlepool Water). Ce tarif ne comporte pas d'abonnement, mais le prix au m^3 est plus élevé (voir Figure n° 1 en annexes) ; il en résulte que, au-delà d'un certain seuil de consommation (q_0 sur la figure), le tarif « faibles consommations » devient plus onéreux que le tarif de base.

Ce tarif « faibles consommations » dont le principe est envisagé dans la charte française de 1996[2], n'est pas à proprement parler un tarif social. D'une part, le ménage riche en bénéficiera pour sa résidence secondaire comme le pauvre pour ses besoins quotidiens essentiels. D'autre part, sauf système de comptage et de gestion relativement lourd et coûteux (et l'on doit se demander qui supporterait ce coût) qui permette de faire varier le seuil $q_{«}$ en fonction de la taille du ménage, une famille pauvre et nombreuse (donc consommant beaucoup) sera désavantagée par rapport à une personne riche vivant seule (et consommant peu).

Si l'on entend par « tarification sociale » ou par « tarification (socialement) équitable » une règle de tarification qui conduit à ce que le ménage pauvre paie à consommation égale (ou à niveau équivalent de satisfaction des besoins) moins que le ménage riche, alors on doit noter que :

- la tarification britannique au forfait, fondée sur la valeur locative imposable du logement est probablement plus équitable que la tarification binôme pratiquée en France et en Allemagne, dans la mesure où le revenu du ménage est corrélé à la valeur marchande de son logement ;
- la répartition de la facture d'eau d'un immeuble collectif au *prorata* des tantièmes, et non, par exemple, en fonction de la taille du ménage, est plus équitable (au niveau micro-local) qu'une tarification en fonction des consommations individualisées des ménages, du moins si l'on admet qu'un ménage plus pauvre aura tendance à avoir moins de mètres carrés par personne qu'un ménage plus riche ;
- mesurer les consommations individuelles a un coût (installation, entretien et relevé des compteurs) que tous les ménages, riches et pauvres, supportent à l'identique.

Or, on l'a vu, la tendance est au développement du comptage individualisé des consommations. Cette évolution est selon toute vraisemblance défavorable en termes d'équité sociale (au sens défini ci-dessus).

Un dernier élément d'évolution doit être mentionné. Dans deux pays au moins (France, Angleterre, Pays-de-Galles), la limitation du montant des abonnements est à l'étude. En France, la ministre de l'Environnement a récemment indiqué que « la bonne gestion de la ressource en eau et le souci de transparence impliquent que chaque consommateur sache précisément ce qu'il consomme » et qu'il convenait donc « de renforcer dans la facture de l'eau la part calculée en fonction du volume réellement consommé par l'abonné (...) en limitant et en précisant le terme fixe de la facture d'eau » (source : dossier de presse diffusé le 27 octobre 1999, *cf.* www://environnement.gouv.fr). Dans son livre blanc de 1998, le gouvernement britannique estime que les tarifs binômes (abonnement + facturation de la consommation en m^3 à un prix unitaire unique) ne sont pas favorables aux ménages démunis « à la fois parce qu'ils comportent un abonnement et parce que l'eau consommée pour des usages domestiques essentiels (comme boire, cuisiner, se laver) est tarifée au même prix que l'eau consommée pour des usages « discrétionnaires (*discretionary*) » (comme l'arrosage des jardins au moyen d'arroseurs) ; (Detr, 1998, parag. 2.10).

Dans ce document, la limitation du montant des abonnements est ainsi officiellement justifiée par des motifs d'équité (l'abonnement engendre une structure tarifaire défavorable aux faibles consommateurs) et d'efficacité (un prix au m^3 plus élevé incite davantage à un usage « rationnel » c'est-à-dire plus économe de l'eau).

Les prix et leur évolution

Le niveau des prix (ou de la facture moyenne) est comparable dans les trois pays étudiés (sans doute légèrement supérieur en moyenne en Allemagne), tout comme leur évolution. Au cours des 15 dernières années, le prix de l'eau a fortement augmenté en termes réels. En Ile-de-France, par exemple, il a augmenté de 60 % en francs constants entre 1984 et 1994 ; et de 58 % en moyenne en Grande-Bretagne entre 1985 et 1995. La situation est également similaire dans les « anciens *Länder* » allemands (ex-Allemagne de l'Ouest). Ainsi, à Stuttgart, les prix ont augmenté de 67 % en marks courants entre début 1990 et début 1998. En revanche, la situation est très différente dans les « nouveaux *Länder* » : à Berlin-Est, sur la même période, le prix du m^3 d'eau a été multiplié par 22 ! Il est vrai que le service était quasiment gratuit en Allemagne de l'Est. Cette augmentation en marks (Ouest) courants devrait certainement être corrigée pour tenir compte de l'inflation et des hausses de salaire beaucoup plus fortes à l'Est qu'à l'Ouest depuis la réunification. Il reste qu'en termes réels (nets de l'inflation), l'augmentation demeure beaucoup plus forte à l'Est qu'à l'Ouest ; et que les prix sont à présent comparables alors que les salaires moyens accusent encore des écarts significatifs. La hausse des prix est en outre alimentée dans les nouveaux *Länder* par la forte baisse des consommations, qui fait que les coûts croissants d'investissement sont répartis sur un nombre décroissant de mètres-cubes. (À titre d'exemple : la consommation totale d'eau à Dresde a été divisée par deux entre 1989 et 1998.)

La facturation

La quatrième dimension du « prix de l'eau » concerne la facturation. Un premier élément distingue l'Angleterre (et le Pays-de-Galles) de la France et de l'Allemagne. En Angleterre, les ménages sont tous des clients directs des compagnies d'eau, alors qu'en France, et plus encore en Allemagne, de nombreux clients des compagnies sont des « intermédiaires » (propriétaires, syndics de copropriété, offices HLM, etc.) à qui les ménages, clients « indirects » en quelque sorte, payent des charges pour s'acquitter de leurs dépenses d'eau. La distinction client direct/client indirect renvoie à une différence en matière de facturation : facturation séparée de l'eau pour les clients directs (consommateurs individuels ou intermédiaires) et facturation de l'eau intégrée au loyer ou aux charges pour les clients indirects. En conséquence, tous les ménages anglais reçoivent une facture d'eau, alors que de nombreux ménages allemands ou français paient l'eau parmi leurs charges de loyer.

Alors que le prix de l'eau augmentait de façon spectaculaire, la fréquence de facturation est restée pour l'essentiel inchangée. Ici encore, clients directs et indirects doivent être distingués, les premiers recevant une à deux factures par an et les seconds s'acquittant de leurs charges d'eau généralement plus régulièrement (par exemple à un rythme mensuel). La facture annuelle (ou bisannuelle) d'eau représente aujourd'hui une somme importante, et une évolution dans les rythmes de facturation s'amorce, quoique de façon contrastée selon les pays. Cette évolution concerne en particulier les ménages modestes ; on examinera en détail plus bas (section 4 : « l'accès à l'eau ») les formes de facturation et de recouvrement spécifiquement dédiées aux ménages rencontrant des difficultés de paiement.

L'évolution des prix, mais aussi les modes de comptage, de tarification et de facturation-recouvrement influent sur les mécanismes d'endettement et les problèmes d'insolvabilité. L'évolution constatée vers la généralisation du comptage individualisé des consommations dégrade souvent la situation des ménages les plus pauvres. En outre, la facturation isolée (séparée des charges de logement) est, à montants inchangés, un facteur accroissant le risque d'endettement.

LE DROIT À L'EAU

Un droit à la coupure reconnu, mais strictement encadré en Allemagne et en France, aboli en Grande-Bretagne

Dans les trois pays étudiés, il existe des dispositions légales et juridiques qui protègent l'accès des ménages à une fourniture d'eau potable. La possibilité pour le distributeur d'interrompre la fourniture d'eau en cas de non-paiement existe dans deux pays, mais elle est strictement encadrée ; en Angleterre, les coupures pour non-paiement sont prohibées depuis le *Water Industry Act* du 30 juin 1999.

En France, la loi du 29 juillet 1992 relative au revenu minimum d'insertion (loi « RMI 2 »), modifiant la loi du premier décembre 1988 instituant le RMI, introduit la disposition suivante :

Toute personne ou famille éprouvant des difficultés particulières du fait d'une situation de précarité a droit à une aide de la collectivité pour accéder ou préserver son accès à une fourniture d'eau et d'énergie.

Le dispositif concrétisant ce « droit à l'aide » est précisé dans la loi d'orientation relative à la lutte contre les exclusions du 29 juillet 1998. Il renvoie explicitement aux dispositions de la charte de 1996. Il consacre un droit ambigu aux modalités alambiquées (principe d'abandon de créance et non-abondement d'un fonds de solidarité), restrictif et défaillant dans sa mise en œuvre (Coutard, 1998).

En Allemagne, la coupure de l'alimentation en eau pour non-paiement est également autorisée. Le cadre réglementaire, très proche de celui existant en

Angleterre, est fixé par le décret du 20 juin 1980 relatif aux conditions générales de la fourniture d'eau potable, pris en application de la loi du 9 décembre 1976 de réglementation générale des relations commerciales et professionnelles: outre le motif technique (où elle est rendue nécessaire par des travaux à effectuer), la coupure est possible en cas d'infraction du client, notamment pour le non-paiement des sommes dues au titre du service. La fourniture doit être rétablie dès que l'infraction cesse, et en particulier dès que le client s'est acquitté de ses dettes, *y compris les frais de coupure et de rétablissement de la fourniture.*

La coupure n'est pas autorisée si le client peut démontrer que ses conséquences sont disproportionnées par rapport à l'infraction commise et qu'il aura prochainement la possibilité de se mettre en règle vis-à-vis de la compagnie. La notion de « conséquences disproportionnées » n'est pas précisée dans la loi. Les enquêtes menées localement dans le cadre de cette étude suggèrent qu'elle est interprétée de manière variable. Certaines prennent en compte des « conditions familiales particulières » (sans précision) ; d'autres, comme la Berliner Wasser Betrieb, la compagnie berlinoise, ont pour principe de ne pas couper l'alimentation aux ménages bénéficiant de l'aide sociale; et de ne procéder à aucune coupure collective (i.e. affectant plusieurs logements) parce qu'elles considèrent qu'une telle coupure induit des « conséquences disproportionnées » lorsqu'elle affecte également des ménages non débiteurs (Coutard, 2000:32).

En Grande-Bretagne, les coupures d'eau ne sont plus autorisées comme moyen de pression sur les consommateurs qui ne paient pas leur facture. Elles l'étaient jusqu'en 1999, mais étaient très strictement encadrées, davantage encore qu'en France. D'une part, le distributeur ne pouvait couper un consommateur que lorsque celui-ci ne s'était pas plié à une injonction de payer émise par un juge (*Court judge order*). D'autre part, la fourniture d'eau ne pouvait pas être coupée si le défaut de paiement concernait la part « assainissement » de la facture. Notons enfin que, dans les faits et bien qu'y étant autorisées, plusieurs compagnies avaient choisi de n'effectuer aucune coupure pour non-paiement.

Un événement particulier a donné à la question des coupures d'eau une dimension politique qu'elle n'a jusqu'à présent pas eu en France. On a assisté en 1991-1992, dans la période qui a suivi la privatisation, à une véritable explosion du nombre de coupures qui a suscité une forte réaction négative de l'opinion publique confortée par les médias, et finalement reprise par la représentation politique nationale. Le régulateur a dû intervenir pour restreindre fortement les pratiques de coupures d'eau en contraignant les compagnies à se conformer à un code de déontologie minimal en matière de coupures d'eau et en formulant un certain nombre de recommandations/instructions (*cf.* section 5). Ces diverses réactions, et sans doute plus particulièrement l'action du régulateur ont eu un effet net sur la pratique des coupures (Tableau n° 2 en annexes).

L'Ofwat a par ailleurs officiellement autorisé (encouragé ?) en 1996 les compagnies de distribution à installer des « compteurs à prépaiement » (*budget payment units* ou BPUs)[3], dispositifs qui ne permettent la consommation d'eau que s'ils ont été préalablement alimentés d'un crédit suffisant (le plus souvent par l'intermédiaire d'une carte à puce rechargeable) et qui interrompent l'alimentation après l'épuisement de ce crédit et après une période de secours de sept jours. Mais, le 30 janvier 1998, statuant sur un recours déposé par six collectivités locales, la juridiction suprême britannique a rendu un jugement concluant que l'interruption de l'alimentation en eau d'un particulier *via* un BPU n'était pas conforme à la législation en vigueur en matière de coupures d'eau (obligation de préavis avant coupure, obligation pour la compagnie d'informer les autorités locales, etc.). Ce jugement annonce l'interdiction légale de couper l'eau à un ménage pour non-paiement d'une facture, « mesure-phare » du *Water Industry Act* de 1999.

Une ambiguïté fondamentale

Le « droit à l'eau » souffre en réalité de l'ambiguïté fondamentale évoquée au début de ce texte. L'eau est d'une part un bien essentiel, dont nul ne peut être privé; et c'est ce qui explique la protection croissante dont bénéficient les ménages confrontés à des difficultés de paiement. D'autre part, la distribution d'eau par réseau est un service marchand qui doit être rémunéré; nul, apparemment, ne peut exiger d'être alimenté gratuitement: chaque ménage a droit au service – mais dans l'exacte mesure de ce qu'il peut payer!

L'interdiction des coupures introduite dans la loi britannique ne modifie pas cette position: le gouvernement britannique a bien pris soin de préciser que les compagnies étaient autorisées (incitées?) à user de tous les moyens (sauf la coupure) pour rentrer dans leurs frais – y compris le recours à des agences privées de recouvrement de créance aux méthodes parfois peu nuancées. En outre, l'interdiction des coupures porte en germe trois effets pervers potentiels:

- le durcissement de l'attitude des compagnies, privées de leur arme ultime de persuasion, durcissement se traduisant par un recours plus fréquent au juge pour sanctionner les ménages débiteurs;
- le renchérissement des frais d'impayés pour les ménages endettés, qui seraient amenés à supporter le coût des procédures judiciaires, coût sensiblement plus élevé que le coût d'interruption et de remise en service de l'alimentation qu'ils supportaient jusque-là;
- la disparition des compteurs à prépaiement rendus inopérants par l'interdiction de les utiliser comme dispositifs de coupure; et avec les compteurs à prépaiement, la disparition de la « facturation continue » de la consommation d'eau, si commode pour les ménages à très faibles revenus et d'ailleurs très appréciée par eux.

Dans le même registre, une expérience singulière doit être mentionnée, celle de la région belge de Flandres, qui a instauré en 1997 le droit pour tous les ménages résidant en Flandres à 15 mètres cubes d'eau gratuite par an et par personne – mesure à forte portée symbolique. Un premier bilan de la réforme (Van Humbeeck, 1999) fait apparaître que les ménages les plus modestes pourraient ne pas être les plus avantagés par cette disposition:

- les économies d'échelle de consommation d'eau font que les familles les plus nombreuses (qui sont en Flandres, en l'occurrence, parmi les plus aisées) sont le plus avantagées par la règle des 15 mètres cubes gratuits ;
- la gestion de cette disposition sociale s'avère coûteuse (puisqu'il faut mesurer la consommation et tenir compte du nombre de personnes dans chaque ménage), et ce coût de gestion est partagé par tous, y compris les plus modestes, à travers un prix du mètre cube très élevé au-delà du volume gratuit.

Le droit à l'eau s'avère donc un droit complexe à mettre en œuvre !

L'ACCÈS À L'EAU

Les mécanismes de l'endettement

Divers organismes indépendants britanniques ont évalué les dispositifs de protection des consommateurs démunis ou endettés ; le Policy Studies Institute (PSI), un organisme sans but lucratif ayant mené de nombreux travaux d'évaluation des institutions et des politiques publiques, a notamment publié une étude remarquable appuyée sur un travail empirique approfondi (Herbert et Kempson, 1995). Les auteurs recensent cinq facteurs principaux favorisant l'endettement d'un ménage :

- la faiblesse des revenus ;
- la perte de revenus, liée soit à la perte de revenu salarial (chômage, prise d'un emploi moins rémunéré), soit à l'éclatement du ménage ;
- la gestion inappropriée par le ménage de son budget, soit gestion déficiente ou négligeante, soit priorité faible accordée au paiement des factures d'eau ;
- l'importance et l'augmentation des factures d'eau ;
- la fréquence de facturation et les modalités de paiement, facteurs peu mentionnés par les ménages lors des entretiens mais dont les effets sont statistiquement patents.

On voit ainsi que le rapport entre le montant de la facture d'eau annuelle et le revenu disponible du ménage n'est pas le seul facteur explicatif de l'endettement. La diminution du revenu joue un rôle spécifique : à revenu comparable, les ménages qui viennent de connaître une baisse importante de revenus seront davantage susceptibles d'être endettés. Le mode de facturation est également important. On a ainsi pu observer que les locataires de logement social (*council tenants*) sont, à revenu et circonstances familiales identiques, proportionnellement plus endettés en Angleterre, où l'eau fait l'objet d'une facture séparée depuis la privatisation des compagnies d'eau, qu'en Écosse où elle est incluse dans les charges de loyer. La capacité à gérer un budget (non à faire face aux dépenses au fur et à mesure qu'elles se présentent) et les priorités budgétaires des ménages (influencées par les pressions variables exercées par les différents débiteurs) ont aussi une influence.

Enfin, l'importance de la fréquence de facturation est soulignée : plus les factures sont rares et (donc) élevées, plus le risque de non-paiement est grand.

Dès 1992, après la polémique nationale sur les coupures d'eau, le régulateur britannique avait mesuré la diversité des facteurs d'endettement, comme l'attestent ses recommandations-instructions (*guidelines*) aux compagnies, publiées en avril (Ofwat, 1992). Le document recense neuf leviers d'action dont disposent les compagnies pour contribuer à minimiser le nombre de situations d'impayés et de coupures :

- entrer en contact le plus tôt possible avec les clients rencontrant des difficultés de paiement ;
- proposer des modalités de paiement plus fréquent (« au moins tous les quinze jours ») ;
- faciliter le paiement en liquide pour les clients ne disposant pas de compte en banque, et éventuellement prendre à leur charge les frais bancaires liés à ces opérations ;
- permettre au client de réagir au cours d'une procédure de coupure, ce qui suppose selon l'Ofwat que la procédure comporte au moins cinq étapes et soit étalée dans le temps ; « tenter au moins une fois d'établir un contact personnel direct avec le client » au cours de la procédure ;
- informer les clients (le document détaille les informations à donner à deux stades précis de la procédure de coupure) ;
- favoriser le paiement direct par les services sociaux de l'État si les clients concernés sont bénéficiaires du revenu minimum (*Income Support*) ;
- établir avec le client des modalités de paiement adaptées, prenant en compte la consommation du client et sa capacité à payer *(ability to pay)* au-delà de sa consommation pour apurer sa dette ;
- tenter d'établir un contact personnel direct avec le client ou de rencontrer le client avant la coupure ;
- recourir le cas échéant à des sociétés de recouvrement de créances, en s'assurant toutefois que ces entreprises respectent une déontologie stricte, garantissent aux clients des compagnies d'eau l'intégralité de leurs droits et soient en mesure d'informer les clients sur la réglementation en vigueur.

L'examen de ce document appelle trois remarques : d'abord, il ne prévoit aucune prise en charge par la compagnie d'une partie de la dette (à la différence du mécanisme d'abandon de créance inclus dans la charte française de 1996) ou des frais afférents, sauf « éventuellement » en ce qui concerne les frais bancaires liés au paiement en liquide ; ensuite, il n'envisage pas la possibilité d'un tarif social allégeant la charge financière pour ménages les plus pauvres ; enfin, il ne comporte aucune mesure de prévention des surconsommations (en particulier fuites d'eau). Les dispositifs de prévention et de traitement des impayés expérimentés dans les trois pays étudiés offrent un panorama plus complet ; il est vrai que ces dispositifs n'impliquent en général pas seulement les compagnies distributrices.

Les dispositifs de prévention de l'endettement et de gestion des impayés

À défaut de garantir un droit inconditionnel à une fourniture d'eau potable par réseau, des expériences ont été menées dans les trois pays étudiés pour tenter de préserver le plus possible l'accès des ménages à ce bien essentiel. On peut distinguer trois familles principales de dispositifs de gestion des ménages rencontrant des difficultés de paiement.

1. Les dispositifs qui ne visent pas directement à réduire la consommation d'eau, qui ne réduisent pas la facture d'eau et qui la laissent en totalité à la charge du ménage, mais qui aménagent la fréquence ou le mode de facturation, le mode ou les délais de paiement, ou qui offrent une possibilité d'épargne affectée… autant d'instruments importants de prévention des situations d'endettement.

C'est en Grande-Bretagne que ces dispositifs ont été développés le plus, et le plus systématiquement, avec en particulier :

- la facturation fréquente, mensuelle ou bimensuelle (possibilité toutefois peu publicisée par les compagnies à cause de son coût de gestion élevé) ;
- le paiement direct par les services sociaux pour les allocataires de l'*Income Support* (le *Department of Social Security* a toutefois cherché à limiter le nombre de bénéficiaires de ce dispositif… compte tenu de son coût de gestion élevé !)
- les livrets de paiement (progressivement remplacés par des cartes magnétiques dont le coût de gestion est plus faible) permettant le paiement échelonné selon la volonté du client, qui crédite son livret ou sa carte en fonction de ses disponibilités financières du moment (sous réserve de respecter certaines échéances de paiement) ; livret ou carte constitue en quelque sorte un moyen de faire des « économies affectées » : les sommes déposées ne peuvent servir qu'à payer la facture d'eau. Les compteurs à prépaiement entrent dans ce type de dispositif, du moins dans leur fonction de facturation continue : les ménages les plus pauvres apprécient en général de pouvoir connaître leurs dépenses en eau au fur et à mesure. Mais on a vu que leur avenir était menacé.

2. Les dispositifs qui visent à réduire la facture d'eau ou son prix acquitté (pas sa consommation) soit par la modification générale des tarifs (suppression de l'abonnement, par exemple, qui peut avoir concomitamment des finalités sociales et *incitatives*), soit par l'instauration de tarifs dits « sociaux », soit encore par l'allocation d'aides personnalisées au paiement des factures (soit en numéraire, soit par des bons d'eau).

Les « tarifs sociaux », on l'a vu, sont le plus souvent dans les faits des tarifs favorables aux faibles consommations, alors que les deux notions ne sont pas synonymes. On a vu en outre que la mise en œuvre de ces tarifs n'était pas toujours exempte d'effets pervers (réforme flamande) et pouvait *in fine* s'avérer désavantageuse pour les plus modestes.

C'est en Allemagne, et à un moindre degré en France, que l'aide directe aux ménages est la plus développée, dans le cadre de l'aide sociale

(Allemagne) ou avec la contribution financière de diverses parties – compagnies, associations (France) –, cette première différence renvoyant à une autre, à savoir qu'en Allemagne, l'aide (qui dépend de l'aide sociale nationale) a un caractère quasi-systématique, alors qu'en France, elle est accordée au cas par cas selon des modalités variables en fonction des localités.

Ainsi, à Caen, la collaboration instaurée en 1994 implique la compagnie d'eau locale (qui crée à cette époque un service spécialisé dans le traitement des impayés) et le CCAS de la ville; agissant en marge du dispositif, les associations caritatives « qui sont informées de l'existence du dispositif, peuvent orienter les personnes démunies » (Marin et Noto, 1997:28). Mais à Chartres et à Aubusson, la situation est symétrique : les conventions établies n'impliquent pas formellement le CCAS (même s'il reste un élément du dispositif) : elles sont signées entre la compagnie d'eau locale (Compagnie des Eaux et de l'Ozone) et cinq associations locales de solidarité ou d'insertion coordonnées par l'Uriopss. En Vendée, c'est le département et non la commune qui est associée à la convention, et les dossiers sont traités via le fonds de solidarité logement incluant l'eau (et l'énergie), et non via un fonds de solidarité eau spécifique comme dans la plupart des autres expériences. Les formes d'aide apportées varient également : effacement de dette total ou partiel, échéancier de paiement, prêt (gratuit) ou bons d'eau peuvent être proposés, alternativement ou de manière combinée. Les critères d'octroi ou non d'une aide sont également sujets à variation, en fonction des objectifs généraux du dispositif et des ressources financières disponibles.

3. Les dispositifs qui visent à la réduction de la consommation, soit (assez rarement) par des actions « d'information », soit (beaucoup plus rarement encore) par une aide à la réalisation de travaux (réparation de fuite, installation de dispositifs économiseurs d'eau, etc.), soit encore par l'imposition de diverses contraintes.

Les dispositifs de prévention sont peu développés dans les trois pays. La réduction par la contrainte de la consommation d'eau a, en revanche, fait l'objet de diverses expérimentations. C'est, comme on l'a vu, le principe de base des compteurs à prépaiement, qui limitent la consommation d'eau à la quantité que (ou aux périodes pour lesquelles) le ménage peut payer. Mais c'est aussi le principe de divers dispositifs expérimentés en France. C'est le cas de la « purge automatique temporisée », expérimentée dans une copropriété d'Ivry-sur-Seine très endettée, qui limite les périodes d'alimentation en eau au cours de la journée et le volume d'eau pouvant être consommé (Marin et Noto, 1997:32). C'est aussi le principe du système de télégestion mis en place dans une cité de Montfermeil, qui permet de limiter le débit de l'alimentation en eau (réduction de 50 ou 75 %, interruption) (*ibid.*, p. 33).

Conclusion : à propos de quelques débats en cours

Notre étude comparative visait à éclairer certains débats qui se tiennent actuellement, notamment en France, soit pour l'eau directement, soit pour d'autres services publics marchands (électricité, téléphone). Il n'est donc pas inutile de revenir dans la conclusion sur quelques-uns de ces débats.

Droit à l'eau vs droit à l'aide

De ce que nous avons vu, le droit-créance inconditionnel à l'eau n'existe pas. La règle générale, connaissant ici où là des aménagements conditionnels et ponctuels, est qu'un ménage a droit à l'eau qu'il peut payer. La Grande-Bretagne, qui sur un plan est le pays qui s'engage le plus loin en inscrivant dans la loi l'interdiction des coupures d'eau pour non-paiement, est aussi celui qui exige avec le plus de rigueur que chaque ménage paie l'intégralité des charges liées à sa consommation d'eau et les frais éventuels des procédures de recouvrement de créances engagées à leur endroit.

En revanche, en Allemagne et en France existe un droit au secours financier, mais qui n'est pas conçu (du moins en France) pour répondre aux difficultés des ménages en situation de pauvreté durable.

Qui aider ? Et comment ?

Les subtiles exégèses sémantiques sur la nature réelle de la protection juridique offerte aux ménages non solvables ne valent que si elles sont complétées par l'étude concrète des formes d'aide mises en place. Deux questions se posent à la collectivité.

Premièrement, qui aider ? Peu ou beaucoup de ménages ? En fonction du besoin ou en fonction d'une forme de mérite ? Uniquement les ménages qui demandent ? Ou faut-il aider les ménages qui ne demandent pas ? Deux options principales se présentent : soit on met en place des dispositifs locaux d'instruction des demandes d'aide individuelles ; soit on décide d'allouer une aide (par exemple sous forme d'un « tarif social » réduit) de manière systématique à des catégories de ménages définies selon des critères objectifs (par exemple, les ménages ayant des ressources inférieures à x fois le RMI).

C'est la deuxième voie qui a été choisie pour le téléphone en France et en Allemagne (alors que la première a été retenue pour l'électricité en France). On peut se demander pour quelle raison : traitement « égalitaire » des ménages démunis ? Simplicité du dispositif et donc coût de gestion réduit ? En tout cas, la comparaison entre les options fait ressortir un enjeu majeur : quel est le critère retenu pour décider du besoin d'aide d'un ménage ? Réserve-t-on l'aide aux ménages qui la demandent, ou l'attribue-t-on de manière automatique à qui satisfait aux critères ? Réserve-t-on l'aide aux ménages aux revenus les plus faibles (dispositif automatique seulement fonction des ressources) ou à ceux dont la capacité contributive est faible ou nulle, voire négative (approche généralement suivie dans le traitement individualisé des dossiers) ?

Ce que suggère la comparaison internationale, c'est que ces questions qui se posent pour l'électricité et pour le téléphone pourraient se poser bientôt pour l'eau. C'est à l'occasion des réformes de libéralisation que les principes d'aide aux ménages sur base de critères sociaux sont discutés et parfois adoptés. Or, la Grande-Bretagne, « première de la classe » européenne en matière de libéralisation des télécommunications, puis de l'énergie, commence à envisager les modalités d'une libéralisation de la distribution d'eau aux ménages.

Deuxième question posée : comment aider ? Notre étude a recensé trois types de dispositifs. S'il n'existe sans doute pas de solution parfaite, la discussion comparatiste suggère que chaque dispositif doit être évalué, dans chaque contexte « local » en fonction de son coût de mise en œuvre (coût de gestion, montant des transferts induits, coût direct ou indirect pour les ménages concernés), de l'importance de ses effets en termes de réduction des problèmes d'impayés, de la qualité de ses effets redistributifs (notamment en termes de ciblage des ménages aidés), de ses effets pervers (autorationnement) ou stigmatisants éventuels, de ses interactions (contradiction, redondance, etc.) avec d'autres dispositifs d'aide sociale.

Régulation et transparence

Notre étude a permis de mesurer l'avantage, en termes d'accès aux informations, procuré par l'existence d'un régulateur « indépendant », responsable (*accountable*) devant l'opinion et la puissance publique, prescripteur, collecteur et diffuseur d'informations. La présence de ce tiers entre les entreprises et la puissance publique (le rôle des consommateurs est beaucoup plus modeste de ce point de vue) est un facteur important de transparence dans les enjeux et les pratiques de régulation.

Certainement, cette transparence est relative. Les informations qui circulent ne sont pas des informations brutes, mais des informations mises en forme par des entreprises-stratèges, avec parfois la « complicité » du régulateur. Il en va ainsi, par exemple, des statistiques de coupure : lorsque le régulateur du secteur électrique indique sans autre commentaire que le nombre au plan national de ménages ayant subi une coupure d'électricité pour non-paiement est passé de 82797 en 1989-1990 à 477 en 1996-1997, on ne peut que regretter qu'il ne diffuse pas avec le même zèle (une conférence de presse par an) les statistiques relatives au nombre de compteurs à prépaiement ou de factures impayées.

Mais le jeu stratégique des entreprises en matière de diffusion de données est plus délicat à mener en présence de ce tiers régulateur. En France, les compagnies d'eau (mais aussi EDF et France Télécom) ont une liberté totale de diffuser ou de ne pas diffuser d'informations relatives aux difficultés de paiement de leurs clients. La pression régulatrice s'en trouve sérieusement affaiblie.

Il est vrai que la transparence est en partie un mirage : les entreprises ou le régulateur, mais aussi les médias ou l'opinion, peuvent accorder à certaines informations une importance démesurée par rapport à d'autres, tout aussi importantes. Il est vrai aussi que la transparence n'est pas sans risques, lorsque sont diffusés par exemple les montants des transferts entre types de consommateurs via les péréquations tarifaires ou autres subventions croisées. Il est vrai enfin que le régulateur n'a pas seulement pour vocation de rendre transparents les enjeux et les pratiques de régulation ; et que la régulation indépendante soulève aussi des problèmes (de légitimité par exemple). Il reste que davantage d'informations statistiques sur les performances (au sens large) des entreprises de services publics seraient souhaitables, non seulement pour le chercheur (ce qui n'est déjà pas négligeable) mais aussi pour l'opinion et, comme l'on dit, pour le débat démocratique.

Notes

1 *cf.* communiqué de presse de l'Ofwat PN51/99 du 1er septembre 1999.

2 « Charte solidarité eau. Maintien des services publics de l'eau pour les plus démunis » établie le mercredi 6 novembre 1996 entre l'État (ministre délégué au Logement), l'Association des Maires de France, la Fédération Nationale des Collectivités Concédantes et Régies, et le Syndicat Professionnel des Entreprises de Services d'Eau et d'Assainissement. Il est intéressant de noter que cette charte a été établie le même jour qu'une « charte solidarité énergie » établie entre l'État (ministre délégué au Logement), Électricité de France et Gaz de France. Mais si les finalités des deux chartes sont analogues, les dispositifs diffèrent (Coutard, 1998).

3 « Ian Byatt supports budget payment units as a helpful payment option for cutomers », *Ofwat Press Release*, n° 13/96, 22 avril.

Bibliographie

Dreif, 1995, *Le prix de l'eau en Ile-de-France 1994*, Paris, Direction régionale de l'Equipement d'Ile-de-France, octobre.

Detr, 1998, Water Charging in England and Wales: A New Approach. *Consultation paper*, London, Department of the Environment, Transport and the Regions, 23 April.

Ofwat, 1992, *Guidelines on Debt and Disconnection*, Bimingham, Office of Water Services, avril, 19 p.

Ofwat, 1999-2000, *Report on Tariff Structure and Charges*, Birmingham (UK), Ofwat, May.

Barraqué, B. (dir), 1995, *Les politiques de l'eau en Europe*, Paris, La Découverte.

Coutard, O., 1998, « Le "droit" à l'eau et à l'énergie en France: à propos de quelques évolutions récentes », dans Nicole May, Pierre Veltz, Josée Landrieu et Thérèse Spector (dir.), *La ville éclatée*, La Tour d'Aigues (F), éditions de l'Aube, p. 143-157.

Coutard, O., 2000, *Le service public de l'eau face aux inégalités sociales. Comparaison France, Grande-Bretagne, Allemagne*, Rapport pour l'Agence de l'eau Seine-Normandie, LATTS, Marne-la-Vallée, janvier.

Herbert, A.; Kempson E., 1995, *Water Debt and Disconnection*, London, Policy Studies Institute.

Marin, R.; Noto, R., 1997, La gestion des impayés d'eau et d'électricité en France, rapport de recherche, Marne-la-Vallée, Groupement de recherche Réseaux du CNRS, décembre.

Van Humbeeck, P., 1999, « Water pricing in Flanders. The 1997 reform in the domestic water supply sector : background and first assessment », *Mimeo*, Brussels, Socio-Economic Concil of Flanders.

WRC, 1996, *International Comparison of the Demand for Water*, report CO 4182/1 for the Office of Water Services, Marlow (UK) WRc Medmenham, September.

Annexes

Tableau n° 1 : Les structures de tarification de l'eau dans les trois pays étudiés

	Angleterre et Pays de Galles	**France**	**Allemagne**
Ménages facturés au volume consommé (% total ménages)	**8 %** Données : 1996-97	**99 %** Estimations : 1994 (y compris compteurs collectifs)	**> 99 %** Données : 1994 (y compris compteurs collectifs)
Structure tarifaire principale pour la facturation au volume	abonnement + prix au m3 Données : 1996-97	abonnement + prix au m3 (46 % des réseaux) abonnement + forfait pour volume donné + prix au m3 pour consommation au-delà du forfait Données : 1990	abonnement + prix au m3 Données : 1994
Type de prix au m3	prix uniforme pour les ménages prix décroissants par paliers en fonction du volume consommé pour certains gros consommateurs non domestiques	pour les ménages : soit prix uniforme, soit prix décroissants par paliers en fonction du volume consommé	prix uniforme pour la plupart des ménages prix décroissants par paliers en fonction du volume consommé pour gros consommateurs (peu de ménages concernés)
Abonnement en % de la facture totale	**17 % à 34 %** Données : 1996-97 (variations entre compagnies, pas entre consommateurs)	**0 % à 90 %** Données : 1990 (variations entre compagnies, pas entre consommateurs)	**0 % à 45 %** **moyenne = 10 %** Données : 1994 (variations entre compagnies, pas entre consommateurs)

FIGURE N° 1 : COMPARAISON DU TARIF DE BASE ET DU TARIF POUR FAIBLE CONSOMMATION

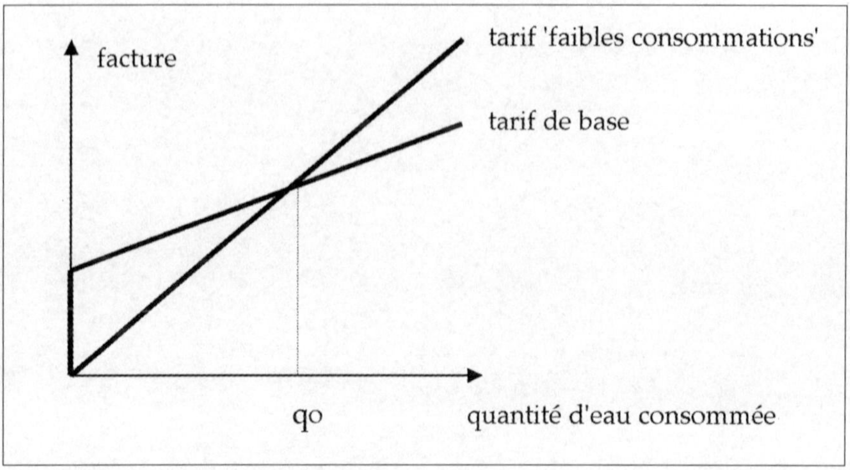

TABLEAU N° 2 : NOMBRE ANNUEL DE COUPURES D'EAU EN ANGLETERRE ET AU PAYS DE GALLES

Exercice*	**1989-90**	**1990-91**	**1991-92**	**1992-93**	**1993-94**	**1994-95**	**1995-96**	**1996-97**	**1997-98**	**1998-99**
Nb de coupures	8 426	7 673	21 282	18 636	12 452	10 047	5 826	3 148	1 907	1 129

(Source : OFWAT communiqué de presse 30/99 du 17 juin 1999).

SERVICE DE L'EAU, INÉGALITÉS SOCIALES ET HÉRITAGE COLONIAL À PUEBLA (MEXIQUE)

Jean-Marc Fournier*

« Toute la ville de Puebla s'alimente en eau par des puits, l'eau est dure et saumâtre. Il y a une fontaine sur la place dont la source est à une lieue et demi de la ville, vers le nord, très abondante ; son eau est également dure et saumâtre et elle sert aux besoins domestiques des indigènes ainsi qu'aux jardins irrigués du monastère. Les Espagnols boivent une autre eau qui est bonne et légère provenant d'une source située en dehors de la ville. Il y a aussi, sur un côté de la ville quelques sources qui alimentent des lavoirs et quelques jardins potagers des indigènes » – Gabriel de Rajas, 1581[1].

Dans les villes d'Amérique latine, les inégalités d'accès à l'eau constituent un bon révélateur des rapports sociaux. D'une manière générale, les niveaux des services de l'eau sont très variables en quantité et en qualité et ils correspondent à la position sociale des individus. Cela s'exprime très nettement dans le paysage urbain : entre les quartiers disposant de piscines et ceux non raccordés aux réseaux et alimentés en eau par des camions-citernes, il existe tout un éventail de situations intermédiaires reflétant la structure sociale. On retrouve ces mêmes inégalités pour les systèmes d'évacuation des eaux usées.

Au début des années 1980, l'ONU initie en Amérique latine un vaste programme dont l'ambition était l'accès à l'eau potable pour tous à la fin de la décennie. Mais cette « décennie de l'eau » n'a pas eu les effets escomptés. Au cours des années 1990, le mouvement d'ouverture des économies a favorisé les délégations des services au secteur privé. Dans le même temps, les inégalités socio-économiques ont progressé, la croissance urbaine a été ralentie ; les populations les plus démunies n'ont toujours pas accès à l'eau. La question de la généralisation du service est donc récurrente. Or, cette situation n'est pas récente puisque les villes coloniales ont été conçues à partir de principes discriminants de distribution de l'eau. Si les contextes sociaux et urbains ont été bouleversés depuis, notamment avec la mise en place de

* Géographe, maître de conférence à l'Université de Caen.

réseaux d'eau induisant une certaine égalité des services, les inégalités ont perduré sous de nouvelles formes ou elles sont réapparues avec la très forte croissance urbaine des dernières décennies. Le mouvement de privatisation actuel, la tendance à vouloir transformer l'eau en marchandise, la fragmentation sociale et spatiale des villes restent conditionnés par cet héritage.

À Puebla, ville coloniale et industrielle, l'eau a toujours eu une signification sociale. Cette ville ne constitue d'ailleurs qu'un exemple pour illustrer des tendances générales. Les discours qui affirment qu'un accès à l'eau pour tous est envisageable rapidement avec des solutions techniques et financières oublient que les bases des sociétés urbaines d'Amérique latine reposent encore fortement sur des inégalités sociales et d'accès à l'eau.

UN RÉSEAU MUNICIPAL SUBI OU UTILISÉ SELON LA POSITION SOCIALE

L'organisme municipal de Puebla en charge de la gestion de l'eau ne parvient pas à satisfaire la demande des habitants. Au début des années quatre-vingt-dix, toutes les sources concordent pour estimer qu'environ les deux-tiers des habitants ont accès à l'eau courante dans le logement, qu'un cinquième y a accès mais hors du logement, qu'un peu plus de 10 % doit s'approvisionner en eau par camions-citernes et stocker l'eau dans des réservoirs particuliers, et enfin que 2 % utilise une borne-fontaine publique. À la fin des années quatre-vingt-dix, les estimations de la Commission Nationale de l'Eau indiquent une légère amélioration de la situation. Il faut ajouter que dans tous les quartiers raccordés, le service est intermittent, à des degrés divers certes, en fonction de l'état du réseau, du moment de l'année, du déroulement du calendrier des travaux de rénovation, etc. Face au service discontinu, des réservoirs sont disposés sur tous les toits des logements et de petites entreprises privées se chargent de vendre l'eau à domicile transportée par camions-citernes.

Le réseau d'eau municipal est hétérogène. Il est divisé en quatre grands systèmes bénéficiant de puits et de réservoirs propres. Les débits, le pourcentage de la population desservie, la qualité mais également les interruptions de service y sont variables. À l'intérieur de ces systèmes, d'autres inégalités apparaissent d'un quartier, d'un lotissement, ou encore d'une rue à une autre. Les adaptations techniques à la topographie suivent des schémas différents selon la formation des ingénieurs et les moyens financiers du moment. À l'échelle d'une rue, une association de quartier peut exercer son influence sur la réalisation ou sur la transformation technique du réseau. L'exemple du quartier La Caldera est significatif. En 1996, quatre architectes y résidant effectuent des relevés topographiques et des croquis techniques pour démontrer à la Municipalité les nuisances prévisibles d'un projet d'extension du tout-à-l'égout ; et notamment le rejet des égouts au moment des fortes pluies et des inondations. À la suite de diverses pressions, la Municipalité a finalement modifié son projet. Le quartier de La Caldera est un quartier aisé de la ville classé par le cadastre dans la catégorie foncière la plus élevée. Dans les quartiers où les niveaux socio-économiques sont moins élevés, il n'y a pas d'habitants qui veillent à la pertinence des projets municipaux et qui ont les capacités de les modifier. Au moment des fortes précipitations, de nombreux quartiers sont régulièrement inondés. Les travaux pour corriger ces défaillances, coûteux, ne sont réalisés qu'en cas de danger important, lorsqu'il est évalué. Les zones inondées de Puebla correspondent ainsi aux lieux de vie des strates sociales défavorisées qui en subissent les nuisances. En ce sens, le réseau municipal est aussi le résultat des pressions des habitants, ou de leur absence, selon leur position sociale.

Dans la même logique, l'importance des revenus permet l'achat, ou non, d'une pompe et d'un réservoir d'eau. Les habitants qui le peuvent se dotent d'un équipement dont la taille et le coût sont proportionnels à leur consommation et à leurs revenus afin d'éviter les aléas du rationnement. Le plus petit équipement coûte l'équivalent d'un mois de salaire minimum, ce qui met à l'écart un grand nombre de familles qui ne peuvent réaliser l'économie nécessaire à cet achat. Au moment où l'eau sort du robinet, les ménages les plus démunis la stockent dans tous les récipients à leur disposition. Si le service est interrompu plusieurs jours de suite, l'achat de l'eau transportée par camion-citerne s'impose. Dans certains cas et pour certains usages, les habitants utilisent l'eau du réseau au fur et à mesure de son arrivée. Les femmes se lèvent alors tôt le matin pour faire la lessive ou pour nettoyer le logement. Les coupures d'eau rythment la vie et provoquent des contraintes : le réseau est subi. Les comportements pragmatiques, parfois attentistes, s'expliquent par un contexte économique très dégradé où la recherche d'argent pour subvenir aux besoins quotidiens de base constitue le principal objectif.

Puits et réseaux indépendants

Selon la Commission nationale de l'eau, une cinquantaine de systèmes d'eau indépendants, qui correspondent à des quartiers ou à de grands lotissements, assurent la desserte de près du quart de la population totale de Puebla. Le service y est meilleur. L'explication tient à ce qu'il est plus facile de contrôler et d'entretenir un réseau plus petit, et surtout plus récent, notamment pour détecter les fuites et prévenir d'éventuels incidents. Par ailleurs, ces gestionnaires proposent un ensemble de services urbains dont la qualité est une condition de cette forme d'urbanisation. La gestion financière globale des services urbains d'un lotissement permet une souplesse dans l'équilibre du budget et de répercuter les investissements les plus coûteux sur plusieurs lignes budgétaires. Les factures d'eau ne sont pas majorées par rapport aux tarifs municipaux en vigueur. De plus, l'un des principaux arguments des promoteurs de ces lotissements est la garantie de l'eau en quantité illimitée et de bonne qualité, ce qui fait aussi partie de la réputation et du succès de ces lotissements. Il s'agit surtout de lotissements entourés de hauts murs et de grilles, généralement surveillés par des vigiles privés. La volonté, pour les familles qui en ont les moyens, d'avoir accès à des services de l'eau performants participe au processus de fragmentation socio-spatiale de la ville.

Il existe par ailleurs des différences importantes entre les réseaux d'eau des lotissements entièrement privés et ceux qui relèvent d'un syndicat ou d'une administration publique telle que la Fédération nationale d'électricité ou la Compagnie des chemins de fer. L'eau n'est pas systématiquement de bonne qualité dans ces réseaux car certains gestionnaires refusent le traitement de l'eau au chlore et se justifient par l'opposition de leurs clients. On perçoit ici les dangers de tels systèmes qui répondent de manière prioritaire aux exigences des consommateurs, ou à des impératifs de rentabilité, au détriment de l'application des normes sanitaires. La délégation de la gestion de l'eau à des petites structures privées ne semble donc une alternative satisfaisante que s'il existe des modalités de contrôle de l'État. Là encore, l'appartenance sociale des consommateurs joue sur la qualité de l'eau.

Les eaux vendues et transportées par camion-citerne

Le rationnement en eau du réseau municipal concerne tous les quartiers et tous les groupes sociaux, surtout à la fin de la période sèche. On utilise alors l'eau de puits profonds des campagnes environnantes que des exploitants vendent, souvent par l'intermédiaire d'un propriétaire de camions-citernes. Stockée dans les réservoirs individuels, cette eau n'est pas potable. Il est difficile d'évaluer ce secteur économique dont les activités ne sont pas toujours officiellement déclarées. Cependant, la Commission nationale de l'eau identifie près d'une trentaine d'entreprises qui proposent la vente d'eau par camions-citernes et autant d'exploitants de puits. Au total plus de soixante entreprises, de taille très variable, sont liées à ce secteur.

Le rôle de la Commission nationale de l'eau est de contrôler la qualité de l'eau destinée à l'usage domestique et de veiller à l'ajout de chlore avant distribution. Il s'agit de lutter contre les infections intestinales. En effet, certains entrepreneurs font l'économie de cette opération en arguant que leurs clients refusent, là encore, d'acheter une eau qui a le goût de chlore. La qualité de l'eau est donc variable comme le révèlent les analyses officielles du laboratoire national de l'eau. Dans les quartiers aisés, le marché est détenu par des compagnies qui utilisent des camions-citernes récents, qui attestent de la qualité de leurs sources d'approvisionnement et adaptent leurs tarifs en conséquence. Dans les quartiers socialement défavorisés, d'autres compagnies ne précisent pas le lieu d'origine de l'eau, la transportent dans des camions très vétustes aux cuves rouillées et qui fuient, mais ont des tarifs diminués de moitié.

En fonction des revenus des ménages, du standing du quartier et des aires d'influence des compagnies, l'eau n'est pas la même. Chaque compagnie dispose d'une clientèle correspondant plus ou moins à une zone urbaine, un quartier ou un lotissement. La délimitation précise de ces zones est délicate étant donné la grande variabilité de la demande dans le temps et dans l'espace, la dimension informelle voire illicite de ce commerce, la diversité de la taille des compagnies, la concurrence qui s'exerce entre elles, et leur refus de livrer toute information à ce sujet. Par la suite, une fois l'eau livrée, l'entretien ou non du réservoir au niveau du logement renforce les différences de qualité. Ce commerce lucratif supplée donc de manière relativement efficace les insuffisances du réseau de distribution municipal. C'est un segment indispensable de la distribution. Mais il introduit des inégalités, des problèmes sanitaires au sein des foyers peu sensibilisés aux questions d'hygiène et il crée de fait un marché de l'eau.

L'eau que l'on boit

Officiellement, l'eau du réseau municipal n'est pas potable. Certains habitants la consomment néanmoins après avoir fixé un filtre au niveau du robinet. Cette technique n'est pas jugée très fiable par les autorités tandis que les habitants qui boivent cette eau depuis plusieurs années affirment qu'il n'existe aucun danger: ils en incarnent la preuve. Cependant, la très grande majorité des habitants fait bouillir l'eau ou l'achète en bouteille. Environ quarante entreprises se partagent le marché de l'eau embouteillée, le prix pouvant varier du simple au double. Selon la Commission nationale de l'eau, seules trois entreprises fournissent constamment une eau irréprochable.

La compagnie Junghanns commercialise de l'eau potable en bouteille dans diverses villes du Mexique et compte au total douze entreprises. Mais c'est à Puebla que se situe le siège social qui regroupe une cinquantaine d'employés et que les activités sont le plus développées. En 1992, cette compagnie reçoit le premier prix national d'un concours évaluant la qualité des prestations des entreprises mexicaines. Le choix de cette entreprise, en dehors des compétences incontestables qui la caractérise, n'est pas anodin. L'impact médiatique de la remise du prix, par le président de la République d'alors, s'inscrit en effet parfaitement dans la politique médiatique de l'eau du gouvernement, au moment même où débute le plan de lutte contre le choléra officiellement reconnu depuis septembre 1991 dans l'état de Puebla.

Le slogan publicitaire de l'entreprise Junghanns « eau de table de qualité internationale… seulement pour personnes très exigeantes » cible une clientèle aisée. Le « seulement » du slogan en dit long sur les présupposés de la société quant à l'accès pour tous à une eau dite de qualité internationale. Les populations n'ayant pas ce niveau d'exigence sont exclues de la clientèle. La compagnie précise également à ses clients qu'elle utilise des appareillages et des technologies allemandes, signe de haute fiabilité dans la société mexicaine. De plus, le nom du directeur général de cette compagnie, Monsieur Walther Junghanns Albers, indique son origine européenne. La qualité du service est soignée. Le porteur de bouteilles d'eau, présenté en uniforme sur le dépliant publicitaire de la compagnie, est blanc et s'oppose aux porteurs d'eau métissés des compagnies plus populaires. L'eau Junghanns a aussi un coût: le double du tarif général en vigueur. Les parts de marchés de cette entreprise sont en expansion mais représentent toutefois une petite minorité de personnes. Les camionnettes Junghanns sillonnent aujourd'hui les quartiers les plus prisés de Puebla.

Au cours des années 1990, la Commission nationale de l'eau a progressivement obligé l'ensemble des compagnies à améliorer la qualité de l'eau embouteillée, ce qui a homogénéisé le service. La compagnie Junghanns a alors perfectionné ses prestations créant ainsi de nouvelles différences. Par exemple, la compagnie offre, en plus de l'eau, une rose le jour de l'anniversaire de chacun de ses clients. Boire de l'eau Junghanns à Puebla est donc devenu un signe de distinction sociale. On trouve aussi de l'eau importée de France disponible dans certaines épiceries fines et établissements de luxe. Elle est réservée aux occasions exceptionnelles pour l'élite férue de culture française et d'image de marque. En fonction des groupes sociaux, l'eau est donc filtrée, bouillie ou encore achetée, à un coût plus ou moins élevé et à des compagnies plus ou moins fiables ou encore plus ou moins prestigieuses.

LE REFUS DE PAYER L'EAU

À Puebla, coûts, financements et tarifs de l'eau ne s'accordent pas. La logique, conforme au contexte latino-américain, est celle de déficits et de subventions. La majorité des habitants refuse de payer l'eau et justifie cette attitude par la mauvaise qualité du service ou par l'impossibilité économique d'y souscrire. Cette argumentation est réelle pour certains foyers et constitue un prétexte pour d'autres. Les groupes favorisés ne payent pas l'eau à une administration en laquelle ils n'ont pas confiance mais exigent cependant de l'eau en quantité illimitée, ce qui amène parfois à son gaspillage. Les groupes défavorisés font valoir leur droit à l'eau qu'il est difficile de refuser. Le service de l'eau est considéré par tous comme un dû, et non comme un coût. Les différentes composantes de la société cherchent donc à tirer partie d'une même ressource, souvent d'un même service, d'un même réseau, comme s'il s'agissait d'un service extérieur à la société.

Les protestations contre les interruptions ou pour l'accès au réseau sont souvent le fait de délégations de résidents qui s'adressent aux services de l'eau, à la presse, au maire ou encore au gouverneur. Ces délégations sont constituées de quatre à cinq personnes, au maximum une dizaine, qui agissent au nom d'un quartier et qui sont souvent légitimées par une liste de pétitionnaires. Il s'agit d'actions discrètes mais qui initient le dialogue. Les manifestations massives de plusieurs dizaines, voire de centaines personnes ont des stratégies plus visibles : rues ou carrefours bloqués, séquestration de véhicules et de personnels des services de l'eau, etc. Les moyens d'actions sont divers et variables dans le temps, selon les conjonctures : menaces d'arrêter le paiement des factures, d'assiéger les locaux des services de l'eau ou de demander des appuis nationaux.

L'étude des modes de protestation selon les quartiers met en évidence le constat suivant : plus les revenus sont importants, moins on utilise l'espace public. Les groupes en position sociale dominante n'utilisent que le téléphone et agissent individuellement. Ils ont moins besoin de protester car ils disposent généralement d'un meilleur service. De plus, leur position sociale les autorise à mobiliser leurs réseaux sociaux pour obtenir plus de résultats. La culture de l'entre soi permet en effet de contacter rapidement tel ou tel responsable des services de l'eau qui agit alors selon les principes de réciprocité des intérêts. À l'opposé, les populations socialement démunies s'expriment plutôt collectivement et en utilisant les espaces publics. Ces populations habitant les zones où le service est absent ou limité, il est aisé de comprendre que leurs revendications soient les plus vives. Par ailleurs, ces groupes ne possèdent pas toujours de téléphone personnel, ce qui les oblige à sortir obligatoirement de chez eux pour protester. Tout se passe donc comme si les revendications des groupes défavorisés devaient, en préalable à toute prise en considération, être en quelque sorte légitimées en portant le problème à la connaissance publique. L'organisme gestionnaire qui prend en compte ainsi peu à peu les revendications populaires répond donc davantage à la prévention d'un danger social qu'au droit légitime d'accès à ces services.

Les stratégies d'accès à l'eau sont donc l'objet de nombreuses discussions, contestations et compromis. L'eau se vend. L'eau se vole par les branchements clandestins. On peut ajouter que les discours sur l'eau sont liés au monde politique. Le clientélisme politique fonctionne sur l'octroi de services urbains ; les progrès des taux de raccordements sont présentés comme des résultats politiques. Parallèlement, la libéralisation de l'économie s'accompagne de processus de décentralisation et de la participation des habitants. Dans les quartiers construits sans accord préalable des autorités officielles, la création d'associations de voisinage pour l'obtention de l'eau est incontournable.

Le rôle de la presse

Le quotidien *El Sol de Puebla* publie environ 220 articles par an sur le thème de l'eau. Presque tous les jours, des photographies accompagnées de brefs commentaires dénoncent des conditions générales de vie jugées déplorables. Le thème de l'eau y est omniprésent, surtout à la fin de la saison sèche. Les photographies illustrent bien souvent des scènes de la vie quotidienne : par exemple le transport de l'eau dans de grands bidons sur un chariot tiré à la main par des adolescents. Le climat chaud est rendu responsable de cette situation. Parfois, le jugement est ferme comme pour la vente d'eau illégale. D'une manière générale, le problème de l'eau semble extérieur à la société qui doit lutter contre un véritable fléau. Le lecteur est rarement directement culpabilisé, il est plutôt implicitement victime.

La dimension spectaculaire et sensationnelle des articles produit des effets de choc mais leurs effets sont à peu près nuls dans la mesure où la fréquence de ces chocs est anesthésiante à la longue. Si les dossiers techniques peuvent être parfois sérieux, les déclarations des hauts personnages qui puisent dans ceux-ci sont en général modulées soit pour rassurer, soit pour avertir de l'énormité du problème. Tantôt c'est l'admonestation, le rappel à l'ordre des citoyens devant la fraude et le gaspillage, tantôt l'assurance que les autorités s'occupent de tout et vont résoudre rapidement et efficacement les problèmes. Les dossiers de presse sur l'eau sont fournis mais donnent rarement des explications globales et claires. Il s'agit bien souvent d'informations anecdotiques dont le grand nombre souligne bien les perceptions fragmentées du problème.

Manifestement, les journaux sont des armes à double tranchant. Ils permettent aux habitants de dénoncer des problèmes ponctuels mais ils évitent aussi une prise de conscience et une organisation générale des contestations. Les tableaux misérabilistes, au quotidien, banalisent des situations peu satisfaisantes et de cette manière les entérine. La classe moyenne, à qui on rappelle constamment le sort peu enviable des plus défavorisés, relativise et finalement admet ses propres conditions de vie. La presse locale a donc un rôle essentiellement illusoire ; elle reste un instrument politique d'apaisement social.

L'HÉRITAGE D'UN PROJET RELIGIEUX ET COLONIAL

Puebla a été fondée en 1561. Relativement peu d'écrits traitent de l'organisation de l'eau dans la ville. Gabriel de Rajas, rapporteur de la Couronne en tournée dans cette région, note en 1581 : « Toute la ville de Puebla s'alimente en eau par des puits, l'eau est dure et saumâtre. Il y a une fontaine sur la place dont la source est à une lieue et demie de la ville, vers le nord, très abondante ; son eau est également dure et saumâtre et elle sert aux besoins domestiques des indigènes ainsi qu'aux jardins irrigués du monastère. Les Espagnols boivent une autre eau qui est bonne et légère provenant d'une source située en dehors de la ville. Il y a aussi, sur un côté de la ville quelques sources qui alimentent des lavoirs et quelques jardins potagers des indigènes ». Ce texte témoigne du contrôle religieux et de l'inégalité d'accès à l'eau dès le XVIe siècle. Comme à Mexico, l'eau des Espagnols diffère de l'eau des Indiens. À cette époque, christianisation, concentration de population par la création de villes, maîtrise des Indiens et construction d'infrastructures relatives à l'eau sont liées.

L'approvisionnement en eau est initialement réalisé grâce à des sources proches de Puebla et détournées par de petits canaux. Les habitants puisent l'eau directement dans ces canaux ou la soutirent de la première fontaine installée dans le couvent de San Francisco. Par la suite, ce système est amélioré par la construction de réservoirs d'eau potable situés en hauteur qui alimentent des fontaines publiques. Les réservoirs sont fermés à clé afin d'éviter le vol d'eau par des branchements clandestins. Seul le responsable général des égouts en possède les clés. Un nombre important d'Indiens veille à l'entretien des fontaines, et surtout transporte l'eau jusqu'aux logements contre une modeste rémunération. Ils utilisent des barils en bois portés par deux hommes ou une jarre transportée sur l'épaule d'une seule personne.

La configuration initiale de Puebla sépare très clairement le centre de la ville (organisé selon un plan en damier et destiné aux colons espagnols) et les quartiers périphériques temporaires où la présence des Indiens est tolérée à condition qu'ils quittent les lieux en cas d'extension du damier. Ces quartiers indigènes ne comptent aucune fontaine et ne sont pas autorisés dans la partie sud où se trouvent les zones de culture pour la ville.

Jusqu'au début du XXe siècle, seuls les couvents, églises, hôpitaux, prisons et quelques autres édifices publics bénéficient soit d'une fontaine, soit d'un raccordement direct au réseau d'eau de la ville. L'eau reste un don de Dieu. Quelques habitations particulières jouissent pourtant de ce privilège. Les régisseurs municipaux attribuent en effet aux notables les plus importants de la ville des *mercedes de agua* : des faveurs à un raccordement individuel à l'eau. En contrepartie à l'obtention de cette faveur, une fontaine doit être construite et mise à la disposition du public afin de redistribuer les surplus d'eau à la collectivité. Les habitants d'un quartier peuvent alors venir chercher l'eau à la fontaine du bienfaiteur local. Début XIXe siècle, on ne compte plus que 60 raccordements de ce type, dont la dénomination sous le terme de *tomas*, c'est-à-dire de prise, est devenue plus technique.

La démocratisation progressive par le réseau

La période 1907-1911 marque à Puebla la transformation radicale du système d'adduction et d'évacuation de l'eau : un réseau est installé qui distribue l'eau pour la première fois de manière égalitaire, mais uniquement dans le centre. Quelques années plus tard, une technique un peu différente est adoptée pour l'extension du réseau. Le diamètre des conduites issues des habitations a été réduit tandis que des collecteurs à plus gros diamètre assurent l'évacuation générale. L'évolution technique du système a soulevé l'opposition des habitants du centre qui ne voulaient pas payer de taxe supplémentaire pour le financement des travaux. La Municipalité parvient cependant à imposer à la communauté réticente cette réalisation et le progrès qu'elle incarne. Si le réseau est étendu, il ne couvre pas les périphéries et les inégalités d'accès sont globalement maintenues.

Puis en 1928, la gestion de l'eau est confiée à une compagnie privée parce que l'administration publique a contracté des dettes qu'elle ne peut plus rembourser. Quelques années plus tard, une crise de l'eau apparaît : l'eau n'arrive plus dans les logements que quelques heures par jour. Cela conduit les habitants de Puebla à s'approvisionner auprès de compagnies privées qui transportent l'eau par camions-citernes. En 1939, la situation change radicalement lorsque le maire de Puebla est remplacé : il fait creuser des puits supplémentaires. L'amélioration du service qui suit provoque alors le mécontentement des propriétaires de camions-citernes, proches de l'ancien maire, dont les affaires prospères disparaissent. Ces éléments très anecdotiques sont révélateurs de l'influence, dès les premières années de gestion du réseau, des sphères politiques et des intérêts privés dans la gestion de l'eau.

Aujourd'hui, les analyses démographiques et sociales des administrations publiques mexicaines scindent communément la population en trois grands groupes socio-économiques. Les projections de la Commission nationale de l'eau concernant l'évolution de la demande en eau à Puebla n'échappent pas à cette démarche. Ils partent du principe que les effectifs et les niveaux de consommation des divers groupes sont statiques dans le temps. Dans ces estimations, la population la plus favorisée, soit environ 10 % de la population totale, consomme 300 litres d'eau par jour et par habitant et accapare 20 % de la totalité des volumes. La catégorie dite intermédiaire ne consomme que 175 l/h/j. Elle utilise environ la moitié des volumes d'eau et représente un peu moins de la moitié des habitants. Enfin, le groupe dit populaire ne reçoit que 28,5 % de l'eau, à raison de 158 l/h/j, bien qu'il rassemble 43 % des habitants. En moyenne, un individu de ce groupe défavorisé reçoit donc trois fois moins d'eau qu'un individu du groupe favorisé. Ce partage inégalitaire n'est absolument pas remis en cause dans les projections pour 2010. Ni une modification de la structure sociale, ni un rééquilibrage dans les attributions ne sont évoqués. Les inégalités d'accès à l'eau sont ainsi implicitement reproduites et entérinées dans les lignes prévisionnelles de la gestion.

* * *

Au moment de la fondation de Puebla, l'eau était d'abord destinée à l'Église, aux colons espagnols et aux notables influents. Ce système est altéré par la suite, mais les privilèges liés à l'eau perdurent sous diverses formes jusqu'à l'installation, au début du xxe siècle, d'un réseau d'eau municipal. Cependant, jamais la totalité des habitants n'a été raccordée au réseau. Aujourd'hui pour certains groupes, avoir l'eau courante, c'est déjà afficher un certain standing par rapport aux habitants dont les logements en sont dépourvus. Les accès au terrain, au logement, à l'eau, à la citoyenneté s'inscrivent dans une même logique d'ascension sociale. Le mode d'urbanisation et le clientélisme politique reposent en partie sur ces conceptions. L'eau permet un certain contrôle social que les dirigeants ne souhaitent pas forcément voir disparaître. Par ailleurs, la demande d'accès à des services de l'eau luxueux, comme c'est le cas pour l'eau embouteillée, souligne le dessein de distinction sociale pour une élite. Tous ces comportements participent au maintien ou à l'acquisition de signes distinctifs, voire de privilèges. Dans les quartiers où l'eau fait défaut, les pratiques de manque d'hygiène sont sources de maladies gastro-intestinales et de difficultés sanitaires alimentant les mécanismes de reproduction sociale. Les inégalités d'accès à l'eau sont reproduites.

À Puebla, comme dans de nombreuses villes d'Amérique latine, tout le monde ne boit pas la même eau et une telle éventualité relève du long terme. Les nouvelles formes d'urbanisation et les nouveaux mouvements sociaux ne laissent pas apparaître une forte détermination pour que l'eau soit partagée de manière égalitaire, bien au contraire. Il existe des projets individuels de l'eau et non pas un projet collectif. Dans un contexte néolibéral, l'idée d'un service pluriel facilite la réalisation d'objectifs commerciaux. Cela pourrait aussi perpétuer encore une fois des inégalités dans les niveaux de services de l'eau et, de cette manière, continuer à afficher ostensiblement les différences sociales.

Notes

1 Cité par Cordero y Torres E., 1965, *Historia compendiada del Estado de Puebla*, Éd. Bohemia Poblana.

Bibliographie

Barbosa Caño, M., 1986, *La dotación de agua a la industria en Puebla : sacrificio de la población*, Departamento de arquitectura, Universidad Autónoma de Puebla.

Cepal, 1999, *Tendencias actuales de la gestión del agua en América latina y Caribe*, Santiago de Chile, Naciones Unidas.

Castillo Palma, J., 1992, Puebla : Agentes dominentes en la produccion de servicios, *Ciudades*, n° 11, p. 42-47.

Coing, H. ; Montaño, I., 1986, La gestion de l'eau potable dans le tiers monde, *Les Annales de la recherche urbaine*, n° 30, p. 34-41.

Coing, H., 1995, La transnationalisation en Amérique latine, dans Lorrain D. et G. Stocker (dir.), *La privatisation des services urbains en Europe*, Paris, La Découverte, p. 143-161.

Comisión Nacional Del Agua, 1998, *Estudio de factibilidad técnica, económica y financiera para el mejoramiento de los servicios de agua potable y alcantarillado de la ciudad de Puebla.*

Cordero y Torres, E., 1965, *Historia compendiada del Estado de Puebla*, Éd. Bohemia Poblana.

Fournier, J. M., 2001, *L'eau dans les villes d'Amérique latine, inégalités sociales et concurrence des usages*, Paris, L'Harmattan, collection géographie sociale.

Gilbert, A., 1994, *The Latin American City*, London, Latin America Bureau.

Mendez, E., 1987, *La conformación de la Ciudad de Puebla 1966-1980, una visión histórica*, Universidad Autónoma de Puebla.

Musset A., 1991, *De l'eau vive à l'eau morte, enjeux techniques et culturels dans la vallée de Mexico*, Paris, Éd. Recherche sur les Civilisations.

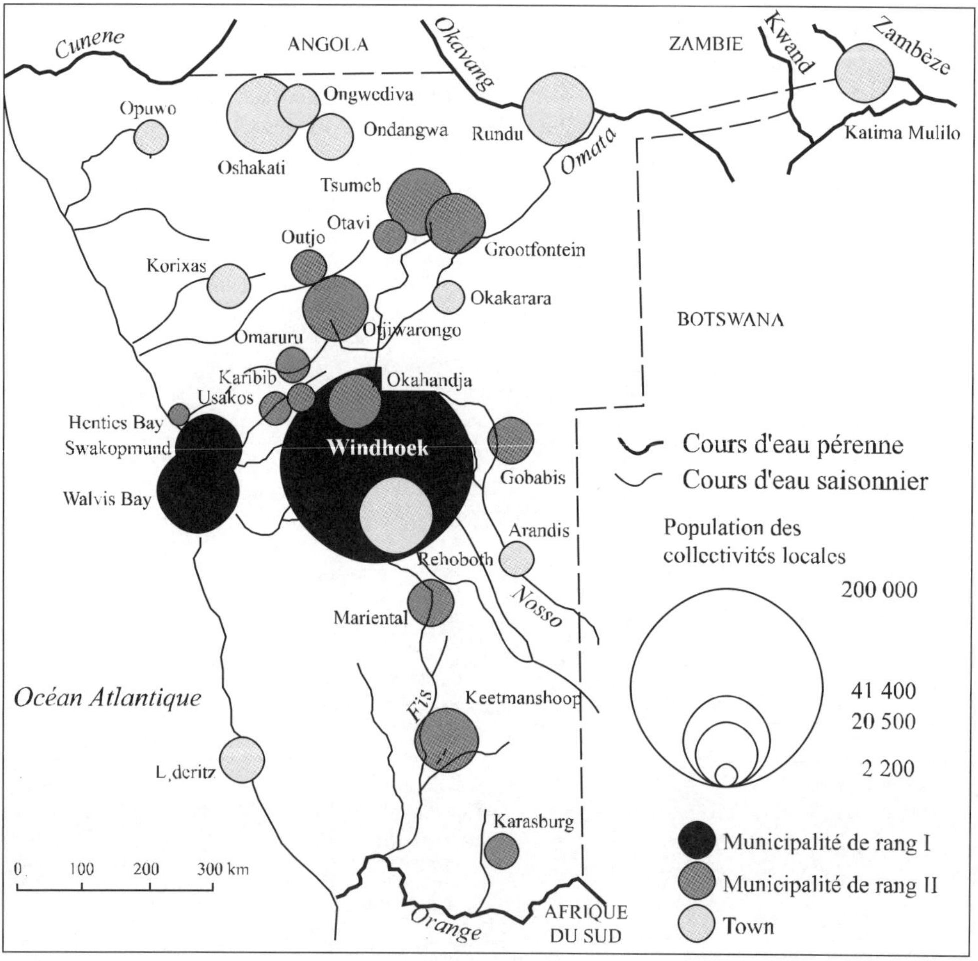

CARTE N° 1 : NAMIBIE – LES COLLECTIVITÉS LOCALES.

LES ÉCHELLES DES RÉFORMES DES SERVICES URBAINS DE L'EAU : L'EXEMPLE DE LA NAMIBIE*

Sylvy Jaglin**

DANS DE NOMBREUSES VILLES EN DÉVELOPPEMENT, les services d'eau sont réformés, depuis une dizaine d'années, en fonction de deux principes dominants : la décentralisation et la généralisation des logiques marchandes. Cette dernière conforte la place des acteurs privés dans les dispositifs de gestion et promeut, au nom de l'efficacité, des principes tels que ceux du recouvrement des coûts complets et de l'usager-payeur. Les analyses ont jusqu'à présent privilégié les dimensions institutionnelles et économiques de ces mutations, elles ont en revanche peu abordé leurs dimensions territoriales.

Notre hypothèse est que le poids croissant des acteurs locaux dans les systèmes d'organisation et de régulation, d'une part, celui des logiques marchandes dans les dispositifs de l'offre, de l'autre, conduisent à une différenciation croissante des complexes réformateurs urbains, en dépit de la centralisation du mécanisme d'impulsion et de pilotage des réformes. On peut donc s'attendre à une hétérogénéité accrue d'arrangements territorialisés dans lesquels les facteurs institutionnels et non institutionnels locaux conditionnent la nature et l'efficacité du changement (Batley, 1996). Lieux et échelles d'observation des mutations sont dès lors susceptibles de modifier singulièrement l'évaluation des réformes et l'analyse de leurs résultantes urbaines localisées est une composante indispensable du bilan général qui peut en être dressé.

La résistance des sociétés locales au changement venu « d'en haut » constitue à l'évidence un élément important de compréhension des échecs, détournements et autres dérapages des processus de réforme et plus généralement des politiques publiques africaines. Mais le local n'est pas un simple môle de résistance au changement dont l'impulsion, en partie libérée par le desserrement des carcans étatiques, vient aussi du « bas » où

* Je remercie Olivier Coutard, Alain Dubresson et Jean-Marc Offner pour leur relecture critique de cet article.

** Géographe, maître de conférence à l'Institut Français d'Urbanisme, Université Paris VIII elle se nourrit des effets de proximité, s'appuie sur des communautés d'acteurs, des savoirs partagés (cultures techniques locales) et des processus d'apprentissage. Lieu d'expérimentation des articulations possibles entre les logiques descendantes et remontantes, l'échelle locale est aussi celle à laquelle peut s'effectuer l'apprivoisement réciproque d'acteurs souvent issus de cultures différentes (municipalités, ONG, grandes firmes internationales par exemple), que les nouvelles politiques de l'eau comme les montages de plus en plus hétérodoxes des financements de projets, contraignent à un rapprochement au sein de systèmes d'acteurs multipolaires (Lyonnaise des Eaux, 1998 ; GRET, 1999).

Creuset de mutations, l'échelle locale est donc aussi celle d'une observation empirique du contraste entre quelques prescriptions communes véhiculées par les réformes et leurs traductions multiples à l'échelle des villes : mais comment lire la diversité des situations locales à l'aune de catégories générales permettant de mesurer les écarts à réduire, donc les régulations à mettre en œuvre pour y parvenir ? À quelles échelles dresser le bilan pour prendre en compte la diversité des trajectoires sans enfermer l'analyse dans l'irréductible spécificité du local ? Comment, enfin, articuler une approche verticale, donnant aux instances gouvernementales leur place dans la régulation du secteur de l'eau comme dans les interactions entre réseaux et sociétés, et une lecture horizontale des modes de régulation locaux, hors des appareils d'État ?

S'interrogeant, à partir de l'exemple namibien, sur la nature et les résultantes des mécanismes de territorialisation d'une réforme du secteur de l'eau qui combine décentralisation des responsabilités d'organisation et de régulation du service urbain et commercialisation (ou corporatisation)[1] des fonctions de production et distribution de gros, le propos de cet article est double : comprendre les modalités d'inscription des deux composantes de la réforme dans l'espace national, et analyser de quelle manière elles participent localement aux recompositions socio-territoriales en cours dans le pays.

Ces questions ont une acuité particulière dans un milieu urbain très inégalitaire, où l'abolition officielle de l'apartheid et l'accession à l'indépendance politique en 1990 ont suscité de vives attentes en termes de réduction des disparités et de rattrapage au profit des populations noires défavorisées. En confrontant les principes gestionnaires d'une réforme sectorielle de l'eau orthodoxe avec l'objectif officiel de construction d'une société plus juste, il s'agit de comprendre comment ce dernier s'accommode, ou non, de l'hétérogénéisation croissante des configurations locales.

TROIS VOLETS POUR UNE RÉFORME INACHEVÉE

Dans un contexte caractérisé par la rareté de l'eau et par la nécessité de nouveaux arbitrages entre usages (domestiques/agricoles) et entre territoires, la politique de l'eau fut rapidement mise sur l'agenda par le gouvernement namibien. Dans ses principes, la réforme enclenchée reflète fidèlement la doctrine internationale (Banque mondiale, 1993) : ressource naturelle limitée, l'eau est considérée comme un bien économique dont l'exploitation doit privilégier la décentralisation des structures de gestion, le recours accru au mécanisme des prix et la participation des différentes parties prenantes. À cela s'ajoute la volonté de dissocier les questions de solidarité et les préoccupations industrialo-commerciales, expression du mouvement plus général de « séparation et distinction » dont Henri Coing suggère qu'il est un des traits majeurs de la redéfinition en cours des services publics dans de nombreuses régions du monde (Coing, 1997).

La tarification en août complet : un enjeu capital de la commercialisation

Approuvée en 1993, la politique sectorielle de l'eau préconisait une réorganisation institutionnelle qui conduisit, en 1997, à la commercialisation des fonctions de production et distribution en gros du *Department of Water Affairs* (*Ministry of Agriculture, Water and Rural Development* – MAWRD) et à la création de *NamWater* (*Namibia Water Corporation Ltd*), entreprise de droit privé namibien à capitaux publics (Act n° 12 of 1997). Celle-ci a désormais la responsabilité de l'approvisionnement en gros dans les zones dites « commerciales »[2], principalement à partir de réserves en eau souterraines, dispersées sur le territoire national, et de systèmes locaux de production non interconnectés (Carte n° 1). Le *Department of Water Affairs*, quant à lui, assure le contrôle des ressources et la planification de leurs usages d'une part, la régulation de la nouvelle entreprise d'autre part. Il est aussi responsable de la desserte des zones rurales « non commerciales », notamment dans les anciens *homelands* (Jaglin, 1997).

Cette mutation institutionnelle est modeste : elle sert en fait surtout à justifier l'adoption du principe de recouvrement des coûts complets (d'exploitation, de renouvellement et de développement des infrastructures) dans un secteur jusqu'alors subventionné. Elle permet en effet au gouvernement d'annoncer la réduction puis la suppression de ses aides – en 1996, celles-ci s'élèvent à près de N$ 70 millions[3] (soit 0,6 % du PNB) [4] répartis presque également entre les subventions à NamWater (N$ 37 millions) et le financement de la desserte rurale – en incitant NamWater à augmenter ses tarifs de grossiste pour atteindre, en cinq ans, le recouvrement complet de ses coûts financiers (1995-2000). Une telle stratégie, initialement fondée sur des augmentations annuelles minimales du tarif de gros d'environ 20 % (avec un plafond maximum de 35 %/an), exige des usagers un effort considérable qui a suscité l'expression de nombreuses réactions d'inquiétudes, tant du régulateur ministériel (*The Namibian*, 9/06/98) que de parlementaires (*The Namibian*, 4/06/98) et d'élus locaux (ALAN, 1998). En 1999, à la suite d'une réévaluation interne de sa politique, NamWater modère l'augmentation de ses tarifs, ramenée en moyenne à 10 %/an, et la différencie plus nettement en fonction de l'état réel du recouvrement des coûts dans chaque localité : de 8 % à Windhoek (de N$2,40 à N$2,59), elle devait atteindre 20 % à Gobabis, dans l'Est semi-aride du pays (de N$2,78 à N$3,34 : *The Namibian*, 25/06/99). Cet ajustement est fondé, selon le directeur de NamWater, sur des perspectives financières meilleures que prévues, la dette de l'entreprise ayant été allégée d'un tiers en un an (de N$60 millions en 1998 à N$40 millions en 1999 : *The Namibian*, 04/1999). Certains analystes observent cependant qu'il pourrait surtout s'agir d'une prudente décélération de l'assainissement financier, en butte aux résistances sociales, dont le terme serait ainsi repoussé d'au moins cinq ans (2005 au lieu de 2000 : NEPRU, 1999).

La décentralisation et la différenciation des « capacités » locales

La décentralisation a fait l'objet, au début des années 1990, de deux lois, l'une de régionalisation, l'autre de communalisation (*Local Authorities Act n° 23 of 1992*) dont l'article 30 postule que la responsabilité de fourniture d'eau aux ménages et aux opérateurs économiques revient aux collectivités locales dans leur aire de juridiction.

Tenant compte des fortes disparités antérieures, la réforme de l'administration territoriale a cependant instauré trois degrés d'autonomie pour les vingt-huit collectivités locales urbaines (Carte n° 2) [5], sans rapport direct avec leur taille démographique mais définis en fonction des capacités propres de chacune à assurer l'administration locale et le financement de son budget : les municipalités de rang I (3 villes) qui disposent d'une solide assise financière et d'une grande autonomie en matière d'emprunt et de détermination des taux d'imposition foncière, les municipalités de rang II (14 villes) dont l'autonomie budgétaire est moindre et la tutelle du MRLGH (*Ministry of Regional and Local Governments and Housing*) plus serrée, les *towns* enfin (11 localités) qui sont dans l'incapacité d'assumer seules les coûts de gestion urbaine et dont les budgets sont alimentés en quasi-totalité par des subventions étatiques (Dubresson et Graefe, 1999).

Cette partition a des répercussions sur la gestion des services d'eau. Les municipalités (de rang I et II) clientes de NamWater et/ou productrices d'eau, ont la totale maîtrise technico-commerciale de leur service : elles fixent les tarifs, collectent les redevances auprès des usagers finaux, paient leurs factures à NamWater, et assument les coûts afférents à la construction et à l'exploitation du réseau local de distribution sur leur territoire.

Dans les *towns* en revanche, le MRLGH assure la gestion et le développement des réseaux en vertu d'un accord de prestation de service qui décline deux variantes : dans l'une (Opuwo, Okakarara, Rundu, Khorixas) la facture d'eau est envoyée directement par NamWater au ministère de tutelle et les redevances collectées localement ne font que transiter par le *town council*; dans l'autre (Lüderitz, Ondangwa, Oshakati, Rehoboth) la collectivité locale, après obtention de la « responsabilité budgétaire », règle directement ses factures, au moyen des redevances prélevées sur les usagers et des dotations de fonctionnement de l'État. Dans les deux cas, les incitations à une gestion rationnelle et économe sont faibles : dans le premier groupe, les pouvoirs locaux connaissent mal la structure des coûts et sont en quelque sorte confortés dans cette ignorance par la tutelle ministérielle ; dans le second groupe, la responsabilisation locale est plus marquée et le lien entre les coûts et les recettes devrait être mieux maîtrisé, mais il est en pratique doublement masqué. Il l'est d'abord du fait des carences du recouvrement : facturation réservée à une minorité d'abonnés particuliers et institutionnels, « culture » du non-paiement[6] des ménages raccordés[7] comme des utilisateurs d'installations collectives, arriérés de paiement des institutions publiques. Il l'est ensuite en raison des pratiques de l'État, dont la gestion manque de transparence et de fermeté : outre les dotations de fonctionnement (dont les critères d'attribution ne semblent pas stabilisés) et le financement des programmes de développement, le ministère règle en effet au coup par coup les arriérés des *towns* défaillantes, subventionnant ainsi leur consommation. Loin d'encourager la gestion « vertueuse » de villes qui, à l'instar de Ongwediva, s'efforcent de « freiner la dérive des arriérés de paiement » (Graefe, 1999) le ministère, par ses incertitudes et sa perméabilité aux arrangements clientélistes, incite au contraire les collectivités locales au chantage. Un bon exemple en est le conflit qui oppose Rehoboth à NamWater depuis mars 1998, sur lequel nous reviendrons.

De manière générale, NamWater enregistre des arriérés de paiement croissants dans les towns ainsi que dans quelques municipalités de rang II ; selon certaines sources, le montant cumulé de ces impayés s'élevait à N$40 millions en 1999 (Van der Merwe, 1999). Olivier Graefe rapporte quant à lui que les sommes dues par la ville d'Oshakati aux deux sociétés d'eau et d'électricité en 1996 étaient de N$ 7,4 millions, soit presque une année de revenus d'exploitation (Graefe, 1999). La presse nationale relate abondamment les difficultés de nombreux *Local Councils* confrontés au non-paiement des usagers et à l'accumulation des impayés tant vis-à-vis de NamWater que de NamPower, société distributrice d'électricité : c'est ainsi Henties Bay décidant de couper l'eau et l'électricité des ménages débiteurs (*The Namibian*, 7/06/99), Keetmanshoop menaçant ses habitants des mêmes sanctions pour une dette accumulée de N$2 millions (*The Namibian*, 15/07/99), Katima Mulilo se résignant à couper la seule distribution d'électricité aux ménages débiteurs des deux services dont les arriérés atteignent N$2,5 millions (*The Namibian*, 5/06/98), etc. Ces difficultés, que confirment les rapports d'audit sur les comptes municipaux de villes comme Rehoboth, Lüderitz, Otavi ou encore Oshakati, témoignent des ambiguïtés d'un processus de communalisation qui expose les pouvoirs locaux aux exigences accrues de la gestion marchande de leurs services sans consolider, en proportion, leur assise technique et financière.

L'externalisation de la question sociale

Telle qu'elle est exprimée dans les textes préparatoires et en conformité avec la doctrine libérale, la réforme affiche une dissociation entre les objectifs économiques et sociaux du service de l'eau : l'amélioration des performances économiques du système d'exploitation est de la responsabilité de la nouvelle société privée, censée atteindre rapidement l'autonomie financière, tandis que, au nom de la transparence, les enjeux d'équité sociale et territoriale sont explicitement définis comme relevant des pouvoirs publics.

Le texte de loi régissant la commercialisation du *Department of Water Affairs* (Act 12 of 1997) entérine ce partage sans jamais évoquer les problèmes d'équité sociale et spatiale qui pourraient en résulter. Seul un bref article mentionne la possibilité, pour le MAWRD, de subventionner (pour quelle durée et à quelles fins ?) un dispositif d'approvisionnement ou une installation (Part IV article 15) mais aucun mécanisme durable de subvention n'est envisagé, à quelque échelle que ce soit, pour atténuer les grandes disparités d'étendue, de fonctionnement et de coût des systèmes actuels d'approvisionnement en eau urbains. Les dirigeants de NamWater en ont déduit que la primauté des objectifs d'efficacité légitimait aussi la suppression des péréquations géographiques qui avaient été instaurées après l'indépendance pour atténuer les écarts des tarifs de gros entre clients.

De fait, les textes préparatoires à la réforme ne mentionnent aucun mécanisme de ce type. Ils suggèrent, en revanche, que les collectivités locales, habilitées à organiser des péréquations sur leur territoire, puissent disposer d'un fonds spécialisé (alimenté comment ?) utilisable pour solvabiliser les ménages les plus pauvres. Ce dispositif n'a cependant pas été formalisé, laissant aux villes une marge d'initiative que bien peu sont aptes à saisir. La plupart ont d'ailleurs des structures de clientèles trop déséquilibrées pour que des surplus tarifaires « raisonnables », imposés aux consommateurs aisés, puissent suffire à subventionner la consommation des pauvres. Une péréquation à l'échelle locale est-elle viable sans l'instauration d'un fonds régional ou national de rééquilibrage entre des collectivités aux richesses très disparates ?

La décision ministérielle d'imposer une restructuration des tarifs de gros en 1999 pourrait néanmoins préluder à des changements significatifs dans les liens qu'entretiennent services d'eau et équité territoriale, et initier une nouvelle phase des relations entre NamWater et le gouvernement. Après quelques années d'observation, apprentissages réciproques et affinage des outils de pilotage ont en effet permis de réajuster les impératifs économiques de l'une et les ambitions redistributives de l'autre, le compromis prenant la forme d'une régionalisation des tarifs de gros et, partant, des péréquations, au sein de quatre zones d'exploitation. Ainsi, en 2000, les augmentations ont été de 20 % pour tous les clients des zones Nord et Sud, de 19 % pour ceux de la zone Centrale, de 8 % pour ceux de la zone Côtière (NEPRU, 2000). Il s'agit bien là d'un compromis, car tant les recouvrements (le montant des subventions gouvernementales à NamWater, de N$ 15 millions dans le budget 1998-1999, a néanmoins été réduit de moitié) que l'atténuation des inégalités demeure en deçà des espérances et des discours, mais il augure, semble-t-il, d'une maturation de la régulation nationale du secteur de l'eau et de l'instauration de nouvelles solidarités territoriales dont, à l'évidence, il reste à tester l'application et l'efficacité.

Même si la modernisation juridique et réglementaire du secteur de l'eau est encore à peine ébauchée (Jaglin, 2000), une gestion économique plus efficace de l'eau dans les villes namibiennes semble devoir résulter d'un ensemble de mesures qui valorisent particulièrement l'application du principe de vérité des prix. Comment la combinaison entre décentralisation et généralisation des logiques marchandes affecte-t-elle réellement les services urbains ? Quelles sont les traductions locales de ces deux dynamiques de changement impulsées par l'État ?

On peut s'attendre, en première analyse, à ce qu'elles conduisent à une géographie de plus en plus différenciée du prix de l'eau (entre villes puis entre régions si la réorganisation tarifaire de 1999 porte ses fruits). Est-ce le cas ? En l'absence de mécanismes nationaux de péréquation, comporte-t-elle un risque d'exclusion des clientèles les plus fragilisées par la précarité économique et de déqualification des territoires les moins bien arrimés aux espaces économiques moteurs ? En d'autres termes, la consolidation financière de NamWater, nécessaire à la généralisation durable du service à l'échelle nationale selon les autorités, est-elle compatible avec les objectifs officiels de rattrapage et de solidarité nationale ?

DIFFUSION DE LA RATIONALISATION MARCHANDE DANS L'ARMATURE URBAINE : RÉSISTANCES ET DISPERSIONS LOCALES

Notre analyse s'appuie ici principalement sur une enquête réalisée en 1998 dans le cadre d'une étude pilotée conjointement par le MAWRD et le département Eau potable de la municipalité de Windhoek, et publiée sous la direction de Ben Van der Merwe en 1999.

Les données fournies par cette enquête font apparaître trois faits importants. D'abord, la disparité des situations locales est réelle et semble s'accentuer. Ensuite, loin de résulter du seul processus d'application des réformes, cette différenciation est plutôt révélée par la nouvelle donne institutionnelle dont elle entrave la diffusion dans le territoire national. Enfin, les conséquences locales de la dynamique de changement sont très contradictoires et contribuent à brouiller la cohérence du message et des signaux que la politique nationale est censée adresser aux citadins.

Une application des logiques marchandes très inaboutie

Les logiques marchandes, dont NamWater est le principal vecteur dans les villes, sont très inégalement appliquées et la cohérence d'un discours univoque, à l'échelle nationale, contraste avec la diversité des pratiques locales.

Remarquons tout d'abord que les dispositifs réels d'approvisionnement en eau à l'échelle locale sont divers (Tableau n° 1). En effet, si NamWater est le grossiste de la majorité des villes, il n'est pas le seul producteur d'eau. Certaines villes disposent d'un système d'approvisionnement autonome (Grootfontein, Tsumeb, Outjo, Omaruru, Oranjemund) tandis que d'autres (Windhoek, Usakos, Okahandja, Keetmanshoop) utilisent des ressources souterraines locales en complément des volumes achetés à NamWater. Si les premières échappent à la politique nationale de vérité des prix de NamWater, les secondes disposent d'une marge de manœuvre qui peut être utilisée pour tempérer les effets des augmentations du prix de gros.

Par ailleurs, que NamWater soit le principal fournisseur d'eau ne garantit nullement que les villes répercutent fidèlement les nouveaux principes d'efficacité économique. L'examen des mécanismes de formation des prix fait, au contraire, apparaître de nombreuses incohérences. Entre la municipalité de Windhoek, qui recouvre ses coûts *via* une tarification binômale progressive sophistiquée et Karibib, dont le prix de vente au détail est inférieur de 13 % au prix d'achat de gros (sans doute grâce à l'appui financier de sociétés minières) presque toutes les situations sont possibles, parfois en contradiction totale avec les recommandations nationales. Dans les *towns*,

TABLEAU N° 1 : INDICATEURS DES SERVICES D'EAU LOCAUX EN NAMIBIE (1997-1998)

Collectivité locale	Population estimée*	Origine de l'eau	% d'eau non comptabilisée	Tarification progressive (en N$/m3)	Consommation spécifique estimée (l/h/j)
Municipalités de rang I					
Windhoek	200 000	NamWater + forages + eau recyclée	10	oui (2,40/8,15)	179
Swakopmund	24 000	NamWater	12	oui (2,25/4,50)	198
Walvis Bay	41 400	NamWater	14,5	oui (2,16.8,54)	171
Municipalités de rang II					
Gobabis	11 400	NamWater	7,7		107
Grootfontein	17 500	Forages	20,9		377
Henties Bay	2 200	NamWater	9	oui (2,60/3,20)	242
Karasburg	6 200	NamWater	18		81
Karibib	4 200	NamWater	IN		161
Keetmanshoop	20 500	NamWater + forages	17		155
Mariental	10 300	NamWater	9,4		133
Okahandja	15 000	NamWater + forages	16	oui (1,95/5)	100
Omaruru	6 600	Forages	7		227
Otavi	4 800	NamWater	IN		IN
Otjiwarongo	21 700	NamWater	7,5		125
Outjo	6 200	Forages	7,7		235
Tsumeb	22 000	Forages	15	oui (1,25/2,25)	108
Usakos	4 800	NamWater + forages	31,1		47
Towns					
Arandis	5 900		IN		IN
Katima Mulilo	18 200		>35**		215
Korixas	10 000	NamWater	58		120
Lüderitz	10 500	NamWater	22		75
Okakarara	5 100		IN		IN
Ondangwa	10 800		>35		130
Ongwediva	8 500		>35		188
Opuwo	5 800	NamWater	47		167
Oshakati	29 400		>35		90
Rehoboth	29 200	NamWater	>35		110
Rundu	26 400	NamWater	38		94

* Estimations pour l'année 1998 : Tvedten et Moputola, 1995.
** >35 : indique que les données statistiques précises manquent mais qu'une évaluation grossière des pertes permet de les situer au-delà de 35 %.
IN : donnée manquante.
Sources : d'après Van der Merwe, 1999 ; NWRMR, 1999

les augmentations du prix de gros sont ainsi répercutées sur l'usager final sans tenir compte des coûts d'exploitation et d'investissement qui sont à la charge de la collectivité locale, le tarif local étant calculé presque partout, et indistinctement, à partir du tarif de gros et d'une surcharge d'environ 10 % (Van der Merwe, 1999). Rappelons aussi que de nombreuses collectivités enregistrent d'importants arriérés de paiement.

Ces résistances locales à la rationalisation gestionnaire ont des fondements multiples. Certaines s'enracinent dans une tactique politique locale, comme à Rehoboth qui, sur fond de revendication identitaire (Piermay, 1998) mêle à la fois démagogie (refus d'augmenter les tarifs d'eau, non-respect des engagements négociés avec NamWater, aggravation de la dette de N$ 3,5 millions en 1997 à N$ 5,4 millions en 1999) et impuissance face aux comportements des ménages et de son principal débiteur, le ministère des TP, des Transports et des Télécommunications, qui devait à la ville plus de N$ 2 millions en juin 1999, conduisant ainsi à une sévère crise de légitimité du *town council* (*The Namibian*, 20/04/99 ; 17/05/99 ; 2/06/99).

Nombre des incohérences constatées procèdent néanmoins d'un grave déficit de compétences à l'échelle locale : à l'exception des principales villes, les collectivités locales ne disposent ni des données ni des capacités d'expertise nécessaires à l'élaboration et à la mise en œuvre d'une véritable politique de l'eau. Par ailleurs, aucune structure de conseil et de formation n'a été créée à l'échelle nationale, en accompagnement de la décentralisation, pour combler ce déficit.

Les collectivités jouissent ainsi rarement de la maîtrise technique et comptable de leurs services : de nombreuses ignorent la longueur des réseaux et seules les plus grandes disposent de cartes actualisées ; beaucoup sont inexpérimentées face aux mauvais payeurs, notamment lorsqu'il s'agit d'institutions publiques, et maîtrisent imparfaitement la coupure d'eau comme outil de régulation des impayés. Si le comptage et la tarification volumétrique dominent à l'échelle nationale, dans certaines villes, l'eau est néanmoins fournie au forfait (comme à Khorixas et Opuwo) ; dans d'autres, les compteurs ne mesurent qu'une partie des consommations (Rehoboth, Rundu) tandis que dans la plupart des petites localités, les robinets collectifs sont dépourvus de compteurs. La fiabilité de ces derniers, parfois hors d'usage comme à Rundu, est en outre très inégale. Les faibles capacités d'expertise se traduisent encore dans la conception de certaines structures tarifaires, comme à Tsumeb où, en dépit d'un objectif de gestion de la demande pour économiser l'eau, la tarification progressive n'influence pas les consommations, faute d'une bonne identification des usages et des seuils tarifaires déclenchant le mécanisme d'élasticité de la demande au prix (Van der Merwe, 1999).

Les taux d'eau non comptabilisée, bons révélateurs des performances technico-commerciales du service, reflètent ces mêmes inégalités : du questionnaire envoyé en 1998 aux différentes collectivités locales, il ressortait tout d'abord qu'un certain nombre d'entre elles ignoraient jusqu'à la signification de cet indicateur; que les ratios étaient meilleurs dans les municipalités (de 7 % à 31 %) que dans les *towns* (de 22 % à 58 %) où ils n'avaient en outre qu'une fiabilité très relative (Tableau n° 1). Confrontées à une connaissance partielle, et à une maîtrise médiocre des paramètres déterminant la rentabilité de leur système d'exploitation, souvent vétustes, les collectivités locales ont ainsi des capacités très limitées d'application des recommandations qui leur sont transmises.

Elles ne sont cependant pas seules en cause: le monopole national corporatisé, NamWater, n'a pas achevé le recensement d'ensemble de ses dispositifs d'approvisionnement en eau et ne connaît ainsi que très imparfaitement la structure de ses coûts localisés (Van der Merwe, 1999): dans beaucoup de villes, son prix de gros procède plus d'une estimation que d'un calcul économique circonstancié, ce qui affaiblit la légitimité de son argumentaire technique et nourrit la défiance des collectivités locales. Faute d'une régulation adéquate, un soupçon d'abus de position dominante pèse en outre sur NamWater: quelle est la rente de monopole dans des tarifs établis de manière peu transparente et celle des surinvestissements dans la politique de grands travaux de l'entreprise (qui se comporte comme un « propriétaire » des ressources en eau nationales) à la fois exonéré des droits d'extraction et peu redevable des coûts d'opportunité et environnementaux des vastes transferts régionaux qu'elle envisage? Une étude globale de la gestion des ressources hydriques dans le pays, financée par la Banque mondiale, la coopération allemande et les Nations Unies, met ainsi clairement en cause la lenteur de la réforme législative (l'ancienne loi de 1956 étant à l'évidence obsolète) mais aussi le comportement du monopole commercialisé, appelant à la création d'une instance de régulation indépendante (NWRMR, 1999).

L'État, enfin, a sa part de responsabilité. Tandis que le MRLGH n'incite pas efficacement les *towns* à lutter contre le non-paiement, le premier débiteur des collectivités locales est en général le secteur public, dont les dettes accumulées sont un facteur majeur de déséquilibre des comptes locaux d'exploitation (Van der Merwe, 1999). Ce problème n'est pas spécifique à la Namibie: plusieurs études portant sur des services d'eau africains ont montré qu'il était à l'origine de tensions importantes entre les appareils d'État et des opérateurs de services, nationaux (par exemple en Guinée et en Côte d'Ivoire: Lavigne, 1995) aussi bien que locaux (United Republic of Tanzania, 1999) au point parfois de menacer l'assainissement du secteur. Il est aussi, en Namibie, à l'origine de démêlés cocasses entre *town councils* et administrations déconcentrées (dont les consommations sont réglées par le ministère de rattachement). Celles-ci ayant par exemple accumulé N$ 2 millions d'impayés à Ondangwa, l'exécutif local coupa l'eau de tous les services publics, hormis la clinique, l'internat et la pompe à essence, et il fallut une semaine d'effervescence et le versement d'un acompte pour que soit rétabli l'approvisionnement (Graefe, 1999).

TABLEAU N° 2 : VARIATIONS DES PRIX DE L'EAU POTABLE DANS LES COLLECTIVITÉS LOCALES URBAINES DE NAMIBIE (1998-1999)

Collectivité locale	Population estimée**	Prix local du m3 d'eau (au détail) en 1998-1999	Prix du m3 d'eau en gros	Écart en % entre le prix local et le prix de gros	Tarif au coût complet de NamWater /m3 estimation	Augmentation nécessaire du prix de gros (en %) pour atteindre le tarif de recouvrement
Municipalités de rang I						
Windhoek	200 000	4,75*	2,40	+97,9 %	3,16	+32 %
Swakopmund	24 000	3,20*	1'8	+137 %	2,57	+19 %
Walvis Bay	41 400	4,27*	2,16	+48,2 %	1,66	¯8 %
Municipalités de rang II						
Gobabis	11 400	4,20	2,78	+51,8 %	31,69	+1040 %
Grootfontein	17 500	1,60	Forages municipaux			
Henties Bay	2 200	2,60/3,20	2,16	IN	2,34	+8 %
Karasburg	6 200	3,11	2,47	+25,9 %	5,64	+128 %
Karibib	4 200	2,23	2,56	-12,9 %	5,01	+95 %
Keetmanshoop	20 500	2,86	2,15	+33 %	2,15	0 %
Mariental	10 300	2,53	2,17	+16,6 %	2,79	+29 %
Okahandja	15 000	3,0*	2,07	+44,9 %	2,99	+44 %
Omaruru	6 600	1,87	Forages municipaux			
Otavi	4 800	2,60	1,53	+69,9 %	1,62	+6 %
Otjiwarongo	21 700	2,75	2,50	+10 %	3,27	+31 %
Outjo	6 200	1,04	Forages municipaux			
Tsumeb	22 000	2,25*	Forages municipaux			
Usakos	4 800	2,8	Forages municipaux			
Towns						
Arandis	5 900	IN	IN	IN	IN	IN
Katima Mulilo	18 200	IN	IN	IN	IN	IN
Korixas	10 000	2,33	2,12	+9,9 %	IN	IN
Lüderitz	10 500	3,30	2,66	+24,06 %	5,81	+118 %
Okakarara	5 100	2,70	2,45	+10,2 %	IN	IN
Ondangwa	10 800	3,06	2,78	+10,07 %	4,01	+44 %
Ongwediva	8 500	3,06	2,78	+10,07 %	3,47	+25 %
Opuwo	5 800	2,19	1,99	+10,1	IN	IN
Oshakati	29 400	3,06	2,78	+10,07 %	3,33	+20 %
Rehoboth	29 200	2,20	1,72	+27,91 %	2,82	+64 %
Rundu	26 400	1,78	1,62	+9,9 %	IN	IN

* Tarif assurant le recouvrement des coûts pour la collectivité locale dans le cas de tarification progressive.
** Estimations pour l'année 1998 : Tvedten et Moputola, 1995.
IN : donnée manquante.
Source : d'après Van der Merwe, 1999.

Des écarts de prix importants mal explicités

À cette diversité des pratiques correspondent, dans les faits, d'importants écarts de tarifs entre les villes (Tableau n° 2) mais ceux-ci ne résultent ni de la seule commercialisation ni toujours d'une logique économique explicite.

Les villes indépendantes de NamWater présentent les tarifs les plus bas. La principale raison semble en être qu'elles n'appliquent pas le principe du coût complet, leurs prix reflétant les coûts d'exploitation (entretien et maintenance) à l'exclusion des coûts d'investissement et des coûts environnementaux, par exemple ceux qui résultent d'une exploitation intensive des ressources souterraines. À Outjo pourtant, le niveau de la nappe phréatique se serait affaissé de 30 mètres en raison de la surexploitation de ces dernières années (Van der Merwe, 1999).

Les tarifs les plus élevés sont pratiqués dans les trois principales villes, non pas tant en raison du prix de gros (lequel, à l'exception de Walvis Bay, reste subventionné) que de la prise en compte des coûts complets (exploitation et développement) du service municipal dans le tarif final aux usagers. Dans les trois villes, ce dernier présente ainsi une composante locale d'ores et déjà conforme aux nouvelles normes gestionnaires, l'assainissement financier consistant essentiellement, dans le futur, à amortir les augmentations du prix de gros. Le fait s'explique par l'ancienneté et la qualité des services d'eau municipaux qui, à la différence de ceux des *towns*, disposent de personnels compétents, d'une solide culture technique et sont depuis déjà longtemps astreints à l'autonomie financière. Bien qu'en régie, ces services se distinguent, dans leur pratique, d'administrations traditionnelles et sont familiers des critères d'efficacité et des principes marchands que cherchent aujourd'hui à promouvoir bien des réformes dites de privatisation. Ceci explique sans doute pourquoi ces services municipaux, à l'organisation stabilisée, ont su rapidement s'adapter à la réforme : dans la continuité de leur gestion antérieure, ils ont réaffirmé les principes du recouvrement des coûts tandis que, face au déclin des ressources financières en provenance de l'État, ils ont su profiter d'opportunités de financement en nouant de nouvelles alliances locales ou internationales (avec la communauté européenne par exemple et avec la coopération allemande, partenaire traditionnel de l'État).

L'effort d'assainissement financier n'est pas absent ailleurs : il est aussi à l'œuvre dans quelques villes provinciales, comme Otavi et Gobabis, avec des effets très différents pour les usagers. Dans la première en effet, où le rapport d'audit de 1997 sur les finances municipales était excellent, il n'a qu'une incidence limitée pour les usagers finaux grâce à un prix de gros modéré (qui n'est plus qu'à 6 % du tarif d'équilibre de NamWater). À Gobabis en revanche, en dépit d'un tarif local déjà élevé (N$ 4,20/m^3) le recouvrement des coûts complets nécessite encore une augmentation de + 1040 % ! Le mouvement de différenciation des tarifs devrait donc s'amplifier au terme du processus, et dans l'hypothèse improbable où seuls les tarifs de NamWater augmenteraient, les tarifs municipaux d'Otavi et de Gobabis seront en 2005 respectivement de N$ 2,70/m^3 et de N$ 33,1/m^3. Ailleurs, tout, ou presque, reste à faire, sauf à suspendre le mouvement, les petites villes auront aussi dans le futur à supporter un ajustement, générateur d'une différenciation croissante des tarifs aux usagers (Carte n° 3).

S'agissant de supprimer des subventions qui s'échelonnent aujourd'hui de 0 à 91 %, on peut raisonnablement anticiper les évolutions du prix de gros. On connaît moins, en revanche, le devenir des composantes locales du prix final, qui est aussi subventionné, soit par des subventions croisées d'initiative locale (il est d'usage pour les municipalités d'utiliser les surtaxes sur les tarifs électriques pour alimenter des fonds de compensation des services déficitaires) soit par des transferts du budget de l'État pour les *towns*, soit par des aides provenant des sociétés minières (Karibib, Tsumeb). Si la transparence progresse à l'échelle nationale (encore que la publicité concerne plus les augmentations tarifaires que leurs modes de calcul) l'opacité demeure la règle dans la gestion de nombreux services d'eau locaux.

L'exercice de la solidarité est un autre facteur de différenciation entre eux. La politique nationale recommande que les tarifications, volumétriques et progressives, ménagent une tranche sociale subventionnée (pour un volume d'eau vital de 20 à 40 l/h/j) et un tarif d'abonnement modéré pouvant inclure un volume d'eau gratuit (MAWRD, 1993a). Mais la diversité prévaut. En adoptant une tarification progressive (Windhoek, Henties Bay, Okahandja, Swakopmund, Tsumeb et Walvis Bay) certaines ont fait le choix de péréquations locales ou d'une tarification binômale, mais d'autres non. L'abonnement peut ou non inclure un volume d'eau minimal et son prix est en outre très variable : il est ainsi élevé (sans inclure de volume d'eau) à Mariental (N$16/mois) Karibib (N$20/mois) Karasburg (N$23/mois). Il conviendrait, pour consolider l'analyse, de comparer les tarifs de l'eau et le revenu moyen pour chaque ville. L'exemple suivant est évocateur des résultats possibles d'une telle démarche : le revenu monétaire moyen à Keetmanshoop est estimé à 50 % environ de celui de Windhoek, or l'abonnement y est de N$12,4/mois sans inclure de volume d'eau minimal (contre 13,25 N$ dans la capitale avec 5 m^3 inclus) et le prix uniforme du m^3 est de 2,86 N$m^3 (contre N$ 2,65/m^3 à Windhoek pour la première tranche). Le service est donc sensiblement plus cher pour un ménage à bas revenu de la petite ville de province, en dépit d'un tarif de gros avantageux.

Les citadins des trois principales villes sont certes actuellement les plus exposés à la commercialisation, mais leurs pauvres ne sont pas plus menacés qu'ailleurs grâce à des structures tarifaires progressives qui correspondent à la mise en œuvre d'une réelle solidarité au profit des petits consommateurs et des usagers des robinets collectifs.

Deux enseignements semblent pouvoir être tirés de ces constats. Tout d'abord, ces tarifs dissemblables répercutent de façon très inégale les signaux censés être émis par la politique de NamWater et perturbent la logique d'efficacité économique et d'allocation optimale des ressources en eau qu'elle souhaiterait imposer. En outre, les taux de recouvrement très inégaux, faibles dans les petites villes et mieux maîtrisés dans les plus grandes, entravent l'application de la réforme à laquelle nombre d'usagers échappent *de facto*.

Dans certaines circonstances, la commercialisation du service de gros impulse une adaptation graduelle du modèle municipal dont elle valorise l'efficacité antérieure : ce n'est donc pas tant le caractère public du service qui freine l'accommodement et l'appropriation des logiques marchandes que l'impréparation de nombreux conseils locaux et l'extrême faiblesse de leurs capacités d'expertise. Implicitement, la réforme postule que la diffusion d'un modèle identique dans l'ensemble de l'armature urbaine est à la fois possible et souhaitable. Les consultants à l'origine de ce modèle avaient en revanche reconnu son inadaptation aux « zones non commerciales » du territoire national (regroupant les deux tiers environ de la population) abandonnées au *Department of Water Affairs* (MAWRD, 1994a, 1994b). Mais ce découpage dualiste masque la grande hétérogénéité des collectivités locales urbaines et de leurs trajectoires : aux dispositifs stabilisés des trois principales villes s'opposent les structures fragilisées des bourgs de la « zone commerciale » et plus encore les institutions en gestation des localités du nord récemment érigées en collectivités locales (Dubresson et Graefe, 1999). Dans ces dernières, il ne s'agit pas seulement d'adapter un cadre ancien, il faut tout inventer : la maîtrise technique du service, la relation commerciale avec les usagers, la relation contractuelle avec NamWater, etc. La légitimité même des différents acteurs est à construire, comme le montrent les tâtonnements des *towns councils,* incertains de leur « droit » à déconnecter les usagers réfractaires, ou encore les tensions avec la société nationale. Or, la réforme ne ménage aucun espace de formation et d'apprentissage, aucun dispositif durable d'accompagnement des collectivités et de correction des inégalités induites. À défaut, les localités les plus mal dotées pourraient chercher à amortir les effets de mutations mal préparées en contournant les régulations marchandes de NamWater par des régulations politico-clientélistes avec l'État, fondées sur des relations partisanes (tissées au sein du parti dominant, la SWAPO) et/ou ethniques (Owambo). Ainsi que l'analyse Ingolf Diener, le décalage entre règles établies et jeux réels introduit des zones d'ombres, investies par le pragmatisme de contrats et dispositifs *ad hoc* (Diener, 1999) mais l'ampleur de ces montages et la vitalité de leurs entrepreneurs varient grandement, tandis que s'accroît l'opacité des arbitrages.

DES CAPACITÉS LOCALES DE NÉGOCIATION ET D'ACTION STRATÉGIQUE TRÈS INÉGALES

À cette analyse de la répartition actuelle du stock de compétences et de ressources, il faut adjoindre une approche dynamique de la distribution des capacités locales à capter des ressources, forger des alliances, faire valoir, sinon prévaloir, des objectifs stratégiques et des contraintes spécifiques dans les nouvelles configurations.

Dès lors que les flux financiers administrés s'amenuisent et qu'augmentent au contraire ceux qui résultent de négociations et de contrats, la maîtrise des informations et des conventions devient stratégique : les coordinations non marchandes, définies comme partage d'un cadre d'interprétation et de référence collectif (Clerc, 1998) sont en effet d'autant plus nécessaires que les dispositifs sont hétérogènes, multi-acteurs et mobilisent des relations de confiance, dont l'absence suscite au contraire l'exigence de garanties exorbitantes (Irwin *et al.*, 1999). Or, du fait de la genèse récente de l'administration post-indépendance et des circonstances de sa construction, qui tendent plus à la lente conciliation des antagonismes qu'au changement radical (Diener et

Graefe, 1999) l'unification de ce cadre demeure inachevée en Namibie, tandis que l'absence de consensus sur la nature des normes professionnelles et éthiques dans le processus de formation de la fonction publique post-indépendance entrave l'émergence d'une culture et d'une identité bureaucratique partagée (Melber, 1999).

Dans un tel environnement institutionnel, les principales villes sont d'autant plus avantagées qu'à la supériorité de leurs moyens, elles ajoutent une bien meilleure connivence avec les règles, normes et coutumes des nouvelles élites politico-administratives, dérivées de celles qui avaient constitué le socle de la culture des fonctions publiques locales et nationales blanches dans l'ancien système, mais aussi avec une partie des milieux d'affaires blancs qui ont, semble-t-il, traversé la période de transition et de réconciliation nationale avec profit (Tapscott, 1999).

Un responsable de la municipalité de Walvis Bay ne dit pas autre chose lorsqu'il affirme que la décentralisation a transformé l'accès aux ressources étatiques en enchères et accru les rivalités entre villes, ajoutant avec réalisme que, dans cette compétition, Walvis Bay, habituée par l'administration sud-africaine à un fort niveau de subventions, ne reçoit certes pas autant qu'elle demande mais bénéficie néanmoins d'une allocation favorable[8]. À cette analyse fait écho le sentiment d'abandon exprimé par d'autres collectivités locales lors des réunions annuelles de l'ALAN (*Association of Local Authorities of Namibia*) traduction de l'inégale capacité des villes à capter des ressources. Les disparités sont encore plus grandes lorsqu'elles sont comparées à une échelle qui excède les frontières nationales, dont les opportunités sont beaucoup mieux utilisées par les villes principales.

Deux exemples serviront à illustrer l'évolution différenciée des services d'eau et le processus de capitalisation des opportunités offertes par les réformes au profit des villes disposant de solides institutions : les relations avec NamWater et la construction de *policy communities* (Jordan, 1990) autour des grands projets d'approvisionnement en eau.

Une contractualisation contestée

Les capacités locales de négociation singularisent les relations contractuelles entre NamWater et les villes au profit des mieux dotées, qui construisent une stratégie quand les autres subissent la règle de la société nationale. En 1998, cette dernière a proposé à ses clients en gros (*bulk users*) un contrat commercial type, pour la rédaction duquel elle s'est adjoint les services d'un consultant nord-américain. Dans cette version provisoire, le document a suscité de vives contestations, notamment des municipalités de Windhoek et Walvis Bay, qui en réfutent le caractère unilatéral, les préoccupations trop exclusivement marchandes, les insuffisantes garanties de qualité de l'approvisionnement en gros (taux de perte élevés, qualité de l'eau incertaine, marge d'erreur aux compteurs de vente en gros excessive) les modalités d'établissement des tarifs trop peu transparentes et, surtout, les pénalités injustes (pour évolutions imprévues de la demande, dépassement des quotas annuels planifiés) qui reportent sur les collectivités locales l'essentiel des risques liés aux aléas climatiques ou aux variations saisonnières de la demande industrielle[9]. Ce mécontentement a suscité diverses réactions, parmi lesquelles la constitution d'un comité regroupant cinq gros acheteurs côtiers au nom desquels l'ingénieur municipal en chef (*City Engineer*) de Walvis Bay a renégocié avec NamWater le contrat type, ainsi que l'annexe portant sur l'usine de dessalement d'eau de mer, en brandissant la menace de la concurrence en cas de désaccord persistant. Windhoek a également engagé un processus de renégociation du contrat proposé par la société nationale, critiquant en outre ses comportements hégémoniques et ses tentatives de « récupération » de projets municipaux potentiellement rentables, comme la nouvelle usine de retraitement des eaux.

Cette accusation ne semble pas sans fondement : paradoxalement, alors que le puissant *Department of Water Affairs* s'était accommodé d'une concurrence des collectivités locales dans la production de l'eau, la nouvelle société adopte des comportements plus monopolistiques, en accord avec une politique commerciale jouant à la fois sur une logique d'extraction des profits (par contrôle des grands projets potentiellement rémunérateurs) et de valorisation d'une image de haute technicité et d'innovation (usine de dessalement et station de retraitement).

Face à cette stratégie, les clients de NamWater sont très inégaux. Tant Walvis Bay que Windhoek, par des voies différentes, ont montré qu'elles pouvaient réagir, défendre leur point de vue et faire valoir des atouts suffisants dans des renégociations qu'aucune des deux villes n'estime perdues d'avance. Qu'en est-il en revanche des autres collectivités urbaines dans un contexte où le régulateur ministériel semble lui-même bien dépourvu, se contentant de déplorer le manque de concertation avec les entreprises commercialisées (*The Namibian*, 9/06/98) ? Ne risque-t-on pas de s'acheminer vers un rapport de forces défavorable aux collectivités locales, comme à Rehoboth, à qui NamWater a finalement proposé d'assurer la facturation de son service d'eau, dépouillant ainsi le *town council* d'une de ses fonctions (*The Namibian*, 17/05/99) ?

La stratégie de Walvis Bay suggère pourtant qu'une alternative est possible : en formant un comité (*Central Coast Water Scheme Committee*) associant quatre villes et une société minière, la cité portuaire renforce son propre poids dans la négociation bilatérale avec NamWater, tout en faisant profiter des collectivités locales plus modestes (Henties Bay, Arandis et même la rivale Swakopmund) de ses démarches. Cette coopération/collaboration technique entre villes d'une même région, l'Erongo désertique, traitant ensemble du problème crucial de l'approvisionnement en eau potable, peut-elle préfigurer un mécanisme, horizontal et d'origine locale, enclenchant des formes de régulation régionales[10], concurrentes de celles de l'État défaillant ? Même relayé par l'ALAN qui joue, modestement, un rôle de caisse de résonance à ces débats et offre aux édiles un espace d'apprentissage et d'échange (ALAN, 1998) ce processus ne signifie pas nécessairement qu'il y ait démocratisation de l'accès aux ressources. Rien ne garantit non plus que les relations soient égalitaires et réciproques, les collectivités les plus dynamiques pouvant surtout chercher, par ce canal, à conquérir des fonctions d'intercession et de médiation. Faut-il y déceler des formes de « colonisation intérieure », des villes gagnantes sur les autres, ou, au contraire, les prémisses de régulations locales, fondées sur l'élaboration de relations horizontales et la mise en commun de ressources disponibles hors des appareils d'État ?

Peut-être ces processus suggèrent-ils surtout qu'à trop analyser les réformes au travers de leurs dysfonctionnements, on risque de masquer des embryons de systèmes de relations locaux qui peuvent contribuer à l'intégration de collectivités locales dans des espaces de diffusion des savoirs, de décision et d'apprentissage collectif, creusets de cultures techniques partagées. Si cette hypothèse est vérifiée, elle suggère que, loin d'uniformiser les situations nationales, les réformes risquent fort de favoriser des configurations dans lesquelles les régulations locales seront déterminantes et génératrices de disparités territoriales recomposées.

Projets urbains et *policy communities*

Pour maintenir sur place et attirer de nouveaux acteurs privés, investisseurs locaux et étrangers, et des populations à haut niveau de vie, enjeux essentiels de la compétition urbaine en Afrique australe, les villes namibiennes doivent démontrer leur capacité à satisfaire ces segments de la demande domestique et industrialo-commerciale. De telles stratégies requièrent néanmoins l'accès à des ressources, notamment financières, et le soutien de coalitions d'acteurs intéressés à l'expansion de services de qualité. L'analyse des évolutions actuelles semble indiquer que le désengagement de l'État creuse là encore les inégalités entre les principales villes, plus susceptibles de susciter ces *policy communities* génératrices de ressources, et les autres.

Dans le domaine de l'eau, les municipalités ont opté pour une différenciation fonctionnelle et spatiale du service d'eau isolant, au sommet, les territoires de la performance. Ceux-ci correspondent à la ville des « basses densités » (selon la classification des planificateurs) réticulée et grosse consommatrice d'eau : c'est d'abord en fonction de sa demande que sont pensés les programmes d'investissements et scellées les alliances, avec toutefois des divergences, plus ou moins feutrées, sur la façon de concilier les exigences de qualité de ce segment de la demande et la nécessité d'économiser et de partager la ressource.

Il existe ainsi à Windhoek une policy community, soutenue par une expertise internationale présente de longue date, qui privilégie une politique de l'offre, fondée sur des normes de desserte élevées et d'importants investissements. Elle fut notamment active, en 1993-1994, lorsqu'une étude prospective sur les modes d'approvisionnement en eau de la capitale fut réalisée à la demande du gouvernement (MAWRD, 1993b). Associant notamment des membres du ministère de l'Eau, certains représentants du département municipal de planification urbaine, que leurs intérêts corporatistes et leur propension aux grands projets poussaient dans ce sens, et des intérêts privés intéressés aux projets d'extension et de modernisation du centre-ville, cette coalition promouvait l'option la plus coûteuse de l'étude, celle d'une adduction d'eau depuis l'Okavango (750 km au Nord) au nom de la productivité urbaine et de la compétitivité de la ville dans la sous-région. Cette option, peut-être nécessaire à terme, aura d'importantes incidences financières en portant le prix moyen de l'eau à plus de N$ 8/m^3, mais la disponibilité de l'eau est un enjeu plus important que son prix pour les défenseurs de cette politique (comme le confirme une enquête auprès des industriels de Windhoek en 1998:Van der Merwe, 1999). En revanche, pour les ménages, et notamment les plus pauvres, une telle augmentation pourrait avoir des effets désastreux, qui ne sont jamais mentionnés dans l'étude. Finalement, ce projet a été reporté en raison de la forte opposition d'un autre groupement d'intérêts, ancré dans les services techniques du ministère de l'Eau et de la municipalité, qui argumentait que des mesures d'économie et de gestion de la demande devaient d'abord être mises en œuvre afin de donner du temps à la conception technique du projet, de revoir son dimensionnement à la baisse et de négocier correctement avec les Etats voisins riverains du fleuve Okavango (Jaglin, 2000).

À Walvis Bay, une alliance entre le MAWRD, des acteurs municipaux et les opérateurs de l'EPZ (zone franche industrielle) a en revanche obtenu satisfaction en parvenant à un accord sur la construction d'une usine de dessalement. La municipalité a fait ici valoir que la principale entrave au développement économique local, et à celui de l'EPZ en particulier, était le risque de pénurie d'eau auquel les industries locales, notamment celles de la pêche, sont particulièrement sensibles. C'est cet argument qui a semble-t-il primé, alors que les évaluations du prix moyen final de l'eau demeurent très incertaines (en 1998, elles variaient encore de N$ 5 à N$ 12/m^{3}) et que les répercussions de telles variations pour les habitants pauvres des *townships* de Kuisebmond et Naraville demeurent mal connues.

Dans ces deux exemples, de puissantes communautés d'intérêt, localement constituées, ont été décisives dans le portage du projet. Or, seules les opérations stratégiques, ou considérées comme telles, sont susceptibles de galvaniser de telles coalitions et une telle mobilisation d'expertise et de moyens qui relaiera la demande des petites villes et défendra leur intérêt local dans le grand marchandage national ?

CONCLUSION

Trois constats méritent d'être soulignés. En premier lieu, le recul de la régulation étatique et la place croissante des régulations locales dans la configuration actuelle des services alimentent un puissant mécanisme de différenciation. Faut-il s'en réjouir ? Observons, avec circonspection, que ce constat confirme certes l'existence de marges d'autonomie locales, mais qu'en de nombreux lieux, les arbitrages sont plus le résultat de choix mal maîtrisés que l'issue de décisions et procédures transparentes.

En second lieu, la dispersion des résultats brouille le bilan général que l'on pourrait tirer des premières années de la commercialisation et de la décentralisation des services d'eau. On peut en revanche constater que les écarts s'accroissent entre les villes moins en fonction des logiques marchandes nationales, comme le suggérait l'hypothèse de départ, qu'en fonction des aléas du processus d'ajustement des services locaux. En d'autres termes, tant les carences en compétences que les tactiques politiques (de résistance à la hausse des prix notamment) freinent, à l'échelle locale, la diffusion des principes fondateurs de la réforme de sorte que, au stade actuel de sa mise en œuvre, la commercialisation est moins créatrice d'inégalités d'accès à l'eau que révélatrice des disparités institutionnelles issues de la décentralisation. Si l'adoption progressive de tarifications basées sur les coûts complets (de gros et de détail) devrait, à terme, amplifier la différenciation des prix à l'usager, elle n'apparaît pas comme un facteur déterminant de la géographie actuelle des tarifs, qui témoigne autant des modalités de l'action publique locale que des coûts du service. Dans ce contexte, la question de l'équité territoriale se trouve singulièrement compliquée. En effet, comment penser, dans le cadre d'une réforme sectorielle de l'eau, des mécanismes redistributifs qui anticipent de futures inégalités d'accès, aujourd'hui en partie masquées par l'inégale distribution des capacités locales ?

Enfin, c'est à une géographie de l'incertitude que conduisent les analyses : si la trajectoire des municipalités de rang I semble prévisible, chevillée à un processus de modernisation marchande et technique du service déjà largement enclenché, et appuyée sur des projets soutenus par de puissantes communautés d'intérêts, celle des villes petites et moyennes semble beaucoup plus aléatoire. Les logiques marchandes de NamWater s'imposeront-elles et à quel prix ? Les compromis actuels peuvent-ils être reproduits et avec quels effets sur la viabilité des services d'eau locaux ? L'État ne semble pas disposer d'outils de pilotage permettant la mise en œuvre progressive des réformes, le réglage empirique des ajustements nécessités par la grande hétérogénéité des situations, l'incorporation des enseignements tirés de l'expérience. C'est peut-être à l'échelle locale et régionale que pourraient émerger des modalités innovantes de régulation, dont les exemples demeurent néanmoins embryonnaires.

Selon l'échelle à laquelle on les observe, selon les lieux privilégiés aussi, la réforme se présente ainsi sous un jour très différent : seule la prise en compte de l'ensemble de ces échelles et territoires est donc susceptible de fournir le matériau nécessaire à la compréhension du poids des complexes réformateurs locaux dans l'évolution récente des services d'eau.

Liste des sigles

ALAN	**Association of Local Authorities of Namibia**
EPZ	**Export Processing Zone**
GRET	**Groupe de recherche et d'échange technologique**
MAWRD	**Ministry of Agriculture, Water and Rural Development**
MRLGH	**Ministry of Regional and Local Governments and Housing**
NEPRU	**Namibian Economic Policy Research Unit**
NWRMR	**Namibia Water Resources Management Review**
OED	**Operations Evaluation Department (World Bank)**
PNUD	**Programme des Nations Unies pour le développement**
SWAPO	**South West Africa People's Organization**
UNCHS	**United Nations Center for Human Settlements**

Notes

1 Commercialisation ou corporatisation signifient ici transfert des fonctions de production et distribution de l'eau en gros de l'ancien département ministériel *Department of Water Affairs* à une société de droit privée namibienne à capitaux publics.

2 Elles correspondent aux aires urbanisées, ainsi qu'aux zones d'agriculture commerciale et aux mines.

3 1 N$ ± 1 FF en 2001.

4 Comme il est d'usage dans ce genre de réforme, ses promoteurs soulignent que de telles subventions menacent la stabilité financière de l'État, dont le budget est lui-même déficitaire (N$ 745 millions en 1998-1999).

5 L'ensemble du territoire namibien n'est pas « communalisé » et 49 collectivités locales seulement y ont été définies : 28 sont urbaines (municipalités et *towns*) et regroupent, en 2000, un peu plus de 630 000 habitants (soit environ 34 % de la population totale) ; 21 sont des « villages ».

6 À la fois symbole de la résistance civique, témoignage de la faiblesse du pouvoir d'achat et de l'insatisfaction des niveaux de service, le non-paiement grève durablement la gestion des services locaux.

7 Ceux-ci reçoivent mensuellement des collectivités locales une facture multi-services (eau, électricité, assainissement, collecte des déchets) à laquelle s'ajoutent, dans les municipalités, les impôts locaux fonciers. Dans les *towns*, les montants des factures acquittées par les habitants ne sont pas désagrégés et il est impossible de distinguer précisément les taux comme les montants de paiement par service (Graefe, 1999).

8 Entretien du 7/8/98 par Sylvy Jaglin et Alain Dubresson.

9 Entretiens à Walvis Bay (13/08/98) et Windhoek (17/08/98) par Sylvy Jaglin et Alain Dubresson.

10 Antérieures à la restructuration des tarifs de gros de 1999, qui régionalise les péréquations.

Bibliographie

Alan, 1998, *Forty ninth Annual Congress : 5 March 1998*, Windhoek, Alan.

Banque Mondiale, 1993, *Gestion des ressources en eau,* Washington, Banque mondiale, Document de politique générale, 160 p.

Batley, R., 1996, Partnerships in urban service provision: are they working? dans *Urban Studies*, vol. 33, n° 4-5, p. 723-751.

Clerc, D., 1998, « L'économie des conventions », dans *Problèmes économiques,* n° 2, 550, 7 janvier, p. 13-16.

Coing, H., 1997, « La notion de service public », in Gariépy Michel, Marié Michel (dir.), *Ces réseaux qui nous gouvernent ?,* Paris, L'Harmattan, p. 233-245.

Diener, I., 1999, « Comment être Namibien et démocrate ? À propos du projet de la Nation *post-apartheid* », dans Diener, I. et O. Graefe (dir.), *La Namibie contemporaine : les premiers jalons d'une société post-apartheid,* Paris, karthala, p. 337-360.

Diener, I. et O. Graefe, 1999, « Introduction », in Diener I. & Graefe O. (dirs.), *La Namibie contemporaine : les premiers jalons d'une société post-apartheid,* Paris, karthala, p. 19-33.

Dubresson, A. et O. Graefe, 1999, « Décentralisation et dynamismes urbains en Namibie : vers des inégalités économiques croissantes ? », dans Gervais-Lambony, Ph., S. Jaglin et A. Mabin (dir.), *La question urbaine en Afrique australe : perspectives de recherche,* Paris, Karthala, p. 101-123.

Graefe, O., 1999, *Territoires urbains, pouvoirs locaux et gestion foncière en Namibie : Oshakati, Ongwediva, Ondangwa et Rundu, des collectivités urbaines en gestation*, (thèse de doctorat), Paris, Université Paris X – Nanterre, 364 p.

Gret, 1999, *Coopération décentralisée : les leçons béninoises. Expériences et bilan d'une nouvelle approche du développement*, Paris, GRET, 127 p.

Irwin, T. *et al.*, 1999, « Managing Government Exposure to Private Infrastructure Risks », dans *The World Bank Observer*, vol. 14, n° 2, August, p. 229-245.

Jaglin, S., 1997, « La commercialisation du service d'eau potable à Windhoek (Namibie) : inégalités urbaines et logiques marchandes », dans *Flux*, n° 30, octobre-décembre, p. 16-29.

Jaglin, S., 2000, *Water Demand Management* à Windhoek (Namibie) : Une approche holistique de la gestion urbaine durable des ressources en eau », dans Académie de l'Eau, *Colloque international L'eau, l'aménagement du territoire et le développement durable : 10-11 février 2000*, Paris, L'Académie de l'eau, tome 1, p. 111-120.

Jordan, G., 1990, « Policy Community Realism versus "New" Institutionalist Ambiguity », dans *Political Studies*, XXXVIII, p. 470-484.

Lavigne, J.-C., 1995, « Deux expériences africaines », dans Lorrain Dominique (dir.) *Gestions urbaines de l'eau*, Paris, Economica, p. 135-158.

Lyonnaise des Eaux, 1998, *Alternative solutions for water supply and sanitation in areas with limited financial resources*, Paris, Suez Lyonnaise des Eaux, 156 p.

Mawrd, 1993a, *A Digest of the Water Supply and Sanitation Sector Policy of the Government of Namibia*, Windhoek, MAWRD/DWA, 36 p. + annexes.

Mawrd, 1993b, *Central Area Water Master Plan: Phase I*, Windhoek, DWA, 11 vol.

Mawrd, 1994a, *Watcom Project. Draft. Phase I. Report on the investigation into commercialisation of part of the Water Supply Function and the Restructuring of the Water Sector in Namibia*, Windhoek, Ernst et Young.

Mawrd, 1994b, *Watcom Project. Phase 2*, Windhoek, Ernst et Young, July to November, 10 volumes.

Melber, H., 1999, « L'administration publique : contraintes et défis », dans Diener, I. et O. Graefe (dir.), *La Namibie contemporaine : les premiers jalons d'une société post-apartheid*, Paris, karthala, p. 97-112.

Namibian (The), Quotidien namibien national.

Nepru, 1999, *Quarterly Economic Review*, n° 21, September, 4 p.

Nepru, 2000, *Quarterly Economic Review*, n° 29, June, 4 p.

Nwrmr, 1999, *Key Issues Paper*, Windhoek, NWRMR, April, 140 p.

Piermay, J.-L., 1998, « Entre ville et communauté : Rehoboth (Namibie) ou le dilemme de l'ouverture et de l'identité », dans *À Joël Bonnemaison, le voyage inachevé*, Paris, Orstom, p. 393-399.

Tapscott, C., 1999, « Formation des classes et société civile », dans Diener I. et O. Graefe (dir.), *La Namibie contemporaine : les premiers jalons d'une société post-apartheid*, Paris, karthala, p. 315-335.

Tvedten I. et M. Moputola, 1995, Urbanization and urban Policies in Namibia, Windhoek, Nepru, 37 p.

Van Der Merwe B. (ed.), 1999, *IUCN Water Demand Management Country Study – Namibia*, Windhoek, MAWRD/City of Windhoek.

United Republic Of Tanzania. Ministry of Water, 1999, *Annual Report for Urban Water Supply and Sewerage Departments/Authorities (July 1997 – June 1998)* s.l., Urban Water Supply and Sewerage Division, March.

CARTE N° 2 : RÉSEAU D'INFRASTRUCTURE D'EAU POTABLE ET PRIX LOCAL DM M^3 DANS LES COLLECTIVITÉS LOCALES URBAINES.

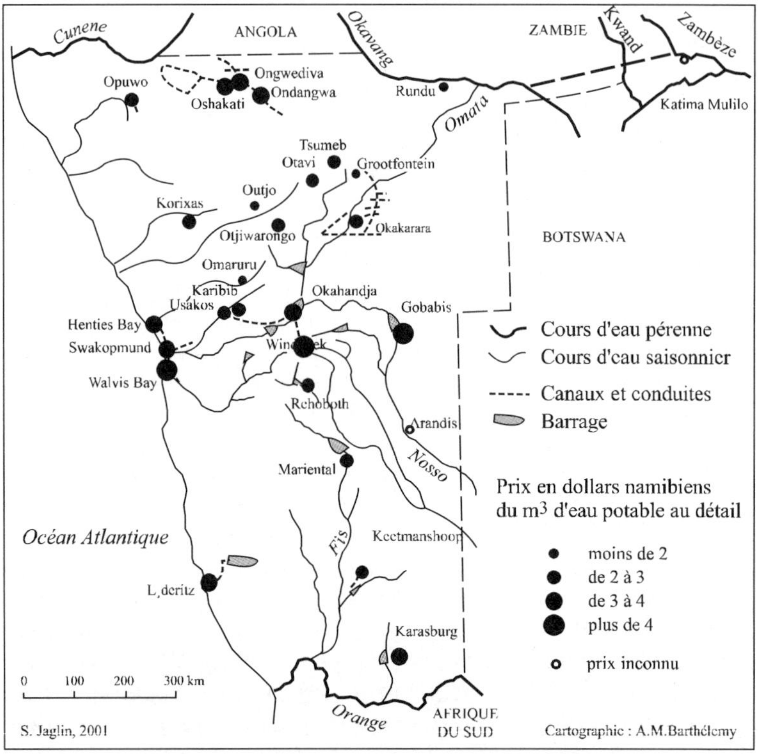

CARTE N° 3 : AUGMENTATION PRÉVISIBLE DU PRIX DU M^3 EN GROS DANS LES COLLECTIVITÉS LOCALES URBAINES.

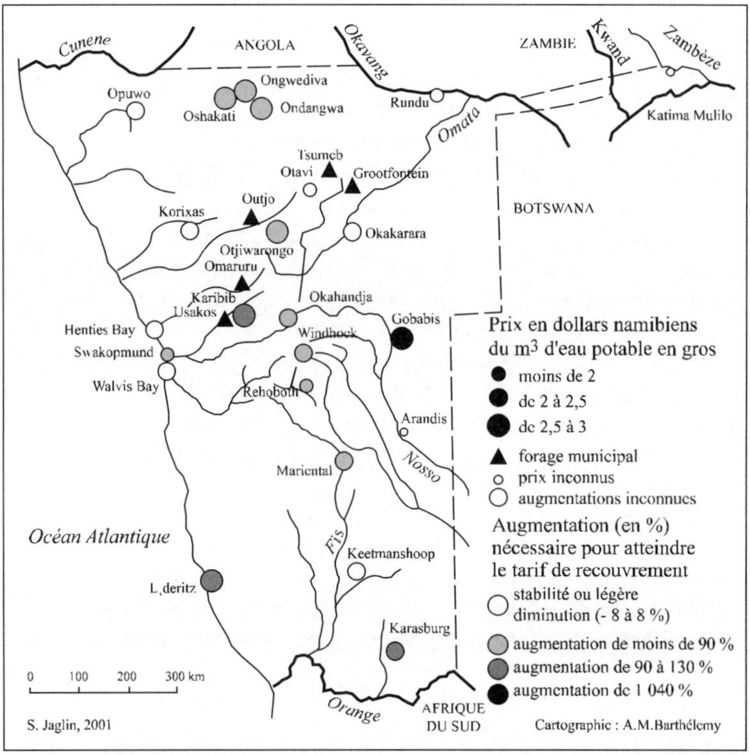

GOUVERNANCE URBAINE ET SERVICE DE L'EAU :

LA PARTICIPATION DU SECTEUR PRIVÉ À DJAKARTA (INDONÉSIE)

KAREN BAKKER*

LA PARTICIPATION DE SECTEUR PRIVÉ DANS LA GESTION DE L'EAU est souvent proposée comme une solution à la crise actuelle des services urbains des grandes villes du « Sud ». Prenant le cas de deux contrats de concessions pour l'approvisionnement en eau potable de la ville de Djakarta, ce texte examine la participation du secteur privé formel (les grandes compagnies) dans la gestion d'approvisionnement d'eau. On prête une attention particulière aux contrats de concession qui ont été récemment accordés à deux firmes internationales, et sur les conséquences en matière de gouvernance urbaine et de considérations sociales, tant pour les citadins que pour les fonctionnaires des services concernés. Le contexte infrastructurel et socio-économique de la ville est discuté en premier lieu puis, après un bref sommaire du contrat de la concession, sont analysées l'application et la renégociation contestées du contrat. Le texte se termine par une discussion de la relation mutuellement constitutive de la gouvernance urbaine et la participation du secteur privé dans la gestion des services urbain.

LA VILLE DE DJAKARTA

La ville de Djakarta se trouve à l'embouchure de la rivière Ciliwung sur la côte nord de Java. La population de la région métropolitaine de Djakarta (*Djakarta Metropolitan Area* – JMA) était recensée à plus de 20 millions en 1995, 16 millions de personnes vivant en zone urbaine qui se sont entendues pour faire une campagne chaque fois plus forte à laquelle les gens ont adhéré de plus en plus (Firman, 1997). Le JMA contient la plus grande concentration de population urbaine de l'Indonésie et représente le principal centre

* Géographe, enseignant-chercheur, British Columbia University, Vancouver, Canada

économique du pays. Le revenu moyen dans cette région est à peu près 2 à 3 fois plus élevé que celui de l'Indonésie dans son ensemble (McGranahan, Jacobi *et al*, 2001). Cette disparité de revenu est généralisée en Indonésie, ou le PIB par habitant des plus riches, qui représentent un cinquième de la population, est cinq fois plus élevé que celui du cinquième des plus pauvres (McGranahan, Jacobi et al, 2001).

Le taux de croissance annuel du JMA entre 1991 et 1995 était 3,3 %, chiffre plus élevé que celui de la croissance de la population nationale et directement en rapport avec la rapide croissance de Djakarta au cours des cinquante dernières années. À elle seule, la ville de Djakarta a vu sa population passer de 1,6 à 6,5 millions entre 1950 et 1980 (Porter, 1996); la croissance annuelle moyenne dans le reste de la région métropolitaine a été de 16 % entre 1985 et 1995 (Leaf, 1996). Dans les zones périphériques, les villes satellites de Bogor, Tangerang, et Bekasi sont particulièrement importantes; l'agglomération urbaine du « grand Djakarta » est donc communément connue sous l'abréviation de *Jabotabek* et sa population est estimée à approximativement 23 millions dont 12 millions résident dans les municipalités; le reste vit dans des zones de développement résidentiel au-delà des frontières de la ville ou dans les zones rurales de la région (Argo et Firman, 2001). Nombre de ces zones se sont développées au cours du boom de construction résidentiel entre 1989 et 1996; celui-ci avait permis le développement de près de 250 000 hectares de terrains dans le Jabotabek (Firman, 2001).

Comme beaucoup d'autres cités asiatiques, Djakarta a connu lors des deux dernières décennies un développement des grandes infrastructures urbaines ainsi que l'émergence d'une division spatiale du travail entre le centre et la périphérie à l'intérieur de la zone métropolitaine (finance et loisirs au centre, industries et nouveau développement résidentiel à la périphérie) avec pour conséquence un développement de plusieurs centres dans la zone urbaine, un changement rapide dans l'utilisation et l'occupation des sols et une augmentation significative du trafic routier. Ceci s'est produit à travers le développement de villes nouvelles dans la périphérie, celui des habitations privées de la classe moyenne, ainsi que la promotion par le gouvernement d'habitation à loyers modérés, toutes choses qui ont altéré de façon significative la forme urbaine du JMA, faisant disparaître la barrière entre la campagne et les zones urbaines et intensifiant le dualisme social de la ville (Brennan, 1989; Firman 1998; Leaf, 1996; Lo et Yeung, 1996), caractérisée dans son centre par la juxtaposition de propriétés commerciales, intercalées entre les maisons de l'ère coloniale bordant de larges avenues, et les pâtés de maisons ou baraques mal ou non desservis par les services publics à l'intérieur de certains quadrilatères (Leaf, 1996; Porter, 1996).

L'approvisionnement en services urbains : le cas de l'eau

Djakarta a relativement peu d'infrastructures d'approvisionnement d'eau et d'assainissement en comparaison avec les autres grandes villes asiatiques. Moins de 25 % des résidents de la ville de Djakarta, par exemple, ont leur maison connectée au réseau municipal d'approvisionnement en eau, et la ville n'a pratiquement aucun système d'égouts. La plupart des eaux polluées sont donc déversées directement dans les rivières, canaux, et souvent dans des fosses septiques peu fonctionnelles (Crane, 1994).

Un important facteur contribuant à la pauvreté des services publics urbains à Djakarta est le fait que l'Indonésie dépense moins de 0,5 % de son PIB pour les infrastructures urbaines, un des taux les plus bas d'Asie. Le manque actuel de financement pour ces services est aggravé par l'héritage du sous-investissement des années 1960 et 1970, quand les politiciens traitaient l'assainissement comme un domaine privé. Dans les *kampungs* pauvres, cette politique était exacerbée par la tendance à décourager l'exode rural vers les villes en refusant de créer de nouvelles infrastructures de base dans les zones de résidence considérées comme « informelles ». Dans le contexte d'une croissance rapide, comme nous l'avons déjà dit, l'approvisionnement en services publics a pris un retard considérable. Le désintérêt ou la résistance des autorités à l'égard des grandes infrastructures de services urbains durant cette période contraste fortement avec l'importance attribuée à la construction d'avenues, de parcs, de sculptures, et d'autoroutes durant la période post-Indépendance. Alors que ces infrastructures monumentales servaient le double objectif de développement urbain et de fierté patriotique pour cette nouvelle nation, l'approvisionnement en services urbains était généralement négligé. Les effets de ce sous-investissement dans le secteur de l'eau ont été notables en matière de santé publique :

À Djakarta, les cas de diarrhées sont corrélés à la mauvaise qualité de l'eau et des installations sanitaires, ainsi qu'à l'infestation par les mouches dans les maisons et la proximité des foyers avec les décharges publiques. De graves infections respiratoires sont liées à la surpopulation en raison des constructions non ventilées, du manque de lumière, de la pollution de l'air dans les foyers résultant de la cuisine et des fumées ainsi que de la pollution générale du milieu. La dengue et la filariose sont véhiculées par les insectes qui se reproduisent dans les flaques et mares d'eau stagnante qui ne sont pas drainées et subsistent après la fin de la saison des pluies (Leitmann, 1995:26).

La fréquence de ces problèmes de santé publique varie en fonction des divers quartiers de la ville. Les zones à faibles revenus tendent à avoir des installations sanitaires moins adéquates, contribuant à la plus grande incidence des maladies associées à la pollution de l'eau (Leitmann, 1995). Ceci a été encore aggravé par le manque de moyens financiers des municipalités pour financer de larges travaux publics, suite à la crise économique de la fin des années quatre-vingt-dix (Stalker, 2000).

Pluralité des modes d'approvisionnement

La responsabilité première en matière d'approvisionnement en eau dans la ville reste celle des municipalités, dont la plupart ont établi des compagnies d'eau municipales connues sous l'acronyme PDAM[1]. La couverture géographique de l'approvisionnement est typiquement incomplète et celle du recueil des eaux usées encore plus. L'administration des PDAMs a connu d'importants bouleversements au cours des dernières années, en partie due au processus de décentralisation du pouvoir vers les gouvernements locaux. À court terme, ces transformations risquent d'affaiblir encore plus la capacité d'approvisionnement des services urbains car la capacité des gouvernements locaux d'obtenir des revenus adéquats pour remplir leurs obligations est à mettre en doute[2].

Un autre inconvénient qui affecte négativement l'approvisionnement en eau est sans doute la fragmentation institutionnelle des responsabilités quant à la gestion du cycle hydrologique. Dans la région de Djakarta, par exemple, la majorité de la JMA est politiquement constituée comme un territoire indépendant à cause de son statut de province – « DKI Djakarta » (*Special Capital Region of Djakarta*). Le gouverneur de la ville est indépendant vis-à-vis de la province de Java occidentale et vis-à-vis de l'assemblée locale de la ville. C'est donc lui qui contrôle la compagnie municipale des eaux : PAM Jaya. La province de Java occidentale est responsable pour les zones urbanisées qui sont au dehors de DKI Djakarta. Cependant, alors que les municipalités ont la responsabilité en titre pour l'approvisionnement en eau, le Ministère des Mines du gouvernement national est, lui, responsable pour la régulation des puits forés qui fournissent une partie substantielle de l'eau des citadins.

La plupart des utilisateurs de ces puits utilisent aussi régulièrement au moins une autre source d'eau. Les résidents de Djakarta obtiennent leur eau au travers un ensemble complexe et hétérogène de services et de modes d'approvisionnement en eau. Peu de résidents comptent sur une seule source pour tous leurs besoins en eau (voir Tableau). Cette hétérogénéité des pratiques d'approvisionnement est en partie due à l 'étendue spatiale limitée du réseau d'approvisionnement qui ne couvre qu'environ 20 % de la population (les estimations sont difficiles en raison du manque de données précises sur la population de la ville). Alimentée essentiellement par l'eau de surface, collectée grâce au barrage de Jatiluhur, situé en dehors de la ville, l'eau du réseau est assainie grâce à plusieurs stations de traitement dans la ville, avant d'être distribuée.

Le réseau d'eau ne couvre qu'une partie de la ville ; il la couvre plutôt selon un *patchwork* incomplet, enchevêtrement de tuyaux typiquement concentrés dans les parties les plus riches de la ville. Même ceux qui ont accès au réseau à travers une connexion normale doivent d'abord faire bouillir l'eau ou doivent obtenir leur eau potable à partir d'autres sources (comme les puits ou les bouteilles d'eau de source) car l'eau du robinet n'est pas potable. Les quatre cinquièmes restants de la population comptent sur une combinaison de puits, fontaines publiques, et vendeurs d'eau ambulants pour satisfaire leur besoin en eau. Tous ceux qui manquent d'accès au réseau d'eau ne sont pas des pauvres. Certains des ensembles résidentiels protégés par des murs aux portes de la ville dépendent de systèmes individuels ou liés à des petites communautés. Dans certaines de ces communautés et dans de nombreux quartiers pauvres, la majorité des foyers utilise des puits peu profond pour la lessive et la toilette. Pourtant, l'absence de système d'égouts a engendré une pollution des eaux superficielles et souterraines. Les eaux de réseau ou provenant de puits étant fortement contaminées par des bactéries, presque tout le monde bout l'eau avant de la boire. L'eau des rivières et des puits peu profonds est souvent si polluée qu'elle ne devrait même pas être utilisée pour la lessive des vêtements. Pourtant, ces sources sont essentielles pour certains résidents, en particulier pour les 13 % qui n'ont aucune source d'eau dans leur lieu de résidence (Berry, 1982; Gilbert et James, 1994; Lovei et Whittington, 1993; McGranahan *et al*, 2001). La qualité de l'eau souterraine varie aussi à travers la ville en raison de la pollution industrielle et de la salinisation des nappes phréatiques (Braadbaart et Braadbaart, 1997). En définitive, plus de 20 % des résidents de la ville achètent régulièrement leur eau de boisson à des vendeurs (Surjadi *et al*, 1994).

Le coût et la proportion du revenu dépensé pour l'eau varient à travers la ville. Comme c'est souvent les cas dans les métropoles du tiers-monde (Cairncross, 1990; Swyngedouw, 1997), l'eau en réseau coûte moins cher par unité de volume à Djakarta que d'autres modes d'approvisionnement, en particulier à travers les vendeurs d'eau (10 à 32 fois plus élevés)[3]. Comme les foyers pauvres dépendent typiquement des vendeurs d'eau, alors que les foyers riches ont accès au réseau, beaucoup d'entre eux paient plus par unité de volume que les citadins les plus riches. Une étude de mille foyers à Djakarta qui examine les prix différentiels payés par les individus, selon leur tranche de revenus, a trouvé que, de façon générale, les pauvres paient en moyenne deux fois plus que les riches par mètre cube (McGranahan *et al*, 2001). Les dépenses en eau représentent en moyenne 10 % des rentrées monétaires des foyers à faible revenu alors que les familles riches, qui sont plus susceptibles d'avoir accès au réseau et à des puits d'appoint, reçoivent l'eau à un moindre coût par unité de volume, dépensant une proportion plus faible de leurs revenus pour des quantités d'eau bien supérieures (McGranahan *et al*, 2001).

L'échec de l'extension du réseau d'eau est dû en grande partie à un manque de capitaux tant du côté des utilisateurs que du côté de la PAM Jaya. Les utilisateurs pauvres sont en général incapables d'épargner suffisamment pour payer les frais de connexion. La compagnie, en retour, manque de capital pour financer l'extension du réseau et, encore plus, pour financer les connections individuelles. Ceci est en partie dû à la politique du gouvernement central qui maintient un tarif très bas, bien en dessous du coût normalement stipulé afin de subventionner les prix de l'eau pour les utilisateurs. PAM Jaya, comme les autres PDAMs, a été prise dans un cycle de bas revenu, de faible investissement et de faibles niveaux de service. De plus, la microéconomie des vendeurs d'eau a joué un rôle dans le ralentissement de l'extension du réseau; la vente d'eau est contrôlée par un système complexe d'intermédiaires qui lie les camions-citernes, les vendeurs ambulants et même les fontaines publiques connectées au réseau PAM Jaya (Lovei et Whittington, 1993). La rente monopolistique résultant de cette situation représente une source importante de bénéfices. Dans ces conditions, il est difficile de neutraliser et de démonter ces microéconomies ainsi que les réseaux de patronage dont bénéficient, bien que différemment, tant les intermédiaires que certains employés corrompus de la PAM Jaya. Il est aussi décourageant pour PAM Jaya de connecter les usagers les plus pauvres, en raison des tarifs « échelles » dans lesquels la tranche la plus basse est fixée très en dessous du coût marginal. Avec un rapport des usagers domestiques et des usagers industriels tournant autour de 80/20, et avec relativement peu d'usagers dans les tranches les plus élevées, les possibilités de subvention croisées sont relativement limitées. Individuellement, les usagers pauvres situés dans la tranche de tarif la plus basse représenteront une perte nette pour PAM Jaya; cependant, si ces usagers utilisent collectivement les fontaines dont les prix par unité de volume sont dans une tranche plus élevée, la compagnie peut recouvrer ses frais et dans certains cas faire un profit. La subvention indirecte résultant des usagers pauvres vers les utilisateurs individuellement connectés (généralement plus riches) est typique de beaucoup de villes des pays en voie de développement. Les utilisateurs actuels du système et les gestionnaires municipaux ont donc peu de motivation économique pour devenir plus efficaces (Lovei et Whittington, 1993).

TABLEAU N° 1 : ÉTUDE DE 200 FOYERS DANS 2 QUARTIERS DE DJAKARTA

Type d'eau ou d'installation utilisées	**Non réhabilité* N = 100**	**Réhabilité* N = 100**
Alimentation	**%**	**%**
Puits	5	0
Camions-citernes	5	0
Vendeur d'eau	89	77
Service d'eau	1	17
Eau minérale (bouteilles)	0	6
Hygiène	**%**	**%**
Puits	96	75
Réseau	1	20
Vendeur	3	5
Toilettes	**%**	**%**
Latrines	18	77
Canal	59	8
Autres	23	15

Source: McGranahan *et al.*, 2001.

• La réhabilitation se réfère à un vaste programme d'investissements pour l'approvisionnement en eau et l'installation d'égouts dans différents quartiers.

PARTICIPATION DU SECTEUR PRIVÉ DANS LA GESTION DE L'EAU

La participation des entreprises privées dans le secteur d'approvisionnement de l'eau a été autorisée en Indonésie depuis le milieu des années 1980 (Mandaung, 2001). Cette permission a été motivée par l'inquiétude des autorités face à l'inefficacité opérationnelle et au manque de capital pour des investissements d'infrastructure. Entre 90 % et 95 % des PDAMs ont des revenus insuffisants pour couvrir les coûts opérationnels et financer les dépenses en capitaux nécessaires à leur expansion. En plus de la politique de subvention des prix, beaucoup de PDAM sont techniquement faibles et souffrent d'un manque de planification visant à l'intégration des services dans le processus d'urbanisation par le gouvernement. La participation du secteur privé a été activement promue comme solution à cette situation par les organisations financières internationales et quelques banques d'investissements. La Banque Mondiale et la Banque Asiatique de Développement, par exemple, ont organisé dans ce but des « séminaires, assistance technique, visites organisées pour des représentants du Secteur Financier International » (Baye, 1997:209). Ceux qui encouragent la participation du secteur privé argumentent que la participation des compagnies étrangères et les investissements étrangers qui en résulteront devraient permettre une ré-allocation du capital domestique vers le développement de zones plus éloignées. Cet argument a été utilisé pour justifier la participation du secteur privé dans les plus grandes villes d'Indonésie.

La plupart des PDAMs sous-traitent maintenant certaines de leurs activités comme les réparations de routine et les relevés de compteurs. Dans certains cas, le secteur privé fournit l'eau sur la base d'un contrat commercial directement aux zones industrielles. Des partenariats avec le secteur privé, impliquant généralement un contrat de concession à long terme ont été initiés dans plusieurs villes ou régions, y compris à Bali, depuis 1990, et Surabaya, depuis 1985. En général, les projets qui incluent des opérateurs étrangers sont relativement larges – plus de 50 millions de dollars américains (Baye, 1997).

Le contrat de concession

L'élite politique de Djakarta a montré un intérêt renouvelé pour la fourniture des services environnementaux et urbains pendant les années 1990, comme en a témoigné le slogan favori du gouverneur de Djakarta durant cette période : « Propre, humaine, puissante » (Leaf, 1996). La reconnaissance du médiocre niveau de service de la part de PAM Jaya a amené le gouvernement municipal à sous-traiter de façon limitée la facturation et le recouvrement des factures au secteur privé. Cependant, les inquiétudes ont continué quant à l'inefficacité et à la sous-estimation des revenus de la compagnie en raison de la mauvaise gestion et de la corruption.

Les compagnies d'eau internationales étaient très intéressées par l'entrée sur le marché des services d'eau en Indonésie, un grand pays à revenu moyen avec, à l'époque, une classe moyenne en expansion qui bénéficiait d'un faible taux d'accès au service en réseau. Djakarta était alors perçue comme une opportunité d'investissement particulièrement attractive, étant donné sa relative richesse et la couverture limitée de son réseau. La reconnaissance du fait que les manques d'eau étaient fréquents et allaient en s'aggravant, dans un contexte où les sources d'eau étaient de plus en plus contaminées ou épuisées, impliquait qu'un accès à un réseau d'eau allait devenir de plus en plus nécessaire pour les résidents de la ville (Berry, 1982 ; Lovei et Whittington, 1993 ; Gilbert et James, 1994 ; Indonesia Times, 1996).

De plus, le gouvernement était perçu comme favorable à la privatisation et avait déjà démarré des partenariats privés dans plusieurs secteurs durant la décennie précédente, par exemple : les autoroutes à péage à travers le DKI.

Au début des années 1990, les compagnies d'eau internationales ont commencé des discussions avec deux entreprises privées locales, respectivement membres de deux des plus importants conglomérats en Indonésie – Salim Group (dirigé par Bob Hassan, un protégé du Président Suharto) et Sigit Group (dirigé par le fils aîné de Suharto). Sous le régime de Président Suharto, un partenariat avec une firme indonésienne était une condition préalable pour les firmes internationales qui espéraient prendre en charge les opérations des réseaux d'infrastructure. Ceci est courant dans le secteur international dans lequel les consortiums privés ont généralement une part minoritaire d'actionnariat local. Dans le cas indonésien, ces consortiums privés étaient fréquemment liés à l'élite qui entourait le Président ; depuis le début des années 1990 les grands conglomérats indonésiens étaient « déjà actifs dans les autres secteurs des services publics et leurs groupes ont prévu de bénéficier de la privatisation des systèmes d'approvisionnement en eau » (Baye, 1997:201, *traduction de l'auteur*). Le processus de négociation du contrat pour Djakarta a été aussi atypique ; au lieu d'un processus public, deux compagnies internationales d'eau ont fourni des projets non sollicités, directement au gouvernement.

Après de longues négociations, les contrats de gestion et d'expansion du système d'approvisionnement d'eau de Djakarta furent alloués en 1997 à deux des plus grandes entreprises de services des eaux dans le monde : Thames Water International et Vivendi (anciennement Lyonnaise des Eaux-Dumez). Thames se mit en partenariat avec Sigit Group pour former PT Kekpart Paula Air Indo ; Lyonnaise des Eaux se mit en partenariat avec Salim Group pour former PT Garuda Dipta Semesta. Les consortiums privés se devraient d'être responsables des opérations du système d'approvisionnement en eau, y compris de l'administration de la banque de données de la clientèle et de la facturation des clients. Chaque consortium signa un contrat de 25 ans avec PAM Jaya, le fournisseur municipal d'eau à Djakarta, en janvier 1998. Le contrat de Thames alloua à la compagnie le droit exclusif d'opérer et gérer le système d'approvisionnement en eau existant dans la moitié est de la ville, fournissant 2 millions de personnes connectées au réseau d'eau pour une base potentielle de 5 millions de clients. Simultanément, un contrat pour la moitié ouest de la ville fut octroyé à la LdE. Les contrats furent alloués en dépit des lois nationales interdisant les investissements étrangers dans l'approvisionnement d'eau (Loi N° 1/1967 ; Ministère de l'Intérieur, décision N° 3/1990) et les régulations locales (N° 11/92 et N° 11/93) empêchant une implication du secteur privé dans l'approvisionnement communautaire en eau (Argo et Firman, 2001). Les contrats étaient supposés être lucratifs pour les partenaires locaux et internationaux. D'après le contrat original de PT Kekar Pola Airindo, par exemple, le consortium s'engageait à gérer le système existant, à mettre en place 1 100 km de nouveaux tuyaux et à remplacer 200 km de tuyaux existant sur les cinq premières années. Simultanément, il s'engageait à ajouter 1,5 millions de clients aux 2 millions existant, à améliorer la qualité et la quantité d'eau fournie et à réduire l'eau « non comptabilisée » (représentant alors 50 % de l'eau livrée au système d'approvisionnement). Étant donné la limite de couverture du système et l'augmentation des tarifs permise pour l'étendre, le contrat de gestion devait donc entraîner des bénéfices. Une prévision établissait les profits avant imposition à 25 millions de livres à partir de la dixième année du contrat (BBC, 1998).

D'après le contrat original, ce profit n'était pas lié directement aux revenus du système municipal d'approvisionnement. En fait, chaque consortium reçoit un revenu dont le calcul est basé sur un tarif lié au volume d'eau fourni au système (*water charge*), et non pas sur la base du tarif d'approvisionnement (fixé par la municipalité), ou sur le pourcentage de recouvrement des coûts. Selon cet arrangement, les profits des compagnies sont prétendument indépendants des taux de recouvrement des coûts ; ainsi, les concessionnaires cherchaient donc à minimiser le risque inhérent au recouvrement des coûts. De plus, les compagnies adoptèrent des stratégies les protégeant d'une dévaluation monétaire en indexant les paiements en monnaie locale sur le dollar américain. Ces éléments du contrat devinrent plus tard une source de conflits entre le gouvernement municipal et les consortiums du secteur privé.

La renégociation du contrat

Les évènements politiques et économiques qui se sont déroulés en Indonésie en 1998 ont eu des conséquences importantes et parfois inattendues pour les consortiums. La chute de la roupie a amené TW à réduire ses investissements, une décision qui a été dénoncée par le gouvernement municipal, lequel a dû supporter la plus grande partie des protestations locales au sujet des augmentations des tarifs de l'eau pour financer cette initiative privée[4]. Sur fond de troubles politiques et d'animosité générale contre les étrangers, les manifestations contre le personnel de la compagnie d'eau locale se sont faites de plus en plus véhémentes.

La vie politique nationale a aussi eu des conséquences sur les opérations des compagnies. Avec le départ de Suharto, les compagnies associées avec la famille de l'ancien président et leurs protégés devinrent les cibles du mécontentement public. En mai 1998, les contrats furent parmi les premiers grands contrats internationaux a être annulés en raison des liens avec l'ancien Président[5]. Ceci affecta particulièrement les opérations de Thames car les médias britanniques ont évoqué les implications de la crise indonésienne pour les profits du Thames et son prix d'action a baissé en conséquence. Dans la période de confusion qui a suivi le départ de Suharto du gouvernement, le gouverneur de Djakarta donna pour instruction au directeur de la PAM Jaya de prendre en charge les opérations et de maintenir le fonctionnement du système d'approvisionnement en eau. Après de fortes pressions diplomatiques, qui inclurent la visite du Ministre britannique des Affaires Étrangères, appuyant les intérêts de Thames, le contrat fut renégocié. Ayant été invitées à racheter leurs précédents partenaires locaux et à en chercher de nouveaux[6], les compagnies internationales prenaient entièrement à leur charge la gestion de l'eau au début du mois de juin. En définitive, les deux compagnies décidèrent de racheter les parts laissées par les firmes locales et d'entrer en partenariat direct avec PAM Jaya, créant ainsi les nouveaux consortiums Thames PAM Jaya (TPJ) et Palyja. (*Cf.* Carte, page 174).

CARTE N° 1 : RÉGION MÉTROPOLITAINE DE DJAKARTA, LES CONCESSIONS DE L'EAU.

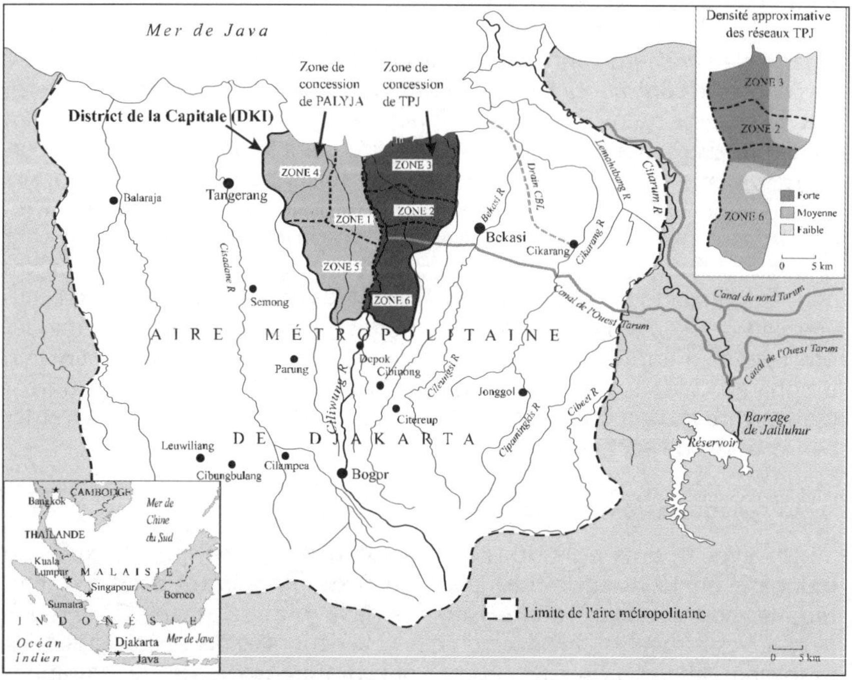

Ces changements dans les contrats ont soulevé l'opposition de l'assemblée municipale et de certains travailleurs de PAM Jaya, ainsi que des ONGs telle Indonesian Corruption Watch. La contestation soulevée par ces nouveaux contrats leur donna une importante répercussion dans la presse et les gouvernements britanniques et français intervinrent publiquement pour soutenir leurs firmes respectives, argumentant que les changements aux contrats originaux devaient être assumés par les pouvoirs publics. L'Ambassade britannique publia une déclaration mentionnant que « ce changement mineur dans les termes du contrat original devait être approuvé et que la rupture du contrat affaiblirait la confiance des investisseurs dans l'Indonésie » (Argo et Firman 2001, 152). Le gouverneur de DKI accepta d'approuver la proposition de changement au contrat, et TPJ et Palyja continuèrent d'opérer dans leurs zones respectives d'approvisionnement, tout en continuant d'insister sur le fait que la chute de la roupie devait être compensée par une augmentation des tarifs.

La question des tarifs et de la division des revenus entre PAM Jaya et les opérateurs privés reste la plus épineuse dans le contrat de Djakarta. Les deux concessionnaires privés sont payés par volume d'eau délivrée au réseau de distribution. La charge par unité d'eau est déterminée par une formule d'indexation qui est liée au taux de change roupie/dollar et au taux d'inflation indonésien. Si la roupie chute ou les taux d'intérêts baissent, la charge de l'eau est supposée changer de la même façon, alors que dans le contrat entre le gouvernement et les deux compagnies privées le réajustement était prévu, selon les termes du contrat, tous les six mois. Cependant, compte tenu de la tension de la situation politique en Indonésie, ces augmentations de taux ont été constamment retardées par le gouverneur de la ville.

Le délai dans l'augmentation des tarifs ne devrait pas, en théorie, poser de difficulté aux compagnies privées d'eau, étant donné que la *water charge* est payée par unité de volume délivrée dans le réseau. Ceci veut dire que le revenu des opérateurs privés n'est pas relié aux montants facturés ou collectés auprès des consommateurs. Le revenu est donc indépendant du recouvrement des coûts ainsi que des tarifs. Le risque de revenu insuffisant pour couvrir les coûts est donc, en théorie, supporté entièrement par le gouvernement.

Il s'avéra que le risque associé au recouvrement des coûts n'était pas négligeable. Quand le contrat fut signé, il était présumé qu'il aurait suffisamment de revenus pour couvrir les coûts étant donné les accords concernant les augmentations de tarifs. Cependant, avec la chute de la valeur de la roupie (d'environ 2 300 pour un dollar US en 1995 et 1996, à 10 000 en 1998 et près de 9 000 en 2001) les revenus en dollars chutèrent brutalement à partir de 1998. Étant donné les troubles politiques de Djakarta, le gouverneur n'a pas voulu appliquer les augmentations de tarifs stipulées dans le contrat. L'écart entre le tarif nécessaire à la compensation des concessionnaires et le pouvoir d'achat local augmenta dramatiquement. Il en résulta que le montant facturé par les concessionnaires privés au travers du *water charge* auprès du gouvernement augmenta dramatiquement, alors que le revenu chuta tout aussi dramatiquement. PAM Jaya (et donc le gouvernement local) supporta seul le risque lié à cette chute de revenus et s'endetta de plus en plus auprès des compagnies privées. En janvier 2001, cette dette s'élevait à environ 300 milliards de roupies (environ 33 millions de dollars américains)[7] auprès des deux compagnies privées. Alors que le *water charge* payé aux opérateurs privés était de 11 % en-deçà du tarif moyen en 1997, il augmenta au-dessus de 60 % du tarif moyen (Global Water Report, 2002). Le déficit cumulé à la fin de 2001 était de 52 millions de dollars (Rap 469 milliards).

Il sera difficile pour PAM Jaya de solder cette dette. Avec la chute de la valeur de la roupie, ses revenus opérationnels ont été divisés par quatre en terme de dollars. Sans une augmentation significative des tarifs, les revenus de PAM Jaya ne permettront pas un remboursement rapide de sa dette contractée auprès des deux concessionnaires durant les trois dernières années. On peut s'attendre à un revenu de l'ordre de 300 milliards de roupies par an (le revenu opérationnel moyen entre 1995 et 1997). Les augmentations annuelles de tarif négociées seront probablement en-deçà de 10 % par an. Avec une augmentation de 10 % des tarifs et une expansion continue du système, les revenus seront sans doute plus proches de 340 milliards de roupies par an et donc, probablement, égaux à la valeur de la dette aux concessionnaires.

À partir de 2001, la situation financière insoutenable et l'absence d'accord sur une renégociation des tarifs provoqua une reconsidération des termes du contrat. Le résultat de discussions entre PAM Jaya, les opérateurs privés, et l'assemblée locale fut une renégociation informelle du contrat pour créer un arrangement temporaire de deux ans selon lequel les frais opérationnels des concessionnaires sont mis à disposition de PAM

Jaya et d'un régulateur indépendant pour évaluation (*Global Water Report*, 2002). Sous le précédent contrat de concession, cette information n'aurait pas été disponible. Cependant, les préoccupations au sujet des disparités entre la *water charge* et le tarif moyen, ainsi que les soupçons de la part de PAM Jaya et de la municipalité que les opérateurs privés gonflaient les dépenses opérationnelles afin de réduire leurs niveaux apparents de profits, ont conduit à une demande aux opérateurs privés d'ouvrir leurs livres comptables. Les dépenses opérationnelles seront évaluées selon trois critères : juste, réel, raisonnable. L'information collectée par les études de PAM Jaya et du régulateur devrait aider à restructurer les tarifs d'eau à partir de janvier 2003. En effet, le rôle des opérateurs internationaux a été transformé en celui de « sous-traitants » plutôt que concessionnaires, opérant sous un contrat de gestion plutôt que sous le contrat originel de concession.

Considérations sociales et prises en compte des consommateurs

Un objectif important du contrat de concession originel était l'extension du réseau et l'augmentation de sa couverture, pour lesquels des objectifs étaient spécifiés. Les opérateurs privés ont rapporté une augmentation totale des connexions (nouvelles, reconnectées, ou connexions illégales qui ont été régularisées) de 610 000 à la fin de 2001. Le taux de couverture actuel reste cependant en deçà de 50 % et il reste bien au-dessous de l'objectif de 70 % spécifié pour 2002 dans le contrat originel. Une autre source d'inquiétude a été la distribution des nouvelles connexions, avec relativement peu de connexions dans les quartiers défavorisés. Étant donné que les opérateurs sont payés par la *water charge*, les compagnies privées n'ont pas de raison directe pour ne pas connecter les foyers à faibles revenus. La compagnie est payée par mètre cube d'eau délivrée, sans relation avec le niveau du tarif. Cependant, le revenu reçu par la municipalité, avec lequel les opérateurs sont ensuite payés, est lié au régime de tarif et au niveau de recouvrement des coûts. Le plus bas tarif demeure en dessous du coût marginal par mètre cube et en dessous de la *water charge*. L'augmentation du nombre de connexions dans la frange la plus basse de tarif diminue donc le tarif moyen et augmente le déficit entre les revenus de la ville et le montant dû aux opérateurs privés. La municipalité a donc un intérêt direct et les opérateurs un intérêt indirect à ne pas cibler les quartiers pauvres pour des programmes de connexions.

Les quartiers défavorisés sont généralement caractérisés par un manque de titre formel de propriété, ce qui peut amener les résidents à ne pas vraiment vouloir payer les frais élevés de connexion, alors qu'ils ne sont pas assurés de leur retour sur investissement. Étant donné le manque de planification des sols dans les zones d'occupation informelle, la distribution dense et désordonnée des maisons signifie que les connexions demandent plus de temps de mise en oeuvre (tout au moins en utilisant des méthodes conventionnelles de tuyaux souterrains). Ces deux facteurs mis ensemble signifient que le coût par connexion peut être plus élevé dans les quartiers pauvres. Les opérateurs privés ont initié des projets limités dans lesquels le coût de la connexion est amorti sur 12 mois, permettant ainsi des paiements plus abordables (Ouest Djakarta), ou encore la réduction du niveau général des paiements (quelques cas dans l'Est Djakarta). Cela ne résout pas le problème plus général d'accessibilité des coûts de connexion, particulièrement dans le contexte de la récente crise économique et de l'augmentation de la pauvreté (Booth, 2001). Cela ne résout pas non plus le problème de la qualité de l'eau sur lequel s'est concentrée la réaction négative des consommateurs, étant donné que les tarifs ont augmenté sans changement notable dans la qualité de l'eau. Bien que le contrat promette de l'eau potable seulement dix ans après le début des opérations, le fait que les consommateurs soient encore forcés de faire bouillir l'eau avant de la boire a engendré une publicité négative pour les deux concessionnaires privés.

Questions d'emploi

Avant le début du contrat de concession, l'emploi à PAM Jaya fluctuait entre 1 100 et 1 200 employés à plein temps. L'accord de coopération signé en 1997 entre PAM Jaya et les opérateurs privés permit le doublement des employés afin d'aider à la gestion des infrastructures du côté de la production et de la distribution de TPJ et Palyja. Parmi ceux-ci, 800 à 900 employés étaient permanents ou en contrat direct, les 200 ou 300 restants étant sous contrat annuel. Ce type d'arrangement est assez connu dans les contrats PSP dans les pays en voie de développement ; les employés locaux gardent leur travail le temps pour le concessionnaire (souvent étranger) d'obtenir l'expertise locale et la nécessaire maîtrise de la langue. Cet arrangement a engendré une inquiétude chez les employés par rapport à leur statut et à leurs avantages. PAM Jaya est une compagnie municipale, assujettie à la législation du travail plutôt restrictive s'appliquant au secteur public[8]. Confrontés avec ce qui semble être un surplus d'employés (relativement fréquent dans les services publics des pays en voie de développement) et empêchés de licencier ceux qui restaient nominalement fonctionnaires publics, TPJ et Palyja réassignèrent des employés à PAM Jaya, tout en se plaignant à la municipalité de la rigidité des lois du travail et des faibles sanctions à la disposition des concessionnaires privés à l'égard des mauvaises performances. Les employés du secteur public, d'autre part, se sont sentis exclus des opérations quotidiennes, particulièrement quand de nouveaux employés du secteur privé – avec de meilleurs salaires et parfois des avantages tels qu'une voiture d'entreprise – furent directement embauchés par les concessionnaires privés. À partir de mai 2000, les relations de travail ont dégénéré de façon significative ; dix des quatorze bureaux furent saccagés par des employés qui refusaient de travailler ; ceux-ci détruisirent sur place les ordinateurs fonctionnant encore et menacèrent les employés qui continuaient de travailler[9]. Certaines portes de bureaux furent même bloquées alors que les syndicats demandaient l'annulation du contrat.

Les protestations des employés continuèrent durant toute l'année 2000. Les gérants de la compagnie accusèrent les travailleurs d'agir dans le but de protéger les pratiques corrompues et lucratives depuis longtemps en place dans les politiques de sous-traitance et de facturation de PAM Jaya. Ces accusations furent contrées par des accusations de corruption vis-à-vis des compagnies d'eau étrangères par rapport aux tractations et au processus d'obtention du contrat. Dans le contexte d'une corruption endémique en

Indonésie dont les effets sur la gestion urbaine sont bien connus (Server, 1996), ces allégations non prouvées furent mutuellement dommageables mais non surprenantes.

Alors que les relations de travail s'aggravaient, la situation politique du pays se détériora avant le départ final de Suharto. Les troubles politiques très fréquents incitèrent les employés expatriés à quitter le pays et la municipalité déclara que le contrat avait été annulé. Cependant, quelques semaines plus tard, cette décision fut démentie, malgré les appels des travailleurs et des responsables de syndicats au retour de PAM Jaya sous contrôle municipal. En plus des pressions faites par les gouvernements britannique et français, les agences financières multilatérales et des compagnies privées, l'absence d'un large soutien des résidents de Djakarta pour les grévistes fut notable. Le refus du gouvernement d'augmenter les tarifs (malgré l'obligation contractuelle de le faire) fut un facteur essentiel dans le manque de soutien populaire. Bien que des grèves du zèle sporadiques continuèrent d'être mises en oeuvre en 2001, la grève avait fait long feu.

PARTICIPATION DU SECTEUR PRIVÉ ET GOUVERNANCE URBAINE

Étant donné que les contrats de « participation du secteur privé » (PSP) sont généralement d'une durée de 20 à 30 ans, une évaluation à court terme d'un tel contrat doit être prudente. Dans cette évaluation des premières phases du contrat d'approvisionnement d'eau pour Djakarta, des conclusions sur le succès à long terme de ce projet ne peuvent être apportées. Cependant, les problèmes et erreurs stratégiques peuvent être résumés et les risques potentiels futurs, identifiés. Cette discussion se concentre sur les questions de gouvernance.

En ce qui concerne l'obtention du contrat, la proposition non sollicitée et l'opacité de la négociation entraînent des préoccupations supplémentaires pour les consommateurs, l'hostilité des travailleurs, et une perte de légitimité des compagnies privées après la chute du régime. De plus, le manque de consultation des niveaux locaux du gouvernement avant la signature du contrat engendra l'inclusion de clauses qui ne pouvaient pas fonctionner, tel le calendrier d'augmentation des tarifs, et qui entraînèrent des frictions considérables entre le gouvernement municipal et les concessionnaires. La formulation du contrat – à l'origine une concession de 25 ans pour l'approvisionnement en eau – aurait également dû donner lieu à une plus grande consultation et à une surveillance plus étroite. Le fait que le modèle de concession était inapproprié pour le cas de Djakarta fut reconnu *de facto* par la municipalité et les compagnies privées quand elles acceptèrent de renégocier le contrat de gestion, ce qui changea de façon substantielle l'accord originel.

En plus du modèle de contrat choisi, la formulation du contrat était caractérisée par une attention trop étroite portée aux questions d'approvisionnement et de quantité d'eau, par rapport aux questions de qualité d'eau, d'évacuation et de traitement des eaux usées. La décision de n'inclure dans le contrat que l'approvisionnement en eau et non pas la gestion des eaux usées était peut-être le modèle financièrement le plus viable sur le court terme. Mais, à long terme, les risques pour la santé liés à une augmentation de l'approvisionnement en l'absence de système d'évacuation n'auraient pas dû être ignorés. Des risques supplémentaires tels que les infiltrations d'eau de surface et l'élévation involontaire du niveau des eaux souterraines, menaçant la stabilité des structures des constructions, étaient aussi possibles[10]. La décision de retarder l'amélioration de la qualité de l'eau jusqu'à dix ans après l'octroi du contrat est une preuve supplémentaire du manque relatif de priorité donnée aux objectifs environnementaux de santé associés à l'approvisionnement et au traitement des eaux.

Une question finale à prendre en compte est celle de la régulation. Le fait que la compagnie publique d'eau de Djakarta devienne le régulateur des concessionnaires privés n'est pas un cas inhabituel. En plus des conflits d'intérêts liés au fait que les employés passent d'un côté à l'autre, entre régulateur et opérateurs, ce modèle pose des questions plus fondamentales en matières de capacité, de financement et d'indépendance. Le manque de distinction claire entre l'exécutif et le législatif, la méfiance vis-à-vis d'un partage de pouvoir entre différents niveaux de gouvernement, ainsi que le désir de maintenir le contrôle sur une ressource essentielle, source de controverse politique éventuelle, figurent parmi les raisons qui ont pesé sur la décision originelle. Cependant la faiblesse de PAM Jaya, en tant que régulateur, son intérêt particulier à reprendre le contrôle de la gestion de l'approvisionnement en eau et, peut-être aussi, la contre-performance des concessionnaires privés, furent des facteurs qui contribuèrent directement à la faillite du contrat originel. Reconnaissant cette situation, le gouvernement de Djakarta a récemment pris des mesures afin de créer une nouvelle institution régulatrice, qui n'a cependant pas le pouvoir d'un régulateur indépendant puisqu'il fera simplement des recommandations qui seront ensuite examinées par le Gouverneur de Djakarta, en consultation avec le conseil municipal.

L'impact d'un manque de régulation indépendante met en avant une question fondamentale qui mérite plus de considération : la notion de gouvernance. L'amélioration ou l'extension des services urbains et des infrastructures n'est pas simplement une question technique et financière. Sans gouvernance adéquate, la gestion des systèmes d'approvisionnement d'eau, par un opérateur public ou privé, rencontrera des difficultés de mise en place. Deux questions doivent être mises en évidence : performance et gouvernance. En ce qui concerne la performance, plusieurs problèmes doivent être considérés : les mesures de motivation d'efficacité (économique et technique), les mesures de qualités, le financement, la fixation des prix et la structure des compagnies. Les questions relatives à la gouvernance incluent : transparence, responsabilité, structure légale, structure institutionnelle relative aux politiques de l'eau (division des responsabilités entre la municipalité et la compagnie), mécanismes régulateurs (s'il y en a) et propriété. Cette simple distinction permet de garder en tête un objectif principal : celui d'une robuste gouvernance afin de permettre une bonne performance. En l'absence de bonnes structures de gouvernance à Djakarta, le partenariat avec le secteur privé dans l'approvisionnement en eau à pour l'instant fait montre d'une mauvaise formulation de contrat et d'administration d'un marché public ; les risques associés et futurs incluent la viabilité financière du contrat et des conséquences négatives sur la santé publique.

Notes

1 *Perusahaan Daerah Air Minim* : « Entreprise locale gouvernementale pour l'eau potable ».

2 La décentralisation a été mise en place par la Loi n° 22 de 1999 qui est en vigueur depuis janvier 2001.

3 McGranahan *et al*, 2001, pour le premier chiffre et, pour le deuxième chiffre, une recherche conduite par l'auteur dans le quartier de Sunter Agung en janvier 2001.

4 Jack, Andrew, 1998, *Financial Times* « European utilities win back Indonesia contracts », June 3.

5 *The Guardian*, 1998, « Jakarta cancels UK water firm's deal » May 26th, p. 2 ; Robinson, Gwen, 1998, « Foreign companies need to make new friends in post-Suharto Indonesia », *Financial Times* June 6

6 *The Times*, 1998, « Thames renegotiates Jakarta water contract », June 3, p. 28.

7 Calculé au taux de change de l'époque de 9 000 roupies pour un dollar américain.

8 La catégorie formelle est BUMD (Badam Usaha Milik Derah) qui peut se traduire par « Compagnie à propriété d'État », la municipalité étant dans ce cas propriétaire.

9 *Jakarta Post*, May 16, 2000 & Oct. 19, 2000.

10 Pour une discussion de ces questions dans le cadre de la concession de la ville de Buenos Aires, voir Loftus et MacDonald, 2001.

Bibliographie

Argo, T. ; Firman T., 2001, « To privatize or not to privatize ? Reform of urban water supply services in Jabotabek, Indonesia », *Built Environment*, 27(2), p. 146-155.

Austrade, 2001, « Urban Water/Waste Water Infrastructure : Industry Overview » Australian Trade Commission (www.environment.gov.au/epg/eifu/indoseminar/code/over/1a_01.htm) accessed 26 May 2001

Bakker, K., 2003, « From archipelago to network : Urbanisation and privatisation in cities in the South », *The Geographical Journal*

Baye, E., 1997, « Experimenting with the privatization of water services in Indonesia – from Surabaya to Djakarta », dans Lorrain, D. (ed.), *Urban Waste Management*, Levallois, Hydrocom, p. 195- 211.

Berry, B., 1982, « Clean Water for All : Equity-based urban water supply alternatives for Indonesia's cities », *Urban Geography* 3 (4), p. 281-299.

Booth, A., 2001, « Poverty and Inequality in the Soeharto Era : An Assessment », *Bulletin of Indonesian Economic Studies*, 36(1)

Braadbaart, O. ; Braadbaart, F., 1997, « Policing the Urban Pumping Race : Industrial Groundwater Overexploitation in Jakarta », *World Development*. 25(2), p. 199-210.

Brennan, E.M., Richardson, H.W., 1989, « Asian megacity characteristics, problems and policies ». *International Regional Science Review*. 12(2), p. 117-129.

Crane, R., 1994, « Water Markets, Market Reform and the Urban Poor: Results from Jakarta, Indonesia ». *World Development* 22 (1), p. 71-83.

Firman, T., 1997, « Land conversion and urban development in the northern region of West Java, Indonesia ». *Urban Studies* 34, p. 1027-1046.

Firman, T., 1998, « He restructuring of Jakarta Metropolitan Area: A 'global city' in Asia », *Cities* 15(4), p. 229-244.

Firman, T., 2000, « Rural to urban land conversion in Indonesia during boom and bust periods », *Land Use Policy* 17, p. 13-20.

Gilbert, A.; James D., 1994, « Water Pollution in Jakarta Bay », dans D. James (ed.), *The Application of Economic Techniques in Environmental Impact Assessment*, Kluwer, Dordrecht, p. 111-142.

Global Water Report, 2002, Issue 146, 17 May.

Indonesia Times, 1996, « Water shortage maybe come out of control in year 2000 », August 19th, p. 2.

Leaf M., 1996, « Building the road for BMW: Culture, vision and the extended metropolitan area of Jakarta », *Environment & Planning (A)* 28, p. 1617-1635.

Leitmann, J., 1995, « Urban environmental profile: A global synthesis of seven urban environmental profiles », *Cities* 12(1), p. 23-39.

Lo, F. C.; Yeung, Y. M., 1996, « Global restructuring and emerging urban corridors in Pacific Asia », dans Yeung, Y. M. and Lo, F. C. (eds.) *Emerging World Cities in Pacific Asia*, Tokyo, United Nations University Press.

Loftus, A.; MacDonald, D., 2001, « Lessons from Argentina: The Buenos Aires concession », *Municipal Services Project*, Occasional Paper Series, n° 2, Canada, Queen's University, Muncipal Services Project.

Lovei, L.; Whittington, D., 1993, « Rent-Extracting Behaviour by Multiple Agents in the Provision of Municipal Water Supply: A Study of Jakarta, Indonesia », *Water Resources Research* 29 (7), p. 1965-1975.

Mandaung, M. E., 2001, Improving the Efficiency of Water Supply Management: A case study of the Jakarta public water supply enterprise, Indonesia, Canberra, University of Canberra. (Centre for Developing Citiescities. Canberra. edu. as/publications/Policypaper/Melva. htm) Accessed 12 January 2001 and again 24 June 2002

McGranahan, G.; Jacobi, P.; Songsore, J.; Surjadi, C.; Kjellén, M., 2001, *The Citizens at Risk: From urban sanitation to sustainable cities*, London, Earthscan.

Mott McDonald, 1996, *Jakarta Bulk Water Supply Study. Final Report.*

Nunan, F.; Satterthwaite, D., 2001, « The influence of governance on the provision of urban environmental infrastructure and services for low-income groups », *International Planning Studies* 6(4), p. 409-426.

Porter, R., 1996, *The Economics of Water and Waste: A case study of Jakarta, Indonesia*, Aldershot, Avebury.

Rondinelli, D. ; Cheema, G. ; Nellis, J., 1983, « Decentralization a review of recent experience World Bank Working Paper », *Management and Development*, Series 8, Washington, World Bank.

Stalker, P., 2000, *Beyond Krismon : The Social Legacy of Indonesia's Financial Crisis*, Florence, Italy, Innocenti Research Centre, United Nations Children's Fund.

Porter, C., 1996, *The Economics of Water and Waste : A case study of Jakarta, Indonesia*, Avebury, Aldershot.

Server, O. B., 1996, « Corruption : A major problem for urban management – some evidence from Indonesia », *Habitat International*, 20 (1), p. 23-41.

Surjadi, C. ; Padmasutra, L. ; Wahyuningsih, D. ; McGranahan, G. et M. Kjellén, 1994, *Households Environmental Problems in Jakarta*, Stockholm, Stockholm Environment Institute.

Swyngedouw, E., 1997, « Power, nature, and the city. The conquest of water and the political ecology of urbanization in Guayaquil, Ecuador : 1880-1990 », *Environment and Planning A* 29, p. 311-332.

CONFLITS DE L'EAU À BUENOS AIRES[1] : LES ENJEUX URBAINS

Graciela Schneier-Madanes*

Tour à tour secteur industriel, bien de consommation collective, service technique urbain ..., les réseaux d'eau offrent aux sciences sociales de multiples angles d'approche. Les modèles de recherche utilisés ont ainsi connu des adaptations successives et des évolutions divergentes. Dans ce contexte, l'Amérique latine apparaît comme la terre d'élection d'approches novatrices qui mettent l'accent sur la pluralité des formes, voire le « métissage »[2], de formes de gestion du service de l'eau.

Le processus de mondialisation a amené la recherche sur l'eau à s'interroger à la fois sur l'internationalisation des grands groupes de services urbains et sur les nouvelles modalités institutionnelles de gestion. L'émergence de la problématique du développement durable, entraîne dans son sillage les notions d'équité sociale, de durabilité écologique et de gouvernance politique qui prennent progressivement le pas sur les catégories classiques de la recherche urbaine.

La privatisation ou mise en concession des réseaux d'eau des grandes villes du monde est devenue un champ nouveau de recherche urbaine qui permet d'appréhender des transformations importantes intervenues dès le début des années quatre-vingt-dix dans nos sociétés contemporaines. Un peu partout les groupes internationaux de services urbains ont pris en charge la gestion du service de l'eau de nombreuses grandes villes de pays émergents (Manille, Djakarta, Sydney, Buenos Aires, Cartagena, La Paz, Mexico, Casablanca, Santiago, Johannesbourg, etc.), (*Cf.* Carte n° 1).

Dans ce mouvement général de privatisations, la concession de l'eau à Buenos Aires[3] est rapidement devenue la référence à la fois par ses dimensions, le volume des investissements engagés et le rayonnement international du « modèle » de privatisation mis en œuvre tant auprès des entreprises que des organisations internationales[4]. Dominique Lorrain[5] n'hésite pas à évoquer à ce propos une « expérience phare » à partir de laquelle s'est construit un référentiel commun sur la « bonne pratique » en matière de privatisations dans le secteur de l'eau.

* Directeur de recherche CNRS au CREDAL, Directeur du GDR 2524 « Eau, Ville et Territoire »

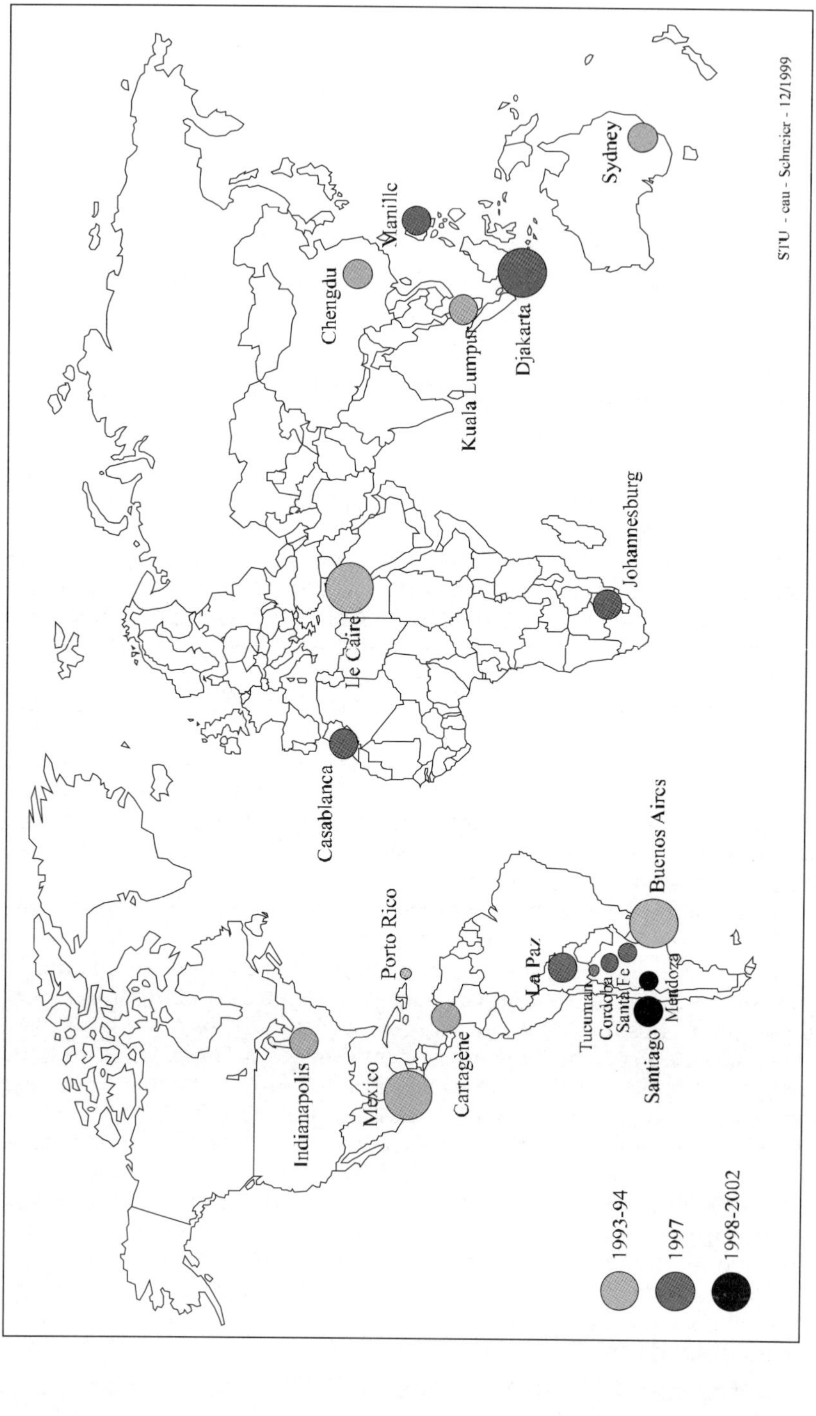

CARTE N° 1 : VILLES ET GRANDS CONTRATS D'EAU HORS EUROPE

Par-delà les approches économiques et institutionnelles largement développées par les spécialistes de ces disciplines, ne convient-il pas de systématiser dans ce nouveau contexte une nouvelle problématique de la ville ? Rappelons que les premières analyses urbaines issues d'expériences concrètes ont vu le jour au niveau des entreprises. « Au début des années quatre-vingt, la Lyonnaise des Eaux était une entreprise française partenaire habituelle des collectivités locales dans le domaine de l'eau et des déchets. Aujourd'hui, le Groupe s'est imposé comme l'un des principaux acteurs de la gestion urbaine dans le monde[6]. S'interrogeant sur ces différentes échelles de gestion (on ne gère pas une ville de cinq millions d'habitants comme une cité de cinq cent mille) et sur les seuils qu'il convient d'identifier pour adapter les modèles de gestion, un haut responsable du Groupe note qu'il existe « un seuil » à partir duquel il faut adapter voire repenser le modèle de gestion utilisé.

Dans ce contexte ne convient-il pas d'avancer l'hypothèse selon laquelle l'internationalisation du processus de gestion de l'eau génère un modèle spécifique de gestion urbaine ? La concession de Buenos Aires offre dès lors un laboratoire d'analyse privilégié.

LE TEMPS ET L'ESPACE DE L'EAU

L'histoire contemporaine de l'eau dans la région métropolitaine de Buenos Aires reste à faire, mais il est possible d'établir quelques repères temporels et spatiaux qui permettront de comprendre des aspects peu connus de la privatisation et de ses implications sur la gestion de la ville.

Rappelons que tout au long de son histoire, Buenos Aires a été une ville sans problème d'approvisionnement en eau : établie face à un fleuve gigantesque, adossée à une plaine qui foisonne de nappes phréatiques accessibles et de bonne qualité, l'eau a toujours été pour elle une ressource quasi inépuisable. La ville et une partie de la conurbation ont été complètement desservies et assainies dès la fin des années quarante, les quartiers périphériques non desservis ayant recours pour leur part à des puits et des fosses septiques individuels ou à des réseaux gérés localement. Ainsi dans l'histoire de la ville, l'eau pourrait apparaître comme une donnée non conflictuelle dans la mesure où le fleuve et le sous-sol en offrait à volonté. Elle est restée en dehors des mouvements de revendications urbaines, à la différence du foncier et du logement[7].

Une césure temporelle intervient en 1993, avec la mise en concession du service de l'eau qui sera à l'origine directe de graves conflits sociaux.

À cette époque est mis en place un nouveau modèle de gestion de l'eau qui se substitue à celui de l'entreprise publique *Obras Sanitarias de la Nacion* OSN. L'État argentin accorde une concession pour 30 ans à un groupe privé international, *Aguas Argentinas* (AA) en l'accompagnant de la création d'un organisme de régulation, *Ente Tripartito de Obras y Servicios Sanitarios* (ETOSS)[8].

La concession a pour objectif la captation et le traitement de l'eau brute (essentiellement du Rio de la Plata) pour la rendre potable, ainsi que son transport, sa distribution et sa commercialisation ; pour les eaux usées la concession est en charge de la collecte et du transport vers le fleuve en attendant les futures installations de traitement prévues dans le contrat de concession.

Un schéma directeur planifie la rénovation et l'extension des réseaux sur une période totale de 30 ans subdivisée en tranches quinquennales. À son terme en 2023, 100 % de la population est censée être desservie en eau et 95 % en assainissement. Dans cette perspective, on peut avancer l'idée que le schéma directeur introduit dans la région métropolitaine une « temporalité spécifique ».

Parallèlement, la concession dessine une « territorialité spécifique »[9] à l'intérieur de la région métropolitaine (12 millions d'habitants). La concession comprend la ville de Buenos Aires mais seulement 17 communes de la conurbation représentant environ 9 millions d'habitants. D'un point de vue institutionnel, l'ensemble compose une mosaïque juxtaposant autorités nationales, provinciales et municipales[10].

L'entreprise concessionnaire a établi un maillage technico-commercial organisé en 4 régions : Centre (ville de Buenos Aires), Nord, Ouest et Sud. Cette décentralisation s'inspire à la fois de l'organisation de OSN et du modèle d'organisation de Suez-Lyonnaise des Eaux[11] en France.

Pour comprendre l'importance de cette concession, il faut rappeler que la région métropolitaine produit 44 % du PIG (produit intérieur géographique) du pays (les contributions de la ville et de la conurbation s'établissant respectivement à 26 % et à 18 %). D'une certaine manière, ces inégalités s'accentuent si l'on considère les différentes zones de la région (Nord, Ouest, Sud) et la première ou la seconde couronne des communes qui entourent la ville.

TABLEAU N° 1 : CONURBATION DE LA RÉGION MÉTROPOLITAINE EN 1993 :
RELATIONS PRODUIT INTÉRIEUR GÉOGRAPHIQUE (PIG) ET POPULATION (EN %)

Zone	Total	Nord %	Ouest %	Sud %	1ère couronne	2ème couronne
PIG 1993	100	44	24	32	79	21
Population 1993	100	25	22	53	50	50

Source : Villadeamigo, Gonzalez, 1998.

D'autres indicateurs sont révélateurs de la situation de la région ; depuis 1994 et avec une inflation nulle, la pauvreté augmente régulièrement en même temps que se creuse l'écart entre riches et pauvres.

En ce qui concerne l'eau, des différences spécifiques – économiques, sociales, juridiques, techniques – séparent les habitants de la ville de Buenos Aires de ceux des trois régions de la conurbation. En effet, la couverture du réseau d'eau est très inégale (seulement 73 % de la population était desservie par le réseau d'eau et 56 % par le réseau d'assainissement au début de la concession). Quant au risque sanitaire, il est en corrélation avec l'extension de ces réseaux : peu important dans la ville (qui est complètement desservie) et la première couronne, il est sensiblement plus conséquent en périphérie extrême. Notons que le plan d'expansion de la concession pour sa part ne tient pas compte des risque sanitaires identifiés dans la région.

Autour de cette partition du territoire entre « connectés » et « non connectés » aux réseaux se développent des conflits et des formes d'organisation sociale spécifiques.

LA CONSTRUCTION DU TERRITOIRE RETICULAIRE

Le modèle technique et économique mis en œuvre par OSN explique dans une large mesure que la culture de l'eau de Buenos Aires puisse être assimilée à une « culture OSN » et à une tradition qui lie le service de l'eau à la santé. Dans ce modèle de gestion de l'eau, dit du « robinet libre », la tarification ne dépend pas de la consommation et l'abondance de la ressource représente un postulat de base. Le système de tarification, indépendant de la consommation, est considéré comme un facteur essentiel du fait que Buenos Aires a une des consommations d'eau les plus élevées au monde[12].

Les tarifs de l'eau, c'est-à-dire le montant bimestriel perçu par l'entreprise pour la gestion du réseau et l'approvisionnement, ont augmenté régulièrement depuis la première année de la concession[13]. Rappelons que dans l'attribution de cette concession, les faibles tarifs proposés par Aguas Argentinas avaient été un critère décisif du choix et cela avait été largement diffusé dans le public.

Quand les anciens usagers de OSN et actuels clients de AA, au nombre de 2,5 millions, ont commencé à recevoir la nouvelle facture d'eau, ils ont progressivement pris conscience que l'accession au statut de client comportait une contrepartie nouvelle. Ce nouveau vecteur de communication que représente la facture est désormais placé au cœur de conflits sociaux majeurs et contribue à la politisation du débat.

Dans ce processus de marketing et d'individualisation du consommateur, la facture devient l'instrument efficace pour assurer le passage à la nouvelle « ère de l'eau ». *« éviter le gaspillage », « la juste mesure, parce qu'avec un compteur vous pouvez payer moins », « un service de valeur... et la valeur de l'eau ».*

La facturation – et le processus de recouvrement qui l'accompagne – représentent d'emblée un problème central pour l'entreprise qui est tenue d'apprécier le caractère de « bon ou mauvais payeur » de chaque quartier. Une géographie de la clientèle s'installe progressivement dans l'agglomération en fonction des taux de recouvrement constatés.

L'expansion des réseaux est l'objectif fondamental du contrat de concession. Or ces travaux[14] impliquent un apport financier des habitants qui est inclus dans la facture : la CIC (charge d'infrastructure et de connexion) dont doivent s'acquitter les « hors réseau », remplacée par le SUMA (service universel et environnement), s'applique à l'ensemble des clients.

Ces charges se sont trouvées au cœur de deux vagues de conflits qui ont démarré fin 1995 et ont duré jusqu'à la fin 1998, en contribuant à la reconnaissance progressive d'une « territorialité de l'eau » (*Cf.* Carte n° 2).

Notons qu'à la différence des provinces du pays qui ont été secouées par des manifestations sociales, la région métropolitaine n'a été que plus tardivement la scène de revendications sociales[15]. L'eau et, d'une manière plus générale, les services publics privatisés (électricité, téléphone) y vont cristalliser les mouvements de mécontentement émanant de la société civile.

Les conflits

On peut identifier deux phases dans le déroulement des conflits :

- Une première phase de conflit contre le CIC se déclenche fin 1995 et dure jusqu'à avril 1996. Elle ne concerne que les habitants qui doivent être connectés au réseau
- Une seconde phase de conflit contre le SUMA touche l'ensemble de la clientèle deux ans plus tard, à partir de fin 1998.

Le premier conflit est celui du « refus de payer ». Le recouvrement des factures n'a pas tardé à s'abattre sur les populations, et la résistance au paiement du CIC a dans l'ensemble été très forte. L'entreprise doit reconnaître que les « *conditions sociales se sont aggravées* ».[16] Des protestations se sont organisées avec des marches dans les rues de la périphérie, largement relayées par les journaux et la télévision. De sources proches de l'organisme de régulation, on estime à 80 000 les foyers qui ont arrêté de payer[17].

L'idée d'injustice est fortement présente chez les habitants au cours de cette période : « *Pourquoi payer pour des travaux pour lesquels je n'ai pas été consulté ?!* » contestent-ils. Dans les associations, cette idée d'injustice est exprimée de manière plus précise : « *À partir des définitions du contrat de concession, il est clair que le financement de l'expansion des réseaux incombait exclusivement aux nouveaux usagers, critère déconseillé par certains techniciens et experts* » (Voir sur ce thème Lentini, ch.3).

Autre conséquence des luttes contre le CIC, on assiste à la mise sur pied progressive d'organisations d'habitants non connectés. Ainsi l'eau et l'assainissement sont devenus petit à petit des thèmes de revendication urbaine ; ils font apparaître les nouvelles règles du jeu « de l'eau » ainsi que les nouveaux acteurs[18].

Trois types d'organisations trouvent leur origine ou on rejoint le mouvement pendant cette période : les fédérations des usagers, les associations de consommateurs et les organisations non gouvernementales. L'analyse de ces trois formes d'institutionnalisation de la présence des usagers permet d'identifier trois manières de parler de l'eau : la technique de l'eau comme question sociale et politique, l'eau porteuse des droits (du consommateur) et l'eau qui « *est devenue un facteur structurant de la société urbaine* » (après avoir été jusque-là qu'un facteur marginal).

Pour remplacer le CIC et financer l'expansion, le gouvernement instaure une nouvelle charge qui touche cette fois l'ensemble de la concession : le SUMA. Ce coefficient (qui par ailleurs veut dire « addition » en espagnol) comprend deux parties SU+MA : SU pour « service universel » et MA

CARTE N° 2 : RÉGION MÉTROPOLITAINE DE BUENOS AIRES, SCHÉMA DIRECTEUR DE DISTRIBUTION DE L'EAU.

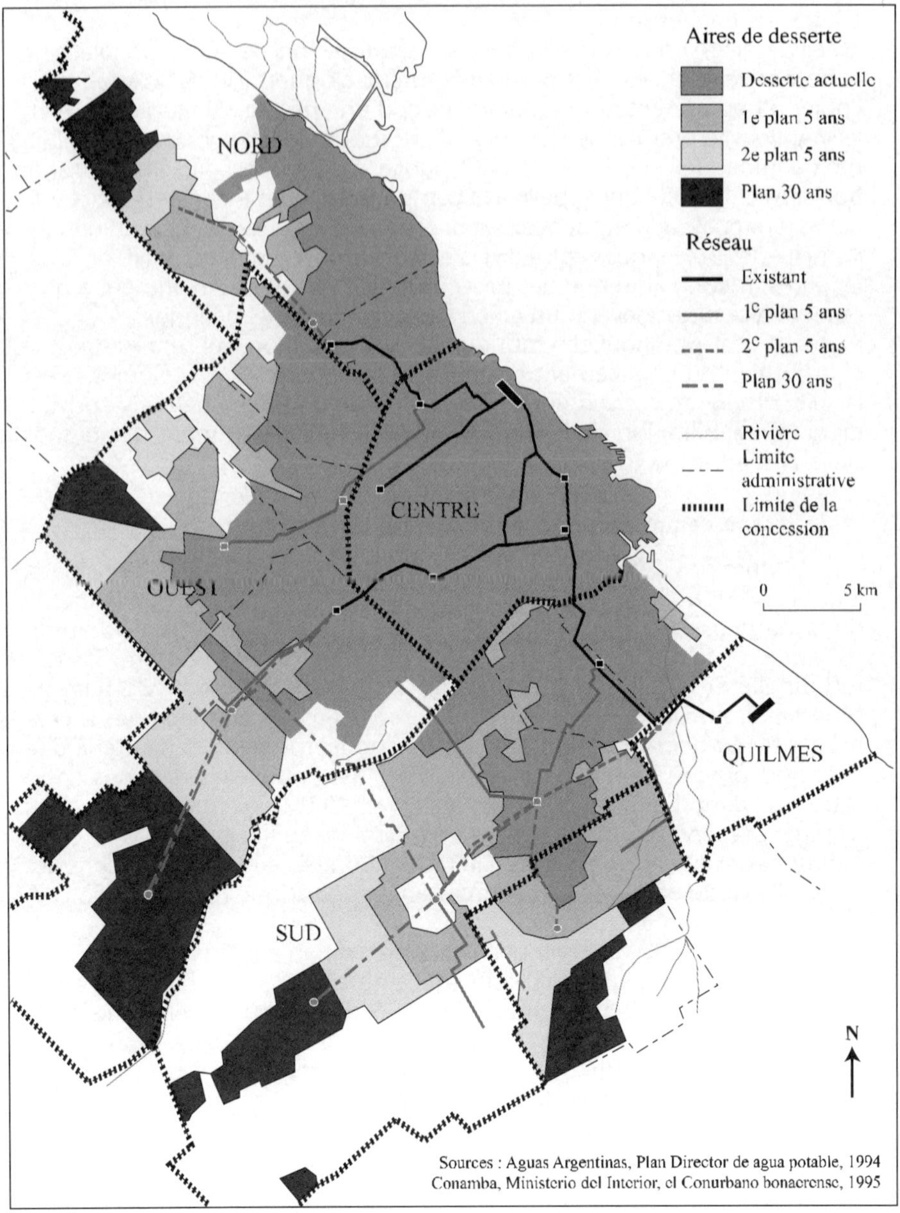

Sources : Aguas Argentinas, Plan Director de agua potable, 1994
Conamba, Ministerio del Interior, el Conurbano bonaerense, 1995

pour « environnement » (*medio ambiente*). Le SU consiste en une augmentation générale pour tous les clients afin de financer l'expansion des zones non desservies (qui se trouvent toutes dans la périphérie) ; le MA est un montant spécial destiné à financer des travaux de protection de l'environnement. Rappelons que ces derniers travaux ne figuraient pas dans le contrat de concession[19].

Le décalage entre la rhétorique et la pratique lors de la mise en place de cette nouvelle charge est particulièrement éloquent. Le SUMA fait ainsi l'objet d'une présentation disjointe avec, d'une part le SU et, d'autre part, le MA. Pour le premier, le discours officiel met en relief la notion de solidarité qu'implique la notion de service public. C'est un discours inspiré par le bon sens et l'équité qui appelle à la compensation des inégalités et à la solidarité territoriale, il prévaut chez le concédant et le concessionnaire. Pourtant il suscite des polémiques entre divers acteurs (gouvernement, maire de la ville, partis, média) ainsi que des procédures judiciaires qui expriment à quel point le réseau est devenu un enjeu des affrontements politiques.

Le MA est une nouvelle rubrique de la facturation qui représente une contribution au financement des travaux de préservation écologique. Par la suite, il sera au cœur d'un âpre débat politique qui en définitive privilégiera la réhabilitation du réseau du centre ville au détriment des grands travaux d'infrastructure.

Le réseau comme support de la société civile

« L'heure des usagers est arrivée ! » titrent régulièrement les principaux journaux tout au long du conflit. La presse constate en effet que le thème de la participation des usagers s'impose progressivement à l'opinion publique[20]. Malgré leur reconnaissance officielle lors de la réforme constitutionnelle et la pression des organismes internationaux (FMI, Banque Mondiale), aucun organisme de régulation n'a mis en place des mécanismes de participation. Pourtant, pour le gouvernement, cette étape dite « de post-privatisation » se caractérise par de « nouvelles relations entre l'État, les entreprises et les consommateurs »[21]. Cette légitimation de l'acteur « usager des services publics » est certainement le résultat de l'activisme croissant des associations de consommateurs confrontées aux augmentations des tarifs. Elle va de pair avec la reconnaissance médiatique (presse, radio, TV) et à la politisation des débats[22].

Les conflits du SUMA contribuent à l'organisation par l'ETOSS de la « première audience publique de l'eau » (décembre 1999) consacrée à la question de la participation des usagers[23]. De cette audience naîtra une commission des usagers reconnue par l'ETOSS qui, malgré un rôle exclusivement consultatif et la modicité de ses ressources, va progressivement influencer certains travaux de l'organisme de régulation (voir Felder et Lopez, ch.1).

Nouvelles temporalités et échelles : le local

Les différences entre les diverses régions de la concession expliquent comment le plan d'expansion des réseaux connaîtra une adaptation permanente en fonction des conditions locales dans lesquelles l'entreprise s'insère.

C'est un espace où se télescopent en permanence la planification du réseau et les préoccupations électorales des autorités municipales. Les calendriers politiques des communes incitent par exemple à revoir les dates des travaux d'expansion du réseau qui sont ainsi renégociées au coup par coup en fonction d'objectifs locaux[24]. Si l'on compare les modèles de gestion locale des maires de la conurbation, il est intéressant de constater la place éminemment différenciée qu'ils donnent aux réseaux : au nord, l'eau est un domaine « sans problème » et leur relation avec l'entreprise se base sur des accords concernant la gestion locale (ouverture de rues, élimination de taxes, collaborations croisées, aides aux bidonvilles). Dans cette région, on retrouve l'essentiel des programmes de « solutions alternatives »[25] (service d'eau participatif ou « de consensus ») qui associent l'entreprise, la municipalité et environ 10 000 habitants de bidonvilles ou quartiers pauvres. Pour les maires de l'ouest, en majorité des « caciques », ayant un fort rapport personnel avec leur population, la question sanitaire et « l'eau sociale » représentent des piliers de leur gestion ; ceci les transforme en promoteurs d'actions menées en faveur de l'accès au service.

De cette relation entre entreprise et commune découle une multiplicité de configurations techniques et de négociations nouvelles ainsi qu'un apprentissage réciproque, voire une « créolisation » de l'entreprise. Le niveau local est progressivement reconnu comme le niveau de gestion pertinent, notamment au fur et à mesure que la situation sociale se dégrade.

Ces différents temps et espaces de la concession redéfinissent le contexte des conflits et le jeu des acteurs. Nous verrons comment la ville s'en trouve peu à peu modifiée.

Les conséquences sur la ville

Au-delà des conséquences économiques, sociales et politiques, les conflits relatifs à la concession ont mis en lumière trois situations urbaines nouvelles :

- le rôle de la politique de l'eau et du schéma directeur comme mécanismes de gestion métropolitaine,
- le rôle du groupe mondial comme acteur urbain,
- l'émergence du niveau local comme échelle opérationnelle de la concession.

Dans un contexte dépourvu de gestion globale, comme c'est le cas de la région métropolitaine de Buenos Aires, la formalisation d'une politique de l'eau crée une spatialité et une temporalité nouvelles. Le schéma directeur de l'eau joue de facto le rôle d'un plan d'urbanisme et induit une vision globale de l'agglomération.

L'entreprise mondiale joue ici le rôle de planificateur : elle possède des connaissances et des savoirs globaux sur l'agglomération (connaissances qui représentent au demeurant la clé de son expansion régionale future sur le marché des services aux collectivités locales (déchets par exemple) ; elle a établi sa propre « géographie » et contrôle un mécanisme fondamental de la croissance et de la transformation du tissu urbain (via les valeurs foncières). La connaissance « opérationnelle » de la région métropolitaine que s'est forgée le groupe privé tranche nettement avec l'absence d'une autorité susceptible de concevoir et de mettre en œuvre une politique globale d'aménagement de la région. Finalement ce nouvel acteur issu de la concession de 1993 n'a pas d'interlocuteur à son niveau du côté du secteur public.

Notons aussi un aspect de l'urbanisme trop souvent passé sous silence : l'enjeu des renégociations du contrat de concession est en rapport direct avec la nature même de la métropole, où coexistent une partie centrale, dotée d'un réseau devenu partiellement obsolète, et une importante périphérie non desservie par le réseau. Les orientations et les décisions prises en 1999 semblent indiquer que la politique de l'eau aura tendance à accentuer un modèle de développement polarisé et dual. En effet, le concessionnaire abandonne progressivement l'extension du réseau (qu'on propose de remplacer par une pluralité de solutions) pour concentrer ses moyens sur la rénovation de la partie centrale.

C'est dans cette perspective que le cas de Buenos Aires permet d'avancer l'hypothèse selon laquelle l'analyse des acteurs de la ville doit intégrer dorénavant les groupes de services d'eau et, plus largement, de services urbains.

L'émergence du niveau local dans un domaine dont il est traditionnellement absent est une autre conséquence à la fois urbaine et politique. Cette émergence se traduit par la place grandissante prise par les communes dans la gestion quotidienne de l'eau, et comme contre-pouvoir face aux stratégies centralisées de l'eau. Notons au passage que ce processus est aux antipodes de celui observé dans un pays comme la France où la gestion de l'eau est locale.

Le programme d'expansion qui suit les axes de croissance de l'agglomération et tout particulièrement dans les zones à haut revenu, obéit avant tout à des logiques techniques. Or, l'existence d'un schéma d'expansion a obligé les municipalités à prendre position et, par la suite, à négocier localement avec les représentants locaux du groupe. Au-delà de leurs divergences politiques et socio-économiques, les municipalités de la périphérie se sont toutes trouvées confrontées à des décisions d'urbanisme qui leur échappent : d'une part, en raison de l'incidence des réseaux sur la viabilisation des zones urbaines et, d'autre part, à cause de l'impact économique de la tarification sur les populations. Ainsi les communes ont été amenées à intervenir, seules ou collectivement, et à négocier directement avec l'entreprise leur temps et leur espace dans la stratégie d'expansion. En fait, ces années de concession ont constitué le terreau d'un apprentissage des négociations locales autour des réseaux : elles offrent un exemple caractéristique des approches de la gouvernance urbaine.

FAIRE « PARLER » LE RÉSEAU D'EAU

Une vaste bibliographie produite ou commandée par les organismes internationaux[28] rassemble aujourd'hui l'essentiel d'une pensée technico-économique qui s'adresse aux pays en développement. L'urgence est de trouver les moyens pour que ces pays restent dans la course d'un développement mondial qui associe de plus en plus capitaux publics et privés dans le respect des « règles fondamentales auxquelles obéit la mondialisation ».[29]

Dans les pays dits « émergents », les quartiers urbains défavorisés s'imposent désormais comme un thème majeur[30] : « on estime qu'environ un milliard de personnes vivront dans des conditions insalubres dans les villes des pays en développement ». Mais la question sociale, elle, a été évacuée de l'étude de la ville, au profit de réponses fragmentées, tantôt techniciennes tantôt économiques : subsides aux pauvres, offre plurielle de services et solutions dites « alternatives » à l'eau (bornes-fontaines, camions citernes) etc.

Parallèlement se développent des idées nouvelles sur la gestion urbaine favorisées par un courant international qui tend à reconnaître les villes comme des acteurs à part entière sur le plan mondial, au même titre que les Etats (Conférence des Nations Unies d'Istanbul en 1996). Cette reconnaissance est à mettre en relation avec la présence grandissante du secteur privé dans des domaines habituellement réservés à l'État, notamment les services urbains. Simultanément une multiplicité de fonctions urbaines sont désormais prises en charge par des ONG et des organisations à vocation sociale (médicales, d'aide juridique)[31]. Cette tendance est favorisée par la Banque Mondiale qui exige, pour l'octroi de financements, une plus grande participation de la société civile[32].

Pour des bailleurs de fonds, les grandes métropoles des pays émergents sont gérées « par des structures administratives datant de 20 ou 30 ans » et embourbées dans des habitudes bureaucratiques. Aussi préconisent-ils le transfert de la gestion de services techniques à de grandes sociétés spécialisées dans le cadre de contrats de gestion déléguée. Ces nouvelles formes d'association entre secteur privé et administration publique présentent l'avantage de « laisser les villes se concentrer sur ce qu'il ne leur est pas possible de déléguer : l'ordre, la sécurité, l'éducation, la culture, le développement économique ».

Cette redistribution des cartes porte en germe l'explosion de conflits nouveaux tels que nous avons pu les analyser dans le « laboratoire » métropolitain de Buenos Aires.

Par-delà leur enjeu explicite, à savoir le financement de l'expansion, ces conflits mettent à jour un processus d'élaboration d'un nouveau modèle de gestion de la ville.

Par-delà l'émergence de nouveaux acteurs, le groupe mondial et les usagers, ce nouveau modèle urbain en cours de gestation comporte deux volets indissociables : d'une part, une nouvelle conception de l'eau et, d'autre part, une nouvelle vision du service public.

Vers une nouvelle conception de l'eau

Les conflits de Buenos Aires entrent en résonance avec l'accession de l'eau au statut de bien économique qui elle-même va de pair avec l'insertion de la métropole dans le marché mondial de l'eau. La mission première du groupe international aura été, en définitive, de fabriquer « l'eau marchandise ». Ceci a été accompli via la tarification, les barèmes de prix ainsi qu'une politique commerciale centrée sur la notion de « client ».

Autre facette de cette mutation, l'avènement d'une nouvelle « culture de l'eau » diffusée par le groupe privé qui efface progressivement l'idée d'une ressource inépuisable et gratuite. Considérées comme des éléments clés de cette politique de « marchandisation » prônée par le Groupe, de nouvelles idées de mise en valeur et de « non-gaspillage » de l'eau voient le jour au fil des campagnes de communication et de promotion.

Mais plus largement ce sont les conflits qui représentent le moteur privilégié de ces changements. Si l'étude de l'eau est inséparable de son histoire locale, les dix premières années de la concession ont jeté les bases d'une nouvelle histoire de l'eau. L'analyse des conflits permet d'étudier comment, après la privatisation, se bâtit une vision multiple des fonctions sociales de l'eau : la fonction technique (il y a un réseau et des « hors réseau »), la notion de bien industriel (produit par une entreprise et non plus par l'État), le principe de rareté, la mise en place d'un nouveau droit, etc.

Dernière perspective offerte par cette analyse des conflits autour de l'eau, la dénonciation de la contamination des nappes phréatiques est à l'origine de mouvements associatifs résolument engagés dans la défense de l'environnement.

Les changements dans le service public de l'eau

Les privatisations entraînent, en effet, le passage du service « à caractère politique et social » à un service « à caractère commercial » et la transformation de l'usager en celui de « client ».

Les usagers n'ont pas perçu clairement le changement qu'impliquaient les mécanismes de financement successivement mis en place (CIC d'abord, SUMA par la suite) du point de vue de la notion de service public et de la nature même du rôle de l'État. Les réactions et conflits se sont ainsi produits en ordre dispersé.

Comment s'est imposée en définitive cette « dégradation » du service public en service universel ?

Les conflits de l'eau ont soulevé la question de la réciprocité sociale (via la péréquation géographique des tarifs) et de la solidarité territoriale qui sont toutes deux au cœur de la notion de réseau. Ils ont placé sous les projecteurs le démantèlement du service public traditionnel et son remplacement par le service universel. Plus fondamentalement, ces conflits montrent les limites de l'unité de la région métropolitaine.

Au cours des dernières années s'est imposé un discours structuré qui précise au fil des crises successives un certain nombre de notions : consommateur *versus* usager, compétences et responsabilités des organismes de régulation, limitation versus extension de l'action de l'entreprise privée, etc. Dans le cas de l'eau en particulier, la privatisation de 1993 a induit une réorganisation du système tout entier[33]. Si l'on extrapole les évolutions récentes (crise économique, retard sur les objectifs de la concession, tergiversations du pouvoir politique), il apparaît que la continuité du service de l'eau peut difficilement être assurée sans l'intervention de l'État et qu'elle impliquera par ailleurs de fortes adaptations du système actuel (sans parler des nouveaux conflits en perspective).

Aussi paradoxal que cela puisse paraître, les conflits urbains touchant au service de l'eau permettent d'appréhender à la fois l'émergence de nouveaux acteurs et les thèmes du changement. Cette nouvelle approche qui représente une contribution à la question urbaine se révèle en définitive un outil pertinent pour la recherche dans un contexte de mondialisation des villes.

Notes

1 Nous utilisons l'expression Buenos Aires pour parler de la Région Métropolitaine de Buenos Aires (12 millions d'habitants) ; elle est composée de la ville de Buenos Aires (2,9 millions) et de 19 (ou 25) districts qui appartiennent à la province de Buenos Aires. Nous utilisons les termes « ville de Buenos Aires » quand il est question du centre-ville autonome qui est aussi la capitale de la République d'Argentine. La définition de concession utilisée est celle d'une location à titre gratuit des installations à une entreprise qui doit assurer le fonctionnement, l'entretien et l'expansion selon une tarification fixée.

2 Voir à ce sujet l'argumentation d'H. Coing sur l'émergence et la constitution des champs thématiques en sciences sociales « *Los servicios urbanos : viejo o nuevo tema* », Mexico, 1987.

3 Pour la privatisation, la Lyonnaise des Eaux (l'un des plus importants groupes français de service public) s'est associée à la firme locale Soldati (qui a vendu ses parts en 1998) et à d'autres partenaires mineurs (Banco de Galicia, Aguas de Barcelona) et a créé la S.A. *Aguas Argentinas*. À la suite d'une récente restructuration de Suez-Lyonnaise des Eaux en France (2001) la compagnie est devenue simplement Suez : « un groupe de services global » et « pionnier du développement durable » dont les activités les plus importantes sont l'énergie, l'eau, les déchets et les communications. La division « eau » est appelée ONDEO, « le premier fournisseur de solutions durables et de services relatifs à l'eau » ; ses départements sont ONDEO Services (la vieille Lyonnaise des Eaux), ONDEO NALCO, ONDEO Degrémont et ONDEO Industrial Solutions. En ce qui concerne l'eau, le groupe fournit 110 millions de personnes en service d'eau et en tout-à-l'égout dans le monde entier (25 millions en Amérique du Sud, 14 millions en Amérique du Nord, 43 millions en Europe et autour de la Méditerranée, 23 millions en Asie et dans le Pacifique et 5 millions en Afrique).

4 Dominique Lorrain, 1999a..

5 Pour analyser les débats sur les mécanismes et les conséquences d'exportation de la gestion de l'eau voir entre autres : *cf.* Lorrain, 1995 ; 1999b.

6 Alain Fabry, 1998, directeur international SL des E « Services urbains et mondialisation », Paris, Villes en développement, juin 1998.

7 Schneier, G, 1988, « El agua, un espacio de no-participacion », Communication au Congrès International CIUDAGUA, Montevideo.

8 L'ETOSS – *Ente Autarquico de Obras y Servicios Sanitarios* – dépend du Ministère de l'Economie et comporte un exécutif de six membres qui représentent les acteurs institutionnels de la région métropolitaine : deux pour l'État National, deux pour la Province de Buenos Aires et deux pour la ville de Buenos Aires. L'ETOSS a pour mission de contrôler l'application du contrat et des objectifs du plan d'expansion.

9 La région métropolitaine de Buenos Aires (12 millions d'habitants) comprend la ville de Buenos Aires et une périphérie de 25 communes de la Province de Buenos Aires. Au départ, la concession ne comprenait que la ville et 13 communes.

10 Le CEAMSE, organisme de collecte des ordures ménagères, est considéré être le seul organisme de gestion à échelle métropolitaine

11 « Cette démarche de décentralisation marque notre volonté de renforcer la proximité avec nos consommateurs et les collectivités locales » De Agde à Yutz, Lyonnaise 2000.

12 Cette « légende argentine » de l'eau reste encore à préciser et encore aujourd'hui la concession ne peut pas fournir les chiffres de consommation de l'eau qui sont très variables : 600 litres par jour dans les zones desservies, mais 8 litres par jour dans des zones de la périphérie.

13 Voir Lentini E. chapitre 3.

14 Il existe une obligation contractuelle de relier l'ensemble de la population à 30 ans.

15 Avec le début des mouvements de *piqueteros,* fin 1997 (Sigal, 1980).

16 Le Journal de 20 heures d'*Antenne 2* a consacré 3 minutes au chantier de l'eau de Buenos Aires en mars 1998.

17 Lacoste, 1997, « San Francisco Solano », *Urbanisme,* Paris, jan-fev. 1997.

18 Nous reprenons dans cette analyse la méthode de recherche initiée dans Schneier et Vynaver, 1980 et Sigal, 1980. Pour le cas de l'eau : *cf.* Schneier, 1988 ; De Gouvello, 1999.

19 Pour la place de ces travaux voir débats ETOSS et Parlement, 1997-1998.

20 Comment expliquer cette acceptation de la présence des usagers ? Rappelons tout d'abord qu'à Buenos Aires, depuis le début du siècle, la formation des quartiers est le résultat d'une activité associative importante (comités, coopératives, mutuelles) pour la construction d'infrastructures (pavage, éclairage) et des équipements (dispensaires, écoles).

21 Presidencia de la Nacion, Jefatura de Gabinete de Ministros « Los Servicios Publicos en la Post-privatizacion », déc.1998.

22 Plusieurs associations sont créées dans la perspective des futures élections.

23 Voir Lopez et Felder, 1997.

24 En effet, si les communes, à la différence de la France, n'ont aucune compétence sur la gestion de l'eau, elles deviennent incontournables sur le terrain, que ce soit pour des travaux (ouverture des rues, servitudes, organisation du travail) ou comme éventuels médiateurs entre l'entreprise et la population locale.

25 Lyonnaise des Eaux, *Solutions alternatives à l'approvisionnement en eau et à l'assainissement conventionnel dans les secteurs à faibles revenus,* Nanterre, Lyonnaise des Eaux, 1999.

26 Visites présidentielles France en Argentine en 1997 et Argentine en France en 1998.

27 Voir Paix, Catherine et Hélène Rivière d'Arc, H., 1997.

28 Voir Annick Osmont, 2000.

29 FMI, *The Challenges of Globalisation in an Interdependant World,* Washington DC, 1997.

30 Villes en développement, mars 1994.

31 Voir la partie « Que disent les sciences sociales ».

32 Estache, Antonio *et al., Winners and Loosers from Utility privatisation in Argentina,* Banque Mondiale, Institut du Développement Economique, 1997.

33 Président d'Argentine de 1989 à 1999.

Bibliographie

Artana, D., O. Navajas et S. Urbiztondo, 1999,« Governance and Regulation: a tale of two concessions in Argentina » dans Savedoff, W. et P. Spiller (ed.), *Spilled Water: institutional commitment in the provision of water services*, Washington D.C., Inter-American Development Bank.

Aspiazu, D. et A. Vispo, 1994, « Algunas ensenanzas de las privatizaciones en Argentina », *Revista de la CEPAL*, december.

Banque Interaméricaine de Développement, 1997, *Privatisations des services en Amérique latine*, Washington, DC, BID.

Dupuy, G., 1987, *La crise des réseaux d'infrastructure: le cas de Buenos Aires*, Paris, ENPC/Université Paris XII-LATTS.

ETOSS (Ente tripartito de obras y servicios sanitarios), 1998, 2000, *Audiencia Pública*, Buenos Aires, ETOSS, miméo of the proceedings.

Gonzalez, F. et J. Villadeamigo,1998, «Economia Urbana de la Region Metropolitana de Buenos Aires, » dans *Estudio de Transporte y Circulacion Urbana*, Buenos Aires, Plan Urbano Ambiental, Gobierno de la Ciudad de Buenos Aires.

Gouvello, Bernard de, 1999, *La recomposition du secteur de l'eau et de l'assainissement en Argentine à l'heure néo-libérale. Lecture à travers du phénomène coopératif*, Paris, LATTS (ENPV).

Osmont, Annick, 2000, *La Banque Mondiale*, Paris.

Villadeamigo, J. et F. Gonzalez, 1998, « Aspectos económicos urbanos y del transporte de la Región Metropolitana de Buenos Aires », *Plan Urbano Ambiental de la Ciudad de Buenos Aires*, Convenio FADU-UBA-GCBA.

Isla, A., M. Lacarrieu et H. Semby, 1999, *Parando la olla: transformaciones familiares, representaciones y valores en los tiempos de Menem*, Buenos Aires, FLACSO.

Lopez, A. et R. Felder, 1997, *Nuevas Relaciones entre el Estado y los Usuarios de Servicios Publicos en la Post-Privatizacion*, Buenos Aires, INAP, Instituto Nacional de la Administracion Publica, doc N° 30, nov. 1997.

Lyonnaise des Eaux, 1999, *Solutions alternatives à l'approvisionnement en eau et à l'assainissement conventionnel dans les secteurs à faibles revenus*, Nanterre, Lyonnaise des Eaux.

Lorrain, Dominique, 1995, *Gestions urbaines de l'eau*, Paris, Economica.

Lorrain, Dominique, 1999a, « Retour d'expériences. L'internationalisation de la gestion des réseaux urbains », Paris, Annales des Mines, août 1999.

Paix, Catherine et Hélène Rivière d'Arc, H., 1997, *Esprit d'entreprise et nouvelles synergies de part et d'autre du pacifique, Taïwan, Singapour et Nord-Mexique*, Paris, Ed. Maisonneuve et Larose.

Presidencia de la Nación, 1998, *Los Servicios Publicos en la Post-privatization*, Buenos Aires: Jefatura de Ministros, mois de décembre, non-publié.

Rey, O., 2001, « Los primeros 7 años de Aguas Argentinas », *El saneamiento en el área metropolitana. 1993-2000*, Buenos Aires, Aguas Argentinas.

Schneier, G. et Vynaver, K., 1980, *Habitat et écodéveloppement : la participation au logement en Amérique latine,* Paris, MSH.

Schneier, G, 1988, *L'eau, un domaine sans participation*, Montevideo, CIUDAGUA.

Schneier-Madanes, G., 2001, « From well to network : water supply and sewerage in Buenos Aires (1993-2000), » *Journal of Urban Technology*, vol. 8, number 3, 45-63.

Schneier-Madanes, G., 2001, « La construction des catégories du service public dans un pays émergent : les conflits de la concession de l'eau à Buenos Aires », *Flux*, april-sept.

Villadeamigo, J., 2001, « El modelo en su laberinto : Argentina, una experiencia de política económica neoliberal » paper presented to the Delphi International Forum, octobre.

Villadeamigo, J. et F. Gonzalez, 1998,. Aspectos económicos urbanos y del transporte de la Región Metropolitana de Buenos Aires, *Plan Urbano Ambiental de la Ciudad de Buenos Aires*, Convenio FADU-UBA-GCBA.

MÉDIATION SOCIALE À L'HEURE DU SERVICE PRIVATISÉ :

LE PROGRAMME RIACHUELO À BUENOS AIRES

MIREILLE MURAWSKI* & ROLAND HAUSWALD**

DANS CE TEXTE, NOUS TRAITERONS DE LA QUESTION du rapport entre une action de réhabilitation de quartiers pauvres et le développement des procédures de privatisation des services publics, et plus particulièrement du service de l'eau au bénéfice de grands groupes internationaux. Nous essaierons de montrer que des méthodologies adaptées permettent de négocier localement un égal accès de tous aux services de base et, dans ce cas particulier, au service de l'eau.

L'intervention du secteur privé dans la distribution de l'eau potable et dans le traitement des eaux usées des grandes villes des pays du sud est une réalité, en particulier en Amérique du Sud et plus précisément en Argentine.

C'est ainsi que l'ACAD, Association de Coopération entre Acteurs du Développement urbain s'est trouvée confrontée à cette question dans l'animation d'un projet de coopération qui portait sur l'amélioration des conditions d'habitat d'une « *villa miseria* », un bidonville de la banlieue de Buenos Aires, alors que dans le même temps, le service de l'eau de la Ville et de la province de Buenos Aires était concédé par les pouvoirs publics à une société privée, *Aguas Argentinas S.A.* filiale de Lyonnaise des Eaux.

En 1988, une demande de coopération était portée à la connaissance du PSH Programme Solidarité Habitat, mis en place par le gouvernement français et après plusieurs mois de négociation, un projet de coopération était intégré dans le programme général de coopération décentralisé entre la région Midi-Pyrénées et la province de Buenos Aires. Les partenaires de cette coopération décentralisée ont été le Conseil Régional Midi-Pyrénées, la Province, le Ministère des Affaires Etrangères, la Caisse des Dépôts et Consignations, la Fondation Abbé Pierre pour le logement des plus démunis. L'opérateur français a été l'ACAD et en Argentine, la maîtrise d'œuvre

* Sociologue, membre de l'ACAD, Toulouse
** Ingénieur des Ponts et Chaussées, consultant à l'ACAD, Toulouse

urbaine et sociale du projet était confiée à la Fondation Riachuelo, association créée autour d'un centre social protestant présent dans le quartier à réhabiliter.

C'est sur la base d'une mission d'identification de projet et diagnostic réalisée entre 1992 et 1993, qu'un projet de réhabilitation du quartier a été adopté par l'ensemble des partenaires de la coopération.

LE PROGRAMME RIACHUELO

Le « Programme Riachuelo » a été développé sur le territoire des communes de Lanus et de Lomas de Zamora qui font partie de la première couronne de la région métropolitaine de Buenos Aires. Son objectif est d'apporter des réponses à la triple demande des habitants : garantir le droit d'usage du sol, faire bénéficier les habitants de services de base (eau, assainissements, voire, électricité, ramassage des ordures, etc.) et améliorer les conditions individuelles de logement.

Les conditions locales héritées des années 1970 et 1980, et le jeu des différents acteurs intervenant dans les processus de transformation de la ville, montraient qu'il ne pouvait y avoir de partenariat entre les pouvoirs publics, les organisations d'habitants et les acteurs économiques sans une action de médiation. Le projet a été soutenu, non sans quelques difficultés de procédure, par les responsables de la Province de Buenos Aires et les communes.

L'expérience des projets de coopération en Argentine, et particulièrement avec le centre social protestant, était marquée par le caractère humanitaire et par l'urgence des interventions. Des groupes locaux faisaient ainsi appel à une aide ponctuelle, urgente et essentiellement financière pour une réalisation précise et limitée.

La proposition faite dans le cadre du projet de coopération et l'implication du centre social de quartier auprès des habitants ont conduit naturellement le centre social à jouer ce rôle de médiateur, de tiers intervenant dans le processus de réhabilitation de quartier. Or ce médiateur devait répondre à un certain nombre de critères qui ont été fixés dès le début du projet et qui ont été atteints progressivement : être indépendant des différents acteurs que sont les pouvoirs publics, les organisations d'habitants et les acteurs économiques ; se spécialiser par la formation de ses membres et le recrutement de salariés ; et contractualiser ses interventions par conventionnement avec les différents partenaires argentins et avec la coopération française afin d'obtenir les moyens de réaliser ses missions.

En ce qui concerne le problème spécifique de l'accès à l'eau, l'opérateur doit être indépendant de la société concessionnaire, mais doit pouvoir déterminer avec elle les conditions du partenariat, dans le cadre d'une convention.

VILLA JARDIN : ÉTAT DES LIEUX ET DIAGNOSTIC

Le quartier « Villa Jardin », objet du programme de coopération, est une *villa miseria* typique de la périphérie métropolitaine située dans la commune de Lanus… Ce sont des zones d'urbanisations informelles et précaires, parfois d'installations très anciennes (plus de 40 ans) qui juxtaposent des quartiers bien équipés. Les populations étant ouvrières, elles sont frappées par les différentes crises économiques et connaissent un taux de chômage très élevé. Ce sont également des populations immigrantes, s'étant déplacée soit depuis les provinces rurales du Pays (exode rural), soit depuis les pays limitrophes de l'Argentine (Chili, Pérou, Paraguay, Bolivie). Les familles n'ont aucun droit d'usage ou de propriété pour l'occupation des terrains, les services urbains primaires (eau, assainissement, voirie, électricité) ne sont pas assurés ou le sont de façon précaire voire illégale, les conditions d'habitat y sont très insalubres et les équipements publics inexistants.

Villa Jardin s'est constituée en une quarantaine d'années par remplissage successif d'îlots délimités par des rues initialement tracées. Ces îlots ont été consolidés tout au long de l'histoire du quartier. À l'intérieur de ces îlots qui regroupent une centaine de familles environ, une trame variée s'est constituée, formée de passages étroits ne permettant que l'accès des piétons. Dans de nombreux cas, ces passages se terminent en cul de sac. La Fondation Riachuelo a constaté que les groupes d'habitations organisés autour d'un passage pouvaient constituer des ensembles collectifs qui permettraient, telles des copropriétés horizontales, d'administrer la propriété des terrains et les charges du groupe d'habitation, en particulier les charges en eau.

Le diagnostic

Une mission d'identification s'est attachée dans un premier temps à identifier l'ensemble des acteurs locaux, puis à monter un partenariat entre les pouvoirs publics (services de l'État, province de Buenos Aires, municipalités), les acteurs intermédiaires (le centre social) et les organisations d'habitants.

Dans un deuxième temps, la mission a permis une identification et une hiérarchisation des problématiques rencontrées dans le quartier. Un diagnostic partagé a été établi entre les différents partenaires sur les problématiques à traiter dans le cadre de la réhabilitation du quartier. Elles concernaient principalement l'absence de droits réels d'occupation des terrains, le manque d'accès des habitants aux services de base, la précarité des conditions de logement et le manque d'équipements publics dans le quartier.

Finalement, afin de déterminer plus précisément les objectifs du projet, la mission a permis de définir le cahier des charges d'une étude de faisabilité pour la réhabilitation du quartier et de réaliser un appel d'offre local auprès de bureaux d'études qualifiés. La fondation « Vivienda y Comunidad » a été retenue pour la réalisation de cette étude.

La problématique de l'eau

Le quartier est partiellement pourvu de canalisations principales à faible section mises en place par la société nationale OSN (*Obras Sanitarias de la Nacion*) qui assurait l'approvisionnement et la distribution d'eau potable à Buenos Aires et dans la Province jusqu'à la privatisation de 1993.

Pour les habitants, deux problèmes se conjuguent alors, la très faible pression de l'eau dans les canalisations du quartier due à l'insuffisance de capacité de celle-ci et aux branchements clandestins hétérogènes réalisés par les familles et la mauvaise qualité de l'eau due à la vétusté des réseaux et à la saturation des puisards absorbants les eaux usées.

Du point de vue des pouvoirs locaux et plus particulièrement pour ceux de la municipalité de Lanus, le quartier ayant été le résultat d'occupations illégales, il n'est pas considéré comme un véritable quartier. Malgré cela les habitants sont sollicités à chaque élection municipale. De fait, la problématique du réseau est considérée comme inexistante et des camions citernes de la commune viennent régulièrement approvisionner les familles en eau potable. Cette activité locale, plus ou moins occulte, a été tolérée par les pouvoirs publics pendant de nombreuses années.

MÉDIATION ET COORDINATION

L'apport de la coopération française a été une sensibilisation et une formation des acteurs à une méthode de mise en œuvre d'une réhabilitation d'un quartier existant. Si les contextes entre une *villa miseria* de la banlieue de Buenos Aires et un quartier ancien du centre d'une ville française sont bien évidemment différents, il n'en demeure pas moins qu'un certain nombre d'éléments de méthode peuvent être utilisés sur les deux types de terrain.

La nécessité d'un diagnostic partagé s'est rapidement imposée car il est apparu que le projet était le seul aboutissement d'une réflexion de quelques personnes, militants et professionnels (architectes, sociologues, etc.), mais sans implication ni des pouvoirs publics, ni des organisations d'habitants.

La mission française a donc contribué à démontrer la nécessité d'un travail en partenariat entre les pouvoirs publics (Province de Buenos Aires, municipalité de Lanus) et l'association locale d'action sociale et à convaincre tous les partenaires de la nécessité de réaliser une étude préalable conduisant à confirmer le diagnostic des problématiques de la zone à réhabiliter, à déterminer les axes d'intervention prioritaires, et à fixer les objectifs quantitatifs et qualitatifs attendus.

Les résultats de cette mission ont été positifs, puisqu'elle a abouti à créer les conditions d'un partenariat entre la Fondation Riachuelo, les services de la province et ceux de la mairie de Lanus, et au lancement d'une étude préalable menée avec *Vivienda y Comunidad* en 1992-1993.

La mise en concession du service de l'eau de l'agglomération de Buenos Aires en 1993 a introduit un nouvel acteur, l'entreprise privée. Comme le diagnostic partagé montrait à l'évidence que parmi les problèmes les plus importants pour la population, il y avait celui de l'accès à l'eau potable, le travail en partenariat avec le concédant a été envisagé et mis en place.

La médiation

En résumé, un organisme extérieur au contexte local joue un rôle primordial de médiation entre les acteurs.

- *Entre la Fondation Riachuelo et la province de Buenos Aires.*
- *Entre la Fondation et la municipalité de Lanus.*
- *Entre Aguas Argentinas (concesionaire du service des eaux de Buenos Aires) et la Fondation Riachuelo.*

L'action locale est le fondement du programme et la Fondation Riachuelo a mis en place durant les six premières années du programme de réhabilitation de Villa Jardin une équipe opérationnelle constituée de bénévoles, de professionnels salariés par le programme, et de stagiaires mis à disposition par les différentes universités (d'architecture et des sciences sociales) de Buenos Aires. Les missions de cette équipe opérationnelle portaient sur l'animation générale du projet, en particulier l'animation des différents partenariats, la mobilisation des habitants du quartier, la gestion du programme de coopération, etc.

Elle a également réalisé les études techniques dont les relevés du quartier, l'état des lieux de l'habitat et des réseaux, les montages financiers et les montages juridiques et administratifs dont l'organisation des unités de voisinage, les conventions de partenariat, les demandes administratives.

Une permanence dans le quartier a été concrétisée grâce à l'acquisition d'un bâtiment existant et sa transformation. Ce local a permis à la Fondation d'y assurer l'accueil des habitants en permettant à la fois des rencontres collectives de travail et des permanences individuelles avec chaque famille, le travail des membres de la fondation sur le projet et la mise en place de cycles de formation pour les jeunes du quartier, ainsi que pour les responsables associatifs du quartier.

Cette permanence a également eu une fonction symbolique concrétisant la mise en place du programme de réhabilitation urbaine. L'enjeu consistait à en faire un lieu pouvant être approprié par les habitants et leurs organisations, mais aussi un lieu de concertation avec les services de la Province et de la Mairie, et un lieu de travail avec les entreprises privées, les banques et l'ensemble des autres acteurs de la ville.

EAU ET RÉHABILITATION URBAINE

Le projet s'est donc rapidement orienté vers un véritable projet de développement urbain et social menant ainsi de front et en cohérence des actions dans différents domaines, tels que l'aménagement des services urbains, la sensibilisation des enfants aux problèmes d'environnement, la mise en place d'une radio locale, des cycles de formation à l'informatique, etc.

Dans ce contexte, l'eau ne peut pas être traitée de manière isolée, car elle interfère avec les autres problématiques identifiées en amont du projet. En effet, le paiement du service d'eau est basé en Argentine sur le droit de propriété ou le droit d'usage de la parcelle foncière détenue par la famille. Une des difficultés pour l'entreprise Aguas Argentinas était donc de distribuer de l'eau à des familles occupant de manière illégale des terrains appartenant soit à la banque de la Province de Buenos Aires soit à des grandes familles. C'est ainsi que les méthodologies décrites ci-dessous, si elles ont été plus particulièrement utiles pour résoudre le problème de l'accès à l'eau, ont également permis d'intervenir sur d'autres problématiques (sanitaires, par exemple).

La méthodologie mise en place entre 1994 et 1999 repose sur le constat qu'il existe trois groupes d'acteurs impliqués dans un projet d'aménagement d'un réseau de distribution d'eau. Les collectivités publiques, les habitants et leurs organisations qui seront les futurs consommateurs et clients de l'entreprise privée et l'entreprise privée qui devra assurer dans de bonnes conditions techniques et environnementales la distribution de l'eau. Le partenariat entre ces trois acteurs est à la fois nécessaire et possible, car malgré l'existence d'intérêts économiques divergents, il existe un intérêt commun :

« Organiser le meilleur service possible en fonction du contexte technique, social et économique donné pour une clientèle à satisfaire ».

Les unités de voisinage

La Fondation a donc proposé aux habitants des quatre îlots, supports du projet pilote de réhabilitation urbaine, de se constituer en 88 groupes d'unités de voisinage (*unidades vecinales*) associant ainsi 538 familles, soient 2 421 personnes. Cette « unité de voisinage » a eu comme fonction, au niveau de l'investissement d'organiser le financement de la quote-part, à la charge des habitants, pour l'installation d'une arrivée d'eau située à la limite de la voie publique et de l'entrée dans l'unité de voisinage, de faire réaliser ou de réaliser par elle-même le réseau secondaire à l'intérieur de l'unité de voisinage desservant chaque logement.

L'entreprise *Aguas Argentinas* a comme obligation contractuelle, dans le cadre de sa concession, l'équipement des quartiers pauvres de la province qui ne bénéficiaient pas d'un réseau d'eau potable. Mais dans le cadre du premier plan quinquennal (1995-2000), cette obligation ne concernait pas le quartier de Villa Jardin à Lanus. De ce fait, l'équipement de ce quartier ne pouvait intervenir que dans une négociation particulière avec l'entreprise. Cette négociation a pu se faire grâce au travail de la Fondation, à la demande des familles et au programme de coopération.

Pour la partie de financement à la charge des familles, la Fondation mit en place une méthodologie particulière basée sur la réalisation par les familles d'une épargne préalable avant le démarrage des travaux, le partenariat avec une banque coopérative ayant une agence à Lanus pour le dépôt des fonds d'épargne sur un compte spécifique lié au projet « eau », et la responsabilité collective de chaque unité de voisinage pour le règlement de la quote-part de chacune des familles.

Lors de la réalisation des travaux du réseau d'eau, les partenaires se sont entendus pour mettre en place une commission de gestion destinée à étudier tous les problèmes qui pourraient se poser pendant les deux années suivant la réalisation des travaux. Cette commission de gestion qui se réunit environ une fois par mois, est constituée par les représentants des organisations d'habitants, d'Aguas Argentinas, de la Municipalité et de la Fondation Riachuelo. Cette commission engage l'entreprise à régler les problèmes qui concernent l'entretien du réseau, la qualité de l'approvisionnement en eau, la conformité des facturations. Grâce à cette commission, l'engagement des habitants est important pour l'entreprise, car il facilite les interventions des techniciens dans le quartier, la surveillance du réseau pour éviter les branchements illégaux, et le règlement des factures.

Le projet de coopération mené en Argentine par l'ACAD depuis 1992 illustre une méthodologie spécifique d'envisager la coopération internationale vers les pays du Sud. Elle est basée sur plusieurs principes adaptés aux projets de développement urbain et particulièrement pour la réhabilitation des quartiers défavorisés.

- La coopération s'appuie sur la capacité locale de prendre en charge le projet urbain. Cette capacité s'appuie sur l'émergence d'un opérateur local indépendant des acteurs de la ville, militant et professionnel ainsi la possibilité d'un travail partenarial entre les pouvoirs publics nationaux ou locaux, les habitants et leurs organisations, les acteurs économiques intervenant dans les quartiers et plus particulièrement les organismes privés gestionnaires de services publics
- La coopération s'appuie sur l'échange entre opérateurs urbains, chercheurs, collectivités locales du nord et du sud. Ces échanges méthodologiques, technologiques ou politiques sont conduits dans une posture d'égalité et de réciprocité.
- En troisième lieu, ce genre de coopération aspire, dans la mesure des possibilités, a une redistribution financière entre les pays du nord les plus riches et les pays du sud. Elle peut bien sûr s'appuyer sur des fonds privés de type caritatifs, mais elle doit s'appuyer encore plus fortement sur des fonds publics mis en place par les pays et leurs regroupements (communauté européenne, par exemple). Ces fonds doivent être affectés en priorité au soutien des opérateurs émergents locaux, puis en second lieu à la gestion des échanges. L'aide aux investissements locaux ne peut se concevoir que comme financement déclencheur d'investissements locaux redistribuant une partie des richesses locales vers les quartiers les plus pauvres.

Si le dernier forum de La Haye, le 17 mars 2000, reconnaît explicitement que l'accès à l'eau est un droit fondamental de la personne humaine, l'entreprise quant à elle affirme qu'il faut faire comprendre aux populations défavorisées que l'eau n'est pas un don du ciel. Cette contradiction d'intérêts ne peut être dépassée qu'à deux conditions. La première est la capacité des pouvoirs publics concédant à mettre en place des cahiers des charges de concession imposant aux groupes financiers l'obligation d'équiper également tous les quartiers y compris les plus pauvres et d'assurer le contrôle de ces accords par des organismes régulateurs indépendants et au pouvoir réel. La deuxième est la capacité locale de négociation et de partenariat réel avec la société concessionnaire. Cette capacité peut s'appuyer sur l'organisation des habitants, clients de la société, mais aussi, dans le cas de quartiers pauvres, sur l'action médiatrice d'opérateurs urbains comme la Fondation Riachuelo ayant à la fois une légitimité politique par le partenariat avec les habitants et avec les pouvoirs publics, mais également une légitimité technique permettant de négocier les conditions locales d'organisation de la distribution de l'eau.

La dynamique mise en place pour permettre l'accès à l'eau de tous les habitants du quartier a entraîné et permettra de poursuivre la capacité d'un développement global pour la réhabilitation du quartier. Cette approche des projets valorise la dimension citoyenne des habitants et leur potentiel de négociation avec les autres acteurs de la ville.

Bibliographie

Gret, 1994, *L'eau et la santé dans les quartiers urbains défavorisés*, (Pour le Programme Solidarité Eau), GRET.

Fulachier, J., 1994, *Un nouveau mode d'intervention des entreprises françaises de services urbains à l'étranger. Le rôle d'opérateur.*

Gret, 1995, *Le partenariat en coopération décentralisée. Paroles d'acteurs*, (Pour le programme Habitat Solidarité).

Aitec, Cedetim, 1997, *Le service public en question(s). Dossier pour une refondation.* Les cahiers de la rue Voltaire La recomposition du secteur de l'eau et de l'assainissement en Argentine à l'heure néo-libérale.

De Gouvello, B., 1999, *Participación del sector privado en agua potable y saneamiento en Buenos aires.* IIED-America Latina. Universidad argentina de la Empresa UADE, LATTS, ENPC.

Lavigne, E., 2000, *Una estrategia ciudadana con logros constatables.* Programa Riachuelo. Fundacion el Riachuelo.

Pont de fer sur le Riachuelo (cliché : Alain Musset)

DE L'EAU, DES FEMMES ET DES HOMMES DANS UNE *FAVELA* DE RECIFE (BRÉSIL)

Dominique Vidal*

Les pages suivantes se proposent d'évoquer quelques aspects du rapport à l'eau des habitants de Brasília Teimosa, une *favela* urbanisée de Recife au Nordeste du Brésil[1]. Il y a, on le sait, dans les sociétés du sud une corrélation étroite entre la pauvreté et la rareté de cette ressource vitale ou sa mauvaise qualité. Là où l'eau manque ou n'est pas assainie règnent des conditions d'existence précaires qui font de l'accès aux services de l'eau l'une des toutes premières revendications de ceux qui les subissent. Or les problèmes liés à la maîtrise de l'eau ont affecté la population de Brasília Teimosa tout au long de son histoire et, pour cette raison, ont toujours occupé une place importante dans les échanges politiques dans laquelle elle s'est trouvée engagée. On montrera par conséquent ce que l'accès à l'eau courante a pu représenter pour ces citadins et combien, néanmoins, la persistance de difficultés d'approvisionnement continue de peser sur leur vie quotidienne. On insistera ensuite sur le sentiment de respectabilité que procure l'accès à l'eau et sa centralité dans la conception locale du statut de citoyen et la légitimation politique.

Très éloigné de prime abord des débats actuels sur la privatisation et les formes de cogestion des services urbains, ce texte entend pourtant rappeler le caractère unique de ce bien qu'est l'eau à partir d'un regard « depuis le bas ». Il nous permettra de plus en conclusion de suggérer en quoi le prisme du rapport à l'eau fournit une description des pauvres urbains brésiliens qui illustre la tension entre deux représentations opposées dans laquelle est aujourd'hui prise la réflexion sur la condition populaire. Selon les conjonctures socio-économiques, le cadre théorique dominant du moment ou la sensibilité politique des auteurs, la littérature sur le sujet tend en effet à s'organiser depuis une vingtaine d'années autour de deux pôles contrastés. Le premier propose une vision quelque peu héroïque de l'inscription des citadins les plus démunis dans la modernité et le processus politique. Loin de

* Sociologue, maître de conférence à l'Université de Lille III

vivre en marge de la société, ils partageraient l'essentiel de ses aspirations et participeraient pleinement à la construction démocratique par leur engagement dans des mouvements sociaux émanant d'organisations de base. Le second, à l'inverse, insiste sur le déni de reconnaissance que subissent les pauvres des villes. Faute de bénéficier des protections assurées par un État de droit, ils seraient privés de leur citoyenneté et vivraient en permanence sous la menace de la déchéance et de la violence criminelle ou policière. L'exemple du rapport à l'eau à Brasília Teimosa révèle justement que ces deux représentations comportent chacune leur part de vérité et invite à la prudence quand il s'agit de dire la situation des populations urbaines défavorisées dans le Brésil contemporain.

UN QUARTIER GAGNÉ SUR LES EAUX

Que chaque espace urbain possède sa spécificité tombe sous le sens. Le propos paraîtra toutefois moins trivial dans le cas qui nous intéresse quand on aura vu combien l'histoire de Brasília Teimosa a partie liée à son rapport à l'eau. La péninsule qui abrite aujourd'hui ses dix-sept mille habitants n'a en effet qu'une existence géographique récente puisque, jusqu'en 1934, ce n'est qu'une langue de boue marécageuse baignée par les flots de l'océan et d'un estuaire. Un projet d'aéroport international, vite abandonné, conduit alors à son assèchement. Longtemps seulement occupé par quelques dizaines de familles de pêcheurs, son peuplement n'intervient véritablement que deux décennies plus tard quand, pendant le carnaval de 1958, elle est soudainement envahie par des migrants ruraux et des pauvres de Recife à la recherche d'un terrain où s'établir. Un événement qui lui donne d'ailleurs son nom, Brasília Teimosa signifiant en portugais « Brasília la têtue », une dénomination vite trouvée par ces envahisseurs en référence à la construction à la même époque d'une nouvelle capitale sur un plateau désert et à leur résistance opiniâtre devant les tentatives d'expulsion.

La maîtrise de l'eau n'a jamais cessé de préoccuper les habitants de la péninsule. Celle de l'eau de l'océan pour commencer, laquelle peut tout aussi bien être une menace qu'un milieu où trouver son alimentation. Une menace chaque année au mois d'août quand les fortes marées de l'hiver austral balaient les bicoques sur pilotis érigées sur la grève. Une source d'alimentation pour tous ceux qui vivent des crustacés et des coquillages ramassés dans l'estuaire[2]. Bien sûr, hormis pour les plus démunis de ses résidents qui dépendent de la pêche, les conditions de vie ont bien changé à Brasília Teimosa depuis les premiers temps de son occupation. En 1979, la mise en œuvre d'un programme d'urbanisation en a même si profondément modifié la physionomie que sa population la considère désormais comme un quartier et non plus comme une favela. Les rues ont été pavées, et l'on ne vit plus dans la poussière quand il fait soleil et dans la boue quand il pleut. La desserte par les transports en commun s'est améliorée. Des écoles et un poste de santé ont ouvert. Un système d'aide à la construction fait quasiment disparaître les habitations en bois et en pisé au profit de petites maisons en briques. En ce qui concerne plus particulièrement le domaine de l'eau, la mise en service d'un système d'égout permet désormais tant bien que mal l'évacuation des eaux usées et a, de l'avis général, constitué un changement majeur. Car pour insuffisant qu'il demeure, son installation a néanmoins mis un terme aux odeurs fétides des fosses sceptiques artisanales et à la prolifération des rats et des insectes. L'arrivée de l'eau courante, à défaut d'être potable, a également réduit les difficultés d'approvisionnement. Celles-ci reviennent toutefois régulièrement chaque fois que la sécheresse impose à la société (la Compesa) qui en assure la gestion de la rationner en ne la distribuant, selon la gravité de la situation, qu'un jour sur deux ou sur trois, voire parfois une seule fois par semaine.

L'EAU DANS LA VIE QUOTIDIENNE

Source de vie, l'eau est aussi à Brasília Teimosa source de dignité personnelle. Car pour ces habitants qui accordent la plus grande importance à la reconnaissance de leur pleine appartenance à la société, l'accès à l'eau garantit la propreté, un signe de respectabilité s'il en est. Parvenir à rester propre quand on est pauvre, c'est, selon eux, montrer à autrui, et notamment aux dominants, que l'on peut maintenir une image positive de soi dans la difficulté, que l'on n'a pas renoncé à vivre conformément aux modèles de comportement de ceux qui font société à la différence des vagabonds et des mendiants, figures de la déchéance absolue dans ce milieu populaire. La propreté des enfants fait notamment l'objet d'une attention constante de la part des mères et des grandes sœurs qui les changent et les nettoient à la moindre salissure. C'est, disent-elles, parce qu'ils sont propres qu'on ne saurait les confondre avec les enfants de rue loqueteux et crasseux qui maraudent dans les rues du centre-ville. Celui qui ne parvient à se tenir propre ou laisse la poussière envahir sa maison fait preuve, selon les catégories locales, de « relâchement », un état qui peut être expliqué par un trouble psychologique majeur, un tempérament paresseux ou une situation économique désespéré. Mais quelles qu'en soient les explications données, celui que l'on considère « relâché » se voit toujours attribuer une position statutaire défavorable dans la hiérarchie locale quand il ne s'expose pas tout simplement au discrédit que répand la rumeur.

Exigée de tous, la propreté est néanmoins avant tout, l'affaire des femmes. Dans les représentations locales des rôles impartis à chacun, c'est en effet à elles que revient l'entretien du foyer et du linge quand les hommes se doivent de subvenir aux besoins familiaux. La réalité est évidemment plus complexe. Bien des femmes ont aujourd'hui un revenu d'activité, et il n'est pas rare de voir des hommes faire le ménage ou baigner les enfants, surtout dans les jeunes ménages gagnés par l'idéal de l'égalité dans le couple. Mais il n'en reste pas moins que celle qui ne parviendrait pas à s'acquitter de ces tâches se verrait à coup sûr désignée comme un mauvais parti ou une épouse négligente. Dans un quartier où peu de ménages disposent d'appareils électroménagers ou d'une employée de maison, on aperçoit là d'ailleurs une différence de taille entre la condition des femmes des couches dominantes et celle des femmes des secteurs populaires. Aussi forte puisse être l'identification aux modèles de comportements modernes diffusés par les médias de masse, ces dernières passent encore chaque jour des heures à lessiver dans des bassines en zinc et à passer la serpillière pour éviter les dépôts de poussière qui se forment si vite.

Ces activités domestiques supposent un large accès à l'eau. Or, quand celle-ci se trouve rationnée, c'est encore un souci supplémentaire pour les femmes qui doivent gérer avec parcimonie les réserves stockées dans la cuve, le réservoir installé sur le toit ou une multitude de récipients entreposés dans une pièce à part. La capacité à pouvoir stocker de l'eau est d'ailleurs si importante dans la qualité de la vie que le fait de posséder une cuve ou un réservoir représente un élément important dans la détermination de la valeur d'une habitation. Elle est également une forme de différenciation statutaire entre les familles, tant celles qui viennent à manquer d'eau se trouvent fréquemment contraintes d'en demander à leurs voisins, une situation de dépendance vécue sur le mode de l'infériorité que beaucoup préféreraient éviter. Parmi les tâches ménagères liées à l'eau, il faut enfin mentionner celle entraînée par la transformation de l'eau courante en eau potable dans les familles qui ne peuvent acheter des cubitainers d'eau de source. C'est là encore les femmes qui s'en chargent en la faisant bouillir avant de la filtrer pour la rendre propre à la consommation.

Aussi difficile demeure leur quotidien, les femmes de Brasília Teimosa s'accordent toutefois à dire combien l'arrivée de l'eau courante a transformé les conditions de vie. Car si la gestion de l'eau reste toujours une préoccupation majeure, au moins ne s'épuisent-elles plus aujourd'hui dans ces longs va-et-vient entre le domicile et les camions-citernes qui, jusqu'au début des années 1980, venaient ravitailler la péninsule. Mais il suffit que le rationnement dure un peu plus longtemps que prévu pour qu'il leur faille à nouveau aller et venir entre les maisons et ces véhicules envoyés par les pouvoirs publics ou des candidats en quête de suffrages.

L'EAU DANS LA POLITIQUE LOCALE

Car l'eau est aussi un enjeu politique[3]. Qu'il s'agisse de son captage, de son traitement, de son transport ou de sa distribution, les débats actuels sur la privatisation des services de l'eau en Amérique latine viennent à ce propos immédiatement à l'esprit. Ce sont pourtant d'autres aspects de la politique de l'eau que nous voudrions ici évoquer : l'importance du « droit à l'eau » dans le sentiment d'être un citoyen et les enjeux liés à l'eau dans la légitimation du personnel politique et l'action des associations d'habitants.

Pour bien saisir l'importance accordée à la distribution de l'eau dans la légitimation politique, il faut avoir présent à l'esprit une dimension essentielle du système de représentations politiques des habitants de Brasília Teimosa : le fait que leur façon de concevoir le lien politique procède de leur façon de concevoir le lien social. À savoir que ce qui importe avant tout pour ces pauvres de Recife, ce n'est pas tant de bénéficier de droits politiques et de pouvoir exercer leur citoyenneté par le biais de la participation électorale, mais bien davantage le sentiment d'avoir sa place pleinement reconnue dans l'ordre social, fût-ce en position subalterne. Ce sentiment s'organise autour de la notion de respect (Vidal, 1999). Centrale dans l'évaluation des relations sociales et les jugements sur le personnel politique, cette notion de respect exprime justement l'importance accordée à cette reconnaissance de la pleine appartenance à la société, définie comme appartenance à l'humanité par opposition à ce qui évoque la condition d'esclave. C'est en effet le fait d'observer des normes de comportement nécessaires au respect mutuel de ceux qui font société qui fonde, selon ses résidents, le droit à être traités comme des « êtres humains » (*gente*), et non comme des « animaux » ou des « esclaves » tenus en lisière du social. Cette revendication de respect (et la dénonciation du « manque de respect » qui est son corollaire) participe de l'idéal plus général d'une société harmonieuse, parfaitement réglée, dont les membres vivraient en bonne intelligence en dépit des différences sociales. Le sens donné au statut de citoyen s'organise du reste autour de cette notion de respect. Appartenant au langage courant, le mot *cidadão* possède un sens bien précis pour les résidents de la péninsule. C'est « une personne de bien », qui n'a jamais eu « affaire à la police », qui entretient de « bonnes relations » avec autrui, quelle que soit sa position sociale, et qui « remplit ses obligations », en pourvoyant aux besoins des siens par son travail si c'est un homme, en veillant à la bonne marche du foyer si c'est une femme. Car n'est un citoyen que celui dont le comportement atteste de son respect d'autrui. Et, de la même façon que le respect ne s'obtient qu'au travers d'autrui, n'est citoyen que celui qui est reconnu comme tel par les autres « citoyens ».

Précisons aussi que le fait que le mot « citoyen » soit défini en termes moraux et ne soit que très rarement associé à l'idée de participation active aux affaires publiques ne signifie nullement que les citoyens ne puissent rien espérer des gouvernants. Bien au contraire, c'est justement parce qu'ils respectent strictement les normes nécessaires au bon fonctionnement de la société et à la préservation de l'ordre social qu'ils s'estiment fondés à attendre en retour des gouvernants des solutions à leurs difficultés. Au respect qu'ils manifestent doit correspondre le respect des politiciens, car si, eux, « remplissent leurs obligations », à eux de respecter les leurs qui sont de reconnaître et de soulager la détresse de « ceux qui souffrent ». C'est pourquoi beaucoup interprètent l'insuffisance de l'action publique comme une atteinte à leur qualité de citoyen. Les habitants de Brasília Teimosa ont du reste une idée très précise du rôle qui incombe au personnel politique : « trouver des solutions », « aider », « régler les problèmes ». Autant de tâches qui, conformément à la conception du code de comportement que chacun doit observer selon sa place dans la société, constituent les « obligations » des politiciens envers la population. Un « bon politicien » est un politicien qui « remplit ses devoirs », qui « travaille pour les pauvres », manifeste sa préoccupation pour leur sort en, selon une expression communément utilisée, les « regardant ».

Aussi le *cidadão* a-t-il des « droits ». Et, parmi ceux-ci, les droits qui renvoient aux infrastructures figurent en bonne place. Ils renvoient aussi bien aux conditions de logement (le droit à l'électricité, le droit à l'égout et, bien évidemment, le droit à l'eau), à l'existence de services publics (le droit à l'éducation, le droit à la santé) qu'à des exigences plus générales comme le droit au travail ou le droit à la sécurité. L'on repère ici les traces du langage des organisations de base qui, lors de transition à la démocratie, faisaient de la référence aux « droits » un mode majeur de formulation des demandes aux acteurs gouvernementaux[4]. La notion de respect fait alors souvent l'objet d'une mise en forme juridique, lorsque, par exemple, une demande comme le « droit à l'eau » diverses demandes excipe d'un droit plus fondamental encore : le « droit au respect » ou le « droit à la dignité ». Car l'on attend fondamentalement d'un élu qu'il fasse preuve de « respect » en reconnaissant la détresse des pauvres. Et dans les jugements permanents sur le « respect » ou le « manque de respect » manifesté par tel ou tel élu, la catégorie du regard revient fréquemment. Car ce que l'on demande aux élus, c'est, pour reprendre l'expression fréquemment utilisée en la matière, qu'ils « regardent les pauvres », c'est-à-dire qu'ils reconnaissent leur souffrance et prennent des mesures destinées à la soulager.

La distribution d'eau est, à ce titre, un des moments où s'opère de façon particulièrement intense ce regard nécessaire à la légitimation politique. Elle place en effet des hommes de condition fort différente sous un horizon de commune humanité, quand l'absence de cette ressource précipite vite ceux qui en pâtissent dans la sphère de la nécessité et dans un état de souillure perçu comme relevant de l'animalité. Ce n'est d'ailleurs pas sans raison que, depuis l'occupation de la péninsule en 1958, sa population apporte massivement ses suffrages à Newton Carneiro, élu à huit reprises député de l'État de Pernambuco. Se définissant lui-même comme un « politicien assistantialiste », celui-ci a pendant vingt ans, jusqu'à l'installation de canalisations amenant l'eau courante, fait distribuer gratuitement de l'eau à sa population. Plus que toutes les autres actions d'assistance (construction d'abris de bus, aide juridique ou dons d'aliments, de matériaux de construction et de médicaments), c'est son rôle passé dans l'accès à l'eau qui lui vaut d'être tenu comme un « politicien qui respecte le peuple »[5]. D'autant qu'à chaque fois que l'eau vient à manquer, on le revoit encore venir approvisionner la population de la péninsule juchée sur son camion-citerne. Cette importance attachée à la constance de l'assistance n'est au demeurant pas sans rappeler ces propos de Tocqueville selon qui *« pour gagner l'amour et le respect de la population qui vous entoure, il faut une longue succession de petits services rendus, de bons offices obscurs, une habitude constante de bienveillance et une réputation bien établie de désintéressement. (...) on s'attache le pauvre par les manières plus que par les bienfaits »* (cité par Lenclud 1993:95). Car, pour ses électeurs, l'aide de Newton Carneiro est de toute autre nature que ces biens distribués en période électorale qui ravalent le pauvre au rang d'un suffrage à acquérir. Elle diffère aussi de l'« échange de faveurs » qui, dans une société dominée par l'esclavagisme, attestait de l'appartenance commune au monde des hommes libres de deux personnes aux statuts très différents, et ce quand bien même il n'était nullement question de leur égalité sociale (Schwartz 1977). Newton Carneiro traite en effet les plus démunis comme des semblables. À la différence du candidat qui envoie faire la faveur un de ses subalternes de même statut social que ceux qui la reçoivent, il accorde lui-même son aide. Son âge avancé et son état de santé précaire ne l'ont jamais dissuadé de venir s'assurer physiquement de la bonne distribution de l'assistance. Pendant une de nos enquêtes, en 1994, après une panne dans l'adduction d'eau, il sillonna encore les rues du quartier au volant de son camion-citerne, et, plusieurs semaines plus tard, enfants et adolescents s'amusaient à imiter le vieillard criant de sa voix éraillée « De l'eau, de l'eau ».

Les services de l'eau concernent aussi les associations d'habitants qui jouent un rôle d'intermédiaires entre la population locale et les différents types d'acteurs intervenant à ce sujet sur la péninsule. Rouages du système politique municipal au Brésil, ces organisations occupent une place essentielle dans la construction de stratégies légitimatrices en rendant possible certaines formes d'action publique dans un contexte de faible lisibilité du social. C'est ainsi qu'elles reçoivent et transmettent aux élus les doléances des habitants mécontents des rigueurs du rationnement et des dysfonctionnements du système d'évacuation des eaux usées. Arguant que le quartier résidentiel voisin de Boa Viagem ne fait pas l'objet de mesures aussi strictes, ses dirigeants dénoncent la discrimination dont serait victime Brasília Teimosa. Les responsables de la compagnie chargée de la distribution de l'eau (la Compesa) rejettent cette accusation et attribuent le rationnement aux mesures drastiques qu'impose l'épuisement de la nappe phréatique entraînée, selon eux, par le creusement de nombreux puits artésiens sur la péninsule. Incapables de les localiser eux-mêmes, ils attribuent de fait une fonction de régulation aux dirigeants associatifs dont ils font de la capacité à interdire cette pratique un préalable à toute négociation. La médiation d'élus permet cependant que l'eau soit occasionnellement délivrée un peu plus régulièrement. Et c'est d'ailleurs sur ce type d'interventions auprès des pouvoirs publics ou de la Compesa que les candidats aiment rappeler pendant les campagnes électorales pour prouver qu'ils « regardent » et « respectent » les plus démunis.

Soutenues par plusieurs élus locaux, les associations d'habitants de Brasília Teimosa cherchent aussi depuis plusieurs années à négocier un prix de l'eau moins élevé pour sa population en insistant sur les faibles revenus des familles. Cette demande n'a pour l'instant toujours pas abouti quand bien même toutes les parties en présence s'accordent sur le bien-fondé de la revendication. Les responsables de la Compesa prétendent en effet qu'une telle mesure, acceptée comme telle, privilégierait indûment les commerçants et les propriétaires de restaurants installés sur la péninsule, qui disposent de revenus substantiels tout en étant de gros consommateurs d'eau. Au nom d'une conception communautaire de la population interdisant la prise en considération de différences en son sein, les dirigeants associatifs se refusent, de leur côté, à envisager un système de tarification selon le niveau de ressources, si tant est du reste qu'il leur soit possible de connaître précisément le revenu de chaque foyer. Les associations d'habitants s'emploient néanmoins dans un autre registre à négocier un moratoire dans le paiement des arriérés que ne parviennent à acquitter des familles menacées de s'en voir fermer l'accès. Toujours à la demande d'élus, celui-ci est fréquemment accepté en période électorale où il arrive également que certains candidats paient des factures impayées dans l'espoir de recevoir en retour les voix de ceux dont ils auront réglé la dette.

DROIT A L'EAU

Ce qui se joue dans le rapport à l'eau à Brasília Teimosa rappelle combien l'accès à cette ressource s'avère essentiel non seulement à la qualité la plus élémentaire des conditions de vie, mais aussi, et peut-être surtout, à la possibilité de construire une image positive de soi-même. Celle-ci réside, on l'a vu, moins dans le bien-être assuré par la sensation de propreté que dans le sentiment de reconnaissance de la dignité du pauvre que procure l'accès à l'eau. Se voir reconnaître le « droit à l'eau » correspond en effet pour ces citadins en situation d'infériorité économique et sociale à la reconnaissance de leur pleine appartenance à la société, définie par opposition à tout ce qui évoque un état identifié à l'animalité. Et c'est du reste ce qui fait de l'eau un bien d'un type tout à fait particulier et un enjeu politique de première importance.

Le cas de Brasília Teimosa montre en outre que, si le fait d'accéder à l'eau a bel et bien produit une amélioration substantielle des conditions de vie, les insuffisances persistantes dans l'adduction d'eau et l'assainissement contraignent toujours considérablement sa population. Pour les femmes en particulier, l'arrivée de l'eau courante et la mise en service d'un système d'évacuation des eaux usées ont indubitablement réduit la pénibilité des tâches ménagères. Les conversations entre mères et filles ne laissent pas l'ombre d'un doute à ce sujet. Alors que les premières se souviennent des journées harassantes d'avant l'urbanisation, les secondes reconnaissent sans peine que le temps libéré par la fin des corvées d'eau leur permet de se consacrer davantage à elles-mêmes, affirmant ce faisant ce nouveau sens du soi des femmes qui représente sans doute aujourd'hui l'un des principaux changements intervenus dans les relations de genre en milieu populaire. Mais il suffit que le rationnement persiste plus longtemps que prévu pour que, de nouveau, les difficultés liées à l'approvisionnement en eau les ramènent à des rôles qu'elles auraient aimés définitivement révolus.

Pour en revenir à la tension évoquée en introduction de ce texte entre deux représentations de la condition populaire dans le Brésil urbain contemporain, ce rapide examen du rapport à l'eau dans un quartier pauvre de Recife aura permis de mettre en évidence une des figures de l'ambivalence de l'époque. On aurait en effet tort de ne pas voir la condition moderne de citadins qui s'identifient fortement à la ville et aux symboles culturels de la société globale. Mais on ne peut toutefois étudier ces populations sans considérer non plus les conséquences entraînées par la faiblesse notoire de leurs revenus, les insuffisances des infrastructures urbaines et leur dépendance à l'égard des acteurs politiques. Il n'en reste cependant pas moins que le retour du Brésil à la démocratie aura accru leur poids dans vie politique et permis que soit désormais posé sous un jour nouveau la question de leur « droit à la ville », dont le « droit à l'eau » représente sans doute l'une des dimensions principales.

Notes

1 Ce texte s'appuie sur une série de recherches menées à Recife depuis 1992 sur les rapports sociaux, les pratiques politiques et les modes d'entrée dans la vie adulte (Vidal 1998, 1999, 2000).

2 Cette façon de se nourrir des pauvres de Recife a donné lieu à des pages célèbres de la littérature tiers-mondiste. Dans sa *Géographie de la faim*, le géographe Josué de Castro parle en effet du « cycle du crabe » à propos des miséreux de la ville qui mangeaient des crabes qui s'étaient eux-mêmes précédemment nourris de leurs excréments (Castro 1957).

3 Dans son livre sur les activités politiques dans les favelas de Rio de Janeiro, Camille Goirand rappelle combien l'expression « la politique du robinet d'eau » (*a política da bica d'água*) a longtemps permis l'obtention facile de suffrages dans les espaces les plus déshérités de la ville (Goirand 2000:297).

4 Dans un article souvent cité dans la littérature sur les mouvements sociaux urbains, Eunice Durham affirmait ainsi : « nous assistons à un processus de construction d'un ensemble de droits par les mouvements sociaux. Et cela ne se produit pas au travers d'une codification complète et achevée d'une réalité existante, mais comme le revers d'une définition cumulative de carences qui sont définies comme inacceptables » (Durham 1984:19).

5 Et ce toujours même si son mandat de maire de Jaboatão dos Guararapes a été cassé en 1998 suite à une affaire de corruption.

Bibliographie

Castro J., 1957, *Geografia da fome*. São Paulo, Editora Brasiliense.

Durham E., 1984, « Movimentos sociais : a construção da cidadania », *Novos Estudos Cebrap*, n° 1 : 24-30.

Goirand C., 2000, *La politique des favelas*. Paris, Karthala.

Lenclud G., 1993, « S'attacher. Le régime traditionnel de la protection en Corse », *Terrain*, 21, octobre : 81-96.

Schwartz R., 1977, *Ao Vencedor as Batatas*. São Paulo, Duas Cidades.

Vidal, D., 1998, *La politique au quartier. Rapports sociaux et citoyenneté à Recife*, Paris, Éditions de la Maison des sciences de l'homme, Collection Brasilia.

Vidal D., 1999, « Le respect : catégorie du social, catégorie du politique dans une favela de Recife », *Cultures & Conflits*, n° 35, automne : 95-124.

Vidal, D., 2000, « Vulnérabilité et rapport à l'espace. Être pauvre et citadin à Recife », *Cahiers des Amériques latines*, n° 35.

TROISIÈME PARTIE

CHANGEMENTS INSTITUTIONNELS ET RÉGULATION

LE RIO PINHEIROS À SÃO PAULO (BRÉSIL). MALGRÉ SES AIRS PARFOIS BUCOLIQUES, LA RIVIERE QUI TRAVERSE SÃO PAULO EST UN CLOAQUE À CIEL OUVERT, QUI REÇOIT TOUTES LES EAUX USÉES DE LA GRANDE MÉTROPOLE BRÉSILIENNE (CLICHÉ : ALAIN MUSSET).

RETOUR D'EXPÉRIENCES : L'INTERNATIONALISATION DE LA GESTION DES RÉSEAUX URBAINS[1]

DOMINIQUE LORRAIN*

UNE ÉVOLUTION MAJEURE S'EST ACCOMPLIE au cours des années quatre-vingt-dix. La gestion des réseaux urbains par des entreprises internationales qui restait encore une question taboue, politiquement sensible, a fini par se généraliser en suivant en cela le mouvement de globalisation des marchés.

Quelques opérations majeures ont marqué ce parcours : en Angleterre les privatisations de l'eau et de l'électricité, respectivement en 1989 et en 1990 ; sur le continent latino-américain le programme de privatisations en Argentine (l'électricité, le téléphone, l'eau et l'assainissement de Buenos Aires en 1992) ; en Asie quelques grandes affaires comme le BOT eau de Sydney (1992). Ces opérations ont contribué à construire un référentiel commun comprenant : un cadre institutionnel, des principes de gestion en économie de marché, une méthode de la sélection et du contrôle de la grande firme et enfin elles ont fourni les justificatifs – politiques, techniques et économiques – permettant de rendre légitimes ces opérations.

Une conception de la « bonne manière de faire » a donc été progressivement élaborée à partir de ces expériences phares, puis diffusée au point de former une nouvelle *doxa*. Nous parlerons aussi d'un modèle orthodoxe car ces réformes fonctionnent avec pour horizon une architecture de quasi-marché reconstituée. Dans un univers construit historiquement autour de la notion de monopole naturel et souvent public, elles visent à réintroduire le marché tant pour ce qui relève des architectures (ouvertes et concurrentielles) que pour les principes en œuvre (mises en compétition, échanges par les marchés plus que par les contrats internes à la firme). Ces réformes cherchent quelque part à ouvrir la boîte noire des échanges dans la grande firme en monopole.

* Directeur de recherche CNRS au LATTS/ENPC

Aujourd'hui les expériences sont assez nombreuses, ont une durée assez longue pour qu'il soit possible d'examiner les avantages et inconvénients des solutions adoptées. Que nous apprennent ces retours d'expériences? Sur le modèle orthodoxe? Sur les résultats concrets perceptibles par les usagers? Quelle leçon à portée générale pouvons-nous tirer?

Nous avons enquêté de manière approfondie dans sept cas[2] (voir encadré) complétés par quelques expériences sur lesquelles nous avons recueilli des informations. De tous ces terrains remontent deux grands résultats. Premièrement, les procédures de préparation pensaient prévoir et organiser le maximum de cas de figure dans un contrat complet dont le respect est garanti par une agence de régulation. Cette séquence s'est avérée difficile à tenir. Avec le temps il fallut incorporer des données qui modifiaient l'équilibre du contrat. Autrement dit, et contrairement aux idées de départ ces délégations de services urbains s'organisent autour de contrats incomplets et non des contrats complets.

Deuxièmement, l'implicite de nombreux concepteurs était de parvenir à recréer une structure de quasi-marché pour se prémunir des risques d'abus de monopole. Mais et c'est le paradoxe ils y parviennent souvent en faisant appel à de grandes firmes intégrées, cotées en bourse. Le monde réel des services urbains est de plus en plus celui d'un oligopole mondial car l'intervention de grandes firmes représente une solution pratique aux problèmes à résoudre. De sorte que ce mouvement oppose en permanence, dans l'origine des critiques comme dans les solutions retenues, les tenants d'une architecture en quasi-marché – fidèles aux présupposés de l'économie orthodoxe –, aux écoles institutionnalistes[3] qui constatent, dans certaines conditions, les avantages de la grande firme.

Deux points concentrent ces discussions : la nature du contrat, la nature de la firme. Ils ressortent à chaque moment de ces expériences et ont des effets sur la manière de concevoir l'activité de régulation. Les réformes ont recherché les moyens pour mettre en mouvement les monopoles en organisant la concurrence par différentes solutions : privatisation (ouverture du capital) séparation des fonctions (production, transport, distribution) ou séparation entre le réseau physique (support) et les services sur le réseau, encore appelé *demerging*. Pour y parvenir, les organisations en charge des privatisations ont mis au point une « bonne » séquence à parcourir : bien préparer l'offre, bien sélectionner un compétiteur et bien réguler (veiller à l'application du contrat).

PRÉPARER L'OFFRE

Dans de nombreux cas (Buenos Aires, Sydney, Hong-Kong, Prague, Chengdu...), des efforts de préparation importants ont été accomplis. Les organismes internationaux ou les firmes impliquées ont engagé des études techniques et financières très poussées. Lyonnaise des Eaux annonce un coût de $ 5 millions pour la privatisation de l'eau à Buenos Aires. Vivendi a investi $ 3 millions pour préparer le BOT eau de Chengdu et sa filiale – la Compagnie générale de chauffe – environ $ 2,5 millions pour les études techniques du chauffage urbain à Prague. À Sydney, la phase de préparation a duré plus d'un an et demi et les représentants gouvernementaux s'impliquèrent fortement (recours à des consultants, voyages d'études). Dans chaque cas ce travail de préparation a certainement été utile pour la suite et a facilité le calibrage des réponses des firmes pré-qualifiées. La somme des connaissances accumulées sur le réseau, sur la ville, sur les marchés a permis de répondre à trois problèmes.

1°) Le recours à des entreprises étrangères s'impose après le constat douloureux que l'ancien système public n'est plus à la hauteur. La première tache préalable revient donc à construire un nouveau cadre légal. Les études à portée générale participent de cette construction.

2°) Dans des contextes de mégalopoles où les problèmes sont complexes et où le service public se trouve pour partie en crise et sous-qualifié, le recours à des études de préparation s'avère être une étape nécessaire permettant de constituer une première base de connaissance commune à toutes les parties prenantes.

3°) À partir du moment où la puissance publique fait appel à une offre internationale elle sort de la connaissance spontanée des marchés qu'elle peut avoir dans le cadre national. La préparation de l'offre a aussi pour objet de rassembler une information sur les firmes étrangères et sur les marchés.

Cette lourdeur de la préparation de l'offre, son côté souvent systématique tranche avec la pratique d'*intuitu-personae* en vigueur en France jusqu'à des réformes de 1993. Mais la comparaison point à point de chaque facteur permet de comprendre pourquoi ce qui était possible dans un pays s'avère peu praticable, sauf exception, dans les pays émergents. En France, l'environnement juridique se trouve bordé par la tradition d'un État fort et d'un droit public très construit. Chaque cas de gestion déléguée se situe en taille comme en niveau de complexité en-deçà des opérations engagées dans les pays émergents. Le jeu associant les mêmes acteurs depuis très longtemps tout le monde se connaît et il est possible de travailler dans la confiance et dans le respect des engagements de longue durée. Dans les pays émergents les caractéristiques sur chacun de ces facteurs – la moindre solidité du cadre légal, la complexité des problèmes et l'absence de références dans les rapports entre la puissance publique et l'entreprise, rendent obligatoire ce passage par des études élaborées. Elaborées jusqu'où ? et par qui ? Plusieurs des cas étudiés font ressortir les mêmes problèmes.

Quelle que soit la qualité des études elles n'apportent jamais une information aussi précise que celle obtenue par l'exploitant lorsqu'il passe en phase réelle. L'engagement de l'opérateur comporte une prise de risque ; ce peut être « un pari aventuré »[4]. Le cas de Buenos Aires très préparé par les conseils – Halcrow et Paribas – révèle pourtant un manque d'informations sur la réalité du réseau, les fuites et les connections illégales et surtout une mauvaise appréciation de la capacité à payer des ménages pour les extensions et les raccordements.

Ce cas révèle un autre problème : sur quoi portent les études ? Les conseils fonctionnent à partir d'un principe de spécialisation ; ils étudient finement des réseaux techniques, la ressource en eau, etc. Et ils entourent leurs recommandations techniques d'hypothèses sur des variables extérieures – l'acceptabilité à payer, le niveau d'inflation, la croissance économique, la stabilité des grands agrégats, les mouvements migratoires, la consommation en eau ou en électricité –, qu'ils ne peuvent maîtriser et qui pourtant vont jouer un rôle essentiel dans le dénouement du contrat. La recherche du détail concernant la composante technique tranche avec les incertitudes importantes qui entourent la fiabilité des prévisions générales. Fondamentalement la sécurisation du montage devrait conduire à remonter assez en amont dans la connaissance de nombreux facteurs ce qui s'avère difficile au stade des études.

En donnant une grande place à des ingénieristes indépendants pour les phases d'étude et de préparation, la puissance publique crée un paradoxe. D'un côté, elle reconnaît indiscutablement des compétences à des grandes firmes qui ont leur propre ingénierie intégrée puisqu'elle envisage de leur confier l'exploitation de très grands équipements pour des durées longues. Mais dans le même moment, tout se passe comme si ces compétences devaient être écartées au profit de celle de cabinets indépendants. Le fait de confier la définition du problème et sa solution à des équipes qui en définitive n'ont pas l'expérience de l'exploitation, comporte deux risques. Premièrement, donner le pouvoir de prescription à des structures qui ne sont pas impliquées[5] et qui ne détiennent pas une compétence supérieure à celui qui répond; dans le cas de Chengdu ce décalage est apparu dans la définition des normes. Et deuxièmement, présenter le risque ultérieur d'ouvrir un espace de désaccord entre la firme et la puissance publique sur la définition du programme souhaitable.

La réponse à la question – qui formate le problème ? – s'avère centrale. Une manière d'éviter ce risque consiste à donner une liberté de proposition aux entreprises qui font une offre, liberté d'autant plus grande que le contrat ensuite leur fera prendre des risques comme dans les concessions, les BOT. On indiquera que ce fut la manière adoptée pour les contrats DBO à Hong-Kong bien que le risque des firmes ait été plus réduit. Le problème est donc celui du degré de précision qui doit être attendu des études de préparation. La logique des ingénieristes, comme celle des prêteurs va bien sûr vers une sécurisation maximale et donc conduit à pousser le plus loin possible cette étape. Mais ce n'est sans doute pas la manière la plus optimale car outre le problème de précision évoqué, cette méthode conduit souvent à une duplication des études. Les équipes de l'exploitant reprennent assez largement les données avant de lancer les travaux.

Sélectionner un compétiteur

En général les procédures de sélection ont été systématiques et par voie de conséquence coûteuses, d'autant que l'on intègre les dépenses engagées par tous les candidats et non par le seul lauréat. Les dépenses engagées par les deux consortiums « short-listés » à Buenos Aires ne furent guère moindres que les 5 millions de dollars de la Lyonnaise. Si Vivendi annonce 3 millions de dollars à Chengdu[5], autres consortiums ont travaillé jusqu'à la remise d'une offre. De même, le processus suivi pour le BOT eau de la station géante de Prospect (Sydney) en 1993 a conduit à passer de 17 firmes ayant manifesté un intérêt, à une négociation poussée entre 5 « short-listés » ; ce filtrage a duré un an et il fallut passer par quatre étapes successives.

Tout ceci serait pleinement justifié si cette richesse dans la préparation des offres permettait une négociation approfondie. Or dans de nombreux cas, la puissance publique a fait son choix à partir d'un critère unique simple : le prix de l'eau. Ce fut le cas à Buenos Aires, à Chengdu, à Manille en 1997.

Le fait de se rabattre sur un critère unique et simple ne permet pas d'optimiser la négociation et ne donne aucune garantie à la puissance publique sur l'avenir.

À Buenos Aires, l'écart sur le prix entre le consortium victorieux et le second (dirigé par Thames Water) a été de deux centimes, soit un écart infime eu égard aux investissements mais quelques années plus tard le blocage du programme de travaux prévu au contrat, en raison de difficultés de financement des populations concernées, a conduit à revoir l'épure du contrat de départ. Il n'y a peut-être rien d'anormal à tout cela. Mais du point de vue des recommandations orthodoxes concernant l'économie de la sélection, on ne peut pas ne pas remarquer que l'on départage des offres construites sur un cahier des charges considéré comme intangible, pour des écarts infimes. Or ces épures sont amenées à changer, moins par des stratégies d'influence des firmes qu'en raison des transformations du contexte.

Dans le cas de Chengdu, l'application du même critère du moins disant a conduit à classer l'offre de la Générale des Eaux en numéro un et celle d'une petite firme de Malaisie en numéro deux ; ensuite venaient les autres poids lourds du secteur. De sorte que lors de la négociation le fait de ne pas avoir un challenger crédible en deuxième ligne n'a pas permis aux autorités chinoises de disposer d'une offre alternative.

Le cas de Manille est encore plus caricatural. Un an après l'appel d'offre, prenant appui sur la sécheresse exceptionnelle connue par le pays, le consortium *Ayala/Bechtel/United Utilities* formulait une demande de doublement du prix de l'eau sur la zone, demande refusée par le régulateur[6].

Les critères de sélection peuvent même parfois conduire à des contre effets du point de vue de l'intérêt futur du service. La privatisation des distributeurs d'électricité au Brésil en apporte deux exemples. Premièrement la sélection des candidats fondée sur l'enchère la plus élevée a pu conduire certains opérateurs, pour rechercher le maintien de leur rentabilité, à réduire massivement leurs coûts pouvant conduire à « une détérioration de la qualité du service rendu »[7]. Deuxièmement, l'instauration de seuils de concentration a conduit les firmes étrangères à « former des consortiums pour reprendre des compagnies de distribution » ; mais cette coexistence de plusieurs grands groupes dans la même structure pourra s'avérer être une source de conflits ultérieurs. Autrement dit, pour se préserver du risque d'une domination d'une seule grande firme étrangère, les règles édictées au moment de la sélection aboutissent au défaut d'un opérateur prenant les décisions critiques et assumant des risques.

Deux cas échappent à ces critiques ; la puissance publique y est parvenue à maîtriser les processus lourds qu'elle a mis en place. Il s'agit des procédures de sélection pour les BOT eau de Sydney et pour les trois grandes décharges de Hong-Kong[8]. Dans les deux cas la puissance publique s'est délibérément donnée du temps et elle disposait de ressources humaines internes de haut niveau ; de sorte qu'au moment de la négociation ses services se trouvaient sur le même pied que les cadres des firmes candidates. Mais on comprend bien que cette situation tienne plus au contexte de ces pays qu'aux vertus de la procédure de sélection. De même que l'on peut mesurer des « niveaux techniques » il convient d'apprécier des niveaux « juridico-institutionnels » qui décrivent la densité et la qualité des règles de droits, des normes, des procédures d'arbitrage, des méthodes d'organisation. Ce qui revient à d re que l'efficacité des procédures de délégation doit s'apprécier aussi par rapport au contexte global dans lequel elles interviennent. Ces exemples suggèrent qu'il conviendrait d'adopter des procédures spécifiques ajustées aux environnements nationaux dans lesquels elles opèrent. Le minimum serait de distinguer entre pays émergents, où beaucoup reste à construire et les pays industriels qui ont l'avantage d'une longue tradition dans ces domaines.

Bien réguler

Les expériences de régulation apportent des résultats contrastés qui confortent dans l'idée précédente d'une adaptation des règles d'action aux contextes des pays.

Nous avons dans les cas de Hong-Kong et de Sydney, des schémas bien rodés. La puissance publique disposant de moyens humains et financiers importants se trouve en position de bien encadrer le jeu et de faire respecter le contrat. À Hong-Kong, les fonctions de gestion et de contrôle strict ont été séparées. Le département responsable dispose de personnels présents sur le site. Cette régulation forte s'applique tout autant au contrôle de la firme (respect de ses obligations et des paramètres environnementaux) qu'à une action sur le cadre d'action. « Une grande attention a été portée à la définition du cadre régulatoire, justifié dans ses principes et précis dans ses modalités de mise en œuvre ».

Ce point est d'importance. Dans un pareil cas la puissance publique agit pour définir le jeu, pour maîtriser l'essentiel des paramètres qui sortent du contrat. En un mot, elle pré formate le cadre d'action ; ou pour reprendre la formule d'un de nos interlocuteurs, « elle met la firme sur rails ». De ce fait, pour la firme le respect du contrat devient un exercice relativement aisé, calculable, sécurisant. Autrement dit, dans les pays à puissance publique solide et à régulation forte, l'action du côté public encadre le travail de la firme qui, situation paradoxale n'en n'évolue pas moins dans une situation confortable car elle joue un jeu calculable. Le pire pour elle étant de devoir assumer des situations d'aléas mal négociés.

Dans les pays émergents, à l'activité « classique » de régulation vient s'ajouter une action pour construire un cadre d'action stable ; dans ces cas les efforts à fournir pour définir une règle commune sont souvent lourds.

L'exemple de Buenos Aires est très instructif des difficultés qu'il peut y avoir à trouver le bon réglage dans les relations puissance publique/firme et à définir les missions de l'agence de régulation. Un certain nombre de facteurs généraux viennent peser sur ces rapports. Ils tiennent à l'histoire de la constitution de l'agence de régulation (Etoss). On peut les lister.

1) Elle ne dispose pas de légitimité politique puisqu'elle n'a pas signé le contrat de concession; ce point s'avérera très pénalisant dès lors que les problèmes rencontrés sortent d'un strict cadre technique. 2) Elle a été influencée par l'esprit d'une régulation forte de type anglais mais Etoss ne contrôle qu'un seul contrat, tandis qu'en Angleterre Ofwat a face à lui douze RWC et une vingtaine de *Statutory Water Companies*. Cette concentration des missions du régulateur sur un seul contrat tend à faire de son activité un acte lourd, poussant au souci du détail et générateur de tensions. 3) Cette caractéristique se trouve accentuée par l'origine professionnelle de ceux qui forment Etoss : anciens agents de l'entreprise publique privatisée et qui ont donc vécu cette opération comme une mise en cause et une dépossession. Cela ne facilite pas forcément l'harmonie des relations.

Ceci étant, même dans ces cas où tout tourne bien la question qui se pose, nous l'avons rencontrée à Hong-Kong, est celle du coût de la régulation. Il demeure coûteux si on intègre le temps de travail de tous ceux qui participent à cette activité. Tant que les budgets publics ne sont pas soumis à de fortes contraintes, ce schéma peut fonctionner. Dès lors, il convient de se demander s'il n'est pas possible d'obtenir les mêmes résultats avec des moyens moindres en considérant que la firme ne se comporte pas comme un déviant potentiel et qu'elle n'abusera pas de toute la liberté qui lui sera laissée.

À travers cette question on touche bien au fondement de l'activité de régulation et aux présupposés sur les comportements de la firme. Il est en général considéré que la firme ayant trop de liberté aura tendance à en abuser ; ce qui revient à recommander la mise en place de moyens de contrôle solides pour qu'elle ne dévie pas. L'autre approche, que nous soutiendrons, à partir de l'expérience française, part du constat que même livrée à elle-même, en autorégulation, la firme « ne fait pas n'importe quoi » car elle agit sous des principes supérieurs qui encadrent son comportement : se développer, servir ses actionnaires, satisfaire ses clients, veiller à sa réputation pour préserver le long terme. Ces derniers principes introduisent une modération à la seule recherche du profit.

Est-ce réaliste en tout pays ? Le risque d'opportunisme ne doit pas être sous-estimé mais si la voie d'une structure d'action plus autorégulée est explorée, on doit admettre qu'elle ne peut fonctionner sans confiance et sans le partage d'une éthique du service. Ces notions se construisent dans des processus d'apprentissage dont on peut énoncer les étapes.

1) Dans les pays émergents la puissance publique ne peut accorder *a priori* sa confiance, à de grandes firmes étrangères entrantes, sans prendre des risques.
2) Au commencement de l'action elle doit stabiliser la relation sur des éléments contractuels précis et elle doit en assurer le contrôle. L'absence de connaissance et de référence dans les relations – puissance publique/firme – rend ce passage obligatoire.
3) C'est ensuite à la firme par ses pratiques d'apporter la preuve qu'un dispositif moins contraignant aboutirait aux mêmes résultats.
4) Ce n'est qu'à partir d'expériences positives et d'apprentissages qu'une confiance peut s'établir. Le temps est une variable essentielle.

De cela nous retiendrons plusieurs résultats généraux. En cas de recours à des firmes internationales qui lui sont inconnues, la puissance publique se doit de prévoir des contrats précis sur les premières étapes et de les contrôler. Cette situation rigide peut s'ouvrir; la confiance peut s'établir sur la base des apprentissages acquis. On voit donc bien émerger deux séquences pour organiser l'action : soit travailler avec des contrats complets et contrôlés, soit considérer le contrat comme un équilibre ponctuel incorporant une dose d'incomplétude et s'appuyant sur les apprentissages passés. Ce qui revient à dire que la régulation doit être conçue comme un dispositif ajustable aux problèmes et aux comportements de la firme.

Un dernier problème de la régulation répond à la question que régule-t-on ? Le cadre d'action ? La firme ? Ses résultats ? Au moment de la préparation de l'offre, la puissance publique et ses conseils consacrent une certaine énergie à obtenir des informations sur la firme. Or les expériences montrent que cet objectif devient rapidement obsolète car les firmes ne cessent de se reconfigurer; elles achètent, cèdent des actifs, nouent des alliances. Ce mouvement de l'offre, facteur permanent, relève de plusieurs explications : les dynamiques des marchés, l'adaptation à de nouveaux cadres institutionnels, les stratégies de croissance. Les exemples de ces mouvements sont nombreux : eau, déchets, électricité en Angleterre, électricité aux États-Unis[9]. Ils montrent la vitesse de transformation de l'offre et par-là même les limites du régulateur. Celui-ci cherche à agir sur le comportement des firmes or parce qu'elles sont toujours en mouvement elles lui échappent largement.

Évoquons à nouveau le cas de Hong-Kong où chacun des partenaires qui formaient l'offre de Sita a connu des changements majeurs. La maison mère, Lyonnaise des eaux a fusionné avec Suez. Sita a racheté en novembre 1997 les activités internationales du groupe américain Browning Ferris Industries qui était le deuxième opérateur de déchets sur Hong-Kong. Enfin la faillite de Gitic en octobre 1998 affaiblit Guangdong Entreprises qui en cette affaire était le partenaire local. De sorte que quelques années après la signature du contrat la puissance publique a face à elle une structure d'offre considérablement modifiée.

Ce cas permet de pointer un problème structurel de l'activité de régulation. Dans la conception orthodoxe l'activité de régulation repose sur un contrat et sur des règles fixes. Or les problèmes changent et les entreprises ressortent d'un principe de mouvement. L'activité de régulation se trouve à la rencontre de ces deux notions antinomiques : un principe de mouvement (les entreprises) et un besoin de cadre, de règles (la puissance publique). Elle ressemble alors assez souvent à une course poursuite entre un régulateur qui cherche à « encadrer » des firmes qui ne cessent de prendre des initiatives[10]. Ce décalage est d'ordre structurel et donc il n'est pas certain qu'aborder cette question en pensant qu'il soit possible de construire des cadres fixes soit une réponse adéquate au problème posé. On retrouve la aussi comme pour la conception du contrat l'idée de l'incomplétude. Contrat incomplet dans un cas, mouvement de la firme de l'autre. Ces deux résultats suggèrent la mise en place de cadres et de contrats adaptatifs.

Une grande leçon ressort. L'idée selon laquelle il suffirait d'une préparation soigneuse du contrat, d'une bonne sélection et d'une bonne régulation pour qu'une opération de gestion déléguée se déroule sans heurt ne résiste pas à l'observation. Ces histoires réelles nous enseignent une conception différente de celle contenue dans les épures de l'économie orthodoxe.

L'examen de ce qui se passe une fois le contrat signé renforce cette idée. Les exceptions sont trop nombreuses, trop régulières ; elles nous indiquent simplement que la conception orthodoxe de la délégation reposant largement sur la mise au point de contrats complets bute sur quelques rugosités : 1) le contrat rencontre l'épaisseur des sociétés locales, 2) Se pose un problème de définition même du contrat, est-il complet ou incomplet, 3) Cette conception fait l'impasse sur la nécessité de construire les marchés.

LE CONTRAT ET L'ÉPAISSEUR DES SOCIÉTÉS

Une fois les contrats signés tout commence. Pour rester, la firme doit s'adapter. À quoi ? Au contexte, aux mœurs politiques, aux habitudes de consommations etc. Elle travaille à partir d'un contrat mais tout ne peut être prévu, explicité dans un contrat complet. L'action ne peut avoir lieu si les acteurs ne partagent certaines valeurs (culture commune, *tacit knowledge*). Ce non écrit, non formalisé agit comme un lubrifiant qui permet à l'action de se dérouler en souplesse.

Quand bien même l'essentiel des prévisions se réaliserait, l'application du contrat peut gripper sur les interprétations différentes qui en seront faites car les arrières plans culturels des acteurs ne sont pas les mêmes[11]. Ces différences sont d'autant plus fortes que l'on se situe dans des configurations où collaborent des acteurs locaux et des firmes internationales. À la différence de culture entre les hommes politiques, leurs fonctionnaires et les cadres du secteur privé vient s'ajouter celle des origines nationales. Certes cette opposition n'est pas irréductible puisque de nombreuses expériences fonctionnent de façon satisfaisante, il n'en reste pas moins que cette question est assez importante pour que l'on se penche sur la variable culturelle des comportements des acteurs.

Donnons des exemples de ces différences dans les principes d'action et la culture et qui s'observent dans la résolution de problèmes concrets.

- Le rapport au temps. Comment introduire le temps long de la concession dans des pays, par exemple le Mexique, où tout fonctionne sur des temps courts : aussi bien les horizons temporels des individus que le rythme de la vie politique avec des mandats de 5 ans pendant lesquels les programmes doivent être exécutés
- Le crédit accordé aux règles. Dans des pays où l'idée d'un droit ayant force exécutoire pour tous est encore une idée neuve, les acteurs ont du mal à croire que des contrats puissent correspondre à des engagements crédibles pour les deux parties. Par exemple, l'effondrement du communisme a entraîné dans les pays de l'Est une « relativité » des savoirs palpables dans bien des comportements qui discrédite l'idée même d'engagements de longue période[12]

– L'économie des services urbains repose sur un paiement par les usagers ce qui suppose admise l'idée que ces biens puissent être tarifés. Or dans beaucoup de pays – de l'ex bloc communiste, ou dans des pays émergents- la culture partagée est celle de la gratuité[13]. La différence porte sur l'idée que les acteurs se font du statut économique d'un bien; est-ce un bien ordinaire ou un service public (ailleurs on parle de commodités ou d'utilités). Cette même culture va se manifester aussi dans l'acceptabilité par la population que des secteurs autrefois hors marché puissent rentrer dans le marché (voir le cas des privatisations au Brésil).

LE CONTRAT, DOCUMENT ULTIME OU PROCESSUS D'APPRENTISSAGE

Comment organiser la vie du contrat? Tout prévoir avant ce qui suppose des contrats longs, très précis, difficiles à mettre au point, formels dans leur révision? ou des contrats dont on admet dès la conception l'idée de révisions?

Lorsque les entreprises s'engagent, elles ne peuvent tout prévoir sur le futur d'un pays. Les engagements reposent sur un pari sur un pays ou une zone. Comment deux partenaires peuvent-ils énoncer ce qui est du domaine de l'inconnu? Et s'ils ne le peuvent comment parviennent-ils malgré tout à prendre des engagements crédibles? Dans un contrat qui est appelé à durer plusieurs décennies, quelles prédictions fiables peuvent être formulées au-delà d'un horizon de 5 ans? Les expériences de ces dernières années abondent de faits qui ont mis en péril les prévisions de départ: reprise de l'inflation (dans les pays du sud-est asiatique) crise politique (Indonésie) dévaluation (Mexique, Équateur, Brésil) acceptabilité à payer des usagers (Buenos Aires).

La résolution de ces problèmes va être influencée par la culture des acteurs et par la valeur qu'ils accordent à des notions comme le respect d'un contrat, la confiance. Il est clair que pour le moment leur culture, leurs références passées ont plutôt conduit à élaborer des contrats complets. Pourtant bien des problèmes d'adaptation résultent du décalage entre ce cadre de pensée et la réalité.

Hong-Kong offre l'exemple d'un cadre régulatoire très organisé qui néanmoins n'exclut pas les adaptations car la puissance publique a d'abord pour horizon le résultat et non le cadre légal. En Côte d'Ivoire, les révisions contractuelles ont été chaque fois des étapes importantes d'une redéfinition des équilibres - nature des missions déléguées, partage des responsabilités financières entre la firme et la puissance publique. Dans ce cas chaque contrat représente un équilibre correspondant à un certain état du pays, des besoins des marchés.

Buenos Aires avec la révision contractuelle de 1997 témoigne de la difficulté à modifier un contrat dès lors qu'on s'est engagé avec l'idée d'un contrat complet et que le régulateur fonctionne comme le gardien strict des engagements. Il y eut des tensions; il fallut remonter à des arbitrages au niveau supérieur. Or l'idée d'une complétude de ce contrat n'allait pas de soi en raison de la complexité de son objet: la concession de deux grands systèmes techniques dans une mégalopole de plus de six millions d'habitants et pour une durée de vingt-cinq ans. Rien à voir avec un BOT de production d'eau potable pour une capacité de 200 000 m^3. Par conséquent les possibilités d'un écart entre le contrat et les problèmes réels existaient dès l'origine.

Mais puisqu'elles n'étaient pas reconnues, les tensions qui sont apparues n'en sont que plus normales. Celles-ci font partie des processus d'apprentissage par lesquels les acteurs, puissance publique/firme, parviennent à s'ajuster. Lorsqu'ils s'engagent sur de grands contrats complexes et ambitieux ils ont le choix entre deux voies ; soit ils veulent tout prévoir et ils s'exposent au risque douloureux de révision contractuelle, « douloureux » car l'un des partenaires aura toujours l'impression d'un manquement aux obligations de départ ; soit ils s'engagent sur un objectif de résultat, laissent une liberté dans les moyens et s'entourent de procédures de suivi.

De cela nous tirerons l'enseignement général suivant. Sur de très grands contrats il n'est pas possible de tout prévoir *a priori*. Il n'est pas plus envisageable de tenir à jour un tableau croisé des engagements et des réalisations. Pour bien fonctionner, un rapport contractuel a besoin de respiration. Les acteurs doivent disposer de marges d'adaptation encadrées par quelques principes supérieurs : l'engagement sur le résultat, la continuité du service, le traitement égal de tous, le respect de la confiance.

Le véritable risque d'un contrat reste qu'il soit rompu et que le service ne soit plus exploité. Le coût collectif d'une pareille situation est très élevé et de loin supérieur aux coûts des dérapages. Il faut donc garder à l'esprit cette idée essentielle : tant que le principal est assuré par l'exploitant (fournir le service, moderniser, satisfaire les clients) le régulateur peut accepter certains accommodements s'ils vont dans le sens du service. Ce n'est pas scandaleux même si c'est contractuellement discutable. Le succès global de longue durée se joue aussi dans la capacité à lisser les saillantes des moments critiques.

Pour résumer les options possibles au moment de la préparation du contrat nous avons parlé dans un autre texte de « réglage du système ». On peut le faire avant ou pendant le contrat. En France, les premiers contrats de concession tenaient en quelques pages, il est vrai qu'ils étaient encadrés par tout le dispositif du droit administratif et la construction autour de la notion de service public. À l'inverse, ceux produits actuellement par les conseils des gouvernements qui privatisent tiennent en plusieurs boîtes et sont accompagnés de mètres linéaires d'archives, ce sont les cas de Rostock, Sydney, Hong-Kong, Buenos Aires[14].

Ces deux formes représentent visuellement les deux conceptions de la complétude ou de l'incomplétude. Dans un cas le contrat est perçu et conçu comme un document ultime et dans l'autre comme un processus d'apprentissage[15]. Dans cette seconde conception le contrat entérine un accord précis entre des parties ; il fixe des objectifs à atteindre et laisse à l'appréciation des parties, le moment voulu, le soin de l'adapter aux conditions nouvelles.

Construire le marché

Exporter des services urbains représente un exercice bien différent de la vente de biens industriels. Dans l'exportation des services urbains, ce n'est pas seulement un contrat qui s'exporte mais tout son arrière plan (des configurations d'action publique) d'où l'importance de règles stables et partagées, de valeurs communes et d'un cadre institutionnel adéquat. Tout ceci forme des conditions préalables à l'action). Si ces trois conditions (un cadre, des principes et des valeurs) ne se trouvent pas remplies alors il ne peut y avoir action pleine. Que se passe-t-il alors ? Échec ? Ce peut être une éventualité.

I) Dans les pays émergents les échecs d'expériences de quasi-marché avec des firmes « locales » de petite taille en compétition mettent bien en évidence cette caractéristique très particulière aux services urbains ; ce furent les premières expériences de gestion déléguée dans les déchets à Hong-Kong ou à Kuala Lumpur.

II) Des situations de *statut quo* peuvent durer de manière indéfinie ; elles se rencontrent dans plusieurs pays et aboutissent à des résultats absurdes où un service de médiocre qualité oblige les usagers à recourir à des solutions de dépannage plus coûteuses (eau en Inde, au Mexique[16]).

III) Toutes les tentatives de délégation n'ont pas abouti. Le gouvernement indien ne parvient pas à lancer ses programmes de privatisation malgré plusieurs tentatives. C'est sur le défaut d'un accord sur un cadre d'action global que l'appel d'offre international pour la privatisation des eaux de Caracas fut déclaré infructueux. Et en Chine, les expériences qui aboutissent sont en définitive peu nombreuses tout simplement parce qu'il n'est pas simple de passer d'une économie administrée à une économie de marché[17].

Retenons cette idée centrale. L'exportation de services urbains impose souvent d'agir activement à la construction des règles et des marchés. Et ce niveau d'engagement sera d'autant plus nécessaire que l'action concerne un pays émergent.

Cette prise en compte de la nécessaire construction des règles et du cadre pendant l'action introduit une différence capitale par rapport au schéma orthodoxe qui fonctionne dans un monde fixe et sur l'idée implicite d'un jeu où tout serait « déjà là » : le cadre, les règles, les joueurs. Dans les pays émergents on se situe plutôt dans un « en-deça » du jeu ou dans un autre jeu comme le montrent les travaux des ethnologues.

Comment tout ceci se met en œuvre ? Si aucun acteur doté d'une prescience ne peut affirmer avec certitude ce qu'il convient de faire, les acteurs n'ont d'autre choix que d'explorer des solutions ; ils expérimentent. La grande firme offre des avantages adaptés à cette question de la construction du cadre d'action. Grâce à ses ressources elle a la capacité à travailler sur le temps long, ce qui est nécessaire pour coproduire le cadre d'action[18]. On a alors affaire à des acteurs qui sont moins des organisations que des institutions.

Résumons. La critique au schéma en quasi-marché est qu'en ne reconnaissant pas la propriété de la firme comme institution, il ne prend pas en compte la nécessaire construction de ces marchés, le nécessaire « faire avec » qui associe la puissance publique et la grande firme.

« Faire faire » ou « Faire avec »

Ces situations posent de nouvelles questions à la régulation. Les frontières entre le principal et l'agent s'atténuent en bien des cas. En se plaçant uniquement dans la vision orthodoxe on pourrait penser que ces comportements relèvent de stratégies de séduction de la firme à l'encontre de la puissance publique et n'ont d'autre objet que de permettre ensuite des stratégies opportunistes. Elles ne sont pas à exclure comme le montrent par exemple des travaux sur la sous-traitance dans l'industrie (Neuveille, 1997). Mais si on admet que bien souvent les deux parties explorent des problèmes nouveaux pour lesquels elles ne peuvent s'en remettre à des solutions toutes faites, alors elles n'ont d'autres choix que d'élaborer des configurations de partage des risques et des responsabilités.

Quelles conséquences en tirons-nous pour la régulation ? La coproduction est par définition une composante au cœur de l'action publique urbaine. Donc vouloir introduire uniquement de la séparation, du contrôle et reproduire dans une configuration en quasi-marché les rapports d'extériorité entre la firme, le marché et le régulateur, correspond à l'inverse de ce qui est requis par la nature même de ce type d'activité : « le faire avec ».

L'architecture en oligopoles compétitifs propose une solution à ce problème. Les firmes ont les compétences. Dans ce schéma la construction du cadre revient à la puissance publique et aux firmes. Cette architecture met en congruence -l'acteur détenteur du savoir, la place qui lui revient en dehors du contrat stricto sensu. Elle établit sans le dire l'équivalence suivante : « puisque ce sont des très grandes organisations acceptons leur action comme institutions ».

Comment cependant agir sur les grandes firmes et veiller qu'on ne tombe pas dans les travers connus dans d'autres pays (l'attitude des monopoles en Grande-Bretagne) et qui ont entraîné l'inverse du tout libéral ?

– Juger sur les résultats saisis du point de vue du consommateur le plus faible – le consommateur individuel. C'est le rôle d'un régulateur spécialisé main légère.

– Veiller au maintien d'une architecture de *check and balance*. Comment y parvient-on ? Cela dépend de chaque secteur. Mais on peut lister des facteurs essentiels sur lesquels se portent les choix :

- privatisation ou délégation.
- firmes intégrées ou cellulaires en réseau.
- financement protégé ou compétition sur le marché des capitaux.
- régulateur légitime politiquement ou technocratique.
- régulateur proche ou distant.
- et donc critères de négociations, précis, industriels ou globaux et financiers.
- moyens légaux pour contrecarrer la firme comme organisation (droit de la concurrence, droit des usagers.
- légitimité politique de la puissance publique dans la construction du cadre d'action.

* * *

Quelles conclusions pouvons-nous en tirer, quant à un rôle possible du régulateur dans les pays émergents ? Globalement, la création d'une agence de régulation représente un progrès en particulier dans des pays où l'État fait défaut. Ce tiers acteur évite que la puissance publique locale ne se retrouve seule totalement désarmée. Progrès également car c'est un moyen pour maintenir une continuité de relation entre puissance publique et firme. Mais les risques de conflits existent en permanence si l'activité de régulation est trop tournée vers le contrôle strict. Entre les solutions anglaises d'un régulateur tout puissant et la solution française d'auto-régulation, il reste sans doute à inventer un régulateur à triple fonction.

1) Le garant des engagements. Il mesure les performances. Il rappelle le respect des contrats mais il faut sans doute moins le positionner du côté du « contrôle » strict que de l'évaluation des résultats.
2) The *system builder*. Il participe à la construction du cadre d'action au côté de l'État ; dans ce rôle, il produit des règles, des normes etc.
3) L'assistant de la puissance publique. Il travaille étroitement avec le politique local pour faire circuler les informations ; participer aux micro-régulations.

Notes

1 La première version de cet article a été publiée dans un numéro spécial des *Annales des Mines*, consacré à l'exportation des services publics (août 1999). Il est reproduit ici avec l'aimable autorisation de la revue.

2 Les monographies sur lesquelles nous nous appuyons s'inscrivent dans un programme collectif. Elles ont été réalisées par différents auteurs et publiées dans deux textes, *Gestions urbaines de l'eau*, Paris, Économica, 1995 et *Expériences de gestion déléguée*, Paris, Ministère de l'Équipement, 1999. Dans la suite de cet article, la référence à ces deux textes sera indiquée par les mentions respectives : GUE et EGD.

3 Voir les travaux de Coase, Williamson, Chandler, Aoki. Pour une présentation didactique des différentes écoles ayant travaillé à partir de la firme à un dépassement du modèle standard, voir Coriat et Weinstein, *Les nouvelles théories de l'entreprise*. Le Livre de Poche, Paris, 1995, p. 38.

4 D. Faudry, pour le cas de Buenos Aires, dans EGD, *op. cit.*

5 « Les conseilleurs ne sont pas les payeurs ».

6 Financial Times, August 29, 1998. Manila Water qui avait remporté l'appel d'offre avec un prix de 2,32 pesos/m^3 (5 US cents) demande alors une hausse « extra-ordinaire » à 5,64 pesos.

7 C. Defeuilley, chapitre sur le Brésil, EGD *op. cit.*, p. 11.

8 Le projet de Sydney comprenait trois unités de traitement d'eau potable, dont Prospect, la plus grande. Voir J. Moss in GUE 1995, *op. cit.* Voir aussi des articles de P. Alla. À Hong-Kong, le processus de délégation a concerné trois décharges géantes, respectivement gagnées dans l'ordre par Waste Management, Browning Ferris Industries et Sita. Nous avons documenté ce dernier cas.

ANNEXE : LES CAS DISCUTÉS

LIEU	SECTEUR	ENTREPRISE	AUTEUR	DOCUMENT
Chengdu	**eau**	**Vivendi**	**D. Lorrain**	**Flux33, EGD**
Commentaire : premier BOT eau potable en Chine, présenté par les autorités de Pékin comme « la » référence pour leur pays. Ce dossier représente un pas très important dans la réforme de l'économie des services urbains, largement dominés par des principes d'administration directe.				
Buenos Aires	**eau**	**Lyonnaise**	**D. Faudry**	**GUE, EGD**
Commentaire: ce contrat a eu une influence considérable dans les milieux de l'eau, par sa taille, par l'engagement des organismes internationaux, parce que c'était le premier grand contrat concessif dans un pays émergent. Cette expérience a commencé en 1994 ; elle a donc une certaine histoire.				
Brésil	**électricité**	**divers/EDF**	**C. Defeuilley**	**EGD**
Commentaire: Le Brésil « privatise » plusieurs réseaux urbains : télécommunications, déchets, eau et électricité. Examiner la politique menée dans le secteur électrique met l'accent sur un secteur sensible dans un pays qui bouge				
Côte-d'Ivoire	**eau/ électricité**	**Bouygues**	**J.-C. Lavigne**	**GUE, EGD**
Commentaire: Cette expérience constitue certainement le partenariat le plus large doté d'une longue durée entre une grande firme et un pays d'Afrique. Il ne s'agit pas d'un BOT ponctuel mais d'une expérience dotée d'une histoire, appliquée à de nombreuses villes, étendue de l'eau à l'électricité.				
Hong-Kong	**déchets**	**Sita**	**D. Lorrain**	**EGD**
Commentaire: Ce cas est un exemple de fonctionnement d'une firme dans un environnement régulatoire marqué par l'influence anglaise avec une puissance publique très impliquée et qualifiée.				
Prague	**chauffage**	**Gle de Chauffe**	**J.-R. Barthélémy**	**EGD**
Commentaire : Ce cas illustre la nécessité d'un cadre d'action - des principes, des règles, et le fait que l'exportation de services urbains s'inscrit dans des contextes de compétition entre les firmes				
Sydney	**eau**	**Lyonnaise**	**J. Moss**	**GUE**
Commentaire : Il s'agit du premier BOT eau dans un pays industriel pour une très grande unité de traitement d'eau potable 3 millions m3/j. Illustre l'évolution d'une firme dans un environnement anglo-saxon.				

Commentaire : Il s'agit du premier BOT eau dans un pays industriel pour une très grande unité de traitement d'eau potable 3 millions m^3/j. Illustre l'évolution d'une firme dans un environnement anglo-saxon.

9 Voir le numéro spécial de *Flux* n∞31/32, décembre 1998, CNRS-ENPC, notre article et celui de C. Defeuilley.

10 Les secteurs des télécommunications et des industries de l'information, poussés par les changements techniques, en sont un exemple actuel.

11 Sur ce sujet, voir Ph. d'Iribarne, *La logique de l'honneur*. Paris, Seuil, 1989.

12 Sur les Peco et la Chine voir Cl. Durand, *La coopération technologique internationale*. Bruxelles, De Boeck, 1994; F. Gipouloux, *La Chine vers l'économie de marché*. Paris, Nathan, 1993.

13 Voir le cas de la Côte d'Ivoire ou de Chengdu.

14 La résolution de ce problème lié aux incertitudes inhérentes à ce type de contrat (ce sont des contrats incomplets) fait alors intervenir la confiance. Là aussi cette catégorie est plus ou moins acceptable selon les pays: confiance pour les uns, défiances ailleurs.

15 Cette conception du changement renvoie dans le domaine militaire aux figures de l'obus et du missile. Puisqu'il n'est pas possible de corriger la trajectoire après le tir, tout doit être calculé avant. Tandis que le missile incorpore des paramètres qui permettent de recalculer sa trajectoire en temps réel.

16 Voir Zerah in *Flux* n° 31/32 *op. cit.* C'est aussi l'analyse de la Banque mondiale depuis plusieurs années.

17 Sur la Chine voir notre article, « De l'administration directe à l'économie de marché », in *Flux* n° 33, décembre 1998. Voir aussi M. Thomas, « The Pressures of Project Finance », in *The China Business Review*, March-April 1998. Sur Caracas, voir H. Coing in GUE, *op. cit.*

18 Voir notre chapitre: « La politique à tous les étages (la construction des modèles de services urbains) », dans *Villes en Europe*, Bagnasco et Le Galès (dir.). Paris, La Découverte, 1997. La Côte d'Ivoire offre l'exemple d'un pays où aucune des règles « normales » de l'économie dérégulationniste n'a été respectée, et pourtant c'est au prix de ces entorses que le système marche. EGD et GUE, *op. cit.*

Bibliographie

Bagnasco et Le Galès (dir.), 1997, *Villes en Europe*. Paris, La Découverte.

Coing H., 1995, *Gestions urbaines de l'eau*, Paris, Économica.

Coriat et Weinstein, 1995, *Les nouvelles théories de l'entreprise*. Paris, Le Livre de Poche.

Cl. Durand, 1994 , *La coopération technologique internationale*. Bruxelles, De Boeck.

D'Iribarne Ph., 1989, *La logique de l'honneur*. Paris, Seuil.

Gipouloux F. , 1993 , *La Chine vers l'économie de marché*. Paris, Nathan.

Neuville, 1997, « La stratégie de la confiance (le partenariat industriel observé depuis le fournisseur) », dans *Sociologie du Travail*, n° 3.

Lorrain D., 1998 , « De l'administration directe à l'économie de marché », dans *Flux* n° 33.

Thomas M., 1998, « The Pressures of Project Finance », dans *The China Business Review*, March-April.

LES MULTIPLES VISAGES DE LA RÉORGANISATION DES SERVICES D'EAU DANS LES VILLES ARGENTINES

Bernard de Gouvello*

Au cours de ces quinze dernieres années, l'Argentine a été en proie à d'importantes réformes économiques et sociales sous la pression des institutions financières et bancaires internationales (Banque mondiale, Fonds monétaire international). À partir du début des années 1990, le gouvernement Menem a ainsi mis en œuvre une politique d'inspiration néolibérale, caractérisée par la libéralisation de l'économie et la privatisation d'entreprises publiques. Cette politique a notamment été appliquée à un grand nombre d'activités dites de service public dans lesquelles l'État était jusqu'alors particulièrement impliqué : le gaz, l'électricité, le téléphone, les transports.

Le secteur de l'eau et de l'assainissement n'a pas échappé à cette logique : l'organisation et la gestion des réseaux d'eau potable et des égouts dans les villes argentines ont entamé un processus de mutation en profondeur. Le modèle antérieur, étatique et centralisé, incarné par l'entreprise publique nationale OSN (*Obras Sanitarias de la Nación*), qui avait structuré le secteur depuis le début du XXe siècle disparaît définitivement en 1993 lorsque, l'État argentin concède à *Aguas Argentinas* (un consortium privé mené par le groupe Lyonnaise des Eaux-Dumez) les services d'eau et d'assainissement d'une partie de la région métropolitaine de Buenos Aires. D'une durée de 30 années, cette concession, qui concerne près de 10 millions d'habitants, constitue alors la plus grosse expérience de gestion déléguée au monde. De ce fait, elle est rapidement érigée en figure de référence, non seulement en Argentine, mais également pour les autres pays qui envisagent de développer la part du privé dans l'organisation du secteur. Tel est, dans le continent latino-américain, le cas du Brésil (Alves dos Santos, Britto, Leite Porto, 1998). Cette expérience est également largement reprise par

* Voir biographie Présentation.

les institutions internationales pour renforcer la promotion de la gestion privée dans le secteur (Kessides, 1993 ; Riviera, 1996).

Toutefois, la seule étude de la concession de Buenos Aires ne permet pas d'appréhender la recomposition actuelle du secteur de l'eau et de l'assainissement telle qu'elle se passe concrètement dans l'ensemble de l'Argentine. En effet, l'importance de ce contrat tend à occulter la diversité des situations et des évolutions existantes dans la gestion des services d'eau et d'assainissement entre les différentes villes du pays. L'objet de cet article est d'apporter un éclairage sur cette question à partir d'exemples empruntés aussi bien au cas de Buenos Aires qu'à des expériences situées dans d'autres lieux du pays, en particulier dans les provinces de Santa Fe, de Chubut et de Córdoba qui ont fait l'objet d'études de cas détaillées (de Gouvello, 1999, 2001 et 2001b). L'observation de ce qui se passe à l'intérieur du pays permettra de mettre en évidence les multiples visages de la réorganisation des services d'eau et d'assainissement dans les villes argentines et, partant, de relativiser l'importance de l'expérience de Buenos Aires dans le processus actuel de restructuration du secteur.

LA DIVERSITÉ DES ARCHITECTURES INSTITUTIONNELLES ÉMERGENTES

Le processus de mise en concession des services de la région métropolitaine de Buenos Aires (définition de l'appel d'offres, préparation et présentation des offres, signature du contrat) a signifié la disparition de l'entreprise publique OSN mais également du modèle d'organisation des services qui était attaché et qui caractérisait encore au début des années 1990 un grand nombre des services des villes de l'intérieur du pays[1]. L'expérience de Buenos Aires a ainsi pu donner l'impression que l'Argentine pouvait être abordé comme une sorte de territoire vierge en ce qui concerne l'histoire institutionnelle de ces services et, par conséquent, constituer une sorte de laboratoire pour la mise en place de « modèles » de gestion importés.

L'influence des modèles de références

Aux yeux des institutions internationales, deux modes d'organisation des services d'eau et d'assainissement constituent des références pour la réforme des services dans les pays en développement : le « modèle anglais » de privatisation et de régulation et le « modèle français » de concession ou, plus généralement, de gestion déléguée (Kessides (Ch.), 1993 ; Triche (Th.), 1994).

Ces deux modèles partagent une caractéristique fondamentale : placer l'entreprise privée au cœur de la gestion des services. Mais la place et les modalités d'action de l'entreprise y diffèrent. Dans le modèle anglais, les services d'eau et d'assainissement sont assurés par des entreprises régionales qui ont acheté le capital des anciennes entreprises publiques et sont ainsi devenues propriétaires des infrastructures qu'elles opèrent. Leur activité est contrôlée sur le plan économique par un organisme national de régulation, OFWAT (*Office of Water Services*)[2]. Le rôle de l'organisme est triple : assurer une réglementation économique du secteur permettant la réalisation d'investissements et une rémunération juste des entreprises, contrôler le résultat des entreprises et veiller à la défense des consommateurs (Barraqué, 1995). Dans le modèle français, l'autorité publique locale (municipalité ou syndicat de communes) délègue à une entreprise privée la gestion des services pour une durée variable oscillant généralement entre 15 et 30 ans, en fonction du type de contrat signé (régie intéressée, affermage, concession ou formule intermédiaire). En fin de contrat, et dans la mesure où celui-ci n'est pas reconduit, le patrimoine est restitué à la collectivité concernée.

L'influence de ces modèles d'organisation des services sur les formes de la recomposition des services d'eau et d'assainissement dans les villes argentines est patente. En premier lieu, il convient de relever la part croissante que jouent les entreprises privées dans ce secteur d'activités en Argentine. La première opération de « privatisation » dans le secteur a lieu en 1991. Elle concerne un lot groupé d'une dizaine de villes de la province de Corrientes, dont la capitale Corrientes (environ 300 000 habitants). L'appel d'offres est remporté par le consortium *Aguas de Corrientes*, mené par l'entreprise anglaise Thames Water, qui se voit concéder les services pour une durée de trente années et placée sous le contrôle d'un organisme de régulation provincial formé à partir d'une fraction de l'ancienne administration en charge de la gestion des services. Cette première expérience, modeste en termes de marché, a permis aux principaux concurrents de l'appel d'offres à venir de Buenos Aires de se préparer. Car, c'est bien le contrat de Buenos Aires, signé en 1993, qui marque la véritable amorce du mouvement. Composé de capitaux français, argentins, anglais et espagnols, le consortium *Aguas Argentinas*, dirigé par la Lyonnaise des Eaux, prend en charge la gestion des services de la capitale argentine et d'une large fraction de sa périphérie pour une durée de 30 ans (10 millions d'habitants au total). Pour contrôler le déroulement du contrat, est créée une agence de régulation, dénommée ETOSS (*Entre Tripartito de Obras y Servicios Sanitarios*), laquelle réunit en son sein des représentants de l'État argentin, de la ville de Buenos Aires et de la province du même nom. L'importance de ce contrat en fait rapidement une référence par rapport à laquelle les différentes provinces de l'intérieur du pays cherchent à se situer.

En 1995, la province de Santa Fe procède à son tour à la concession pour 30 ans d'un ensemble d'une quinzaine de villes dont Rosario (1,2 million d'habitants) et Santa Fe (450 000 habitants). Le marché est remporté par le consortium *Aguas Provinciales de Santa Fe*, à nouveau mené par la Lyonnaise des Eaux. La même année, la province de Tucumán fait de même pour une quinzaine de villes dont l'agglomération de la capitale San Miguel de Tucumán (600 000). Cette fois le consortium vainqueur, *Aguas del Aconquija*, est mené par la Compagnie Générale des Eaux. En 1997, c'est au tour de la ville de Córdoba (1,2 million d'habitants) de déléguer son service de distribution d'eau, la municipalité conservant la gestion des égouts. Le consortium vainqueur est à encore mené par la Lyonnaise des Eaux. En 1998, la province de Mendoza se lance aussi dans l'aventure avec une concession groupée, qui englobe l'agglomération de Mendoza (800 000 habitants). Dans ce cas un peu particulier, l'ancienne administration provinciale est réformée pour permettre une ouverture de capital au privé : le groupe *Azurix*, filiale de *Enron* prend une participation dans l'entreprise ainsi créée. Enfin, au cours de l'année 2000, la province de Buenos Aires délègue une cinquantaine de villes : *Azurix* s'empare d'un marché de plus de 2,3 millions d'habitants, disséminés sur l'ensemble du territoire (mais comprenant des grands centres urbains comme l'agglomération de La Plata ou Bahia Blanca), tandis que la partie de l'aire métropolitaine non desservie par *Aguas Argentinas* revient au consortium *Aguas del Gran Buenos Aires*, mené par l'entreprise espagnole *Aguas de Bilbao*. À côté de ces grosses expériences, des contrats de concession de moindre ampleur sont signés directement par certaines municipalités auprès d'entreprises privées locales : tel est le cas des villes de Pilar, Campana, Balcarce et Laprida dans la province de Buenos Aires[3].

L'influence des modèles français et anglais se lit de manière plus spécifique dans les outils institutionnels et le vocabulaire juridique utilisés. Ceux-ci sont clairement importés de France et d'Angleterre. La création d'organismes de régulation ainsi que les noms qui leur sont donnés (*Entes Reguladores, Ente de Regulación*) renvoient clairement au modèle et à la terminologie anglaise, tandis que les termes de *autoridad concedente, concesión* et *concesionario* renvoient au vocabulaire français. Ces outils et ce vocabulaire, et plus encore, les logiques qu'elles sous-tendent, n'existaient pas auparavant. Parler de concession ne renvoyait à aucune réalité concrète du temps où l'État (que ce soit à l'échelon national, provincial ou municipal) gérait la plupart des services directement. Lorsqu'un service n'était pas pris en charge par l'État, mais par une entité autre, celle-ci assumait l'intégralité des responsabilités des services. L'idée d'une responsabilité partagée entre différents acteurs dans le cadre d'une architecture institutionnelle formalisée était absente. Le cas des nombreuses coopératives créées dans le cadre du *Plan Nacional de Agua Potable*, un programme national de construction de réseaux et de gestion communautaire des services initié à la fin des années 1960, tout d'abord dans le milieu rural puis dans les petites villes, en offre une bonne illustration : si, dans certains cas, la municipalité pouvait être à l'initiative de la démarche en demandant l'intégration de la localité au programme, la maîtrise de tous les aspects lui échappait une fois cette demande acceptée, pour échoir à une coopérative d'usagers (de Gouvello, 1999). Quant au mot régulation, aujourd'hui omniprésent, il n'existait simplement pas dans le secteur : seule l'idée de planification était présente. Avec l'émergence du vocabulaire anglais et français dans les textes réglementaires du secteur (lois, contrats), la séparation entre une entité chargée de l'opération des services et une entité en charge du contrôle ou de la régulation est devenue une réalité institutionnelle en Argentine.

Le constat de la diversité

Cependant au-delà de ces tendances communes, nous n'assistons pas à une unification des modes de gestion qui sont en train de s'élaborer, bien au contraire. En regardant plus en détail, l'on constate des différences sensibles d'un service à l'autre. Tout d'abord, si partout sont évoquées les notions de « privatisation », « concession » ou « régulation », la signification concrète de ces termes varie notablement d'un endroit à l'autre. Ainsi, la privatisation des services désigne dans le cas de l'aire métropolitaine de

Buenos Aires la mise en concession des services (la propriété des installations et réseaux restant à l'État), tandis que, dans la province de Mendoza, il s'agit d'ouvrir le capital de l'entreprise publique à des investisseurs privés. Dans le cas des provinces de Jujuy, Salta et La Rioja, le terme est même utilisé pour désigner le changement de statut de l'administration publique provinciale en entreprise privée sans qu'il n'y ait d'ouverture du capital[4]. De même, si le terme de concession désigne toujours une situation dans laquelle le responsable « naturel » d'un service en confie l'opération à un tiers, le contenu concret des modalités de cette opération est à nouveau très variable. Ainsi à Buenos Aires, le contrat de concession est un document de plusieurs centaines de pages censé, en théorie, orchestrer le déroulement des 30 années à venir.

Ailleurs, il est le plus souvent plus bien concis, à l'instar du cas de Villa María (province de Cordóba), ville de 60 000 habitants, située au cœur de la province de Córdoba : le document signé entre la municipalité et le concessionnaire ne comporte que trois feuillets et laisse de nombreuses incertitudes quant aux responsabilités respectives des deux partis. Enfin, la création dans un grand nombre de provinces d'organismes de régulation, s'accompagne d'un foisonnement tout aussi fluctuant du niveau territorial de compétence et des missions de ces organismes. Là où, dans l'aire métropolitaine de Buenos Aires, l'ETOSS (*Ente Tripartito de Obras y Servicios Sanitarios*) dispose d'instruments très détaillés de régulation mais limités à la seule zone concédée à *Aguas Argentinas*, la province de Córdoba a défini un cadre de régulation valable sur tout le territoire provincial, mais beaucoup moins précis et surtout moins contraignant, les véritables « enjeux » (régulation tarifaire, planification des investissements...) se jouant au niveau local. À l'intérieur d'un espace régulé par une même entité, les modalités du cadre de régulation sont même susceptibles de varier selon la nature du prestataire considéré. Ainsi, dans la province de Santa Fe, les coopératives de services publics ne sont pas soumises – au moins transitoirement – à l'ensemble des modalités de régulation applicables au consortium *Aguas Provinciales de Santa Fe* qui gère les services des villes les plus importantes de la province. L'utilisation d'un vocabulaire commun ne signifie donc pas l'unité des réalités, et la véritable polysémie de ce vocabulaire génère, on le voit, de nombreuses ambiguïtés.

La diversité apparaît de manière encore plus flagrante dans l'organisation des architectures institutionnelles mis en place. Ces dispositifs sont d'une complexité variable en ce qui concerne le nombre d'acteurs qui s'y trouvent impliqués. A Buenos Aires, le dispositif comporte deux acteurs : le concessionnaire (*Aguas Argentinas*) et le régulateur (ETOSS), lequel remplit également de fait le rôle de concédant. Dans la plupart des villes de la province de Córdoba, le dispositif en comporte trois : la municipalité (concédant), le concessionnaire (une coopérative ou une entreprise privée), l'entité provinciale de régulation (la *Dirección Provincial de Agua y Saneamiento*). La ville de Comodoro Rivadavia, située dans la province de Chubut en Patagonie offre en l'espèce un « modèle » de complexité. En raison de l'absence de ressources en eau locale, cette ville de 125 000 habitants est alimentée par un aqueduc de plus de 120 km de long. La gestion des services, qui est articulée avec celle de cet aqueduc, n'implique pas moins de sept acteurs : la municipalité de Comodoro Rivadavia (en tant que concédant des services d'eau et d'égouts de Comodoro Rivadavia), la SCPL (coopérative concessionnaire des services de la ville et opérateur de l'aqueduc), la province de Chubut (propriétaire de l'aqueduc dont elle contrôle la gestion menée par la SCPL), et, enfin, les quatre autres entités reliées à l'aqueduc et qui achètent de l'eau en bloc à la SCPL (une municipalité, une entreprise pétrolière, une coopérative et un régiment militaire), lesquels gèrent localement leur propre service de distribution d'eau.

La complexité des architectures institutionnelles se révèle également dans la multiplicité des échelles territoriales que ceux-ci articulent. En particulier, le rapport entre échelle d'opération et échelle de régulation est variable. Dans le cas de l'aire métropolitaine de Buenos Aires, les deux acteurs *Aguas Argentinas* et ETOSS ont le même territoire de compétence : réalité technique, opération et régulation participent du même niveau territorial. Dans le cas de la province de Santa Fe, il existe une pluralité d'opérateurs (reflétant une réalité technique : un ensemble de réseaux éparpillés sur l'ensemble du territoire de la province), et, d'autre part, un seul et même organisme assure la régulation au niveau de la province entière. Dans la province de Córdoba, si la décentralisation des services met l'accent sur l'échelle locale (municipalité seule dans le cas d'une gestion directe, municipalité et concessionnaire dans les autres cas), elle s'accompagne du maintien de missions de planification et de certaines procédures de contrôle au sein d'un organisme provincial.

En ce qui concerne la variété des opérateurs, il a été possible de recenser une dizaine de statuts juridiques différents, allant du consortium international à l'association de voisins en passant par les coopératives, les services municipaux et différentes formes d'entités étatiques de niveau provincial. Concernant cette dernière catégorie, cinq types de statut différent ont été identifiés, lesquels reflètent plus ou moins le degré d'autonomie de la structure considérée vis-à-vis du pouvoir exécutif provincial. Par ordre d'autonomie croissante, ces statuts sont : l'organisme centralisé (*ente centralizado*), l'organisme décentralisé (*ente descentralizado*), l'entité « autarcique » (*ente autárquico*), la société d'État provincial (*sociedad del Estado*), et la société anonyme (*sociedad anónima*) dont les capitaux demeurent exclusivement ou majoritairement provinciaux[5]. Enfin, cinq échelles d'intervention différentes ont été identifiées : le territoire d'une province, une agglomération, un ensemble de villes non connexes, une ville ou encore une portion de ville, voire un quartier.

Un métissage des modèles de référence avec des caractéristiques locales

La diversité des architectures institutionnelles observables sur le terrain peut être interprétée en partie comme une hybridation différentielle entre les modèles de référence (anglais et français). Toutefois, une telle explication est insuffisante. Force est de constater dans bien des cas l'existence de spécificités proprement locales.

Deux exemples permettent d'illustrer ce double phénomène. À Buenos Aires, on a affaire à une concession, ce qui nous renvoie au modèle français, et la mise en place d'une entité de régulation, ce qui renvoie au modèle anglais. En même temps, la manière dont est constituée cette entité régulatrice (tripartite, et dans lesquelles les municipalités de la couronne concernées par la concession, ne sont pourtant pas représentées directement) renvoie au fonctionnement à l'organisation politique et à la faiblesse relative du pouvoir municipal dans la zone. À Villa Maria, l'on retrouve bien l'influence des modèles français (par la concession et le poids accordé à la municipalité dans le contrôle de celle-ci), mais également du modèle anglais – bien que plus diffuse – (par la création de l'organisme provincial de régulation, qui joue de fait plus le rôle de planificateur). Il n'est cependant pas possible de saisir ce qui constitue l'originalité de l'architecture institutionnelle adopté à Villa Maria, à savoir la création comme concessionnaire d'une coopérative ouvrière intégrée par les anciens fonctionnaires de l'administration provinciale sans se référer au poids traditionnellement fort du syndicalisme et de sa crise actuelle dans le secteur de l'eau et de l'assainissement en Argentine. En effet, la création de la coopérative ouvrière fut rendue possible grâce à l'appui du mouvement syndical dans le secteur public de l'eau. Traditionnellement fort dans le secteur (et particulièrement dans la région de Villa Maria), le mouvement syndical, violemment ébranlé par la politique de privatisation des entreprises publiques, cherche à opérer une re-définition de son rôle dans le secteur. L'expérience de Villa Maria apparaît comme une tentative pour effectuer cette opération.

Ainsi, l'Argentine n'apparaît pas comme un ensemble de lieux de concurrence entre les deux modèles, car l'on constate des emprunts simultanés aux deux modèles. Mais plus encore, ces emprunts composent avec des caractéristiques locales préexistantes. De sorte qu'il est possible de dire qu'ici, à l'instar d'autres pays latino-américains, nous ne trouvons pas un phénomène de « mimétisme institutionnel » mais plutôt une logique de « métissage » (Coing, 1996).

LA MARQUE DE L'HISTOIRE

La prégnance ou la résurgence de caractéristiques locales dans les architectures institutionnelles qui se mettent en place dans les villes argentines renvoient à l'histoire du secteur antérieure au mouvement de privatisation des années 1990, et plus particulièrement à la décennie précédente. Suite à la décision prise par l'État fédéral de transférer en 1980 aux provinces les services jusque là gérés par OSN (à l'exception de l'aire métropolitaine de Buenos Aires), celles-ci jouent un rôle central et variable dans l'amorce de la réorganisation du secteur au cours de la décennie 1980. Et si la mise en concession des services de Buenos Aires entreprise par le gouvernement fédéral va être érigée en exemple à suivre, voire en « modèle » recommandé aux provinces, ces dernières vont garder toute latitude pour décider d'y recourir ou d'adapter les modalités de mise en œuvre en fonction de leurs propres critères et des réorganisations qu'elles ont déjà opérées dans le secteur.

Le transfert des services de OSN : une décentralisation « subie »

Le transfert aux différentes provinces des services auparavant gérés par l'entreprise nationale OSN marque la fin de la prédominance de l'État fédéral sur l'organisation institutionnelle du secteur de l'eau et de l'assainissement en Argentine. La disparition du « modèle OSN » constitue une rupture profonde avec la période antérieure. Elle met un terme à l'ambition de l'État fédéral à peser véritablement sur le devenir du secteur. Programmé dès 1970, le démantèlement de OSN en tant qu'entreprise d'envergure nationale n'a lieu que dix années plus tard par un décret du gouvernement militaire en place. Mais cette période n'est pas mise à profit pour préparer les provinces à cette opération qui apparaît comme une « procédure beaucoup plus guidée par une politique ou par des objectifs fiscaux que par un vrai et rationnel réaménagement institutionnel du secteur »[6]. En effet, les provinces se voient imposer ce transfert brutalement en 1980. Pour l'État central, l'objet de cette décentralisation est d'en finir une fois pour toutes avec le « modèle OSN » devenu trop déficitaire, et non pas de mettre en place un vrai modèle de rechange. La réorganisation du secteur dans son ensemble n'est pas pensée. Ainsi, il est mis fin au système de péréquation tarifaire (ce qui condamne à brève échéance certains réseaux) et aucun système de type fonds d'investissement fédéral n'est créé.

Pour faire face au transfert des services de OSN, les provinces opèrent des réaménagements institutionnels. Effectués dans l'urgence, ceux-ci ne constituent qu'une procédure formelle. L'ampleur du réaménagement réalisé dans chaque province reflète surtout l'importance des services transférés par OSN au regard de ceux déjà assurés par un organisme provincial. Car, bien que d'envergure nationale, OSN n'était pas présente sur le territoire de façon homogène. Certaines provinces s'étaient déjà dotées d'organismes gérant les services de villes moyennes, voire importantes. En particulier, la province de Buenos Aires a créé dès 1913 une entité provinciale – OSBA (*Obras Sanitarias de la Provincia de Buenos Aires*) – pour assurer la desserte de la capitale provinciale (La Plata) puis de la plupart des villes de l'intérieur de son territoire. Limitée à une fraction de la seconde couronne du Grand Buenos Aires et à quelques villes, la décentralisation des services de OSN vers OSBA n'a pas modifié l'organisation du secteur dans cette province. Dans d'autres cas, l'intervention de la province dans le secteur étant plus réduite, voire limitée au rayon d'action du SPAR (*Servicio Provincial de Agua Potable Rural*)[7] – à savoir les petites localités –, le transfert des services de OSN conduit alors à improviser une entité *ad hoc*, en y rattachant éventuellement le SPAR. La nouvelle entité est généralement créée au sein du ministère des travaux publics de la province, dont elle est fortement dépendante (statut d'administration provinciale centralisée ou d'entité « autarcique »). Se reproduit alors au niveau provincial la logique institutionnelle de OSN, ancienne « entité autarcique » du ministère des travaux publics de la Nation.

Ces premiers réarrangements institutionnels n'ont eu d'autre ambition que d'entériner le transfert des services OSN, lequel s'est accompagné d'un transfert très partiel et inégal de compétences et de savoir-faire. En effet, au cours de la période qui précède la décentralisation, OSN était structuré selon trois niveaux territoriaux principaux : le siège national, où étaient prises la majorité des décisions stratégiques (planification nationale, définition des normes et des projets importants) ; la région, qui regroupait plusieurs provinces et avait en charge la planification régionale et la définition et l'exécution de projets de moindre envergure ; enfin, le niveau local, cantonné à la seule gestion technique des réseaux et autres installations. Aussi, avec la décentralisation, les provinces n'ont hérité que d'une fraction des compétences de OSN, la faiblesse de cet héritage étant encore plus patente pour celles dans lesquelles ne se trouvait pas de siège régional de OSN.

Au moment du transfert des services de OSN, les provinces ne sont donc pas véritablement préparées. Dans l'urgence, elles recréent, à leur échelle et par une sorte de mimétisme, des entités organisées sur le modèle de OSN. Mais l'homogénéité institutionnelle apparente de ces entités occulte le décalage souvent important avec les moyens dont elles disposent réellement et la disparité des situations dans lesquelles les provinces se trouvent. Un tel déphasage rend nécessaire la redéfinition du rôle de l'État provincial et, partant, inéluctables des évolutions institutionnelles à brève échéance.

La progressive autonomisation des organismes provinciaux

Le processus de recomposition du secteur ne débute véritablement qu'avec l'avènement du COFES (*Consejo Federal de Entidades de Servicios Sanitarios*) en 1982. Créé par les entités des différentes provinces qui, pour pallier leur manque de compétences – et, notamment de savoir-faire en matière de normes –, ressentent la nécessité de se regrouper au sein d'un structure commune, cet organisme accueille également en son sein OSN (en tant que prestataire de l'aire métropolitaine de Buenos Aires) et plusieurs fédérations de coopératives impliquées dans le secteur. Le COFES ne saurait constituer une réponse par lui-même à la nécessaire réorganisation institutionnelle du secteur au niveau fédéral, car il s'agit d'un regroupement sous la forme d'une association d'entités pour la plupart provinciales et non pas d'une émanation de l'État fédéral dont il ne reçoit d'ailleurs aucun financement direct. Néanmoins, cet organisme va offrir un espace de réflexion pour les responsables des entités des différentes provinces. Deux questions se posent alors : d'une part, l'opportunité d'opérer une décentralisation des services aux municipalités, et, d'autre part, la recherche d'un statut juridique permettant une meilleure efficacité de l'action de l'organisme provincial.

La décentralisation vers les municipalités est peu utilisée. L'organisme provincial, en assumant la gestion des services transférés par OSN, devient le prestataire le plus important sur son territoire. Certaines provinces vont certes recourir à la décentralisation, mais dans une logique différente de celle mise en œuvre lors du démantèlement de OSN. En effet, il n'est jamais question de désengager le niveau provincial de toute responsabilité dans le secteur. Ainsi, dans la province de Chubut, la quasi-totalité des services va être transférée aux municipalités, lesquelles vont les déléguer à des coopératives de services publics (qui gèrent déjà les services électriques), l'organisme provincial n'assurant le service que dans les localités rurales trop petites pour que s'y forment une coopérative. Dans la province de La Pampa, l'organisme provincial a en charge les aspects réglementaires du secteur ainsi que la conduite et l'exécution de projets de construction de réseaux et d'installations, la prestation des services eux-mêmes relevant des municipalités ou de coopératives. Plus généralement, une tendance se dessine : les missions de planification et de contrôle échoient à l'échelon provincial. Aussi bien les services transférés par OSN, que les services directement opérés par l'organisme provincial ou un autre acteur (municipalité, coopérative), se trouvent désormais soumis au contrôle de l'autorité provinciale. Dans la pratique, l'organisme provincial cumule souvent la fonction de planification et de contrôle sur l'intégralité du territoire avec celle de prestataire d'un certain nombre de services locaux.

La recherche d'un statut juridique mieux adapté aux missions des organismes provinciaux apparaît comme un thème central des années 1980, tant par la place qu'il occupe dans les débats que dans les évolutions institutionnelles qui ont effectivement lieu au cours de cette décennie (de Gouvello, 1993). Ces organismes ressentent la nécessité d'accroître leur autonomie vis-à-vis de leur ministère de tutelle. Car une administration provinciale centralisée et, dans une moindre mesure, un organisme « autarcique » se trouvent assujettis à tout un ensemble de contraintes et de comptes à rendre à leur autorité de tutelle, qui interfèrent parfois de façon négative dans leur fonctionnement quotidien. Toute procédure ou presque passe par l'aval préalable du ministère de tutelle. Cela recouvre des aspects aussi divers que la commande de matériel, les relations avec les entreprises en charge de travaux, la gestion du personnel. De plus, les fréquents bouleversements affectant l'appareil politique génèrent une certaine discontinuité administrative, entraînant le blocage de nombreux projets qui engagent le moyen et le long termes. L'autonomisation administrative des organismes provinciaux apparaît comme le moyen de pallier ces dysfonctionnements. Toutefois cette autonomisation des organismes provinciaux ne déborde pas de la sphère publique. Le recours à la privatisation n'est jamais envisagé. Les entreprises privées sont toutefois sollicités pour des interventions connexes de l'activité principale : relevé de la lecture de compteurs d'eau, informatisation de bases de données…

Cette logique d'autonomisation se traduit dans les faits. En se sont dotant, dès 1981, d'une « société d'État provincial » – statut qui octroie à l'entité publique concernée la plus grande autonomie vis-à-vis du ministère de tutelle – les provinces de San Juan et de Mendoza font figure de référence. Dans une visée comparable, plusieurs autres provinces réforment au cours de la décennie les statuts de leur entité. Ainsi, en 1985, la province de Córdoba remplace par une « entreprise de l'État provincial », l'organisme centralisé créé en 1981. En 1989, la province de Neuquén transforme en entité « autarcique » l'organisme centralisé constitué en 1981. D'autres provinces enfin projettent également des réformes dans cette direction. Tels sont les cas des provinces de Buenos Aires, Misiones et Santa Fe qui, dotées d'entités « autarciques », envisagent leur transformation en sociétés d'État provincial. Mais ces projets n'ont pas le temps de se concrétiser. Ils sont remis en question avec le changement de logique inhérent au tournant néolibéral qui survient au début des années 1990. Celui-ci va se greffer sur un spectre déjà large de situations institutionnelles, reflétant la portée différentielle du processus d'autonomisation des organismes provinciaux par rapport à leur pouvoir exécutif de tutelle. Par autonomie croissante, on trouve : l'organisme centralisé, l'organisme décentralisé, l'entité « autarcique », la société ou l'entreprise d'État provincial, c'est-à-dire quatre des cinq statuts observables encore aujourd'hui. Le cinquième, la société anonyme de capital exclusivement ou majoritairement provincial n'est pas encore présente : elle correspond déjà à une logique qui présuppose explicitement l'ouverture au privé, tandis que les autres statuts constituent des évolutions au sein de la seule sphère publique.

Le télescopage avec la logique néolibérale

La signature du contrat de concession de Buenos Aires par le consortium privé international *Aguas Argentinas* et la création de l'ETOSS comme organisme de régulation de cette concession va constituer l'événement déclencheur d'un changement radical dans l'évolution des organismes provinciaux par rapport à la période antérieure. La société d'État provincial, incarnée au cours de la décennie 1980 par OMSE (*Obras Sanitarias de Mendoza Sociedad del Estado*), cesse d'être l'horizon des transformations des organismes provinciaux. L'expérience de Buenos Aires devient la nouvelle référence à partir de laquelle les provinces vont repenser leur action dans le secteur.

L'aspect le plus largement partagé de cette influence concerne la mise en place d'organismes de régulation. Mais contrairement au cas très spécifique de Buenos Aires, cette mise en place se réalise au niveau de chaque province. Dans la province de Santa Fe, la DIPOS (*Dirección Provincial de Obras Sanitarias*), entité « autarcique » mise en place juste après la décentralisation, se voit dissoute en 1995 et remplacée par l'ENRESS (*Ente Regulador de Servicios Sanitarios*) dont la mission unique est de veiller à la bonne application du cadre de régulation sur l'intégralité du territoire provincial. Pour sa part, la province de Córdoba crée en 1992 la DIPAS (*Dirección Provincial de Agua y Saneamiento*) autour des deux missions de régulation et de planification du secteur. Dans ces deux cas, ces réformes entérinent le retrait de la province du rôle d'opérateur et son repli sur les seules fonctions de régulation et planification. De son côté, la province de Mendoza crée un organisme spécifique de régulation, l'EPAS (*Entidad Provincial de Agua y Saneamiento*), mais ici, cette création ne signifie pas le repli de la province sur cette seule fonction, la province restant impliquée très fortement dans l'opération des services. Il n'en demeure pas moins que, presque partout, se trouve entérinée la séparation formelle entre l'organisme régulateur (le plus souvent provincial) et les prestataires de services, tel que cela a été constaté dans la première partie de ce texte.

En ce qui concerne les opérateurs de service à proprement parler, si l'influence de la référence de Buenos Aires est présente, elle va, à l'instar de ce qui a été observé pour la période précédente, être d'une intensité variable selon les provinces. Deux facteurs principaux entrent en jeu dans cette différenciation : le positionnement politique de la province vis-à-vis du projet de Réforme de l'État défendu par le gouvernement fédéral d'une part ; la solidité acquise au cours de la période antérieure par l'entité provinciale en charge du secteur d'autre part. Ainsi, dans la province de Santa Fe, l'entité « autarcique » mise en place juste après la décentralisation, la DIPOS largement calquée sur le « modèle OSN », ne connaît pas de réaménagement institutionnel au cours de la décennie 1980, en dépit des nombreux dysfonctionnements observables (décalage croissant entre offre et demande, qualité de service en baisse...). Par ailleurs, le gouverneur de la province souscrit totalement au projet politique du gouvernement Menem. Il n'est guère étonnant de voir la province s'efforcer de réaliser un projet de concession de services fortement inspiré de celui adopté pour l'aire métropolitaine de Buenos Aires. Un tel mimétisme n'apparaît pas envisageable dans la province de Córdoba, gouvernée par le candidat du parti radical aux élections présidentielles de 1989, rival malchanceux du président Menem. La Réforme de l'État se traduit par des réformes sectorielles moins drastiques et l'idée de décentralisation y occupe au moins autant d'importance que celle de privatisation. Cette décentralisation conduit à un mouvement d'ouverture du secteur à des acteurs de différents types : si un consortium d'entreprises privés internationales prend en charge le service d'eau de la ville de Córdoba[8], les autres villes (de taille moyenne ou petites) voient l'implication des municipalités ou de coopératives ouvrières ou de services publics, ce qui a conduit à une grande variété d'architectures institutionnelles au sein de la même province.

Dans la province de Mendoza, le tournant néolibéral trouve un écho différent du cas de l'aire métropolitaine de Buenos Aires. D'une part, il existe une volonté politique de se démarquer du projet fédéral en n'adoptant pas une logique libérale aussi marquée (l'ancien gouverneur de Mendoza sera le challenger malchanceux de Menem lors de sa réélection en 1995). D'autre part, la gestion assez satisfaisante des services de la part de OSMSE a fait figure de référence au cours des années 1980 en démontrant son efficacité. Aussi, à la différence d'autres provinces, dans lesquelles le recours à la concession reproduit la rupture qui s'est opérée dans l'aire métropolitaine de Buenos Aires entre le « modèle OSN » et la mise en place du nouveau dispositif, le tournant néolibéral à Mendoza se manifeste par la transformation de la société de l'État provincial en société anonyme afin d'en ouvrir progressivement le capital pour permettre la réalisation de nouveaux investissements. En 2001, la province détient encore une part importante des actions (20 % du total) et la direction de l'ex-OSME reste à ce titre fortement impliquée dans les décisions de gestion de l'entreprise, de sorte que cette transformation peut aussi être lue comme une étape supplémentaire dans le processus d'autonomisation entamé au cours de la période précédente.

Enfin, dans certains provinces, l'influence du tournant néolibéral reste très marginale. Tel est le cas de la province de Chubut en Patagonie. Le transfert des services d'eau et d'assainissement aux coopératives électriques au cours des années 1980 ne se voit pas remis en question. La seule marque du tournant libéral se traduit par l'exigence de l'introduction d'une rationalité d'entreprise plus manifeste au sein des coopératives pour la gestion de leurs services. Ainsi la diversité des architectures institutionnelles observables résulte du télescopage de deux logiques, celle de la réorganisation du secteur au sein de chaque province au cours de la décennie 1980 et la vague néolibérale à proprement parler. Il en résulte une forte complexification institutionnelle. Le « modèle OSN » qui a fortement structuré le secteur au cours du xxe siècle a totalement disparu : désormais la responsabilité des services d'eau et d'assainissement n'engage plus un acteur unique mais donne lieu à un partage – défini le plus souvent localement – de compétences et fonctions entre plusieurs acteurs. Dans la définition des architectures institutionnelles qui se mettent en place dans cette nouvelle logique, l'expérience de Buenos Aires a joué un rôle de référence seulement relatif.

LA RÉORGANISATION COMME PROCESSUS

Le détour par l'histoire opéré au-dessus conduit à pousser la réflexion plus loin encore. La réorganisation des services d'eau dans les villes argentines ne peut s'analyser seulement au travers des architectures institutionnelles émergentes. Ces architectures ne renseignent que partiellement sur la réalité de la gestion quotidienne des services. L'observation du fonctionnement concret des services montre que l'on s'écarte en fait souvent de ce qui était prévu et agit en retour sur la définition des règles du jeu, voire des architectures institutionnelles elles-mêmes. Cela s'explique d'une part par le fait que la rupture avec le mode d'organisation antérieur des services est importante et donc nécessite un apprentissage de la part des acteurs impliqués et, d'autre part, par les changements qui surviennent dans le contexte politique, social et économique du pays. La réalité de la réorganisation des services dans les villes argentines doit donc être analysée en tant que processus qui intègre ces deux dimensions.

Le poids des facteurs politiques

Le choix d'une architecture institutionnelle donnée ne résulte pas d'une logique unidimensionnelle, proprement sectorielle. Même si des éléments – parfois essentiels –, relevant d'une rationalité technique et économique sont pris en compte pour définir cette architecture, cette dernière résulte d'une combinaison dynamique de facteurs de natures diverses et qui débordent largement des champs technique et économique. Plus particulièrement, l'adoption d'une architecture institutionnelle donnée reflète toujours un choix politique. Plusieurs exemples permettent d'illustrer cette idée. Même argumentée par un diagnostic technique et économique sans appel pour la gestion publique précédente, la décision du gouvernement fédéral de procéder à un appel d'offres international afin de concéder les services de l'aire métropolitaine de Buenos Aires, capitale du pays, constitue un acte éminemment politique. Cet acte s'insère dans un projet plus vaste visant à redéfinir entièrement le rôle de l'État. Dans le cas de la ville moyenne de Villa María (province de Córdoba), il a déjà été souligné que l'octroi de la concession une coopérative ouvrière formée par les anciens fonctionnaires de la délégation locale de l'administration provinciale anciennement responsable du service a été rendu possible grâce à la confluence d'une logique syndicale forte localement et d'une volonté du pouvoir provincial d'affirmer un projet de réforme du secteur de l'eau alternatif à celui de

Buenos Aires. Dans la province de Chubut, le poids progressivement acquis par les coopératives électriques et le manque d'expériences tant des municipalités que de la province en matière de gestion de services de ce type font que la quasi-intégralité des services d'eau et d'assainissement existants a été confiée aux coopératives électriques (de Gouvello, 1999). Ainsi, à chaque fois, les logiques politiques et les rapports de pouvoirs entre instances locale, provinciale, voire fédérale et d'autres acteurs significatifs sur le plan politique se sont révélés décisifs dans l'adoption d'une architecture institutionnelle plutôt qu'une autre.

Or, ces logiques politiques et ces rapports de pouvoir ne sont pas figés. La perception du secteur et de ses enjeux par les différents acteurs de la scène politique évolue constamment. L'architecture institutionnelle adoptée en un lieu est le reflet de la vision des acteurs présents sur la scène locale et des rapports de force qu'ils les lient au moment de sa définition. En ce sens, une architecture institutionnelle donnée est donc le résultat d'un processus de cristallisation de logiques dans le creuset local. Photographie à un moment déterminé de logiques pourtant évolutives, elle apparaît ainsi aussi comme le produit d'une contingence historique.

Dès lors, certaines évolutions ou changement de contexte vont avoir une influence notable sur l'évolution des architectures institutionnelles, voire leur remise en question, comme cela a été le cas dans la province de Tucumán. Deux années à peine après sa signature; le contrat de concession de *Aguas del Aconquija* (consortium mené par la Générale des Eaux) a été résilié en 1997 à l'initiative de l'entreprise qui demande réparation à la province et porte l'affaire devant le CERDI (Centre international pour le règlement des différends relatifs aux investissements). L'échec de cette expérience de privatisation s'explique en grande partie par la discontinuité politique à la tête de la province: le gouverneur élu fin 1995 étant désireux de défaire un contrat signé par son prédécesseur (Fournier & de Gouvello, 2000). Au-delà de cet exemple extrême, il convient de noter que la perception de la privatisation des services publics par les différents acteurs de la scène politique, sociale et économique a progressivement changé au cours de ces dernières années. Les bénéfices importants engrangés par les sociétés privées en charge des services publics sont dénoncés (Basualdo & Azpiazu, 2002). Et cette dénonciation trouve un écho assez marqué dans la société depuis les évènements de décembre 2001.

Relativement absents lors de la signature des contrats, les usagers ont progressivement émergés au fil des ans pour devenir des acteurs influant sur le déroulement de la vie des services concédés. Au travers d'associations, ils prennent progressivement une place croissante dans les organismes de régulation (voir à ce titre l'article de Andrea Lopez et Ruth Felder), et en parallèle, se créent des associations pour défendre leurs droits, voire mener des actions visant à la résiliation de contrats jugés abusifs. Ainsi, à Santa Fe, une assemblée provinciale pour le droit à l'eau (*Asamblea Provincial por el Derecho al Agua de Santa Fe*) s'est constituée sur la base d'associations de consommateurs, d'universitaires, de mouvements écologistes, mais également de certaines petites et moyennes entreprises. Cette assemblée a organisé du 25 au 30 septembre 2002 un référendum auprès de la population de la province portant sur l'opportunité de la poursuite ou non de la concession. Sur un total de 1 800 000 usagers de l'entreprise 250 000 personnes auraient participé à ce vote, plus de 90 % d'entre eux en faveur de la résiliation du contrat[9].

Aujourd'hui, la légitimité des privatisations des services publics est fortement questionnée. Le secteur de l'eau n'échappe pas à cette remise en cause. L'heure n'est plus à la signature de nouveaux contrats de concession, mais à leur renégociation (comme le prévoit la *Ley de Emergencia Pública y Reforma del Régimen Cambiario*[10] N° 25.561/01) ou à la recherche d'autres modes de gestion (retour à la gestion publique, formation de coopératives d'usagers). Dans un tel contexte, l'expérience de la concession de Buenos Aires ne fait plus autant figure de référence « incontournable » pour les provinces et villes de l'intérieur qui poursuivent la réorganisation de leurs services.

Les enjeux de l'apprentissage

La précision ou la modification des règles du jeu entre les acteurs impliqués dans la gestion d'un service donné ne sont pas toujours et seulement le fait d'éléments extérieurs à la gestion des services eux-mêmes. Car il y a loin de l'architecture institutionnelle prévue à son fonctionnement quotidien sous une forme rodée. Ce passage implique un processus d'apprentissage, au cours duquel s'élaborent les règles – explicites et implicites – de gestion et de régulation liant les acteurs.

Les architectures institutionnelles et les règles qui les définissent évoluent de manière pragmatique, afin de pouvoir apporter des réponses aux problèmes concrets qui surgissent dans la gestion ou la régulation des services. Ainsi, dans la province de Santa Fe, le cadre de régulation mis en place pour l'ensemble du territoire provincial (et donc applicable à tous les prestataire possibles) a été pensé exclusivement dans l'optique de réguler l'activité du consortium *Aguas Provinciales de Santa Fe* la concession à un consortium privé des services des grandes villes de la province jusqu'alors gérés par l'entreprise provinciale. De ce fait, il se trouve inadapté aux quelque 150 services de cette province gérés par des coopératives et il est apparaît rapidement nécessaire de mettre en place des mesures dérogatoires – au moins transitoirement – pour rendre possible la régulation des coopératives. Le déroulement concret de la concession de Buenos Aires, théoriquement régie par de volumineux documents censés prévoir année par année les trente années de la durée du contrat, illustre également bien cette idée, comme en témoignent les conflits et les renégociations opérées au cours des cinq premières années de la concession des services de l'aire métropolitaine autour de la mise en place de nouveaux mécanismes de tarification et de la modification du plan d'extension des services (Schneier, 2001).

Les réponses apportées sont le reflet de consensus et de rapports de pouvoir entre les acteurs impliqués. Ceux-ci se livrent en fait à un travail échelonné et continu d'élaboration, d'interprétation, d'adaptation et de révision des règles explicites et implicites de l'architecture institutionnelle initiale. Ce travail, concomitant à l'évolution des relations qu'ils entretiennent entre eux, peut être qualifié d'« apprentissage productif ». Cette expression laisse entendre une double dynamique. La première dynamique est inhérente à l'idée d'apprentissage elle-même, c'est-à-dire à l'initiation par l'expérience, à l'acquisition pratique d'un savoir-faire. Les acteurs ne s'habituent que progressivement à l'exercice des fonctions qui leur incombent et la maîtrise des règles et procédures liées au architecture institutionnelle qu'ils intègrent nécessite un certain temps. L'adjonction de l'épithète « productif » vise à mettre en exergue une seconde dynamique engendrée par l'apprentissage lui-même. Les acteurs évoluent progressivement, mais le but final n'est pas connu d'avance. Au cours de leur apprentissage, la perception de l'objectif à atteindre, du rôle qui incombe à chacun d'entre eux, évolue également. Cette idée d'apprentissage productif est indissociable du fait que, au fur et à mesure que les parties prenantes des architectures institutionnelles réalisent l'apprentissage des relations qui les lient, elles se forgent elles-mêmes leur propre condition d'acteurs et affinent leur vision.

Dans un tel contexte d'incertitudes, il convient de souligner que l'instauration d'un dialogue minimal entre les acteurs impliqués constitue une condition nécessaire et indispensable pour la pérennisation d'une architecture institutionnelle donnée. Le cas de la province de Buenos Aires le montre par défaut. Signé en 1999 par Azurix, une compagnie américaine filiale du groupe Enron, le contrat de concession concernant une cinquantaine de localités de taille diverse éparpillées dans la province de Buenos Aires a été résilié à la demande de l'entreprise. Ses dirigeants estimaient que la province n'avait rempli les engagements. La province et l'entreprise ne sont jamais parvenues à surmonter une relation conflictuelle pratiquement dès le début de la concession (de Gouvello, 2000). Une lecture comparable peut être faite dans le cas de Tucumán déjà évoqué précédemment.

Cette logique d'« apprentissage productif » au sein des architectures institutionnelles qui se sont mises en place conduit à les singulariser encore davantage. Impliqués dans des schémas différents, animés de logiques propres liées à un contexte et des enjeux locaux, les acteurs participant à des architectures institutionnelles différentes ne se trouvent pas enclin à partager leurs expériences. Cela est net en ce qui concerne les collaborations entre les organismes de régulation, lesquelles demeurent assez réduites, même lorsque ces organismes interviennent sur des zones géographiques connexes comme cela est le cas de l'ETOSS (partie de l'aire métropolitaine de Buenos Aires concédée à *Aguas Argentinas*) et de l'ORAB (*Organismo de Regulación de Aguas Bonaerenses*, en charge notamment de la régulation du reste de la périphérie de Buenos Aires)[11].

* * *

Bien qu'influencée par des références étrangères, la recomposition actuelle du secteur de l'eau et de l'assainissement en Argentine produit une grande variété d'architectures institutionnelles. Ces multiples visages de la réorganisation des services d'eau et d'assainissement dans les villes argentines traduisent un processus croissant et différentiel au cours des vingt dernières années de re-territorialisation d'un secteur longtemps fortement caractérisé par une action fédérale très centralisée et – en apparence – uniforme. La réorganisation des services s'opère désormais sur la base d'architectures institutionnelles définies le plus souvent localement et soumises à des ajustements fréquents en fonction d'impératifs de gestion et du contexte politique, économique et social local. Expérience importante sur la scène internationale, la concession des services de l'aire métropolitaine Buenos Aires constitue une référence de moins en moins forte pour l'organisation des services des villes de l'intérieur du pays.

Notes

1 Pour une description des caractéristiques du modèle OSN et les motifs de son entrée en crise, *cf.* de Gouvello, 1999 et 2001.

2 Deux autres organismes étatiques contrôlent également l'activité des entreprises sur d'autres aspects : le premier veille au respect des normes sanitaires de l'eau distribuée ; le second a en charge la police des eaux (en particulier, la protection des rivières).

3 Dans d'autres cas, les contrats sont signés avec des coopératives formées par les usagers des services (de nombreux cas existent au travers le pays, notamment dans les provinces de Córdoba ou de Chubut) ou encore, dans le cas de la province de Córdoba, avec des coopératives ouvrières constituées par les anciens fonctionnaires de l'administration provinciale (cas de sept moyennes et petites villes dont : Villa María, Alta Gracia et Bell Ville).

4 Un tel changement n'est toutefois pas seulement formel. D'une part, il permet à la nouvelle structure de recourir à des modalités de gestion différentes (en matière de recrutement de personnel et de passation de marchés notamment), et, d'autre part, il rend possible l'ouverture du capital au cas où une opportunité se présente.

5 Le contenu précis de ces différents statuts varie de plus d'une province à une autre, en raison de la nature fédérale de la législation argentine.

6 Discours de clôture des Journées Nationales de l'AIDIS (Association argentine d'ingénierie sanitaire) portant sur « La fonction de l'État dans la gestion des services publics », *Corrientes,* 3-5 août 1987.

7 Les SPAR sont les organismes chargés au niveau de chaque province de mettre en œuvre le *Plan Nacional de Agua Potable*, destiné à la construction de réseaux dans les localités rurales et les petites villes. Au niveau fédéral, ce programme a été piloté par le SNAP (*Servicio Nacional de Agua Potable*), puis par le COFAPyS (*Consejo Federal de Agua Potable y Saneamiento*), jusqu'à la dissolution de cet organisme au sein de l'Enohsa (*Ente Nacional de Obras Hídricas de Saneamiento de Argentina*).

8 Le service des égouts reste aux mains de la municipalité de Córdoba, ce qui constitue une singularité de ce contrat.

9 Données fournies dans le document de 2 pages intitulé « Los graves problemas de privatizar el agua » rédigé par l'association *Unión de Usuarios y Consumidores.*

10 Cette loi met fin au régime de convertibilité mis en place par Domingo Cavallo lors du premier gouvernement Menem (i.e. 1 $ vaut 1 $US). L'article n° 9 de cette loi supprime la « dollarisation » des tarifs des entreprises privatisées et prévoit que soient renégociés leurs contrats.

11 Une association des organismes régulateurs du secteur a été créée à l'initiative de l'ETOSS, l'AFERAS (*Asociación Federal de Entes de Regulación de Agua y Saneamiento*), mais l'activité de celle-ci semble assez réduite.

Bibliographie

Alves dos Santos, Orlando Jr., Britto Ana L., Leite Porto, Hélio R. (organizadores), 1998, *Políticas de Saneamento Ambiental: Inovações na Perspectiva do Controle Social*, Rio de Janeiro: Fase, 246 p.

Barraqué, Bernard (dir.), 1995, *Les politiques de l'eau en Europe*, Paris, La Découverte, 303 p.

Basualdo, Eduardo, Azpiazu, Daniel, *et al.*, 2002, *El proceso de privatización en Argentina: la renegociación con las empresas privadas*, Buenos Aires: Página 12 – Universidad Nacional de Quilmes, 96 p.

Benites Agüero, Jorge et de Gouvello, Bernard, 1997, « Los servicios urbanos en transición. Elementos para un debate acerca de las ciudades intermedias en América Latina » in *Ateliers de Caravelle*, n° 9, pp. 117-126.

Coing, Henri, 1996, « Mimétisme ou métissage? » in *Annales des Ponts et Chaussées*, n° 80, pp. 58-63.

Fournier, Jean-Marc, de Gouvello, Bernard, 2002, « Résistances locales aux privatisations des services de l'eau. Les cas de Tucuman (Argentine) et Cochabamba (Bolivie) » in *Autrepart n° 21*, pp. 69-82.

De Gouvello, Bernard, 1993, *La gestion de l'eau dans les provinces argentines: quelques données sur un secteur en pleine mutation*, Noisy-le-Grand: LATTS-ENPC, 50 p.

De Gouvello, Bernard, 1999, *La recomposition du secteur de l'eau et de l'assainissement en Argentine à l'heure néolibérale. Lecture au travers du phénomène coopératif.* Thèse de doctorat en Urbanisme, Marne-la-Vallée: ENPC, 471 p.

De Gouvello, Bernard, 2000, « La concession des services d'eau potable et d'assainissement de la province de Buenos Aires: le cas Azurix » in Lorrain (Dominique, coord.), *Retour d'expériences n° 2: 7 expériences de gestion déléguée*, Paris: Ministère de la Recherche, 18 p.

De Gouvello, Bernard, 2001, *Les services d'eau et d'assainissement en Argentine à l'heure néolibérale. La mondialisation des « modèles » à l'épreuve du territoire.* Paris, L'Harmattan, 240 p.

De Gouvello, Bernard, 2001b, « La réorganisation des services d'eau et d'assainissement en Argentine à l'heure néolibérale. Dynamique de « reterritorialisation » et « apprentissage productif » in *Flux* n° 44/45, avril-septembre 2001, pp. 36-45.

Kessides, Ch., 1993, *Institutional options for the provision of infrastructure*, Washington D.C., The World Bank, 56 p., discussion paper

Lorrain, Dominique (dir.), 1995, *Gestions urbaines de l'eau*, Paris, Economica, 263 p.

Schneier-Madanes, Graciela, 2001, « La construction des catégories du service public dans un pays émergent: les conflits de la concession de l'eau à Buenos Aires » in *Flux* n° 44/45, avril-septembre 2001, pp. 46-64.

Triche, Th., 1994, *Designing water supply & sewerage, oversight institutions to fit the local context*, Washington D.C.: The World Bank, Lansdowne conference paper.

LA RÉGULATION DE LA CONCESSION DE BUENOS AIRES : DIAGNOSTIC ET PROPOSITIONS

EMILIO LENTINI*

LA CONCESSION DU SERVICE DE L'EAU ET DE L'ASSAINISSEMENT de Buenos Aires fournit plusieurs enseignements pour le débat sur la régulation de l'offre privée dans les services urbains des pays latino-américains. Ce diagnostic présente les principales étapes du développement de la concession en question, entre 1993 et 2001, à un consortium, Aguas Argentinas S.A. (le concessionnaire), dont l'opérateur et l'actionnaire majoritaire sont le groupe Suez-Lyonnaise des Eaux. On a identifié, d'une part, les défaillances liées à la construction et à la mise en œuvre du processus de concession et, d'autre part, les faiblesses inhérentes au cadre légal et à l'organisation institutionnelle, qui ont eu une incidence sur les problèmes qu'a connus la concession. Nombre d'entre eux résultaient de la politique économique et du modèle de privatisation qui prévalaient en Argentine.

Cette analyse met en avant deux éléments déterminants pour l'établissement de stratégies adéquates : 1) le fait que les déficits dans la fourniture des services, qui impliquent des investissements significatifs pour leur renforcement sur des zones où habitent en général des populations à bas revenus ; 2) le manque d'une politique active de l'État qui prendrait des mesures efficaces pour pallier les problèmes d'accès aux services publics de ces mêmes populations. Lors de la mise en œuvre du processus de concession, l'absence de prévisions adéquates sur ces questions a été à l'origine de crises qui ont entraîné les renégociations du contrat. Il en a été de même pour d'autres mesures qui s'avéraient nécessaires pour éviter des comportements indésirables de la part des agents qui interviennent – l'autorité concédante, le régulateur et le concessionnaire et qui, selon la théorie et l'expérience en la matière peuvent être anticipés.

* Economiste, Gerente de Economía del Sector ETOSS Ente Tripartito de Obras y Servicios Sanitarios.

En conclusion et pour ouvrir des perspectives pour une amélioration du cadre régulateur de la concession, le texte analyse le débat et les difficultés que présente, en Argentine et dans d'autres pays latino-américains, la régulation des services d'eau et assainissement dans le cas où elle est octroyée dans des conditions de monopole à des entreprises privées d'envergure internationale.

LE DIAGNOSTIC

La justification de la politique de privatisations des services publics mise en œuvre au début des années 1990 par le gouvernement argentin avait pour double objectif la résolution des restrictions financières au niveau macroéconomique et l'arrêt du processus de détériorations des prestations. Pour diverses raisons, plusieurs des processus de privatisation ont pâti de graves manques au niveau de leur mise en œuvre, que ce soit par rapport aux appels d'offre et aux contrats ou par rapport à l'organisation institutionnelle nécessaire pour garantir l'efficacité des services et la protection des intérêts des usagers (réels et potentiels) ainsi que de l'État.

Le cadre politique et les grandes lignes du processus

La politique de privatisations a été l'un des mécanismes proposés par des organismes multilatéraux de crédit international comme une manière de dépasser les restrictions macroéconomiques auxquelles doivent faire face les économies émergentes. Ses effets sur la réduction du déficit fiscal et l'équilibre du budget externe ont stimulé ce processus en tant qu'instrument partiel des politiques fiscales. Ceci, dans certains cas, a été réalisé sans une véritable étude préalable. On a simplement privatisé les entreprises, sans que soient établis des cadres de régulation, alors même qu'il s'agissait de services publics ayant un caractère de monopole naturel. Ce contexte a eu une incidence particulière sur le processus de concession du service d'eau et d'assainissement de la Ville de Buenos Aires et des 17 Municipalités de la Province de Buenos Aires[1] qui constituent la conurbation de Grand Buenos Aires. Cette concession représente l'une des opérations les plus importantes de participation du secteur privé dans des services d'assainissement réalisées à ce jour[2].

Entre 1991 et 1993[3], s'est déroulée une longue préparation de l'appel d'offre et de la mise en place de la structure institutionnelle de régulation et de contrôle. Malgré cela, il n'a pas été tenu compte d'un ensemble d'instruments et de procédures qui allaient compliquer le développement de la concession et qui ont rapidement entraîné des renégociations et des manques sur les engagements contractuels pris par la concessionnaire, tant en ce qui concerne l'intégration de nouveaux usagers que la qualité des services.

Le système institutionnel de régulation qui a été mis en place avec la création de l'*Ente Tripartito de Obras y Servicios Sanitarios* (ETOSS[4]) a été plutôt orienté vers le contrôle de la concession que vers l'implantation de mécanismes efficaces. C'est ainsi que l'ETOSS s'est appliqué très particulièrement à la vérification des moyens utilisés par le concessionnaire pour remplir son contrat[5], à des démarches excessivement bureaucratiques liées aux réclamations tant des usagers que des autorités locales contre les défaillances du concessionnaire et, enfin à l'application des sanctions engendrées par lesdites réclamations. Tout ceci a entraîné un dysfonctionnement dans les tâches que l'ETOSS aurait dû accomplir, notamment la mise en place des instruments et des mécanismes capables de promouvoir les incitations susceptibles d'induire l'accomplissement par le concessionnaire des objectifs prévus dans le contrat. Citons, entre autres, les problèmes de « capture », la réduction des coûts de transaction et la diminution des effets de l'asymétrie d'information.

Ce déficit de fondements théoriques dans les décisions liées à la détermination des prix, a engendré l'application de nombreuses amendes quand les éléments du contrat originel n'étaient pas respectés. On n'a pas mis en œuvre des règles ou des méthodes explicites d'incitation capables d'induire le comportement des acteurs, non plus que des procédures de réévaluation du tarif en cas de manquements, de façon à ne pas altérer la valeur de la concession fixée par contrat[6]. Les résultats de ces changements de l'offre originelle ont fait dériver la discussion vers une ré-interprétation du contrat d'origine. Ceci a très évidemment déplacé la discussion vers la sphère politique, réduisant ainsi la marge de manœuvre des experts et des techniciens impliqués.

Comme le signale largement la littérature spécialisée, ces situations amènent le concessionnaire à « capturer » les autorités qui s'occupent du secteur et à politiser une activité qui est, au départ, nettement industrielle. Ainsi les politiques mises en pratique ont-elles exonéré l'État, par exemple de sa responsabilité quant à la garantie de l'universalité du service.

Les problèmes d'origine

Bien que l'appel d'offre pour la concession ait impliqué la mise en concurrence de différents consortiums, le contrat qui s'en est suivi contenait des dynamiques perverses du point de vue de la capacité de régulation. L'hypothèse de l'existence d'une offre opportuniste[7] – avec tarif prédateur – qui prenait en compte une future renégociation du contrat dans le but d'augmenter la valeur offerte au moment de la concession, à travers l'augmentation des tarifs ou la diminution des investissements et de la qualité du service, n'est pas à exclure.

En ce sens, le peu de risque sur le capital que prenait la concessionnaire par rapport à la valeur présente de ses rentrées n'a pas signifié une motivation adéquate pour que soient rapidement résolus les conflits et atteints les objectifs contractuels. Au contraire, tout était fait pour que l'accomplissement de ces derniers aille de pair avec l'obtention de bénéfices excédentaires. Si ceux-ci n'étaient pas atteints les objectifs et les investissements étaient ajustés, ce qui maintenait à un niveau constant l'apport financier de la concession. S'il n'y a pas de risque significatif au niveau du capital, les amendes et les sanctions n'ont plus d'importance. En définitive, elles sont compensées par les excédents reçus. Il est important de noter que la concession, dans ce cas, est essentiellement financée par les institutions financières qui participent au « projet financier » et non par du capital propre qui, lui, demanderait une diminution forte de la structure des différents risques.

En conséquence, les incitations et le contrôle du contrat tout comme les sanctions et les pénalités restent assujettis à la capacité de la concessionnaire d'obtenir une rentrée moyenne de chaque client. Vu que ce revenu est associé :

a) au tarif déterminé par licitation ;

b) à la demande de services prévue en moyenne (si cette dernière n'était pas atteinte le processus conduisait automatiquement à la révision du tarif). Dans ce cas, la résolution des conflits qui surgissaient dépassait le cadre des attributions du régulateur et entraînait la modification des contrats, là où se situe la dynamique tarifaire, amenant ainsi la négociation du plan technique au plan plus politique.

L'essentiel des conflits est lié à l'extension des réseaux qui, non seulement requérait d'importants investissements de la part de la concessionnaire mais aussi signifiait, pour les municipalités concernées, la redéfinition de leurs objectifs. Le choc tarifaire pour l'usager de ces nouveaux services a entraîné une grande morosité et des protestations qui eurent un impact sévère sur le recouvrement des factures dont dépendait le maintien des niveaux d'investissements[8]. Le manque de directives et de méthodologie pour le calcul tarifaire, déterminé *ex-ante*, a exacerbé ce conflit dans la mesure où la procédure de révision tarifaire due à des changements dans le contrat était défaillante et incomplète.

Pour financer les investissements on a créé une charge spéciale permettant d'éviter ainsi la révision complète du contrat ; c'est ce qui est à l'origine de la charge Service Universel (SU). Cependant, dans la mesure où il n'était pas calculé sur des critères de coûts valables et où son application n'impliquait pas des incitations correctes, il s'est soldé par un nouvel échec qui a débouché, dans le présent, sur une proposition du concessionnaire pour que l'expansion, sur une portion significative du territoire, se concrétise à travers un apport monétaire des usagers.

Le cadre légal-institutionnel et la participation des usagers

Le cadre de régulation du contrat est fixé par un décret du Pouvoir Exécutif National[9] ; ceci fait que l'on ne peut compter sur la stabilité juridique qui serait nécessaire à une Loi Nationale. Dans ce contexte le cadre de régulation a été modifié plusieurs fois, y compris par des résolutions prises au niveau du Secrétariat d'Etat[10]. Du point de vue institutionnel l'organisation n'a pas pu remplir correctement les objectifs fixés. La structure contractuelle « ex-ante » et le contrat « ex-post » se sont révélés inefficaces.

Dans le cas de l'ETOSS (contrat *ex-ante*) la composition du Directoire avec représentation des trois juridictions (Nation, Province de Buenos Aires, et Ville de Buenos Aires) a introduit, dans les relations entre les directeurs, des considérations excessivement politiques qui ont influencé les décisions de ladite entité[11]. La procédure de sélection des directeurs n'a ainsi pas toujours pris en compte la formation et l'expérience acquises dans le secteur et qui auraient été nécessaires pour assumer les fonctions qui leur avaient été assignées.

La structure de l'organisation technique d'ETOSS a été plus orientée vers le contrôle des termes du contrat que vers les processus de régulation de celui-ci dont la conception était, nous l'avons vu, défaillante. Ceci, plus le manque d'expérience dans ce domaine a engendré une structure pleine de défauts qui a accentué le problème de l'asymétrie d'information et a stimulé la « capture » des autorités de concession et de régulation (SRNyDS et ETOSS) par le concessionnaire.

À partir du moment où les fonctions de l'Autorité d'Application ont été exercées par le SRNyDS, les faiblesses précédemment mentionnées ont rendu plus facile la confiscation par cette autorité de la prise de décisions et de l'établissement d'objectifs qui ont, en général, appuyé la position de la concessionnaire et ont fait l'économie de l'analyse approfondie des manquements contractuels de celle-ci ; par exemple, autorisation d'une augmentation des tarifs plus élevée que celle approuvée par l'ETOSS, méconnaissance de la proposition de l'ETOSS sur la nouvelle régulation du contrat ou, encore, modifications contractuelles non justifiées ou avec des justifications contraires aux opinions de l'ETOSS.

La conception régulatrice telle qu'elle a été avalisée par le SRNyDS adopte un point de vue *ad hoc* sur la fixation des tarifs qui ressemble plus à une tentative de viabiliser le « projet financier » de la concession pour les institutions financières, que de chercher l'efficacité économique et l'équité. Cette fixation des tarifs élimine les risques inhérents à la gestion entrepreneuriale de la concession et l'assimile plus à la perception d'un revenu fixe de gestion, facilitant ainsi le financement par endettement et non par apport de capital. Ceci élève de façon significative les bénéfices du projet pour les concessionnaires actuels. Enfin, la participation des usagers dans le processus de régulation et de contrôle des services octroyés a été jusqu'à ce jour tout à fait limitée et insuffisante. Ce n'est qu'en avril 1999 que l'ETOSS a décidé de constituer une Commission d'Usagers et il n'y a, jusqu'à maintenant, pratiquement eu aucune réunion publique concernant les termes de la concession.

Les renégociations du contrat

Un an après le début de la concession s'est produite la première renégociation du contrat. Sous le prétexte de modifier le plan des investissements (amélioration des niveaux de nitrates et services dans des quartiers démunis), ont été autorisées une augmentation du tarif général de 13,5 % et une augmentation de 38 % et 45 % des CI (eau potable et égouts, respectivement). La modification de la CI a augmenté les difficultés de recouvrement et aggravé la non-extension des services qui était l'un des objectifs prioritaires de la privatisation[12]. En conséquence, l'entreprise concessionnaire a mis en avant le besoin de recomposer « l'équilibre économico-financier » de la concession. Cette situation alliée à la décision de l'Autorité d'Application d'intégrer les nouveaux investissements dans un Plan d'Assainissement Intégral a justifié une nouvelle renégociation qui commença au début de l'année 1997[13]. Tout ceci a débouché sur l'application d'une taxe de Service Universel et Amélioration Environnementale (SUMA) qui serait payée par tous les usagers pour financer l'extension de l'ensemble (réseaux secondaires et connexions), en remplacement de la CI et du coût d'Assainissement Intégral. L'application de la nouvelle taxe a été retardée par une instance judiciaire et a finalement été facturée à partir du mois de novembre 1998.

En novembre 1997 a été approuvé, à travers l'application du Décret n° 1167, l'accord souscrit entre la SRNyDS et Aguas Argentinas S.A. qui incluait, entre autres : 1°) l'approbation des termes du Plan d'Assainissement Environnemental ; 2°) l'élimination de la CI ; 3°) l'établissement de la taxe SUMA et de la Taxe d'Incorporation au Service (CIS) ; 4°) la détermination des nouvelles règles de révision tarifaire par modification des coûts ; enfin, 5°) la définition du programme de travail préparatoire à la première révision quinquennale des tarifs qui prévoyait la possibilité de modifier les mécanismes de régulation, en particulier ceux qui seraient appliqués lors de la première révision quinquennale des tarifs.

En décembre 1998, à travers la Résolution n° 1103, la SRNyDS a approuvé l'Accord souscrit avec la concessionnaire qui établissait le nouveau mécanisme de régulation. Celui-ci bien qu'il améliore quelques instruments de régulation, ne contient pas les incitations adéquates pour que le concessionnaire se comporte de façon efficace ; par ailleurs, il constitue un cadre favorable à celle-ci dans le processus de révision tarifaire quinquennale.

En juillet 1999 la SRNyDS a édicté les Résolutions n° 601 et 602. La première approuve un nouvel accord souscrit avec Aguas Argentinas S.A. qui introduit des modifications au contrat et incorpore de nouveaux instruments de régulation. La seconde incorpore des modifications au mécanisme de régulation approuvé par la Résolution n° 1103/98 ; par ailleurs, elle approuve le Programme financier net du premier quinquennat (EFNQ) qui est le flux de fonds nécessaires pour le bon fonctionnement de la concessionnaire durant le premier quinquennat ; il sert de base pour déterminer le tarif durant le reste de la période de concession.

Toutes les fois que la EFNQ, calculée comme la valeur présente du flux de caisse net nécessaire pour acquitter les coûts de l'opération et les investissements « efficaces » de la concession durant le quinquennat en question, aura été inférieure à ce qui avait été originellement conclu, les revenus de la concession – ou le tarif – seront « ajustés » pour permettre que soit atteint le flux de caisse estimé à l'origine. Ainsi, le concessionnaire dispose-t-il d'un système qui lui permet d'éluder ou de diminuer les risques commerciaux (morosité) ou de demande (les nouveaux usagers) et dans lequel il n'existe pas de motivations pour augmenter l'efficacité de l'opération et les investissements au-delà de ce qui avait été convenu ; il n'y a pas non plus de risques financiers parce que le capital de travail de la concessionnaire est lui-même considéré comme dérivant du tarif et parce que ledit tarif est indexé sur le maintien de la parité peso/dollar à travers un mécanisme d'application automatique[14].

D'une manière générale, les décisions du Secrétariat ont suivi les propositions du concessionnaire et, de ce fait, mettent celui-ci dans une situation favorable quant à la révision quinquennale des tarifs. On allègue que ces modifications ont pour objet d'assurer la santé financière de la concession mais, avec cet argument, on évite d'analyser la responsabilité du concessionnaire dans les manquements contractuels. Les principaux objectifs du contrat sont laissés de côté et l'on reconnaît l'insuffisance de la taxe Service Universel (SU) pour financer l'expansion. En conséquence, bien qu'elle maintienne la taxe en question, le concessionnaire propose que les objectifs d'expansion soient atteints à travers une participation significative du mécanisme des Travaux à compte des tiers (OPCT). Autrement dit, une bonne partie des travaux liés aux réseaux secondaires serait ainsi financés et construits par les usagers eux-mêmes, malgré le maintien du recouvrement de la taxe SU que l'on a décidé d'intégrer au tarif à travers la taxe fixe.

D'un point de vue formel, la Résolution n° 601 aurait dû compter sur l'intervention de la *Sindicatura General de la Nación* (SIGEN)[15] et de la Commission Bicamérale du Congrès[16] chargée de suivre les privatisations. Quant à la Résolution n° 602 elle n'a, dans un premier temps, pas été remise à cette commission bien qu'ait été modifié l'accord de décembre 1998, pour lequel elle était intervenue. La Commission Bicamérale du Congrès a alors décidé, opportunément vu l'importance et les diverses implications du sujet, de suspendre sa résolution jusqu'à l'arrivée des nouvelles autorités nationales.

Cependant, le SRNyDS a édicté, le 12 octobre 1999, la Résolution n° 1111 par laquelle il approuve les modifications et les éclaircissements de la SIGEN qui ne sont pas essentiels mais dont les attendus permettent de penser qu'il s'agit d'empêcher l'intervention de la Commission Bicamérale du Congrès. Cette résolution a servi de base au Décret n° 1369/99 publié le 29 novembre 1999, c'est-à-dire douze jours avant l'arrivée du nouveau gouvernement national du Parti Alianza[17]. Ce décret a validé tout ce qu'avait fait le Secrétariat lui déléguant ainsi l'élaboration et l'approbation du texte qui détermine les nouvelles normes de concession et le cadre de régulation de celle-ci. L'État National, en tant que pouvoir d'octroi, a ainsi validé les nouvelles conditions contractuelles de la concession qui sont devenues un droit acquis pour Aguas Argentinas S.A., ce qui a limité la marge de négociation du nouveau Gouvernement National.

La situation actuelle

Bien que la prestation de services se soit améliorée par rapport à la situation antérieure, sous gestion de l'État National, les objectifs fixés par le contrat de concession n'ont pas été atteints. On observe d'importantes failles dans l'exécution du plan d'expansion du service et au niveau de la qualité de celui-ci. Ainsi enregistre-t-on, par rapport à la distribution d'eau potable, des inégalités de pression et, dans certaines zones, des niveaux trop élevés de nitrates ; par rapport à l'assainissement on note des défaillances dans les trous de vidange et le traitement des mauvaises odeurs. Les principales causes du mauvais exercice de la concession sont à chercher du côté de questions imprévues, de défauts dans le processus d'attribution, dans le contrat et dans la pratique régulatrice puisqu'il est évident que les règles du contrat n'ont pas permis d'atteindre les objectifs assignés. On peut identifier, spécifiquement, les problèmes suivants :

1°) erreurs dans l'évaluation de la viabilité technique et économique des plans d'investissements, des tarifs et de la capacité de paiement de la population à bas revenus ;

2°) déficience du mécanisme d'incitations correctes (tarification adéquate, système de pénalités, absence de mesure des débits) ;

3°) absence de concurrence sur les zones d'expansion, possibilité de remise en cause de la concession, *benchmarking*. À ces facteurs on doit encore ajouter des niveaux critiques par rapport aux problèmes d'asymétrie d'information et de « capture ».

L'ultime conséquence de cet état de choses s'est traduite dans la proposition qui a été présentée par l'entreprise concessionnaire dans le cadre de la première révision quinquennale des tarifs et qui contient : a) un plan d'investissements qui relègue et diffère les objectifs relatifs à la couverture du réseau et la qualité du service et b) des augmentations de tarifs, implicites et explicites.

LES PRINCIPALES PROPOSITIONS

L'application efficace d'un modèle de régulation ne requiert pas seulement des mécanismes et des procédures adéquats mais il doit aussi être fondé sur une dimension institutionnelle qui garantit l'accomplissement des objectifs prévus. Dans ce sens, la stabilité juridique doit être assurée à travers un cadre de régulation établi légalement. Toutefois, ceci se révélera insuffisant si l'on n'incorpore pas dans la loi les règles de base qui tiennent compte des instruments qui fournissent des éléments quant à la théorie de la régulation applicable dans le cas en question et quant aux expériences réussies en la matière tant au niveau local qu'au niveau international.

Cadre légal et institutionnel

L'amélioration du cadre légal devra inclure la réorganisation institutionnelle qui assure l'indépendance de l'autorité de régulation par rapport aux autorités politiques. Ce faisant, elle renforcera son caractère technique spécialisé et garantira ainsi l'efficacité de son action et l'objectivité de ses décisions en promouvant le système d'information et les mécanismes de participation des usagers susceptibles de mettre en place la transparence maximale des procédures et déterminations assumées.

Il sera nécessaire de bien différencier les fonctions qui requièrent la représentativité des juridictions de celles qui doivent baser leurs décisions exclusivement sur des critères techniques. On pourrait implanter un directoire exclusivement technique parallèlement à un conseil consultatif désigné par les juridictions. Les directeurs techniques devraient être sélectionnés par concours sur la base de leurs antécédents et pouvoir compter sur la stabilité de leurs postes. L'autorité d'application qui représente le pouvoir concédant et les juridictions politiques impliquées (Province de Buenos Aires, Ville de Buenos Aires, et les 17 communes de la conurbation) devrait en tant qu'organisme avoir la faculté d'établir les politiques sectorielles traitant de la définition des objectifs qui fondent la formulation des plans d'investissement.

Participation des usagers

Il faut perfectionner le fonctionnement de la Commission des Usagers de manière à ce que, entre autres choses, elle arrive à représenter tous les usagers de la zone réglementée et qu'elle puisse être convenablement intégrée aux décisions administratives. La société civile devra être incorporée au cadre légal et il est nécessaire d'intensifier sa participation. Cette présence des usagers exige que soit amélioré le système d'information sur l'exercice de la concession et que les actions de régulation soient diffusées et réalisées avec la plus grande transparence.

Structure industrielle et compétition

Étant donné le caractère monopolistique du marché nous considérons qu'il est prioritaire d'incorporer un maximum d'éléments susceptibles d'éviter les abus du pouvoir monopoliste et d'introduire la « menace » de la concurrence en tant qu'incitation pour que soient réellement mis en œuvre les engagements contractuels. Sur ce sujet particulier il est indispensable d'aborder les trois questions suivantes :

1°) régulation de la structure industrielle ; 2°) compétition sur le marché, et 3°) marchés dissociés. Tout d'abord, il faut créer une réglementation quant à l'existence d'un pouvoir dominant relatif à l'intégration de divers services publics et à la possibilité d'engendrer des bénéfices diffus à travers des contrats réalisés entre l'entreprise concessionnaire et des entreprises de sous-traitance. Il faudra également incorporer dans la règle normative des critères de sélection de nouveaux prestataires de service par rapport au concept de « concurrence pour le marché », établir des incitations pour la « non-renégociation », telle la remise aux enchères de la concession, et promouvoir l'existence de « marchés potentiellement dissociables » qui permettront d'incorporer des tiers prestataires sur la zone permanente de concession en réglementant la possibilité de dissociation éventuelle ou définitive de celle-ci.

Mécanisme de régulation tarifaire

Le fondement de la régulation économique de cette concession doit être basé sur le fait qu'il s'agit d'un monopole à économies d'échelle. De ce fait, l'instrument fondamental de la régulation, bien que non exclusif, est le tarif qui est calculé à partir d'une composante fixe et d'une autre variable. La première permet de couvrir les coûts fixes de production du service tandis que la seconde correspond aux coûts marginaux de production à long terme. Ce tarif en deux parties est le *price cap* ou prix plafond. Ce dernier, qui est ici considéré comme variable de régulation, sera fixé initialement, en termes réels, pour toute la durée de la concession puis revu tous les cinq ans, en prévoyant un mécanisme d'actualisation tendant à préserver la valeur réelle des tarifs durant ce laps de temps.

L'ensemble des paramètres (méthodes de calcul de la variable de régulation – prix plafond – et méthodes de calcul des sanctions éventuelles, définies a priori de façon technique et objective et non soumises à renégociation) constitue en soi le climat d'avertissements préalables, c'est-à-dire les repères destinés à éviter les comportements inadéquats des acteurs.

Dans le cadre de ce concept, il est nécessaire d'abandonner l'établissement de tarifs généraux qui prennent en compte les investissements futurs sans aucun type de discrimination. Au contraire, il faudra établir des tarifs qui ne seront applicables qu'une fois que seront mis en place les travaux engagés ; par exemple, établir un tarif différencié pour le traitement des mauvaises odeurs qui ne sera facturé qu'à partir du moment où l'on mettra en marche l'usine de traitement des eaux usées. Donc, les incitations tarifaires fourniront les signes adéquats allant dans le sens de l'accomplissement des engagements, évitant ainsi ce que l'on connaît aujourd'hui avec le régime tarifaire à travers lequel l'entreprise concessionnaire reçoit le tarif déterminé pour ce service, indépendamment du fait qu'il soit ou non fourni.

Le prix plafond comme instrument de régulation doit être complété par des informations sur les fonctions de coûts de l'entreprise et le tracé des installations ou systèmes (*lay out*), de façon à garantir à celui qui régule ou fait la concession que le signal donné par le prix plafond va bien dans le sens d'une optimisation de l'assignation par la concessionnaire des recours disponibles à longue échéance. Une telle optimisation garantit que le tarif ou prix plafond soit suffisant pour équilibrer les recettes obtenues de la concession avec la structure de coûts efficaces pour sa mise en œuvre. Le processus d'optimisation des systèmes, du côté de l'autorité régulatrice, conduit à la définition progressive de « l'entreprise modèle ou efficace », ce qui implique que l'on introduit le concept de *benchmarking* (prise de repères) dans la méthode de régulation.

L'information annuelle fournie par le prestataire de service comparée avec les résultats, plus le *lay out* et les ajustements par rapport aux objectifs de qualité et au plan d'investissement, seront la base sur laquelle devront être révisés tous les cinq ans les niveaux de tarification de chaque étape du service fourni. À partir de l'information recueillie et des études effectuées sur la productivité de l'entreprise, par étapes et dans son ensemble, on pourra en outre déterminer le coefficient de réduction de coûts par augmentation de l'efficacité qui revient à incorporer le concept connu comme RPI-X. Ce mécanisme rendra possible le partage avec les usagers des revenus qui seront obtenus par l'amélioration dans la productivité attendue de la prestation. Il induira le prestataire à améliorer la productivité au-delà de l'exigence minimale.

Mise en œuvre du mécanisme de régulation et du régime tarifaire

On propose un procédé transitoire de détermination des tarifs jusqu'à ce que soit mis en place de manière intégrale un nouveau régime tarifaire basé sur la micro mesure. Ce procédé n'altère pas substantiellement le système « d'imposition » du recouvrement actuel vis-à-vis de l'usager mais il garantit que le tarif moyen de la concession dérive bien de l'application d'une méthodologie de tarification à coût marginal ou coûts « efficaces » et que les subsides croisés, d'implicites deviennent explicites.

Pour cette raison l'analyse des coûts par zones géographiques à l'intérieur de la région concédée, durant les cinq premières années ou la période de révision quinquennale, est un problème clé. Si l'on tient compte du fait que l'une des questions non résolues par l'entreprise concessionnaire tient aux pertes d'eau sur le réseau et que le contrôle de cette variable par l'opérateur est vital pour améliorer l'efficacité de la prestation, il est par conséquent nécessaire d'obliger ladite entreprise à mettre en œuvre une macro mesure fiable des volumes d'eau distribués. À cet effet, il faudra faire un accord avec la concessionnaire sur les points d'entrée et de sortie pour chacune des zones afin de mesurer le volume d'eau distribuée et estimer la consommation de chaque zone. Ainsi il sera possible d'effectuer un réel contrôle des pertes en eau sur le réseau à travers cette macro mesure par zone, de même qu'un contrôle non-lié à la production du service et ses coûts réels. Ainsi, encore, la prise d'échantillons pour contrôle de qualité sera facilitée et ceux-ci rendus plus objectifs et vérifiables.

Enfin, il s'agira d'avancer rapidement par rapport à l'élaboration d'un nouveau régime de tarification basé sur la micro mesure de la consommation, étant donné que le régime actuel ne contient pas d'éléments capables d'engendrer des comportements efficaces ni du côté du prestataire de service, ni de celui des usagers.

Régime de pénalités et sanctions

Un contrat « complet », selon le régulateur, inclura *a priori* les mécanismes ci-dessus qui activeront « automatiquement » la ré-adéquation des paramètres devant être régulés, dans des situations de changements significatifs des variables à partir desquelles ont été projetées les recettes, coûts et tarifs de la concessionnaire. Ainsi, *a posteriori*, et sans que soit nécessaire une intervention importante des parties, l'équation des tarifs et de « l'équilibre économico-financier » seront assurés ainsi que la fermeture de la négociation originelle des tarifs ou « contrat de concession ».

Selon le type de défaillances qui apparaîtra, la détermination des sanctions pourra se baser sur l'évaluation des coûts non assumés par la concessionnaire ou sur la valorisation des préjudices causés aux usagers par les défaillances de qualité et permettra de procéder aux compensations pour le service non fourni ou fourni de manière incomplète.

Quand, lors de l'opération de concession, sont produits des volumes inférieurs à ceux qui avaient été déterminés par le contrat ou si ceux-ci sont d'une qualité inférieure à ce qui avait été stipulé, on pourra mettre en œuvre des sanctions calculées à partir de la valeur présente du détournement de la production ou de sa qualité ou des deux, mesurées en unités physiques, pondérées par les tarifs adéquats, dans des zones géographiques prédéterminées.

Dans le cas des investissements, si les travaux prennent du retard par rapport aux chronogrammes établis dans la discussion tarifaire, l'entreprise concessionnaire ne peut recouvrer le tarif associé à cet ouvrage que lorsque se fait la réception finale de celui-ci et non avant ; ceci est un indicateur fort pour commencer de tels investissements ou les étendre dans le temps imparti.

Pour percevoir les sanctions on peut faire jouer l'exécution partielle de la garantie du contrat ou enregistrer un compte courant de « sanctions ». La valeur atteinte par les sanctions accumulées et le coût de leur administration seront réglés au semestre suivant sous forme d'un bonus au prorata de l'usager qui recevra un crédit sur sa facture au titre de prestations de service inférieures à celles attendues et recouvrements excessifs.

Expansion des réseaux domestiques

La concessionnaire a l'obligation de réaliser les travaux d'extension à partir d'un chronogramme établi par anticipation. Pour cela et dans la mesure où la demande sociale pour l'extension des services dépasse les plans indiqués dans le contrat de concession, il est possible que la communauté décide de faire usage de ses droits à exécuter les travaux par elle-même ou à travers des tiers avant que le concessionnaire ne le fasse puis d'en transférer la gestion à cette dernière. Le mécanisme de régulation à appliquer dans ce cas doit être fondé sur deux actions normatives de l'entité régulatrice : 1°) octroyer un prix plafond pour les dites OPCT, et 2°) procéder à des pénalisations et des sanctions au titre de la violation de ce qui avait été accordé (non exécution des investissements). Une fois qu'est vérifiée la réception des travaux, on autorise le recouvrement du tarif.

Il est également évident qu'il existe des incitations perverses pour promouvoir les travaux d'extension réalisés par des tiers dans la mesure où ceux-ci peuvent être à l'origine de « bénéfices privés ». On propose deux procédés pour faire face à ces problèmes : 1°) en premier lieu essayer d'établir une norme qui implique que le contrat soit établi à partir d'un appel d'offre public ; 2°) s'il n'est pas possible de mettre en place cette condition, établir comme règle que le tarif autorisé pour les travaux soit déterminé par l'ETOSS.

En outre, on propose que soient mis en œuvre les Apports de Financement Remboursables (AFR) qui permettront d'institutionnaliser l'avancement des travaux d'expansion. Cette mesure sera appliquée sur la demande du/des usagers ou des personnes juridiques intéressées, s'il existe la possibilité de fournir les services et si le concessionnaire autorise les travaux d'extension.

Par ailleurs, les autorités politiques des juridictions intervenantes devront mettre en place des politiques actives liées à l'octroi de subsides directs pour garantir l'accès de la population à bas revenus aux dits services. Dans ce même but, les autorités devront promouvoir l'organisation de la communauté pour la construction et la mise en place des services, y compris à travers l'utilisation de technologies et modalités qui impliquent de moindres coûts mais qui requièrent pour leur mise en œuvre et leur entretien une plus grande participation communautaire (par exemple : système d'égouts en copropriété).

LES RÉFLEXIONS

Dans le but d'améliorer l'organisation et le fonctionnement du secteur analysé, il est nécessaire, au-delà des solutions techniques proposées, de dépasser les problèmes de type institutionnel et organisationnel. La régulation des services publics s'est convertie en une activité importante dans les pays qui ont fait des efforts dans le sens du transfert de l'opération de ces services à des entreprises privées.

Des lois et des règlements ont été édictés pour formuler le cadre légal de la régulation et des organismes spécialisés ont été constitués pour son application. Pour ce faire les expériences effectuées dans les pays développés ont été prises pour exemples ; principalement aux États-Unis et en Angleterre et, en matière contractuelle, également en France. La Banque mondiale et la Banque interaméricaine de développement ont été des acteurs importants dans l'orientation de cette tâche et les conseils s'y référant aux gouvernements des pays latino-américains. L'agenda de transformation sectorielle proposée par ces organismes durant les années 1990 encourageait, fondamentalement : a) la séparation des fonctions entre les diverses institutions intervenantes ; b) le changement du mode de gestion des services qui passait de l'orbite étatique au secteur privé et c) l'autonomie économico-financière de la prestation.

Dans le secteur de l'assainissement en Argentine le processus de privatisation a été réalisé sur un délai très court. Au niveau national, le début du processus se situe en 1990 et, dès le mois de mai 1993 les services de Buenos Aires étaient mis en concession auprès d'une entreprise privée. Lorsque ce transfert eut lieu, l'entité régulatrice n'avait même pas encore été mise en place. Ce développement accéléré a été déterminant dans l'apparition des problèmes durant la première étape du processus du fait, entre autres choses, que les professionnels du secteur n'avaient de ces processus qu'une expérience légère ou même nulle. Les tâches ont donc été accomplies sous le coup d'une certaine improvisation et de défaillances quant aux éléments techniques utilisés pour la mise en œuvre des mécanismes de régulation. C'est ce qui a entraîné la faiblesse de l'organisation régulatrice.

Par ailleurs, les nouveaux acteurs du secteur ont fait leur apparition ; ce sont les entreprises privées, consortiums qui, dans la majorité des cas, comptent avec un opérateur qui n'est autre qu'une entreprise de portée internationale ayant des associés locaux, lesquels sont le plus souvent des firmes qui ont déjà signé des contrats avec l'État pour l'exécution de travaux publics. Ces groupes d'entreprises concentrent, outre un important pouvoir économique, une grande expérience de lobbying qui leur assure un pouvoir de négociation fort dans les conflits engendrés par l'exécution des contrats. Les grandes entreprises étrangères comptent, en outre, avec l'appui et l'intervention des gouvernements de leurs pays d'origine respectifs.

À la recherche de solutions possibles

La recherche de solutions aux problèmes décrits ci-dessus a été prise en mains par une grande quantité de professionnels des différentes disciplines qui ont approfondi les études et les applications concernant le sujet. En outre, avec le développement des expériences, on a commencé à passer de certaines improvisations à des formulations basées sur la reconnaissance des théories déjà vérifiées en la matière. Dans les années 1990, le secteur de l'eau potable et de l'assainissement a été « envahi » par des experts légaux, institutionnels et économistes, qui ont été attirés par la participation dans le processus de transformation profonde du secteur, dans lequel on a admis une participation croissante du secteur privé pour la prestation des services. L'État a ainsi été chargé de fonctions nouvelles dans le cadre de la régulation et du contrôle des services.

Les professionnels latino-américains ont trouvé là un champ quasiment vierge pour l'application de théories et d'instruments dont le développement était relativement récent : coûts de transaction, économie de l'information, vision de l'intérêt public ou privé, théorie de la capture, marchés non fiables, compétence comparée (*yardstick, benchmarking*, entreprise modèle) et théorie des jeux. Nous avons là quelques-unes des visions et des théories qui sont utilisées pour interpréter y fonder la formulation de politiques de gouvernement et celle des actions qui tendent à mettre en place une nouvelle organisation de l'État pour la régulation et le contrôle des services publics.

Ainsi, la nécessité de valoriser le négoce en question pour le transférer à l'entreprise privée et celle de réguler et de contrôler les revenus de l'opérateur privé ont requis l'utilisation plus fréquente de l'analyse économico-financière : *project finance*, ratios de rentabilité, méthodes de régulation économique des tarifs et des revenus des entreprises, coût du capital, coûts d'investissement et mise en œuvre efficace. Tout ceci en tenant compte des mécanismes qui doivent être mis en place pour incorporer de façon adéquate les nouvelles formes de participation des usagers qui, en Argentine, ont même été reconnues par la Constitution de 1994.

Toutes ces caractéristiques du processus de transformation exigent de l'État qu'il assume des fonctions spécialisées pour lesquelles il doit compter sur les organismes et les professionnels rompus à la gestion de techniques complexes et multidisciplinaires. Cette condition engendre, d'un côté, le besoin d'ajuster la relation entre les autorités politiques et les techniques spécialisées et, de l'autre, exigent le développement d'un travail d'ajustement maximum entre les différentes disciplines qui interviendront, de manière à ce qu'elles articulent leurs spécialités respectives avec l'objectif de réglementer et de mettre en pratique, de façon efficace, le cadre de la régulation.

Sur le plan de la dynamique, comme il a déjà été dit, l'organisation étatique est confrontée à des organisations entrepreneuriales très puissantes qui, pour atteindre leurs propres objectifs, doivent maximiser la rentabilité qui leur est offerte par les affaires dans lesquelles elles opèrent et qui, en outre, dans le cas de l'eau potable, le font dans des conditions de monopole. Dans le cas argentin, la première étape de la privatisation indique les aspects déficitaires du processus, les défaillances par rapport au contrat de la part de l'opérateur privé et les renégociations pour ajuster le contrat aux « nécessités » de l'opérateur privé. On voit alors surgir des doutes sur la validité des organismes de régulation dont l'action soulève à nouveau le dilemme entre l'intérêt public et l'intérêt privé. La question qu'il faut se poser tourne autour de l'existence réelle de mécanismes capables de réguler et contrôler l'action des entreprises privées qui assument des services publics dans un contexte de relations « globalisées » qui conditionnent les économies des pays en voie de développement aux flux de capitaux venus des pays du centre ; en particulier aux investissements de grands groupes internationaux et à un financement extérieur qui dépend des crédits octroyés par des organisations qui appartiennent, elles-mêmes, aux pays d'origine de ces flux.

Tout indique que les solutions doivent être cherchées à travers la reconnaissance des orientations et des instruments suivants :

- Perfectionner les mécanismes de compétition pour l'adjudication du monopole ; ceci permettrait d'éviter les offres à tarifs prédateurs (d'abord le gain, ensuite la négociation) et de prévoir un apport de capital propre de la part de l'adjudicataire qui impliquerait, pour lui, d'assumer un niveau de risque qui soit en accord avec l'affaire dont il a la charge.
- Analyser la viabilité technico-économique de désintégration verticale ou horizontale des systèmes afin d'adjuger le service à plus d'un opérateur.

– Améliorer le cadre contractuel en octroyant la sécurité juridique adéquate et en élaborant des normes et des règlements qui précisent les spécificités techniques nécessaires. Ceci permettrait de tracer un cadre légal qui prévoirait des mécanismes bien définis, qui aient une application objective et qui minimisent les négociations avec les entreprises prestataires.
– Considérer dans la structure contractuelle les incitations et les « signaux » adéquats.
– Mettre en œuvre des méthodes qui limitent la renégociation des contrats et incorporer des mécanismes de compétition pour résoudre les conflits qui ne peuvent pas être résolus à travers les conditions du contrat.
– Incorporer des mécanismes de compétition qui pourraient être appliqués en particulier dans les zones d'expansion.
– Mettre en place des politiques actives de l'État, en particulier pour octroyer des subventions directes à la population à bas revenus, afin que soit atteint dans le plus court délai l'objectif des services « pour tous ».
– Restructurer et améliorer l'organisation des entités de régulation ainsi que le degré d'indépendance et de capacité technique de celles-ci. Mieux organiser et intensifier la formation des ressources humaines nécessaires pour les activités de régulation et de contrôle des services publics.
– Améliorer les systèmes d'information pour que la régulation soit faite sur la base de :

- 1°)un diagnostic correct et un encadrement technique des systèmes de service ; 2°) une comptabilité régulatrice et 3°) des bulletins d'information périodique.
- Améliorer les mécanismes de participation communautaire et intensifier leur utilisation. Insister sur la professionnalisation et la spécialisation de ladite participation. Intensifier l'usage des réunions publiques. Améliorer les systèmes d'information des usagers et de l'opinion publique pour que soit connue l'évolution de la prestation du service.

POST SCRIPTUM

Ces dernières lignes ont été écrites en mai 2002, c'est-à-dire environ un an et demi après la communication au séminaire « Faire parler les réseaux ». L'avenir institutionnel et économique de l'Argentine durant ce laps de temps a pris une allure changeante, vertigineuse et chaotique[18]. La situation économique du pays, qui tendait au déclin après quatre années de récession, s'est détériorée de façon dramatique à partir du mois de novembre dernier et a débouché sur une convulsion sociale, le changement des autorités nationales et une modification de la politique économique qui a, suite à dix ans de convertibilité du dollar en peso, laissé flotter celui-ci entraînant le taux de change d'un dollar pour un peso à celui de trois pesos pour un dollar au début du mois de mai 2002. Cette situation a engendré un nouveau processus inflationniste accompagné du non-paiement de la dette externe de l'État et des grandes entreprises, y compris celles qui assumaient des services publics privatisés. Ajoutons à cela une grave crise du système financier, une aggravation du chômage et une énorme détérioration des revenus familiaux qui entraîne une situation très critique des niveaux de pauvreté.

Ce contexte critique a soulevé de nouvelles exigences quant à l'organisation institutionnelle de la régulation des services publics privatisés entre lesquels se trouve le service d'eau potable et d'assainissement du Grand Buenos Aires. Si ces exigences sont comprises dans les directives qui ont déjà été exposées, la sortie de la crise requerra beaucoup plus d'efforts et d'efficacité dans les décisions gouvernementales et entrepreneuriales qui ont pour but de minimiser les effets des conditions économiques et institutionnelles actuelles sur le développement du service en question. Mais le diagnostic et la subséquente solution de cette situation fourniraient en eux-mêmes la matière d'un nouvel article. C'est pourquoi dans le présent texte nous avons seulement relaté les éléments les plus remarquables qui se sont présentés dans le cadre de la concession de Buenos Aires depuis la date de la rédaction de l'article original.

La première révision quinquennale des tarifs

C'est en janvier 2001, après un délai de plus de deux ans, que fut conclue la Première Révision Quinquennale des tarifs de la concession. Ceci aurait dû être fait en 1999 mais a été retardé par la renégociation dont il a été question plus haut. À partir d'août 1999, des réunions ont été tenues avec le concessionnaire, durant lesquelles ont été débattues les diverses positions et au cours desquelles l'ETOSS a fait les commentaires et les observations par rapport aux versions préliminaires du Plan d'améliorations et d'expansion du service (PMES) présenté par le concessionnaire[19], celui-ci ayant présenté sa proposition définitive le 23 mars 2000.

Les 27 et 28 juin 2000 s'est tenue la réunion publique pour la présentation des communications et observations concernant le PMES présenté par l'AASA. Ceci a permis aux autorités des juridictions de la zone de concession, y compris les autorités municipales et diverses organisations d'usagers, de faire connaître leurs positions respectives sur le sujet.

Une fois passées les premières étapes d'échange d'informations et bien qu'il subsiste des désaccords sur certaines positions entre l'ETOSS et l'AASA, le 9 janvier 2001 a été signé un accord qui établissait le plan d'investissement de la concession. Malgré cela, les modifications tarifaires établies par la résolution SRNyDS 601/99 ont été mises en œuvre, ainsi que les augmentations pour le financement de ces plans à partir des bases suivantes : a) une augmentation du tarif (coefficient K) de 12,3 %, réparti en trois parts de 3,9 % chacune applicables de 2001 à 2003 ; b) une augmentation de 1 % et de 0,5 % en 2001 pour ajustement des coûts (elle aurait du être de 5, 30 %) et c) on a mis en œuvre une nouvelle charge de 0,25 $ à payer tous les deux mois (ce qui représente une augmentation de l'ordre de 1,5 % du coefficient k). En outre, une taxe pour la rénovation des connexions a également été inventée ; elle est de 0,43 $ pour deux mois et elle remplace le paiement unique qui étaient faits par les usagers lorsque la concessionnaire changeait effectivement leur connexion (entre 300 et 600 $).

La renégociation des contrats de services publics privatisés

Le gouvernement argentin, présidé par le Dr Duhalde, a promulgué le 6 janvier 2002 la loi 25.561, appelée « Urgence Publique et Réforme du Régime de Change » qui prend des dispositions sur la modification de la Loi de Convertibilité et modifie le système monétaire de change qui s'était maintenu sans altération durant dix ans et qui maintenait la parité de 1 dollar pour 1 peso. Ainsi donc cette loi stipule que les tarifs des services publics sont fixés selon la parité en question et maintient de cette manière les niveaux de prix atteints à la date de la loi, empêchant le report de l'incidence de la dévaluation et interdisant toutes les clauses d'indexation des tarifs. Ce « gel » des tarifs a engendré une modification des contrats sur les clauses qui envisageaient la possibilité d'un ajustement de celles-ci face à une éventuelle modification du type de change

La loi a autorisé le pouvoir exécutif national à renégocier les contrats honorés par l'Administration Publique selon les normes de droit public, y compris ceux qui portaient sur les ouvrages et services publics. Le contrat de concession de Aguas Argentinas S.A. tombe ainsi sous le coup de cette loi. Par le Décret n° 293/02 le gouvernement national a créé la Commission de Renégociation des Contrats de Travaux et Services Publics. Celle-ci sera présidée par le Ministre de l'Économie et des Infrastructures. Il a été établi que cette Commission aura un délai de 120 jours pour présenter des propositions de renégociation au Pouvoir Exécutif National.

Actuellement l'avancement du travail de la Commission est retardé, entre autres choses, par le changement du Ministre de l'Economie et des Infrastructures qui a provoqué la démission de la majorité des membres de la Commission. Les nouvelles mesures prises par le gouvernement argentin et l'actuelle situation économique du pays ont provoqué une forte distorsion dans les conditions contractuelles de la concession de Buenos Aires de même que dans son équation économico-financière. Celle-ci a provoqué une diminution importante du plan d'investissements à court et moyen termes. En conséquence, la concession traverse sa période la plus critique depuis ses débuts et elle requerra donc un effort accru et une nouvelle efficacité de la part de l'État et de l'entreprise concessionnaire afin de trouver la meilleure solution pour préserver les niveaux de qualité de la prestation ainsi que la satisfaction des demandes et des droits des usagers actuels et potentiels du service. Les orientations et suggestions contenues dans le présent article pourraient contribuer à faire face aux problèmes qui sont posées par les circonstances présentes.

Notes

1 Au début, la concession comprenait 13 municipalités de la Province de Buenos Aires, puis ce chiffre est passé à 17 avec l'incorporation de Quilmes et la division des municipalités de Morón et Esteban Echeverría.

2 Au moment du transfert la zone concédée comprenait environ 9 millions d'habitants, parmi lesquels 6 millions environ étaient alimentés en eau potable et 4 millions et demi reliés aux égouts.

3 L'entreprise adjudicataire de la concession, Aguas Argentinas S.A. a pris en charge le service à partir du 1er mai 1993.

4 Entité Travaux et Services Sanitaires dont le directoire est intégré par des représentants des trois principales juridictions ayant des intérêts dans les services concédés : la Nation, la Province de Buenos Aires et la Ville de Buenos Aires.

5 Il s'agit d'un contrôle excessif sur les ouvrages et les équipements que la concessionnaire exécute pour remplir les objectifs de son contrat.

6 Si tous les autres éléments sont constants, la modification des objectifs de distribution ou de qualité des services signifie une variation dans la valeur de la concession qui est implicite dans le contrat d'Aguas Argentinas S.A. ; cette valeur peut donc être rétablie, entre autres choses, à travers une modification du tarif.

7 La variable de l'adjudication fut le tarif le plus bass. Aguas Argentinas S.A. a offert une réduction de 26,9 % sur le tarif de base ; le second concurrent avait offert une réduction de 26,1 % et le troisième de 11,5 %. Un mécanisme d'adjudication par l'offre la plus haute au moyen du paiement de canon ou l'achat d'actions aurait impliqué pour l'adjudicataire d'assumer un certain risque sur son propre capital.

8 La charge d'infrastructure (CI) est un concept tarifaire inclus dans le contrat. Elle couvre les coûts du réseau de distribution secondaire et des connexions et doit être payée par les nouveaux usagers. Les valeurs originales mentionnées dans le contrat étaient de $US 325 pour le service d'eau et de $US 460 pour l'assainissement. En 1994 ces taxes sont passées à $US 450 et $US 670, respectivement, puis ont ensuite baissé à $US 366 et $US 606, niveaux auquel elles se trouvaient au moment de leurs suppressions. Face aux difficultés de recouvrement, au moment de la renégociation du contrat fin 1994, la CI a été remplacée par la charge de Service Universel (SU) et la taxe d'intégration au Service (CIS). La première est payée par tous les usagers de la concession et a été fixée à environ $US 1 par mois par service. Le nouveau mode de calcul de cette taxe a signifié une augmentation moyenne de 13 % sur la facture de l'usager résidentiel qui atteint $US 15 par mois pour les deux services. Le CIS doit être payé par les nouveaux usagers et il se monte à $US 4 par mois durant cinq ans.

9 Décret n° 999/92.

10 Le secrétariat d'État est le premier niveau hiérarchique dépendant d'un ministère, bien qu'il existe des Secrétariats qui dépendent directement de la Présidence de la Nation comme ce fut le cas du Secrétariat aux Ressources Naturelles et au Développement Durable (SRNyDS) dans le gouvernement du Dr Menem qui s'est terminé en décembre 1999. L'interprétation particulière des procédures administratives et légales de ce gouvernement a provoqué des modifications du cadre de régulation et du contrat via des résolutions du SRNyDS.

11 Cette relation est devenue critique à partir du changement de gouvernement dans la Ville de Buenos Aires en août 1996. Le nouveau gouvernement de la Ville, alors dirigé par le Dr F. De La Rua du Parti Radical, a désigné les deux directeurs qui représentaient la Ville de Buenos Aires, terminant ainsi avec l'hégémonie du Parti Justicialiste (péroniste). Ainsi, le Directoire intégra quatre représentants du Parti Justicialiste (pour la Nation et pour la Province de Buenos Aires) et deux représentants pour le Pari Radical (Ville de Buenos Aires) dont l'un, en vertu de l'Alliance politique faite, appartenait au FREPASO.

12 Au début de la concession, la couverture de la distribution d'eau potable était estimée à 70 % et celle du service d'égouts à 57 % en moyenne sur l'ensemble de la zone. Le contrat prévoyait qu'au bout de cinq ans les 82 % et 66 % seraient atteints, respectivement, au bout de dix ans 91 % et 75 % tandis qu'à la fin de la concession 100 % et 95 % seraient couverts. Toutefois, ces déficits étaient plus importants dans certaines parties de la conurbation où, au début de la concession, les couvertures n'étaient que de 10 % pour les deux services.

13 Décret n° 149/97.

14 Chaque année une modification tarifaire sera déterminée par l'ajustement des coûts opérationnels et des investissements liés à la variation pour l'année en question de l'indice moyen simple entre le Producer Price Index (Industrial Comodities) et le Consumer Price Index (Water & Sewerage Maintenance, source Bureau of Labor Statistics Data dos EE UU).

15 Sindicatura General de la Nación (SIGEN), c'est-à-dire l'organisme qui régit les systèmes de contrôle interne des procédures administratives et financières du Secteur Public National.

16 Composée de membres du Sénat et de la Chambre des Députés, elle a pour mission de suivre et de contrôler les processus de privatisation des services publics et des biens de l'État.

17 Cette Alliance est formée par le Parti Radical et par le Frepaso et succède au gouvernement du Parti Justicialiste dont le président, Dr Menem, s'est maintenu au pouvoir durant dix ans.

18 En janvier 2000 le Président de la Nation était le Dr Fernando De la Rua, du Parti Alianza, et il devrait, d'ailleurs, être encore en place puisque son mandat s'étendait jusqu'en décembre 2003, mais la détérioration de la situation économique, sociale et institutionnelle a entraîné sa démission en décembre 2001 et, après lui, sont arrivés au pouvoir, dans diverses circonstances, quatre Présidents de la République, dont l'actuel, Dr Eduardo Duhalde du Parti Justicialiste, opposant jusqu'au changement présidentiel. Celui-ci a assumé la présidence le 2 janvier 2002 et a, jusqu'aujourd'hui, effectué le changement de plusieurs ministres dont le poste-clé du Ministère de l'Économie et des Infrastructures.

19 Le PMES constitue l'information de base pour le développement de la révision tarifaire et contient le détail technique des investissements ainsi que les projections économiques et financières correspondantes.

Bibliographie

Concesión de los Servicios de Agua Potable y Desagües Cloacales de la Ciudad de Buenos Aires y Partidos del Conurbano de la Provincia de Buenos Aires. Contrato de Concesión entre el Estado Nacional y Aguas Argentinas S.A. 1993.

Dupré E., Lentini E. et Chama R, 1998, *Lineamientos regulatorios y tarifarios de los servicios de agua potable y desagües cloacales de Buenos Aires.* ETOSS (Ente Tripartito de Obras y Servicios Sanitarios).

Gobierno de la República Argentina. Decreto del Poder Ejecutivo Nacional N° 999/92. 1992.

Gobierno de la República Argentina. Decreto del Poder Ejecutivo Nacional N° 149/97. 1997.

Gobierno de la República Argentina. Decreto del Poder Ejecutivo Nacional N° 1167/97. 1997.

Gobierno de la República Argentina. Decreto del Poder Ejecutivo Nacional N° 1369/99.

1999.

ETOSS. Resolución N° 81/94. 1994.

ETOSS. Resolución N° 34/98. 1997.

ETOSS. Resolución N° 38/99. 1999.
Secretaría de Recursos Naturales y Desarrollo Sustentable. Resolución N° 1103/98. 1998.
Secretaría de Recursos Naturales y Desarrollo Sustentable. Resolución N° 601/99. 1999.
Secretaría de Recursos Naturales y Desarrollo Sustentable. Resolución N° 602/99. 1999.
Secretaría de Recursos Naturales y Desarrollo Sustentable. Resolución N° 1111/99. 1999.

LA SKYLINE DE BUENOS AIRES DEPUIS PUERTO MADERO (CLICHÉ ALAIN MUSSET).

DÉCENTRALISATION ET GÉRANCE PRIVÉE À MONAGAS (VENEZUELA) :

À QUOI SERVENT LES CONTRATS ?

Henri Coing*

La privatisation des entreprises publiques, accompagnée de la création d'institutions régulatrices, apparaît, dans certains contextes, comme la solution miracle capable de résoudre simultanément les problèmes de financement du service, de gestion, et d'efficacité.

L'analyse de l'expérience vénézuélienne permet de vérifier une fois de plus qu'il n'y a pas de miracle. Surmonter la crise des services publics exige la mise en œuvre d'un processus de changement dans toute l'épaisseur des appareils de l'État, et de la société. La privatisation suppose d'une certaine manière le problème déjà résolu. Comme ce n'est pas le cas, l'insertion du secteur privé devient un outil parmi d'autres dans une stratégie de changement beaucoup plus vaste. Nous étudierons le cas de l'entreprise Aguas de Monagas, qui est le résultat d'une décentralisation du service couplée à un contrat de « gestion intégrale » passé avec une entreprise étrangère, et avec un prêt de la Banque mondiale. Ce cas nous permettra d'identifier les aspects les plus saillants de ce processus d'apprentissage, et de comprendre la nature et le rôle des contrats dans un tel contexte.

Trois mots dominent la pensée actuelle sur la gestion des services de l'eau en Amérique latine : décentralisation, privatisation, régulation. Dans une région caractérisée jusqu'ici par la gestion publique, par des systèmes le plus souvent très centralisés, et lourdement subventionnés, une telle évolution était jugée impensable il y a encore dix ans. Aujourd'hui, chaque mois apporte la nouvelle du transfert de nouveaux services à des entreprises privées, et chaque année surgissent de nouvelles institutions de régulation sectorielle, définies sur le modèle anglo-saxon. Le face-à-face entre des entreprises privées assumant le service, et un régulateur public, expert rationnel et indépendant, doit permettre de garantir à la fois l'efficacité économique, et la protection des consommateurs.

* Sociologue, professeur a l'Institut d'Urbanisme de Paris, Université Paris XII

L'expérience montre que la réalité est un peu plus complexe. Déjà, l'espoir de voir l'investissement privé prendre le relais des subventions publiques pour le financement du service a dû être sérieusement revu à la baisse. D. Rivera (1997), dans un rapport pour la Banque mondiale, intitulait le chapitre consacré à ce thème : « de l'euphorie à la réalité », pour souligner les limites des apports en capitaux que l'on pouvait espérer des entreprises privées dans le contexte latino-américain de l'eau. L'eau ne ressemble pas à l'électricité ou aux télécommunications. La transition d'un système hautement subventionné à un autre autofinancé ne peut être courte. Le problème est plus grave encore dans des contextes très perturbés, avec de sérieuses déficiences institutionnelles et économiques, où le fossé est souvent profond entre les modèles proposés pour la modernisation du secteur, et la situation parfois chaotique des entreprises, mais aussi de la qualité de service, du système de financement et de la récupération des coûts, sans parler du niveau de risque politique et social.

M.E. Corrales (1998) analyse l'expérience péruvienne, argentine et colombienne en matière d'agences de régulation, et montre comment la création de telles institutions peut manquer son but, parce qu'elle se réfère à une image institutionnelle idéale sans trop se préoccuper du processus de transition, des transformations nécessaires simultanément dans de multiples dimensions institutionnelles, politiques, culturelles, ni du grand nombre d'acteurs impliqués, dont le rôle doit être redéfini. Pour réaliser un tel changement, il faut identifier les sources de dynamisme, rechercher un nouveau consensus autour des lignes directrices de la transformation, trouver le chemin le plus efficace dans chaque lieu et à chaque moment. Ce type de processus ne se planifie pas, il doit être induit. Ce qui est peu compatible avec l'importation d'un kit de solutions toutes faites, faciles à traduire en manuel pour débutants. D'où la conclusion que tire M.E. Corrales de son étude comparative : « dans les trois pays étudiés, l'influence du modèle anglais sur la formation de l'idéologie modernisatrice qu'on tente d'impulser dans la région, est indéniable. Ces tentatives se réalisent souvent en extrayant de leur contexte les pratiques novatrices », ce qui empêche de les adapter à la réalité nationale et locale. Le besoin se fait sentir d'un éventail beaucoup plus ouvert de solutions, « et surtout d'une grande dose d'inventivité pour parvenir à surmonter les obstacles réels, sans crainte de contaminer les principes théoriques ».

QUI EST RESPONSABLE DU SERVICE ?

Au Venezuela, la transformation du secteur de l'eau a commencé au début des années quatre-vingt-dix, dans le contexte d'une politique massive de réformes structurelles et de privatisation. La première application en fut l'élimination de l'entreprise publique nationale de l'eau (INOS), et son remplacement par des entreprises régionales dont on prévoyait que la responsabilité serait restituée aux municipalités, et que leur gestion serait à la charge d'entreprises privées. La seconde étape fut le lancement d'un appel d'offres international, pour la concession du service dans la capitale du pays. Nous avons raconté ailleurs (Coing, 1997) l'échec de cette tentative, et ce qu'il révélait : personne ne se sentait réellement responsable du service et n'était prêt à en répondre aussi bien devant l'entreprise privée que devant les usagers. Telle est du moins notre interprétation, et c'est autour de ce thème de la responsabilité que nous analyserons le processus de changement.

Depuis 1943, l'INOS était chargé de la prestation du service dans tout le pays, sauf dans les zones rurales, et assumait aussi bien la planification que la construction des ouvrages, leur exploitation, la gestion commerciale, selon un modèle monopoliste et centralisé. Pendant 40 ans, les revenus pétroliers permirent d'investir massivement dans la construction des infrastructures de base, et la centralisation des ressources se traduisait logiquement par la centralisation du programme d'expansion des réseaux d'eau. Les municipalités se virent donc enlever une de leurs compétences essentielles, moyennant la fiction d'une concession du service à l'INOS. Ce modèle permit un accroissement massif du taux de couverture, jusqu'à atteindre 80 % de la population pour l'eau potable.

Pendant les années quatre-vingt, que l'on appelle la « décennie perdue », l'investissement fut très faible, tant pour l'extension des réseaux que pour l'entretien et le renouvellement des installations. Pendant ce temps, les tarifs souffrirent une rapide érosion, et le résultat ne se fit pas attendre : une profonde détérioration des installations, de la qualité et continuité du service, du taux de couverture (qui baissa de presque dix points), et de la situation financière de l'entreprise : « l'eau se transforma en un des éléments déstabilisateurs du système politique vénézuéliens. En 1992, pour citer une année critique, on enregistra dans la seule ville de Caracas plus de cent manifestations de rues motivées par des réclamations sur la continuité du service » (Rosales 1996). Le modèle avait épuisé ses vertus.

Mais cette crise s'accompagna d'une complète perte d'identité de l'entreprise, et du service. Face à la détérioration de la situation, et aux réclamations des habitants, il n'y avait aucun schéma clair de responsabilité : l'entreprise clamait qu'elle ne recevait pas du gouvernement les ressources nécessaires pour investir ; les usagers protestaient contre les hausses de tarifs ou refusaient de payer car ils recevaient un service de très mauvaise qualité, les élus nationaux cherchaient à obtenir quelques crédits pour leur région et mettaient ainsi en pièce les tentatives de planification des ressources financières, les élus locaux créaient des « coups partis » urbanistiques et exigeaient de l'entreprise qu'elle crée les infrastructures correspondantes. Un dirigeant de l'INOS nous disait : « nous n'agissons pas en fonction de ce que nous nous proposons de faire, mais en fonction de ce qu'on nous commande de faire ». Une entreprise sans réelle autonomie de gestion, totalement dépendante financièrement, soumise à des interventions multiples qui détruisent tout effort de programmation, et sans aucune crédibilité face aux usagers. Dans la pratique, cette entreprise monopoliste et omnipotente se révélait totalement impuissante, entourée qu'elle était d'innombrables acteurs essayant de faire pression sur elle, ou de la remplacer, prenant des initiatives non coordonnées pour surmonter ponctuellement certaines déficiences du service : Congrès national, conseils régionaux, gouverneurs, maires, institutions comme Fundacomun, etc., « Ce qui donnait comme résultat des ouvrages non terminés, des contradictions dans les politiques et les instruments utilisés, une duplication des efforts, un usage inefficient des rares ressources disponibles » (Hidroven, 1998), comme le décrit très bien E. Marcano dans le cas de la ville de Barquisimeto (Marcano, 1991)[1].

Pour que l'entreprise puisse répondre de ses actes, il faut que les autres acteurs assument aussi leurs responsabilités. Pour de multiples raisons, le système évolua vers une irresponsabilité généralisée; aucun des acteurs impliqués n'était obligé d'assumer les conséquences de ses décisions, ni d'ailleurs n'aurait pu le faire. Pour ne prendre qu'un exemple, personne n'était en mesure de garantir l'extension des réseaux aux zones non desservies, mais par contre tout le monde pouvait le promettre.

Dans ce contexte, ce qu'introduit de véritablement nouveau la privatisation, c'est la responsabilité: responsabilité de l'entreprise face à ses clients (niveau et qualité de service, taux de couverture), de l'État envers l'entreprise (tarifs fixés au niveau requis pour assurer l'équilibre économique) et envers les usagers (contrôle de l'entreprise et de ses résultats, garantie du service public). Et pour la première fois, chacun des acteurs se voit doté de moyens juridiques et contractuels pour exiger le respect des engagements pris à son égard. Soyons clairs: tout ceci n'a en soi aucun rapport nécessaire avec la privatisation, mais dans le contexte que nous décrivons, la seule manière dont l'État pense pouvoir rétablir un schéma clair de responsabilité et la garantie du service public, passe par la privatisation.

Pour mieux le comprendre, il suffit de comparer le projet de contrat de concession élaboré pour Caracas, et de le comparer aux contrats antérieurs entre l'INOS et les municipalités: ces derniers étaient dépourvus de toute obligation de résultat. Or, après l'échec de l'appel d'offres, ce projet de contrat fut remis dans les tiroirs, personne ne pensa qu'on pouvait l'utiliser dans le contexte d'une entreprise publique et imposer à celle-ci les exigences qui avaient été définies pour l'entreprise privée.

Mais l'échec de l'appel d'offres montra les limites d'une stratégie de « modernisation » imposée d'en haut, greffée comme un corps étranger sur la société. Il fit voir que c'était l'ensemble des acteurs impliqués qui devaient changer, et pas seulement le cadre institutionnel. Si le processus se limitait à un colloque à deux, État et entreprise privée, il échouerait immanquablement.

Le diagnostic qui était à la base de l'appel d'offres avait bien identifié le problème central à résoudre, celui de la responsabilité. Mais il le définissait encore comme une responsabilité individuelle (l'entreprise, l'usager identifié au client, l'État – supposé homogène et identifiable à un acteur unique): le schéma libéral ne connaît que l'individu. L'expérience venait de montrer la dimension irréductiblement collective du problème posé. Pour que chacun des acteurs puisse assumer sa responsabilité particulière, il faut que la société dans son ensemble se rende responsable de l'existence même d'un service collectif soutenable dans le temps.

VERS UNE RESPONSABILITÉ COLLECTIVE

Après l'échec de l'appel d'offres, s'ouvre une période de latence et de redéfinition de la politique sectorielle. Peu à peu s'impose l'idée que le transfert de la responsabilité du service aux municipalités, et l'insertion du secteur privé sont un processus de longue haleine, qui doit être géré comme tel.

Hidroven, *holding* coiffant les entreprises régionales, fut chargée par le Gouvernement de formuler un Plan Stratégique de transfert du service aux municipalités. Ce plan comporte un énoncé des objectifs de base[2], et surtout une méthode de travail. Cette fois, nous sommes sortis de l'énoncé d'un modèle idéal et final, qu'il faudrait ensuite rejoindre. L'accent est mis sur la démarche à suivre pour négocier dans chaque région les conditions et les instruments du transfert. La principale caractéristique de la méthode est que l'initiative revient aux acteurs locaux. C'est à leur demande, et non sur une décision nationale, qu'est initié le processus. D'abord est signé un accord-cadre, où s'affirment la volonté et l'engagement des parties à mener à bien le transfert. Celles-ci mettent alors sur pied une Commission (Junta Promotora[3]) chargée d'évaluer et de proposer un schéma institutionnel adapté au contexte, puis de promouvoir la création d'une entreprise d'eau[4], et du syndicat intercommunal correspondant. Une fois l'entreprise constituée, les études nécessaires sont réalisées (inventaire des actifs, diagnostic, plan d'investissement, définition institutionnelle, analyse économique et financière, préparation de l'opération de crédit avec la BIRD ou la BID). Une fois ceci terminé, un contrat est signé entre le syndicat intercommunal et l'entreprise. Celle-ci est mise en marche et sa gestion est normalement confiée à une entreprise privée, moyennant un contrat de gérance.

Cette méthode est en fait la formalisation et la généralisation de la démarche suivie dans le cas de Monagas, qui fut le premier état à reprendre en main le service[5]. Ce fut le Gouverneur de l'état qui fut le moteur de tout le processus. Il avait donné une haute priorité au problème de l'eau, et dans son programme hebdomadaire à la radio, il soulignait sans cesse l'urgence de trouver une solution à la discontinuité du service; il associa à la réflexion les chambres de commerce, l'université, l'association des ingénieurs, les médias, et bien sûr les maires: l'homogénéité politique de l'état facilita beaucoup les choses; Il fallut cependant plusieurs années pour définir les termes d'un accord local et les négocier avec Hidroven, et avec la Banque mondiale. Ce fut cette dernière qui obtint d'inclure dans le programme l'appel à un gérant privé.

Ce processus peut être vu comme un simple programme de relations publiques pour « vendre » un projet et le rendre acceptable. Mais on peut aussi le lire comme la prise de conscience progressive au niveau de cet état d'un problème collectif qu'aucun des acteurs ne pouvait résoudre à lui seul, et le début d'un projet commun.

La suite de l'histoire démontre l'importance de cette notion. Cet état de 540 000 habitants environ, dont la capitale est Maturin, a connu ces dernières années une croissance accélérée due à l'« ouverture pétrolière ». L'insuffisance des infrastructures est devenue criante, tout comme la détérioration des services publics, notamment l'électricité et l'eau, et faisait obstacle au développement. Le principal problème n'était pas la couverture des services: en 1994, 93 % de la population urbaine de l'état était connectée au réseau d'eau (59 % pour les égouts). La capacité théorique de production, de traitement et de transport était plus que suffisante pour répondre aux besoins. Pourtant le service était très mauvais: forte discontinuité, à l'échelle de l'année (période sèche), et du mois (15 jours de rationnement par mois en moyenne), résultat des incessantes pannes de pompage, ruptures de canalisation, etc., reflétant l'absence d'entretien et de renouvellement des installations, mais surtout un système administratif et financier très détérioré. Tous les indicateurs opérationnels situaient la jeune entreprise parmi les pires à l'échelle nationale : 9 employés pour 1 000 connexions (3,6 à Bogotá), moins d'un tiers de l'eau produite était facturée, et un tiers du montant facturé était recouvré ; le tarif résidentiel et le tarif social se situaient respectivement à 0, 10 et 0,04 US$. Les revenus ne parvenaient à couvrir qu'une petite partie des coûts d'opération, et il ne restait évidemment rien pour investir.

Cependant, bien que profonde, la détérioration n'était apparemment pas si difficile à stopper. Le programme d'investissement nécessaire se chiffrait à 40 millions d'US$ en quatre ans, soit 75 $ par habitant. L'infrastructure existante, l'abondance des ressources hydriques et la possibilité d'amener l'eau par gravité, fait que Monagas peut avoir un service beaucoup moins coûteux que d'autres villes du Venezuela. Le plus grand problème, donc, réside dans les déficiences du système opérationnel, institutionnel, et régulateur. C'est bien avant tout un problème d'action collective.

Le chemin du changement se définira donc en fonction des ressources dont disposent les différents acteurs pour lever les obstacles à l'action collective. Nous avons vu que, bien que le service soit de compétence municipale, c'est le Gouverneur qui fut le moteur du changement[6]. L'entreprise qui se créa fut une entreprise mixte dans laquelle l'état de Monagas détient 49 % des actions, et nomme le Président. Le syndicat intercommunal, théoriquement majoritaire, est en fait à peu près inexistant. De même, pour le financement du programme d'investissement[7], l'apport de l'état, fut toujours largement supérieur à ce qui était prévu, couvrant ainsi l'insuffisance des apports des municipalités. C'est aussi le poids personnel du Gouverneur au sein de son parti (au pouvoir à cette époque) qui permit d'accroître sensiblement l'apport prévu du budget de la Nation au Projet. En contrepartie, le Gouverneur amena les municipalités à accepter le projet, la création de l'entreprise, l'intervention d'une entreprise privée, et de fortes hausses de tarif (un quadruplement initial, suivi d'ajustements mensuels selon l'inflation). Il réussit également à faire converger vers l'entreprise l'ensemble des ressources mobilisées autrefois par tous les acteurs publics et privés de façon indépendante et non coordonnée, à faire respecter un plan global d'investissement et ses priorités[8].

Le cadre collectif d'action et les nouvelles règles du jeu furent définis à travers un ensemble de contrats. Certes, la nouvelle loi prévue dans le Plan Stratégique n'était pas encore sortie, de telle sorte que les contrats se substituent en partie à un encadrement législatif défaillant. Mais ils sont beaucoup plus que cela. C'est en fait un réseau très dense de relations contractuelles entrecroisées qui fut créé, matérialisant les engagements réciproques autour de l'objectif commun. Le schéma présenté à la page suivante montre la différence entre la définition des rôles prévue dans le projet de loi sectoriel, et la véritable toile d'araignée de contrats signés à Monagas.

Ils cherchent à répondre à quelques questions essentielles : comment financer le service dans un contexte où le gouvernement national ne peut et ne veut plus continuer à boucher les trous ? Comment impliquer les pouvoirs locaux sans reproduire à l'échelle locale les mêmes défauts de l'ancienne entreprise nationale ? Comment promouvoir la participation du secteur privé dans une entreprise dont la situation est désastreuse ? Comment faire pour que chacun puisse assumer le risque d'un engagement à moyen et long terme ? Problème classique de l'opportunisme et des engagements crédibles.

Les contrats ont en fait plusieurs composantes : on y trouve des éléments qui les apparentent aux contrats de plan entre gouvernement et agences publiques d'exécution, d'autres qui les assimilent aux contrats passés entre différents niveaux de gouvernement (comme dans la politique de la ville en France), d'autres encore qui définissent les conditions d'une délégation-coopération à la manière des contrats de délégation à la Française (contrat de gérance), d'autres enfin qui relèvent des instruments hiérarchiques de tutelle[9].

Toutes ces dimensions coexistent ; la régulation, à Monagas, se définit comme un système de contrats hétérogènes[10] et interdépendants qui tous ensemble permettraient d'atteindre l'objectif. Mais il est long le chemin pour passer d'une situation où personne n'avait réellement à répondre du service, à une autre où la consolidation d'un service soutenable à long terme est un objectif partagé, dans le cadre duquel chacun, doté d'un rôle clairement défini, s'engage sur des objectifs précis. Et la dimension purement légale du contrat ne suffit pas à la créer. Prenons un exemple simple : pour surmonter la « culture du non-paiement », qui est au cœur du problème, les contrats organisent l'autonomie opérationnelle du gérant et son droit à suspendre le service au client défaillant. La norme légale et contractuelle définit une mesure individuelle. Or dans beaucoup de quartiers populaires, la décision de payer ou non est collective, et non individuelle. Elle ne se définit pas par la simple relation client/entreprise, mais par une autre plus complexe, entreprise/usager/association de quartier/parti politique/maire/gouverneur ; la solution du problème passe de fait par une négociation. À Monagas, on voit clairement que dans les communes où le maire n'apporte pas un appui décidé à la politique de recouvrement des coûts, l'entreprise ne parvient pas à améliorer le recouvrement. Ni le contrat, par sa force juridique ou incitatrice, ni d'ailleurs les décisions d'une commission régulatrice, ne suffisent pour gérer cette relation[11]. L'emboîtement de contrats de nature très diverse que nous observons à Monagas reflète la complexité du processus de changement. Normalement un contrat présuppose l'existence de règles du jeu, et d'acteurs consolidés. Ici aussi bien les acteurs que les règles du jeu se construisent au fur et à mesure : dans cette « régulation de processus », les contrats sont des instruments indispensables, mais leur efficacité dépend à chaque instant de la réalité et du dynamisme du processus de changement. Il s'agit de situations de coordination complexes, instables, multi-acteurs, dans lesquelles le besoin d'une coordination horizontale renforce le rôle du responsable élu, catalyseur et garant de la coopération, qui dans ce cas fut le Gouverneur. Mais ces situations exigent aussi que soit explicite, et renouvelé périodiquement, le pacte par lequel tous assument l'objectif d'un service soutenable.

L'ENTREPRISE PRIVÉE ET LE CONTRAT

Comme nous l'avons vu, la gestion de l'entreprise nouvellement créée, Aguas de Monagas, fut confiée, après appel d'offres, a une entreprise privée (en fait un consortium, au sein duquel l'entreprise espagnole FCC joue le rôle d'opérateur). Le contrat de gérance a une durée de 4 ans, c'est-à-dire la même durée que le Projet financé par la Banque mondiale.

Ce type de contrat, appelé ici « gestion intégrale » n'avait pas d'antécédent dans le pays, et la Banque mondiale, qui durant la négociation du prêt faisait pression pour que soit associé le secteur privé, n'a elle-même guère d'expérience de cette formule, et ne la regarde pas d'ordinaire d'un œil favorable : l'article publié par M. Mariño (1998), en témoigne, puisqu'il se livre à un vigoureux plaidoyer interne en faveur de cette expérience. Mais l'idée, caressée un moment, d'aller vers une concession, se révéla irréaliste au vu de la situation de l'entreprise (57 mm Bs de revenu mensuel contre 161 mm pour les seuls coûts d'exploitation) et du contexte national (1996, contrôle des changes).

1) L'objectif d'un contrat de gérance est bien évidemment d'améliorer la qualité du service. Pour cela, des objectifs précis et quantifiés sont assignés au gérant pour chacune des quatre années. Dans le cas de Monagas, il fut relativement facile d'obtenir des résultats rapides et spectaculaires, en particulier en ce qui concerne la continuité du service et la potabilité de l'eau, car la reprise en main de l'exploitation et de la maintenance permettait, sans investissements massifs[12], des améliorations immédiatement perceptibles par les usagers : en un an le nombre de jour de rationnement passa de 15 à 2,76 par mois, le nombre d'heures d'approvisionnement par jour de 10 à 20 heures, et le nombre de jours sans chloration fut divisé par deux. Cependant, là encore le contrat rencontre des limites : dans des situations très détériorées comme celle de Monagas, les indicateurs décrivant la situation initiale et qui servent à définir les objectifs quantifiés sont très approximatifs. C'est en exploitant le service que le gérant et le régulateur découvrent l'état réel des installations et le niveau effectif de service. Le non-respect des objectifs révèle parfois simplement que la situation initiale était pire que prévue[13]. L'espoir d'une régulation « objective » par des indicateurs contractuels simples s'évanouit.

2) La gérance est une formule qui limite au maximum les risques pour l'entreprise. Dans ce cadre, la première chose que l'on attend de celle-ci est l'apport de son expérience pour améliorer la gestion, au sens managérial du terme. Tant le cahier des charges que le contrat mettent cet objectif au premier plan : organisation, gestion des ressources humaines, implantation de systèmes performants, etc. Dans le contexte de Monagas, et d'une entreprise a peine formée, sur les ruines d'une entreprise antérieure, tout était à faire, particulièrement dans les points les plus faibles : l'exploitation (incluant la maintenance), et la gestion commerciale. Il est curieux que les indicateurs de performance inclus dans le contrat de gérance mettent tout l'accent sur les résultats quantitatifs du service, et fort peu sur la construction de la capacité institutionnelle de l'entreprise. Le Gérant lui-même nous disait : « pour moi, le but n'est pas tant d'atteindre les objectifs quantifiés que de construire l'entreprise et de la rendre viable. Il faut parier sur le moyen terme ».

MONAGAS : SCHÉMA THÉORIQUE ET SCHÉMA RÉEL DE LA GESTION DE L'EAU

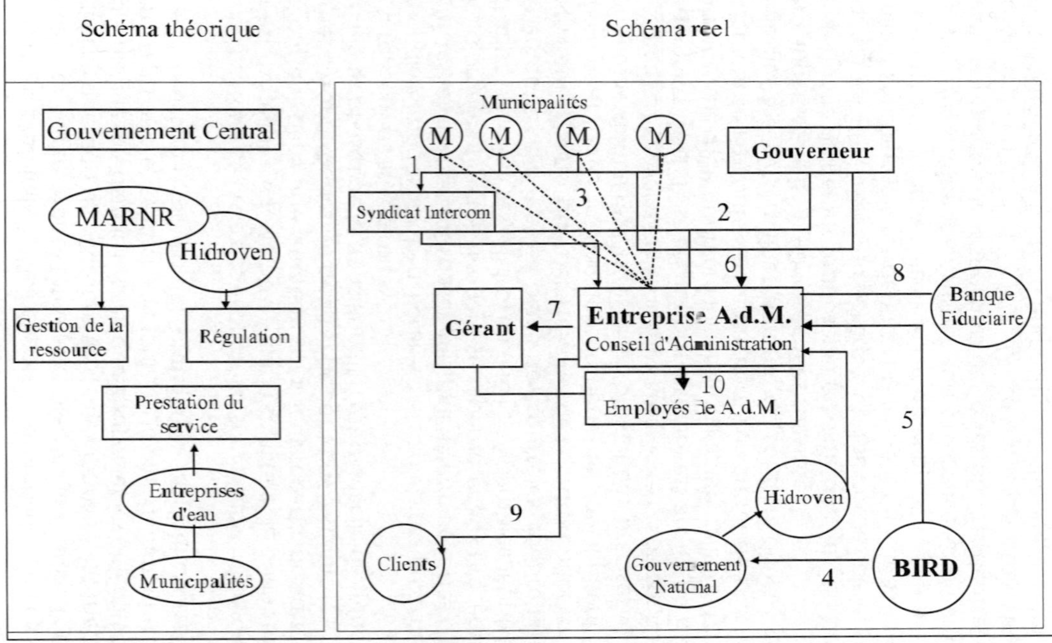

Contrats et accords passés à Monagas pour le service de l'eau

– Accord-cadre (Gouverneur, Maires, Hidroven, HidroCaribe)
  1 – Accord de création du Syndicat intercommunal (Municipalités)
– Accord de transfert du service (HidroCaribe, Syndicat Intercom.)
  2 – Accord de création de l'entreprise (Gouverneur, Maires)
  3 – Contrat d'autorisation de AdM pour la prestation du service = délégation (Municipalités, AdM)
– Contrat de Commodato (MARN, AdM)
  4 – Accord de prêt (BIRD, République)
  5 – Accord de projet (BIRD, AdM)
  6 Contrat-Plan (Gouverneur, Maires, AdM)
  7 – Contrat de gérance (AdM, Gérant)
– Contrat-cadre de transfert de ressources (République, Hidroven)
– Contrat de transfert subsidiaire de ressources (Hidroven, AdM)
  8 – Contrat de Fideiscommis (AdM, Banque)
– Accord pour le recouvrement du prêt (Hidroven, AdM)
  9 – Contrats de service (AdM, usagers)
  10 – Plans d'incitations ((AdM, employés d'AdM)

Sur tous ces points, les résultats de l'expérience sont probants. Soulignons seulement quelques difficultés dont l'intérêt dépasse le cas étudié. Toutes naissent de la difficile question de l'autonomie du gestionnaire. En théorie, il est facile de dire qu'une fois définie la politique à suivre et les objectifs que le gérant est tenu d'atteindre, celui-ci doit jouir de la plus grande autonomie dans la mise en œuvre des moyens. En pratique, cette distinction n'est pas si simple.

Pour éviter que l'entreprise fasse des économies sur le transfert de *know-how*, le contrat est exigeant – à juste titre – sur la qualité et la quantité de ces transferts. Pourtant dans une situation où il faut repartir presque de zéro, les instruments sophistiqués de gestion ne sont pas toujours les plus adaptés aux premières phases de la transition. Il n'est pas facile de trancher les conflits qui surgissent dans ce contexte.

La Banque mondiale impose aux bénéficiaires de ses prêts des procédures extrêmement strictes, et hautement spécifiques, qui déterminent des choix de gestion, voire d'organisation (et viennent se superposer aux procédures imposées par d'autres partenaires, Hidroven, FIDES, Assemblée législative de l'état, etc.) ; en outre, elle met en place des contrôles rigoureux des achats et sous-traitances, ainsi que des mécanismes d'autorisation préalable (*no objection*) pour toutes les décisions importantes, qui limitent fortement l'autonomie gestionnaire. Un réseau d'obligations précises et un contrôle étroit tentent de renverser la tendance antérieure où personne ne tenait ses engagements. Bref, la relation qui s'instaure est analogue à celle qui existe entre une banque et un créancier en difficulté, relation basée sur la défiance, et lourde en coûts de transaction. Le contrat de prêt, par exemple, prévoit de 45 à 50 semaines/homme de contrôle direct par la BIRD la première année et de 35 à 40 les années suivantes !

La parfaite autonomie du gérant supposerait possible une gestion purement « technique », sans interférence du politique. Or il se trouve que les problèmes qui assaillent l'entreprise à ses débuts contiennent tous une dimension politique essentielle : conflit avec le syndicat des employés, période de rationnement aigu, hausses de tarifs, suspension du service aux mauvais payeurs, etc. Dans la pratique, la distinction des rôles du Président et du Gérant fut compliquée et conflictuelle. La *Junta Directiva* servait à la fois à transmettre la pression politique et à tenter d'en protéger l'entreprise. Dans un contexte de si fortes pressions, aucune mesure juridique, institutionnelle ou contractuelle ne peut garantir l'indépendance idéale du gérant rationnel. Entre Gérant et Président se nouent des relations de coopération-conflit largement informelles et hétérodoxes, mais relativement efficaces et dont le bénéfice excède probablement le coût. Cependant, si elle se prolongeait, cette situation deviendrait ingérable

Obnubilé par la politisation des entreprises publiques et par la confusion des genres qui a ruiné tant d'efforts de gestion, le courant modernisateur a peur du « politique »[14]. La Banque mondiale exigea que l'entreprise Aguas de Monagas (entreprise publique mixte État-municipalités) soit formée et prenne en charge le service avant son transfert à un gérant privé et avant la signature du prêt, pour créer les conditions préalables jugées indispensables (notamment la hausse des tarifs).

Aguas de Monagas fut donc créée, et dotée d'un Conseil d'Administration (Junta Directiva) formé de techniciens et non de politiques, pour marquer un souci de transparence et de non-politisation de la gestion.

Et c'est l'entreprise, non les municipalités concédantes, qui signa le contrat de gérance, créant donc un double niveau de délégation qui obscurcit sensiblement le partage des responsabilités.

On observe en fait une confusion entre régulation et délégation de service. Le modèle du régulateur anglo-saxon est en effet défini par son « indépendance » : c'est un technicien. Dans le modèle de la délégation de service public, le pouvoir délégataire est par définition un pouvoir politique, qui définit le cahier des charges et surveille l'exécution du contrat, en gardant l'entière responsabilité politique du service devant ses électeurs. À Monagas, le Gouverneur – qui n'est pas pouvoir concédant ! – conçoit clairement son rôle selon le second modèle. À la Banque mondiale (Mariño 1998), on pense au contraire que le Président de l'entreprise (un technicien) devient le régulateur du service, non seulement pour superviser le travail du gérant, mais pour vérifier également si Gouverneur et Maires respectent les engagements qu'ils ont pris dans le Contrat-Plan envers le gouvernement National et la Banque Multilatérale[15]. Or la réalité est bien différente.

L'autonomie opérationnelle de l'Agent suppose que le Principal soit clairement identifié et sa responsabilité bien définie. Ce n'est pas le cas actuellement à Monagas. On le voit bien en ce qui concerne l'amélioration de la facturation et du recouvrement, objectifs majeurs du contrat de gérance : en 18 mois, la facturation a été multipliée par 3,4 et le recouvrement par 5, ce qui permettait de couvrir les coûts d'opération. Il reste encore beaucoup de chemin à parcourir pour pouvoir assumer les amortissements, le remboursement de l'emprunt, et dégager la marge d'autofinancement prévue. Le contrat prévoit une incitation pour le gérant à redoubler d'efforts, puisqu'une partie de sa rémunération dépend du dépassement des objectifs. De fait, il ne l'a pas perçue au cours des deux dernières années. Mais il semble bien que cette incitation ne soit pas suffisante pour qu'il accepte un conflit ouvert avec les autorités locales sur ce terrain : la rentabilité d'un contrat de gérance est faible, et l'entreprise ne se lance dans l'aventure qu'avec l'espoir de s'installer durablement et de faire évoluer son statut vers la concession : pendant le contrat de gérance, il n'a peut-être pas intérêt à affronter trop directement ses interlocuteurs, ni à révéler trop vite le potentiel économique du service[16]. Ce type de convergence implicite des intérêts est facilité par le flottement perceptible au niveau national : les apports faits par le budget de la Nation au programme d'investissement ne sont soumis à aucune condition explicite[17], et le problème crucial du remboursement du prêt de la Banque mondiale (assumé théoriquement par l'entreprise mais garantie par la Nation) est l'objet de conjectures variées : vu de Monagas, l'engagement de remboursement est perçu comme facilement renégociable[18]. Les règles du jeu ne sont pas encore véritablement stabilisées et crédibles, et le gérant sera donc plus enclin à chercher des compromis locaux qu'à affronter une tempête au profit d'objectifs incertains, dans un contexte de profonde crise économique et sociale. La limite du contrat de gérance, dans ce contexte, tient au fait que le gérant n'assume en rien le risque commercial. On peut penser qu'il faudrait prévoir une évolution plus rapide du contrat vers un certain partage du risque.

3) L'information et les mécanismes de contrôle. La multiplicité des interlocuteurs du Gérant fait qu'il doit rendre des comptes à chacun d'entre eux, selon un calendrier et des normes spécifiques. Pourtant, cela ne veut pas dire que l'information dispensée est suffisante pour permettre à tout un chacun d'évaluer véritablement la situation et les performances du gérant. L'information transmise par exemple aux actionnaires de l'entreprise (État et municipalité) à la fin de 1998 ressemble fort aux traditionnels rapports d'activité des entreprises publiques, fait longuement état des améliorations, ainsi que des travaux réalisés, mais ne permet aucunement de vérifier si les objectifs contractuels ont été atteints, et n'apporte aucune information ni diagnostic sur la gravité de la situation financière et sur le défi qu'elle représente : elle ne permet pas de faire un bilan précis, ni d'évaluer tant le gérant que le service ; au lieu de réactiver l'engagement collectif sur le Projet, de responsabiliser chacun pour ce qui le concerne, elle utilise des formules lénitives dont l'effet est plutôt de démobiliser les interlocuteurs. Une fois encore, on observe une connivence de fait entre le Gérant et les responsables politiques locaux autour d'une information tronquée. Les rapports envoyés à la Banque mondiale, eux, sont plus précis : tout se passe comme si le seul régulateur réel était la BIRD, qui a le pouvoir de suspendre les déboursements du prêt.

Cela met en évidence une difficulté fréquente dans ces processus de réforme : le niveau national peine à se réformer au même rythme que les décisions de décentralisation ou de privatisation. Aussi bien son organisation que la formation de son personnel ont été définies en fonction de contrôles de type administratif, contrôle de moyens et non de résultats. Lorsque l'on met sur pied des méthodes de contrôle mieux adaptées, l'attention se porte sur la définition des mécanismes formels, et des objectifs quantitatifs, mais qui ne s'accompagnent pas d'un effort correspondant pour assurer un suivi effectif, ni pour se doter de moyens d'incitation. Hidroven a développé un système d'indicateurs de gestion, mais les entreprises envoient des informations peu fiables, qui de toute façon ne sont suivies d'aucun *feed-back* ni d'instruments efficaces pour récompenser ou pénaliser les entreprises selon les résultats.

Dans un contexte où les collectivités locales, longtemps maintenues sous tutelle, n'acquièrent que lentement les capacités de gestion correspondant à leurs nouvelles responsabilités, la régulation nationale joue un rôle plus important que dans des pays à municipalités fortes : trouver la correcte articulation entre régulation nationale et régulation locale est un des grands défis du secteur de l'eau en Amérique latine.

Un autre enjeu de l'information est celui de sa diffusion. Au Venezuela, comme dans d'autres pays de la région, la nouvelle Constitution met l'accent sur le rôle des usagers, et des citoyens, dans le contrôle de la prestation des services publics. La première condition pour l'obtenir est l'accès à une information « exacte et opportune », sur la réalité du service. Ce n'est pas encore le cas à Monagas. Rappelons qu'au Chili, par exemple, la loi électrique prévoit que le régulateur élabore chaque année un classement des entreprises en fonction de la qualité du service fourni (la fameuse « concurrence statistique »), mais réserve la diffusion de ce document aux entreprises elles-mêmes, et non au grand public ! Pour peser sur la transformation en cours, sur quels acteurs est-on prêt à s'appuyer ?

* * *

Cette liste de problèmes non encore résolus[19] n'a pas pour objet, on l'aura compris, d'invalider l'expérience en cours à Monagas, dont les résultats globaux sont largement positifs, mais plutôt de faire percevoir l'ampleur des transformations qu'elle implique chez l'ensemble des acteurs en présence. Loin de se limiter au face-à-face entre un régulateur et un régulé, entre un concédant et une entreprise délégataire, le véritable objectif de la régulation d'un tel contrat de gérance est de tenter de maintenir le rythme du changement, et son cap. Les erreurs et les insuffisances font partie du risque assumé dès le début par tous, et font partie du processus d'apprentissage. Qui participe personnellement à l'évaluation d'un tel Projet, perçoit vite que l'enjeu est moins de savoir si tous les termes du contrat sont respectés, si les objectifs quantitatifs sont atteints en lieu et en heure, que de s'assurer que l'apprentissage se produit et génère des résultats durables, et de vérifier que l'ensemble des acteurs concernés ajuste peu à peu son comportement. C'est une trajectoire que l'on évalue. L'entrecroisement des contrats s'analyse moins comme une somme de règles de droit que comme les multiples figures d'une stratégie de changement. Rien ne sert d'exiger de l'un des acteurs – fut-ce l'entreprise privée – le respect de ses engagements, si le système dans son ensemble cesse d'évoluer.

Dans ce contexte, la « privatisation » n'est peut-être pas ce qu'elle parait : elle ne s'explique pas seulement, et peut-être pas d'abord, parce que l'entreprise privée serait « plus efficace », mais parce que, dans un contexte de profonde crise, on peut exiger d'elle ce que l'on ne parvient pas à exiger de l'entreprise publique ; le fait qu'elle soit privée, et le plus souvent étrangère soumet ses performances à un regard plus critique et plus exigeant. Elle est enfin perçue comme un prestataire de service, on ne tolérera plus ce que l'on s'était pourtant résigné à accepter d'une entreprise publique. Mais comme elle peut revendiquer les droits que lui donne son contrat, le jeu a plus de chances de se rééquilibrer, et il oblige en tous les cas les acteurs à se repositionner. Le véritable enjeu est de rompre ce que nous appelions en commençant l'irresponsabilité institutionnalisée. Ce type de « privatisation » est peut-être d'abord un instrument pour réformer l'État. En ce sens, une des faiblesses de la gérance telle que pratiquée à Monagas est la permanence de l'entreprise publique comme support du contrat de gérance. Cela limite l'impact du changement : les autorités locales, dans leur double rôle de responsables de l'entreprise et de garants du service public, peuvent plus difficilement échapper aux traditionnels marchandages qui firent la ruine des entreprises publiques.

Ce qui est sûr en tout cas, c'est que la conduite de tels processus de changement ne se réduit pas à des méthodes de régulation. Ce sont des problèmes de gouvernance, et pas seulement de techniques contractuelles. Comme l'écrivait Y.L. Enrique García dans sa préface au livre de M.E. Corrales (1998), « nous sommes tous en train d'apprendre, il n'y a pas de route toute tracée, il n'y a pas de formules magiques ».

Notes

1 À cela s'ajoutent les innombrables efforts faits par les usagers pour pallier les déficiences du service : systèmes de stockage et de pompage individuels, filtres ou achat d'eau potable en bombonnes, industriels et groupes d'habitations se dotant de systèmes indépendants, etc. Dans le cas de Maturin, que nous étudions plus loin, ce dernier processus s'était fortement développé ces dernières années, ôtant ainsi à l'entreprise une part du marché « rentable » et rendant d'autant plus difficile la solution du problème collectif.

2 Transférer le service aux municipalités, moyennant la création de syndicats intercommunaux et d'entreprises à l'échelle requise, donner à celles-ci des critères de gestion et d'autonomie financière, des obligations de résultats, sur la base de contrats ; promouvoir la participation du capital privé ; séparer la prestation du service de la régulation et définir les mécanismes de contrôle.

3 Groupe de travail qui réunit ordinairement le gouverneur de l'État, les communes, Hidroven, l'entreprise régionale d'eau, le ministère de la Santé, la Corporation régionale de développement, l'université, l'organisation patronale régionale, et éventuellement l'industrie pétrolière.

4 Les entreprises régionales existantes couvraient plusieurs États.

5 Elle revêt donc le caractère de projet pilote ; depuis, l'État de Lara a suivi le même chemin, et d'autres entreprises sont constituées ou en cours de création. Il serait facile de montrer comment les leçons tirées de l'expérience de Monagas ont été utilisées dans les projets suivants.

6 Le cas n'est pas isolé, puisque toutes les entreprises d'eau récemment créées le furent au niveau des États. Une première version de la nouvelle Constitution (1999) en tirait même les conséquences, attribuant à l'état la compétence en la matière. La version définitive maintient la compétence municipale

7 Le projet d'investissement à quatre ans se finance par un prêt remboursable de la Banque mondiale, et par des apports à fonds perdus de la Nation, de l'État, des municipalités, et de l'entreprise elle-même.

8 Ce qui n'est pas le plus facile, car le plan était orienté vers l'amélioration de l'exploitation, de l'entretien et du renouvellement, la réduction des coûts, et non vers l'extension des réseaux, qui aurait été plus visible et donc plus rentable politiquement. Respecter le plan d'investissement signifie pour les municipalités retarder la réponse aux demandes non satisfaites, ce qui est politiquement coûteux.

9 C'est notamment le cas des contrats impliquant la Banque mondiale, comme nous le verrons plus loin.

10 Pour une analyse plus détaillée de ces contrats, voir Coing 1999.

11 Les normes ou incitations qui ne parviennent pas à produire l'effet désiré sont innombrables. F. Morandé par exemple observe, dans les entreprises chiliennes d'eau, que le pourcentage de recouvrement reste très bas malgré des normes strictes et des incitations extrêmement puissantes (les entreprises ne peuvent transférer à l'usager les coûts liés à l'inefficacité du recouvrement) : si l'incitation ne produit pas d'effet, c'est donc qu'agissent, chez l'entreprise, l'usager, le régulateur, des mécanismes sociaux sur lesquels l'instrument incitatif n'a pas de prise.

12 À l'exception des investissements qui furent nécessaires pour pallier l'inefficacité du service électrique dont les coupures fréquentes causaient d'incessantes interruptions du pompage. Des investissements de substitution, coûteux et économiquement peu efficaces (générateurs diesels, ligne directe de transmission) furent nécessaires, qui n'avaient pas été prévus au contrat.

13 Et vice et versa : à Monagas, les objectifs de couverture du service, mesurée par le nombre de connexions, furent dépassés en bonne partie par sous-estimation des connexions existantes et non régularisées.

14 La plus belle illustration de cette obsession nous est fournie par Guasch (1994) dont la seule préoccupation est de mettre l'outil régulateur hors d'atteinte des responsables politiques.

15 Notons au passage que cela ferait de l'entreprise le régulateur du contrat qui définit ses propres obligations ! Curieuse manière d'assurer l'indépendance du régulateur.

16 Une illustration de ce propos peut être trouvée dans le peu d'empressement mis par l'entreprise à installer les compteurs prévus dans le plan d'investissement, qu'il s'agisse de micro ou de macro-mesure, alors qu'on sait que la facturation basée sur une estimation sous-estime considérablement la consommation. Ici, l'intérêt du gérant rejoint celui des autorités locales. Un autre exemple est fourni par la subvention apportée par le Gouverneur aux petits consommateurs, qui consiste à prendre en charge la moitié de leur facture : cette subvention n'est pas conditionnée au paiement par l'usager de l'autre moitié, et un accord implicite entre le Gouverneur et l'entreprise permet à cette dernière d'avoir un revenu garanti (et un taux de recouvrement amélioré) sans faire d'effort de recouvrement auprès de cette partie de la clientèle, où le recouvrement est le plus difficile et le moins rentable.

17 L'apport national a même dépassé largement ce qui était prévu au contrat

18 De la même façon, le gérant, bien qu'étranger au pays, a vite compris la relativité des engagements pris, en ce qui concerne le remboursement des dettes de son entreprise envers l'entreprise électrique.

19 On pourrait bien sur en rajouter d'autres. À Monagas, le pacte noué autour de la soutenabilité du service n'inclut pas pour l'instant les agriculteurs (tout comme en France !), et les conflits tournant autour de l'utilisation de l'eau du réseau pour l'irrigation n'ont pas encore d'issue.

Bibliographie

Barrionuevo A. y Lahera E., ed. 1998, *¿Qué hay de nuevo en las regulaciones ? Telecomunicaciones, electricidad y agua en América Latina*, CLAD-Eudeba

Coing H., 1997, « Changing the ground rules. Caracas, chronicle of a missed privatization », in : *Urban Water Management*, D. Lorrain Ed., Hydrocom Editions. Paris

Coing H. 1999, *¿Regulación o contrato ? la gestión del agua en Monagas*, mimeo IESA, 120 p.

Corrales M.E., 1998, *El reto del agua, cambios institucionales en los servicios públicos por redes*, Ed. Galac, Caracas

Guasch J.-L. & Spiller P.T., 1995, *Unraveling the regulatory conundrum : concepts, issues and the Latin America story*, mimeo.

Hidroven, 1998, *La modernización del Sector Agua Potable y Saneamiento. La necesidad de un consenso político*, mimeo, 31p.

Lorrain D. 1997, *Urban Water Management*, Hydrocom Paris

Marcano E. *et al.*, 1991, *Los servicios urbanos en las ciudades venezolanas : modos de gestión y de organización, agentes urbanos que intervienen y formas de intervención.* 1° etapa, Barquisimeto, Resumen y 6 volumenes, Instituto de Urbanismo, UCV.

Mariño M., Stein J. & Wulff F., 1998, Management contracts and water utilities, the case of Monagas State, World Bank *Viewpoint* note n° 166, december 1998

Morande F., 1997, *Los servicios de agua potable en Chile : condicionantes, institucionalidad y aspectos de economía política*, BIRD, Documentos de trabajo n° 308

Rivera D., 1997, *Participación privada en el sector de agua potable y saneamiento : lecciones de seis paises en desarrollo,* BIRD, Colección Tendencias del desarrollo

Rosales R., 1996, *¿Cómo superar la cultura de los operativos ?,* Caso de Estudio IESA n° 21, Caracas.

RIO DE JANEIRO : MUTATIONS DE L'ACTION PUBLIQUE ET ÉMERGENCE DU SECTEUR PRIVÉ (BRÉSIL)

Ana Lucia Britto*

Les années 1990 se sont caractérisées par des transformations importantes dans la gestion de l'eau au Brésil qui s'inscrivent dans le mouvement général de « Réforme de l'État »[1]. Nous soulignons les transformations suivantes : 1°) la nouvelle forme de participation du pouvoir local dans la gestion des services ; 2°) l'adoption d'une conception des services articulant différents secteurs de la gestion de l'eau dans une intégration horizontale et visant la durabilité environnementale de la ville ; 3°) la séparation des fonctions de régulation et de gestion des services et la création d'organismes régulateurs ; 4°) une participation croissante du secteur privé dans la gestion des services. Le cas de la région métropolitaine de Rio de Janeiro (10,2 millions d'habitants)[2] fournit ici le cadre pour l'analyse de ces changements, particulièrement en ce qui concerne les nouvelles perspectives pour l'action publique (locale et régionale) et l'action des groupes privés dans la gestion des services.

Le secteur de l'eau et de l'assainissement au Brésil : changements récents et nouvelles tendances

Le secteur de l'eau et de l'assainissement au Brésil a connu d'importants changements au cours de ces dix dernières années. Les propositions faites par le Gouvernement Fédéral au secteur sont au cœur du débat plus général sur la réforme de l'État, de l'avancement du projet néolibéral, et de la nouvelle insertion du pays dans une économie globalisée. Les transformations survenant dans ce secteur suivent un mouvement plus général qui affecte les services urbains à l'échelle mondiale et se caractérise par une moindre participation du secteur public et l'entrée massive de capitaux privés.

* Professeur, Faculté d'Architecture et Urbanisme de l'Université Fédérale de Rio de Janeiro.

RÉGION MÉTROPOLITAINE DE RIO DE JANEIRO, RÉSEAU D'ASSAINISSEMENT

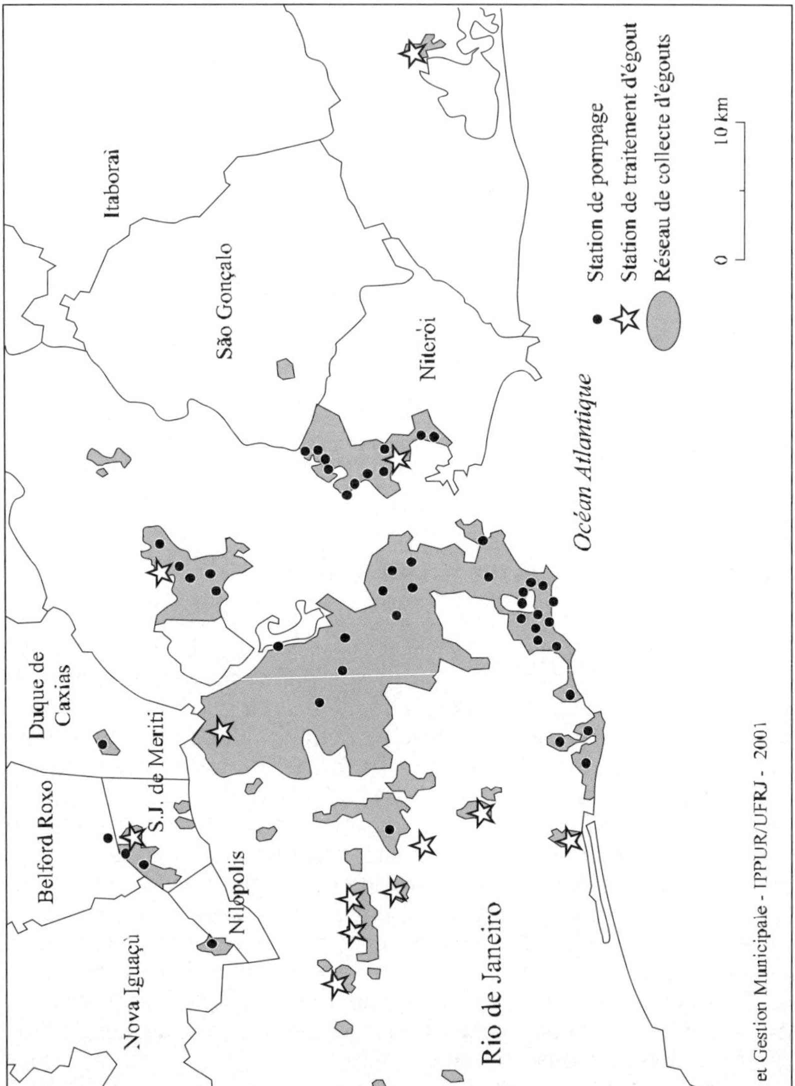

Source : Observatoire de Politiques Urbaines et Gestion Municipale - IPPUR/UFRJ - 2001

Au Brésil, le débat sur les nouveaux modèles de gestion des services surgit à partir de l'épuisement du modèle imposé par le PLANASA (Plan National de l'Eau et de l'Assainissement)[3] au milieu des années 1980. La crise de ce modèle et l'existence d'une politique fédérale définie par le secteur ont accru la marge d'action des gouvernements des États fédérés et des municipalités dans le domaine de l'eau et de l'assainissement. Ainsi, à partir des élections directes des maires des capitales en 1985, on peut noter une nette tendance à la valorisation des politiques urbaines locales, laquelle s'accentue avec la promulgation de la Constitution en 1988, l'élaboration des schémas directeurs municipaux et les lois communales. Dans ce cadre de décentralisation, surgissent de nouvelles politiques urbaines, qui résultent d'une conjonction de deux forces : 1°) la volonté des nouveaux gouvernements municipaux élus démocratiquement d'innover dans ce domaine, qui affirment plus d'autonomie vis-à-vis du gouvernement fédéral et des gouvernements des États fédérés, 2°) la pression des mouvements populaires, qui revendiquent l'accès à des services efficaces pour tous.

Ces politiques se développent dans le secteur, surtout dans les communes où les services sont gérés localement, c'est-à-dire dans celles qui n'ont pas concédé leurs services aux Compagnies de l'État dans le cadre du PLANASA. Des évaluations faites par l'ABES (Association Brésilienne d'Ingénierie Sanitaire) et l'ASSEMAE (Association des Services Municipaux d'Eau et d'Egouts) démontrent que la gestion des services dans ces communes présente au cours des années quatre-vingt des résultats assez positifs, meilleurs – dans beaucoup de cas – à ceux obtenus par les entreprises d'État.

La crise du modèle PLANASA s'est prolongée jusqu'au début des années 1990, sans que soit définie une nouvelle politique fédérale fixant des priorités et orientant l'allocation des ressources. Divers organismes fédéraux agissent actuellement dans le secteur, à un degré d'intégration très faible. En ce qui concerne le modèle institutionnel, le modèle défini par le PLANASA se maintient dans la majeure partie du pays, malgré certaines initiatives municipales pour reprendre la gestion des services. En 1993, la situation des services d'eau et d'assainissement de base du pays était la suivante : les compagnies des États fédérés étaient responsables des services d'eau d'à peu près 65 % des communes, soit 86 % de la population urbaine ou 67 % de la population totale. En ce qui concerne les services d'égouts, il y avait également une prédominance des compagnies d'État : celles-ci desservaient environ 65 % des domiciles urbains (soit près de 40 % du total). Il convient de rappeler que près de 45 % des communes disposant du réseau collecteur d'égouts en ont donné la concession à une compagnie des États fédérés. La majeure partie du reste des communes brésiliennes connectées aux réseaux d'eau et d'égouts était desservie par l'administration municipale, de manière directe ou indirecte (approximativement 30 % des communes). Enfin, près de 5 % des communes étaient desservies par la Fondation Nationale de la Santé, un organisme fédéral qui agit traditionnellement dans les plus petites communes des régions les plus pauvres, au travers d'accord de prestations de services d'assistance technique[4].

Au début des années 1990, le gouvernement fédéral a essayé de remplir le vide en termes de politique publique des eaux et d'assainissement, créé à partir de la fin du PLANASA, en reprenant un rôle actif dans le secteur au travers de la constitution du PMSS – Programme de Modernisation du Secteur de l'Eau et de l'Assainissement, de la création du Programme de Qualité de l'Eau, et de deux nouvelles lignes de financement (le *Pró-Saneamento* et le *Programa de Ação Social e Saneamento*). Au même moment, les contrats de concession des entreprises des États fédérés, signés dans les années 1970 et d'une durée de 25 ans, parviennent à leur terme. Un nombre significatif de communes cherchent alors de nouvelles alternatives pour la gestion des services, en s'orientant sur l'exemple de ceux qui n'avaient pas délégué la gestion des eaux et d'assainissement aux entreprises des États fédérés. Dans ce processus, l'ASSEMAE joue un rôle important en œuvrant pour la défense de la gestion municipale des services et en fournissant une aide technique et juridique aux communes qui veulent rompre les contrats avec les compagnies des États fédérés et assumer directement la gestion des services. Dans différentes régions du pays des conflits surgissent entre les entreprises des États fédérés concessionnaires et les communes. Ces dernières n'acceptent plus les contrats de type PLANASA, qui privilégient le concessionnaire et laissent les communes sans moyen pour exercer un contrôle. Cette logique contractuelle est de plus en plus dénoncée, et, dans certains cas, on assiste à la rupture ou au non-renouvellement du contrat de concession (comme dans les communes de Diadema, SP, Muriaé, MG, Novo Hamburgo, RS et Angra dos Reis, RJ).

À partir de 1993, le gouvernement fédéral initie la réorganisation du secteur en créant le PMSS – Programme de Modernisation du Secteur Eau et Assainissement – dont l'objectif est le développement opérationnel des compagnies des États fédérés et la réorganisation institutionnelle du secteur. Le programme commence en juillet 1993, grâce à un prêt octroyé par la Banque Mondiale. Le PMSS réalise des études de portée nationale sur les différents aspects de la gestion des services (financement du secteur, compétence des compagnies des États fédérés concessionnaires, taux de couverture des services, déficits, etc.). En outre, le PMSS finance des études plus spécifiques d'intérêt régional.

Le PMSS agit comme instrument d'une Politique Nationale de l'Eau et de l'Assainissement, articulée par le Secrétariat de Politique Urbaine – SEPURB –, dont les objectifs centraux seraient l'universalisation des services à l'horizon 2010. De fait, l'accès aux services au Brésil est encore un problème à résoudre. En 1998, 14 % de la population urbaine (15 millions de personnes) n'ont pas accès au réseau public d'eau et 51 % (39 millions de personnes) ne sont pas desservis par le réseau d'égout. D'autre part, 90 % des eaux résiduaires au Brésil ne sont pas traitées, et 45 % de l'eau produite est gaspillée.

L'universalisation de l'accès et l'amélioration de la qualité des services se feraient, selon la proposition du PMSS, à partir de la recherche de l'efficacité dans la prestation des services, laquelle serait stimulée par l'introduction de la concurrence et de mécanismes de marché. La nouvelle politique sectorielle, élaborée à partir d'une critique du modèle PLANASA, part du principe que les différences régionales sont telles qu'elles rendent non viable toute proposition de modèle national. Des modèles de gestion ne seraient donc pas définis. Il reviendrait aux États fédérés et aux communes de choisir le modèle à adopter, dans l'éventail des options proposées par le PMSS, parmi lesquelles se trouve la privatisation, entendue ici comme la concession d'une partie ou de la totalité des actions de production et d'opération des services à une entreprise privée.

Au cours du second mandat de Fernando Henrique Cardoso, le Gouvernement Fédéral entreprend de nouveaux changements dans le secteur. Le contexte d'ajustement économique imposé par le FMI a des impacts significatifs sur la politique sectorielle. L'eau et l'assainissement sont insérés de manière explicite dans le programme de privatisation devant être mené de manière intensive entre 1999 et 2001[5]. La concession des services à l'initiative privée, présentée comme une alternative parmi d'autres par le PMSS, devient une directive clairement définie dans le programme du gouvernement du Président Fernando Henrique Cardoso : l'idée est d'étendre au secteur eau et assainissement les politiques menées dans les secteurs des communications et de l'énergie et fondées directement sur la privatisation des entreprises publiques des États fédérés.

La *Caixa Econômica Federal* et l'actuel Secrétariat du Développement Urbain deviennent responsables du programme de privatisation du secteur eau et assainissement de base initié en 1999. Selon le Président de la *Caixa Econômica*, « le secteur de l'eau et de l'assainissement a des actifs importants, un mouvement de caisse et des liquidités, toutes les caractéristiques pour privatiser, attirer des capitaux privés et étendre les services d'eau et d'égouts »[6]. Les compagnies des États fédérés des États de Espirito Santo (CESAN) de Bahia (*Embasa*) et Pernambuco (*Compesa*) entament le processus de privatisation, prévu pour l'année 2000. D'autre part, depuis 1996, certaines communes ont déjà donné en concession des services à des groupes privés. Ce mouvement se concentre dans les communes de la région sud-est et se limite à 32 cas sur un total de 5 507 communes. Parmi celles-ci, signalons Ribeirão Preto et Limeira, dans l'État de São Paulo, et Campos et Niteroi dans l'État de Rio de Janeiro. Même si la participation directe du secteur privé dans la prestation des services d'eau et assainissement demeure restreinte, toute la politique fédérale dans le secteur vise à ouvrir l'espace au capital privé. Il en découle bientôt un débat sur le contrôle de la gestion des services et la nécessité de mettre en place des organismes régulateurs et des principes de régulation. L'État fédéral propose de créer la ANA (*Agence Nationale des Eaux*) comme organisme régulateur de tout le système hydrique, c'est-à-dire englobant l'énergie hydro-électrique, l'irrigation et les services d'eau et d'assainissement.

La directive de privatisation est accompagnée de restrictions dans le financement aux entreprises des États fédérés et aux services municipaux, et de l'ouverture de lignes de financement au secteur privé. Ainsi, en juillet 1998, le Conseil Monétaire National édicte la résolution n° 2521 qui défend aux organismes publics d'engager de nouveaux emprunts en eau et assainissement auprès du FGTS (Fonds de Garantie pour le Temps de Service), lequel était devenu la principale ressource pour les investissements en eau et assainissement. Le gouvernement fédéral justifie cette politique en affirmant que les entreprises publiques, les municipalités et les États fédérés n'auraient pas les moyens de payer. Par ailleurs, le Conseil Curateur du Fonds approuve en 1997 la création du Programme de Financement à des concessionnaires privés des eaux et assainissement

(FCP/SAN) en mettant pour la première fois à disposition de l'initiative privée des ressources du Fonds, lesquelles s'élèvent à 1,2 milliards du FGTS[7].

En parallèle, la question de la gestion des ressources hydriques et de leur conservation conduit à la formation de nouvelles unités de planification et à la gestion au niveau des bassins hydrographiques, en suivant les directives de la Loi fédérale et des autres textes instituant le Système national d'administration des ressources hydriques. Le PQA (Projet de Qualité des Eaux et Contrôle de la Pollution Hydrique) de la SEPURB (Secrétariat de Politique Urbaine du Ministère de la Planification et du Budget) s'insère dans cette perspective. Il s'agit d'un programme d'investissements pour la récupération environnementale de bassins hydrographiques financés par la Banque Mondiale, moyennant des accords avec les secrétariats de l'environnement et/ou avec des ressources hydriques des États intégrants du bassin.

Par ailleurs, dans différents États fédérés et communes, une nouvelle conception des services d'eau et d'assainissement est adoptée, dans une perspective plus large, que nous appelons aujourd'hui assainissement environnemental (*saneamento ambiental*), et dans laquelle on cherche à articuler des actions dans différents secteurs : l'approvisionnement en eau potable, la collecte et dispositifs sanitaires de résidus liquides, solides et gazeux, la promotion de la discipline sanitaire de l'usage, le drainage urbain.

Enfin, la thématique du contrôle social de la gestion des services est également mise en question avec certains progrès localisés, en ce qui concerne la participation des usagers dans la formulation et dans la discussion de politique d'eau et assainissement, soit par l'intermédiaire des organismes participatifs institutionnalisés, soit dans le cadre des communes qui avaient adopté le modèle de budget participatif, soit encore dans les Comités de Bassin, qui comptent avec la participation de la société civile.

Dans ce scénario de changements, la question centrale est le choix du modèle de la gestion des services. Nous identifions aujourd'hui trois catégories d'alternatives pour la gestion des services d'eau et d'assainissement : 1°) la gestion partagée, i.e. un partenariat entre État fédéré et communes et/ou entre différentes communes dans le cas où les structures techniques de fonctionnement des systèmes l'exigent ; 2°) la gestion privée à travers la concession d'une partie ou de la totalité de l'exploitation des services ; 3°) et la gestion municipale directe (service intégré à la commune) ou indirecte (entreprise publique municipale, dotée d'un budget et de personnel propres).

Le contexte de l'agglomération urbaine de Rio de Janeiro : politiques des eaux et assainissement et modèles de gestion dans la décennie 1990

L'agglomération de Rio de Janeiro est formée de 18 communes et compte 10 192 097 d'habitants (1996). Celle de Rio de Janeiro est la plus peuplée (5 551 538 habitants) et concentre avec Niteroi (ancienne capitale de l'État de Rio) la plupart des activités économiques et des ressources publiques. La population aisée de l'agglomération habite dans ces communes où coexistent quartiers riches et favelas. Les services d'eau et d'assainissement sont considérés satisfaisants dans la plupart de quartiers, à l'exception des *favelas* et des nouveaux quartiers de Niterói.

Les communes urbaines les plus pauvres de l'agglomération de Rio sont celles qui sont situées dans la région de la Baixada Fluminense (Duque de Caxias São João de Meriti, Belfortd Roxo, Nilópolis, Nova Iguaçu, Queimados e Japeri). En 1996, la population de la Baixada Fluminense était de 2 711 843 habitants Cette région, où existe un certain nombre d'industries, est essentiellement l'espace résidentiel de la population à faibles revenus : des ouvriers non qualifiés, des employés non qualifiés du commerce et des services, et des travailleurs du secteur informel, En 1991, 22,95 % du total de ménages de la région étaient considérés comme indigents. La Baixada Fluminense se caractérisait, au début des années 1990, par un service d'eau précaire et par un assainissement quasi inexistant. Les autres communes de l'agglomération de Rio (Paracambi, Guapimirim, Itaboraí, Itaguaí, Mangaratiba, Maricá, Seropédica et Tanguá) offraient en 1991 des caractéristiques de communes plutôt rurales, et n'ont pas été prises en compte dans le cadre de cette analyse.

Le débat national, présenté précédemment, acquiert des contours spécifiques dans le cadre de l'agglomération urbaine de Rio de Janeiro, où les initiatives de changements dans le modèle de gestion sont assez récentes. Durant la décennie 1980, les communes qui composent l'agglomération ne contestent pas le rôle du gouvernement de l'État fédéré et de l'entreprise d'État, la CEDAE (Compagnie de l'État d'Eau et d'Assainissement). La politique d'eau et d'assainissement au cours de cette période s'effectue au travers de macro-programmes élaborés et mis en place par le gouvernement de l'État fédéré, et bénéficie de financements du gouvernement fédéral, et sans aucune participation des communes.

L'omission du pouvoir municipal dans la politique d'assainissement s'explique initialement par le propre modèle imposé par le PLANASA, mais dans la période qui suit 1986, elle peut être attribuée à une posture explicite des communes de ne pas assumer leurs responsabilités en relation aux services. En fait, il était plus commode pour les communes d'adopter une politique imposée par le gouvernement de l'État fédéré. Il convient de noter que, à l'exception de la commune de Rio de Janeiro, la participation du pouvoir municipal dans le secteur de l'eau et de l'assainissement, jusqu'au début de la décennie 1990, est pratiquement inexistante.

La recherche auprès des municipalités révèle que, à l'exception de Rio de Janeiro et Niteroi, les techniciens municipaux ont toujours méconnu les informations de base nécessaires à un contrôle des services. Le désengagement de la majeure partie des municipalités de l'agglomération de Rio de Janeiro peut s'expliquer par plusieurs raisons : faiblesse des équipes techniques du corps administratif, faible volonté et faible capacité d'endettement des municipalités. Il est important de rappeler que ces communes, à l'exception de Duque de Caxias, disposent de budgets réduits, déterminés par les graves difficultés inhérentes au système d'imposition en vigueur pour le financement des communes. Ces communes offrent les caractéristiques de « communes dortoirs », i.e. : un fort pourcentage de population ne disposant que de faibles revenus et une activité industrielle réduite. Ces communes n'arrivent pas à percevoir de leurs habitants des impôts plus élevés. En outre, elles n'arrivent pas non plus à recueillir suffisamment d'argent avec les impôts touchés des entreprises qui offrent des services (Duque de

Caxias, avec la présence d'une grande raffinerie est une rare exception). Enfin, les populations des communes de la « Baixada » dépassent la limite maximale pour la Distribution proportionnelle du Fonds de Participation des Communes, ce qui fait qu'elles bénéficient du transfert fédéral.

Le manque de ressources n'explique pas pourtant à lui seul la non-inspection des communes des services offerts par la CEDAE. Il s'explique plus par la subordination politico-administrative de ces communes pauvres au gouvernement de l'État fédéré, qui se reflète dans la gestion des services d'eau et d'assainissement, et dans la position que ceux-ci assument face à la CEDAE.

Dans l'agglomération de Rio de Janeiro, la vague de décentralisation et de valorisation du pouvoir local, qui caractérise le scénario politico-administratif brésilien après 1988, s'est seulement fait sentir dans le domaine de l'eau et de l'assainissement à partir de la deuxième moitié des années 1990, et surtout dans les communes de Rio de Janeiro et Niteroi. Dans le cas de la commune de Rio de Janeiro, il est cependant important de souligner que, en dépit de l'absence d'une politique d'eau et d'assainissement clairement définie, les différentes administrations municipales ont réalisé des actions concrètes tout au long des années 1980, surtout en ce qui concerne la mise en place des services dans les bidonvilles et les lotissements irréguliers. Cependant, ces actions ne s'articulent ni entre elles, ni avec les macro-programmes définis par le gouvernement d'État fédéré et appliqués par la CEDAE dans le territoire municipal.

Au début de la décennie 1990, on aurait pu attendre une participation plus active des communes de l'agglomération urbaine au problème de l'eau et de l'assainissement, car les contrats de concession établis avec la CEDAE commençaient à parvenir à leur terme. La fin des concessions a suscité auprès des préfectures une série de questions sur l'action de la CEDAE et la situation des services. Toutefois, cela ne s'est pas traduit par une position plus ferme, telle la revendication de la titularisation ou une plus grande intervention municipale dans le secteur. Il est important de souligner que les critiques faites à la CEDAE sont justifiées, car au long des années l'entreprise a géré les services de façon centralisée et opaque. Pour cela, elle a compté sur l'appui du gouvernement de l'État fédéré, qui utilisait les promesses d'investissements dans les communes comme instrument de troc politique. Par ailleurs, les actions entreprises par la CEDAE, ne se sont jamais articulées aux politiques urbaines locales, lorsque celles-ci existaient, à moins que celles-ci aient coïncidé avec les politiques et les programmes définis par le gouvernement d'État. Les résultats de cette forme de gestion sont des services extrêmement précaires surtout dans les communes de la « Baixada Fluminense » (Belfort Roxo, Duque de Caxias, Japeri, Nova Iguaçú, Nilóplois, Queimados et São João de Meriti) e São Gonçalo.

Le tableau ci-après présente un résumé de la situation en 1991 des services d'eau et d'assainissement dans les communes les plus urbanisées de l'agglomération de Rio de Janeiro.

Les données présentées doivent être relativisées car le fait d'avoir le domicile relié au réseau ne signifie pas que l'habitant ait de l'eau avec la fréquence et la qualité adéquates. Dans la région de la Baixada, les problèmes de discontinuité d'approvisionnement sont fréquents. En ce qui concerne la collecte des eaux usées dans cette région, le réseau utilisé est bien souvent le réseau de drainage des eaux de pluie, car les réseaux d'égouts sont pratiquement inexistants. Or, le recensement ne prend pas en considération cet aspect : il indique seulement si le domicile est ou non lié au réseau.

Dans la commune de Rio de Janeiro, malgré la qualité des services d'approvisionnement en eau (98 % des domiciles liés au réseau d'approvisionnement), la situation des eaux usées révèle l'inefficacité de la CEDAE. Le réseau de collecte de la commune n'a subi aucune extension depuis des décennies et présente des problèmes graves d'obsolescence et de fuites. 35 % à peine de l'étendue physique de la commune est dotée du système séparateur absolu ; la majeure partie des eaux usées de la commune sont rejetées dans le système de drainage des eaux de pluie. Parmi les eaux usées produites par la commune, 35 % à peine sont traitées.

Dans les communes de Niteroi et de São Gonçalo, desservis par le système Imunana-Laranjal, la situation de l'approvisionnement en eau n'est satisfaisante à Niterói que la zone d'occupation plus ancienne (district de Niterói). Dans la zone d'occupation plus récente, connue comme Région Océanique (district de Itaipu), il n'existe pas de réseau d'eau ni d'égouts. La commune de São Gonçalo présente les mêmes problèmes d'approvisionnement en eau que dans les communes de la Baixada Fluminense, à savoir une irrégularité dans la distribution. Par contre, la situation de l'assainissement est précaire à Niterói, comme à São Gonçalo. Seulement 30 % des eaux usées produites dans ces communes sont traitées.

De plus, la qualité de l'eau distribuée laisse à désirer. Des analyses effectuées par la FEEMA au cours des cinq dernières années montrent que, dans différentes localités de l'agglomération de Rio, l'eau arrive dans les résidences avec des niveaux de contamination au-dessus de la limite acceptable, et ce en raison de la contamination au long de la distribution.

Enfin, il convient de noter que la CEDAE n'a, jusqu'à aujourd'hui, cherché à aucun moment à articuler ses actions avec les actions développées dans les autres secteurs de l'eau et de l'assainissement, c'est-à-dire, dans le domaine des déchets solides, de l'irrigation et de l'éducation environnementale. Ces articulations, quand elles existent, se font au niveau des macro-programmes élaborés par le gouvernement d'État fédéré, où la CEDAE est seulement agent exécutant. De fait, la compagnie n'a pas encore incorporé ses actions à une conception intégrant l'ensemble de l'environnement.

À partir de la deuxième moitié des années quatre-vingt-dix, les critiques de la mauvaise gestion de la CEDAE s'accroissent. Au cours de la gestion de Marcelo Alencar (1995-1998), l'entreprise est critiquée par le gouvernement lui-même, lequel décide de conduire un processus de transformation de la gestion de l'eau et de l'assainissement, en incluant la CEDAE dans le Programme d'État de « dés-étatisation », et en demandant à une entreprise française de faire une étude de gestion alternative des services pour l'agglomération urbaine de Rio de Janeiro.

Parallèlement, les communes de Nilopolis, São João de Meriti, et Niterói ont réalisé des appels d'offre pour concéder l'exploitation des services à l'initiative privée. Cependant, des problèmes liés à la publication de ces appels d'offre, et l'obstacle juridique autour de la question de savoir « qui est ou peut être titulaire des services ? » n'ont pas permis à ces appels d'offre

RIO DE JANEIRO: DESSERTE EN EAU ET INSTALLATIONS SANITAIRES PAR MUNICIPES

Municipes *et* districts	**domiciles desservis par le réseau d'eau (%)**	**domiciles desservis par d'autres moyens (%)**	**domiciles avec des installations sanitaires adéquates* (%)**	**domiciles avec d'autres types d'installation sanitaire (%)**	**domiciles sans installation sanitaire (%)**
Rio de Janeiro	97,29 %	2,71 %	91,86 %	7,53 %	0,61 %
Belfort Roxo	69,02 %	30,98 %	39,63 %	58,56 %	1,81 %
Duque de Caxias	74,16 %	25,84 %	56,36 %	41,07 %	2,57 %
Duque de Caxias	89,01 %	10,99 %	77,36 %	20,34 %	2,29 %
Campos Elíseos	70,39 %	29,61 %	33,85 %	63,50 %	2,65 %
Imbariê	46,30 %	53,70 %	40,93 %	56,37 %	2,70 %
Xerém	33,86 %	66,14 %	23,86 %	71,89 %	4,25 %
Japeri	50,70 %	49,30 %	24,31 %	72,48 %	3,21 %
Nova Iguaçu	79,66 %	20,34 %	50,65 %	47,61 %	1,75 %
Nova Iguaçu	78,85 %	21,15 %	60,10 %	38,51 %	1,39 %
Cava	65,34 %	34,66 %	33,88 %	61,65 %	4,46 %
Mesquita	88,89 %	11,11 %	65,52 %	33,68 %	0,80 %
Nilópolis	96,42 %	3,58 %	41,26 %	57,87 %	0,87 %
Nilópolis	96,19 %	3,81 %	47,05 %	52,24 %	0,71 %
Olinda	96,86 %	3,14 %	29,64 %	69,17 %	1,19 %
Queimados	58.70 %	41,30 %	41,16 %	56,59 %	2,25 %
S. João de Meriti	92,02 %	7,98 %	63,83 %	35,12 %	1,05 %
S. João de Meriti	88,84 %	11,16 %	64,25 %	34,58 %	1,17 %
Coelho da Rocha	96,20 %	3,80 %	69,68 %	29,66 %	0,66 %
São Mateus	93,32 %	6,68 %	44,39 %	53,93 %	1,67 %
Niterói	75,71 %	24,29 %	86,20 %	12,28 %	1,52 %
Niterói	82,22 %	17,78 %	87,35 %	11,37 %	1,28 %
Itaipú	0,00 %	100,00 %	72,84 %	22,90 %	4,26 %
São Gonçalo	75,47 %	24,53 %	55,03 %	42,74 %	2,22 %
São Gonçalo	87,49 %	12,51 %	53,97 %	44,57 %	1,46 %
Ipiíba	54,99 %	45,01 %	39,78 %	57,49 %	2,73 %
Monjolos	51,40 %	48,60 %	51,80 %	45,28 %	2,93 %
Neves	90,87 %	9,13 %	68,21 %	30,27 %	1,52 %
Sete Pontes	72,60 %	27,40 %	62,43 %	32,87 %	4,70 %

Source : Censo Demográfico do IBGE, 1991.

Suite des note tableau page précédente.

*On considère que les installations sanitaires sont adéquates lorsque le domicile est desservi par le réseau de collecte d'égout ou par des fosses septiques.
Notons que dans la commune de Duque de Caxias ont été signalés des taux de contamination élevés, car dans certaines zones les canalisations de distribution d'eau se mélangent avec les collecteurs des égouts. Dans ces cas il suffit d'une petite fuite pour entraîner une contamination.

d'aboutir. Cette question est en effet centrale. Dans cette agglomération urbaine, il existe deux systèmes de production : le Guandu, qui dessert Rio de Janeiro et les communes de la Baixada Fluminense ; le système Imunana-Laranjal qui dessert Niterói et São Gonçalo. Comme ces communes ne sont pas autonomes dans la production d'eau et que les réseaux de distribution sont liés, le gouvernement d'État fédéré, aidé par les conseils du PMSS, affirme que les communes ne seraient pas les titulaires uniques des services, et donc ne pourraient prétendre les déléguer sous forme de concessions. Le titulaire des services serait donc l'instance administrative supérieure à l'instance municipale. Étant donné qu'au Brésil il n'existe pas d'instance administrative au niveau de l'agglomération urbaine, cela signifie qu'en fait le titulaire serait le gouvernement de l'État fédéré, auquel incomberait donc la responsabilité de la conduite des projets de concession. Dans de tels cas, où il n'existe pas d'autonomie dans la production d'eau, définir qui est le titulaire des services est une question assez polémique. Sur ce sujet, la Constitution Fédérale est peu claire et suscite différentes interprétations. D'un côté, il y est établi que l'Union est responsable de l'institution de directrices pour le développement urbain (art. 21) et que la formulation des programmes pour le secteur est de la compétence commune de l'Union, des États et des communes (art. 23). D'un autre côté, elle établit dans l'article 30, paragraphe I, que les communes sont titulaires des services publics d'intérêt local.

Dans le but de clarifier cette question dans la logique de re-formulation du secteur, le gouvernement fédéral a présenté un projet de loi au Sénat Fédéral, le PL 266, présenté par le Sénateur José Serra en 1996. Selon ce projet de loi, l'existence d'un même système de production d'eau desservant plus d'une commune caractérise une compétence concurrente entre le pouvoir municipal et le pouvoir de l'État, ce qui veut dire qu'une commune ne peut donner en concession une partie du système à n'importe qui, indépendamment de l'État. Dans sa version plus récente, ce Projet de Loi détermine qu'en cas de systèmes intégrés de production d'eau ou de stations de traitement d'eaux usées provenant de plus d'une commune, le pouvoir concédant des services d'eau et d'assainissement de base sera exercé par les États fédérés conjointement aux communes intéressées. Cela signifie que la concession ne peut se réaliser qu'à partir d'un accord entre les deux instances du gouvernement.

Dans le cas de l'agglomération de Rio, le gouvernement d'État n'a pas tenu compte de cette idée. La « Loi de la Région Métropolitaine » (Loi complémentaire n° 87/97) votée et approuvée sous la gestion de Marcelo Alencar, qui s'applique sur l'agglomération urbaine, définit les fonctions publiques et les services d'intérêts communs, en y incluant les services d'eaux et d'assainissement (art. 3). Selon la loi, l'État fédéré serait responsable d'organiser et de fournir directement, ou sous le régime de concession ou permission les services d'intérêt commun expliqués dans l'article 3 (art. 7 de la Loi complémentaire n° 87/97)[8]. Au cours de cette même année 1997, le gouvernement de l'État a créé la ASEP, l'Agence Régulatrice de Services Publics Concédés de l'État de Rio de Janeiro, afin de réglementer la prestation de services publics par des agents privés. L'organisme de délibération supérieur de l'agence est un Conseil Directeur, formé de 5 conseillers nommés par le gouvernement de l'État, avec l'approbation de l'Assemblée Législative de l'État. La participation municipale n'est pas prévue dans l'ASEP. Les communes et les usagers peuvent participer des réunions délibératives du Conseil, mais sans droit au vote.

Dès la fin du mandat de Marcelo Alencar, le processus de privatisation de la CEDAE a débuté, celle-ci ayant été incluse dans le Programme d'État de Dés-étatisation (PED). Le gouverneur, alléguant de ne pas disposer de ressources suffisantes, a justifié la vente de l'entreprise en expliquant qu'il allait recueillir 3,84 milliards de Reais. Cette position fut fortement critiquée par les partis de l'opposition, les entités du secteur et les fonctionnaires de l'entreprise. Une bataille juridique contre la vente de la compagnie commença.[9] Malgré la polémique autour de la privatisation de la CEDAE, la proposition reçut l'appui de la majorité des maires de l'agglomération urbaine. Le gouverneur Marcelo Alencar signa un accord avec le maire de Rio de Janeiro, Luiz Paulo Conde, et 13 autres maires[10]. L'appui de la commune de Rio de Janeiro s'est fait en échange d'une promesse de 300 millions de Reais pour le budget municipal. Quant aux autres communes, elles se sont inclinées devant les pressions politiques du gouvernement de l'État fédéré. À la fin du mandat de Marcelo Alencar, le Tribunal Fédéral Supérieur, a enregistré des actions opposées à la privatisation de la CEDAE et suspendu la vente de l'entreprise. Parallèlement, l'Assemblée Législative vota la loi retirant la CEDAE du Programme d'État de Dés-étatisation (PED), en révélant à toute la population une logique de corruption et d'achat de vote.

Dans ce processus de tentative de privatisation de la CEDAE, les groupes privés ne se sont pas manifestés. En réalité, la polémique sur la définition du titulaire des services, et le manque de réglementation du secteur ont conduit ces groupes à se mettre en retrait. De plus, la participation des communes, à l'origine assez modeste, s'est progressivement consolidée. Les perspectives de municipalisation des services et de rupture de contrats avec la CEDAE, et surtout de la concession et de son exploitation par l'initiative privée, allaient être considérées et débattues par les gouvernements municipaux.

Dans le processus, les communes de Rio de Janeiro et Niterói revendiquaient de manière plus claire d'être titulaires des services et la municipalisation de ces derniers. À Rio de Janeiro, une orientation, déjà exprimée dans le Plan Directeur de 1993, était suivie. Une série d'articles du chapitre 4 de ce Plan insistent sur la participation plus effective de la commune dans la gestion des services d'eau et d'assainissement[11].

Au cours de la gestion de Luiz Paulo Conde à la mairie de Rio (débutée en 1997), les actions de la commune dans le domaine de l'eau et de l'assainissement s'amplifient et la Fondation Institut *Rio Águas* est créée en juin 1998. Par l'intermédiaire de *Rio Águas*, la municipalité réalise, avec des ressources propres, des investissements dans la mise en place du réseau d'égouts dans les régions de Jacarepagua et Recreio dos Bandeirantes, zone située dans la partie ouest de la commune, d'occupation plus récente, où ces services sont encore assez précaires. Selon la mairie « la création de Rio Águas marque le début de la municipalisation des services d'égouts sanitaires dans leurs différents secteurs, obéissant à la Loi Organique Municipale, et à la propre Constitution Fédérale, qui définit les communes comme pouvoir concédant des services d'égouts sanitaires »[12].

La tentative de privatisation de la CEDAE au cours de la gestion de Marcelo Alencar a reçu l'appui du Maire de Rio de Janeiro, sans que celui-ci ne renonce à sa condition de titulaire des services. C'est pourquoi, le maire présenta une requête d'inconstitutionnalité devant l'Organisme Spécial du Tribunal de Justice, en mettant en question la Loi 87/97, qui définit les fonctions publiques et les services d'intérêt commun pour l'ensemble de l'agglomération urbaine de Rio de Janeiro, et retire aux communes de l'agglomération le pouvoir de concéder les services d'eau et d'assainissement, de transport public et de distribution de gaz en réseau. Car, d'un autre côté, a été promulguée la Loi 2617/98 qui attribue au Chef Exécutif Municipal le pouvoir de mener des actions dans le domaine de l'eau et de l'assainissement. En août 1999, le maire de Rio décida d'ouvrir un appel d'offres pour donner en concession à l'initiative privée les services des eaux et égouts d'une partie de Rio de Janeiro (allant du quartier du Leme au quartier de Santa Cruz). Cet appel d'offres a été contesté juridiquement par le gouvernement de l'État de Rio et par une action populaire. Le juge compétent se prononça pour l'arrêt de la procédure d'appel d'offres et décida de maintenir les services sous la responsabilité de la CEDAE.

Depuis 1997, la commune de Niterói chercha également à déléguer la gestion des services au travers d'un appel d'offres. Le processus de sélection ayant été mené jusqu'à la dernière étape, la préfecture de Niterói ne put toutefois ouvrir immédiatement les propositions des deux consortiums qualifiés pour déterminer le vainqueur, en raison de deux décisions de justice concédées à la CEDAE par le Tribunal de Justice de l'État. Ce même tribunal trancha ensuite la question en faveur de la municipalité de Niterói. L'appel d'offres fut remporté fin 1998 par le Groupe Águas de Niterói, mais bien que le contrat ait été signé, le consortium ne pût assumer tout de suite les services, en raison d'une nouvelle dispute judiciaire avec la CEDAE, basée sur les effets rétroactifs de la Loi Complémentaire 87/97. Finalement, le maire de Niterói a décidé de transférer les services d'eau et d'assainissement à l'EMUSA (Entreprise Municipale d'Urbanisme et d'Assainissement), qui a délégué l'exploitation des services au Consortium Águas de Niterói. Dans le procès entre la municipalité et la CEDAE, la municipalité a obtenu gain de cause en novembre 1999 et l'entreprise Águas de Niterói a assumé la concession des services.

Lors de la prise de pouvoir du gouvernement d'État de Rio en janvier 1999, le gouverneur Antony Garotinho a pris l'engagement de maintenir la CEDAE publique et a commencé la restructuration du fonctionnement du secteur, en créant un Secrétariat d'État de l'eau et de l'assainissement, qui, conjointement à la CEDAE, serait responsable de l'exécution des macro-programmes de l'État fédéré[13]. Le développement des macro-programmes est l'axe de la politique de l'eau et d'assainissement du gouvernement de l'État fédéré pour l'agglomération urbaine de Rio de Janeiro dans les années quatre-vingt-dix.

La politique de l'eau et de l'assainissement dans l'agglomération urbaine de Rio de Janeiro : rôle du gouvernement de l'État fédéré et des gouvernements municipaux

En analysant la politique de l'eau et de l'assainissement de ces dix dernières années dans l'agglomération urbaine de Rio de Janeiro, nous observons que l'État fédéré a joué un rôle nettement prépondérant au travers du développement de macro-programmes, financés par des ressources externes, incluant différents composants, exécutés par différents organismes de l'État fédéré. C'est dans ces macro-programmes que se définit la politique, que se négocient des financements et que se développent des projets spécifiques. La participation des communes à ces macro-programmes a été très faible. En fait, la tendance à la valorisation du pouvoir local et à la gestion décentralisée n'est pas encore viable dans cette région.

Depuis le début de la décennie 90, trois macro-programmes ont été menés : le projet *Reconstrução Rio*, puis le Programme de Dépollution de la Baie de Guanabara et le Programme *Baixada Viva*.

Le Projet *Reconstrução Rio*, négocié par le gouvernement de l'État fédéré auprès de la Banque Mondiale, était initialement un projet d'urgence. Il visait à résoudre les problèmes dus aux inondations de 1988, qui avaient atteint très gravement les communes de la Baixada Fluminense. Au centre des interventions prévues par le *Reconstrucão Rio*, se trouvait le drainage des fleuves et canaux coupant la Baixada Fluminense, de manière à éviter de nouvelles inondations. Le programme comprenait aussi des actions sur les égouts sanitaires et sur la destination finale des déchets solides, mais très peu de choses ont été réalisées dans ces deux domaines. Les interventions du programme ont commencé en 1990, et se sont conclues en 1996. En ce qui concerne le micro-drainage et la collecte des ordures, il a été défini que les communes étaient responsables pour la prestation des services, devant administrer cet élément du programme. Cette attribution s'est néanmoins heurtée au manque de capacité institutionnelle, d'endettement, et à l'absence de capacité technique de ces communes. Dans ce domaine, le succès du *Reconstrução Rio* a été compromis car « il dépendait de cette articulation entre les actions du gouvernement de l'État fédéré et celles des communes, qui en fait, ne s'est pas réalisée. En réalité, la prémisse de la participation municipale, à ce moment-là, était erronée, puisque l'on connaissait l'omission des gouvernements municipaux de la politique d'assainissement. Dans l'intention du programme, il n'y avait pas de mesure pour rendre les communes capables de participer aux actions »[14].

Le Programme de Dépollution de la Baie de Guanabara (PDBG) qui succède chronologiquement au *Reconstrução Rio*, commence ses actions en 1995. Il se présente comme le plus grand ensemble de travaux d'assainissement des vingt dernières années dans l'État de Rio. Les travaux inclus dans le programme visent essentiellement à la construction de réseaux d'égouts et de stations de traitement dans la Baixada, Rio de Janeiro, Niterói, São Gonçalo, en mettant en place une ceinture d'assainissement autour de la Baie de Guanabara. Le PDBG comprend aussi des actions visant à la régularisation de l'approvisionnement en eau dans la Baixada Fluminense et São Gonçalo. Les actions prévues sont fondamentales pour l'amélioration de la qualité de vie de ces régions dans la mesure où elles permettent une augmentation significative des taux de couverture et de qualité des services.

Le programme devrait faire suite à la politique d'assainissement de l'agglomération urbaine, car plusieurs des actions prévues devraient être le complément de celles réalisées par le *Reconstrução Rio* dans sa deuxième phase. Différents organismes du gouvernement de l'État fédéré sont concernés par la planification et l'exécution des actions[15]. Il faut souligner, cependant, que l'élaboration du programme se fait sans la participation des communes, et que, dans l'objet du programme, la forme de la participation municipale dans la gestion et l'exécution n'est pas expliquée.

Le programme Baixada Viva créé sous la gestion de Marcelo Alencar visait à l'amélioration de la qualité de vie dans la Baixada, à travers l'urbanisation intégrée de quartiers dans les communes de cette partie de l'agglomération de Rio. Quatre quartiers ont été sélectionnés pour commencer ce programme, qui prévoyait différentes interventions locales : implantation de réseaux de distribution d'eau, systèmes de collecte d'égouts, amélioration du système de drainage, nettoyage urbain, amélioration des services de santé, revêtement du sol de 50 % des rues, implantation de zones de loisir et développement de projets urbanistiques[16]. Nous devons attirer l'attention sur le fait que, face à la précarité de l'ensemble des infrastructures d'assainissement dans cette partie de l'agglomération de Rio, pour être effectifs, les travaux de la Baixada Viva devraient être accompagnés d'actions complémentaires à un niveau macro. Des travaux structurels devraient être réalisés pour l'approvisionnement en eau (amplification du volume d'eau traitée devant être fourni), des actions de macro-drainage pour donner une destination finale aux eaux de pluie captées par le système de micro-drainage, et des stations de traitement d'égout sanitaire pour donner un destin final aux eaux captées au niveau micro. Or, l'ensemble de ces actions n'a pas encore été planifié.

La planification des travaux de la Baixada Viva se fait au Secrétariat d'État de Planification, de manière extrêmement peu transparente et très centralisée, sans aucune participation d'autres secteurs du gouvernement de l'État fédéré, incluant la CEDAE, et sans la participation des communes. Celles-ci, cependant, même en ne participant pas à la planification des actions, avaient accueilli de bon gré les travaux dans leurs territoires.

L'analyse de ces trois macro-programmes décrits de manière succincte ci-dessus, est le sujet d'une recherche que nous sommes en train de développer. Elle nous montre certaines caractéristiques marquant le rôle du gouvernement d'État dans la gestion de la politique des eaux et assainissement pour l'agglomération de Rio qui sont indépendantes du profil politique des administrations[17].

Une première caractéristique est la difficulté d'intégration des actions prévues dans les différents macro-programmes qui se succèdent ou se superposent. Ces actions restent subordonnées à la logique propre de chaque programme, et au profil de la politique publique qui caractérise chaque administration. Il n'existe pas, dans la pratique, un programme global d'actions à long terme, c'est-à-dire un plan directeur d'assainissement pour l'agglomération urbaine qui vise à l'universalité d'accès à l'assainissement, basé sur un diagnostic réel de la situation des services, c'est-à-dire, sur le déficit, tant en termes d'accès de la population, qu'en ce qui concerne la qualité des services fournis. Il n'existe pas non plus une analyse plus profonde, qui puisse identifier où et comment les actions des différents plans et programmes peuvent être complémentaires. En réalité, il manque des informations fiables sur la situation réelle des services. La CEDAE, qui devrait organiser et rendre disponibles ces informations, ne le fait pas. En fait, la CEDAE a laissé de côté les activités d'études et de diagnostic depuis un certain temps pour concentrer ses actions dans le maintien d'un système assez ancien, qui présente de fréquents problèmes. Ainsi, l'élaboration de chaque programme est précédée d'études et de diagnostics orientés par des méthodologies différentes, sans que l'on puisse affirmer aujourd'hui quel est le déficit réel des services. L'ignorance est plus grande encore lorsqu'il s'agit de communes de la Baixada Fluminense, où les systèmes existants ont été installés sans cohérence technique, et où le nombre de liaisons clandestines d'eau et d'égouts au réseau de drainage des eaux de pluie est très significatif. En l'absence de plan général, qui devrait orienter les actions, les programmes suivent des objectifs propres, dans une perspective plus générale d'augmentation de couverture des services. Le résultat de ces actions désarticulées est cependant limité en termes de qualité des services effectivement fournis à la population, car les systèmes d'approvisionnement en eau, d'égouts et de drainage présentent de graves problèmes de fonctionnement et de cohérence technique. Ce manque de coordination dans la planification des actions compromet de manière irréversible la qualité des systèmes et signifie, en dernière instance, un gaspillage de ressources publiques.

Un exemple clair de ce problème est le programme de la Baixada Viva, qui a mobilisé une ressource assez significative dans l'administration passée et qui aujourd'hui est reprise, par le nouveau gouvernement de l'État fédéré, dans quatre nouveaux quartiers. Les actions prévues dans les quartiers privilégiés par le programme, pour être effectives et efficaces, présupposent une action plus grande au niveau macro, aussi bien en ce qui concerne l'approvisionnement en eau, que les égouts et le drainage. En d'autres termes, il ne sert à rien d'améliorer le réseau d'approvisionnement du quartier, s'il n'existe pas d'eau en qualité et en quantité suffisantes pour le desservir. De même, il ne sert à rien d'installer un réseau d'égouts en système séparatif dans le quartier, s'il n'existe pas encore de réseau, s'il n'y a pas de prévision de délai pour le mettre en place, s'il n'existe pas de station de traitement d'égouts dans la région et si les systèmes de drainage de la région sont précaires. Il est important de souligner que certaines de ces actions devraient être réalisées dans le cadre du Programme de Dépollution de la Baie de Guanabara, mais que, à cause de la forme de planification de ce programme et des retards dans la marche des travaux, elles n'ont pas encore été réalisées. Même si le PDBG a pris un retard très important, et même s'il est clair que sans les actions macro, l'étendue de la Baixada Viva serait limitée quant à l'amélioration des conditions d'assainissement des quartiers, le gouvernement de l'État, sous l'administration de Marcelo Alencar, a concentré ses efforts et ressources sur ce dernier programme, ce qui nous paraît, incohérent.

Tout ceci nous montre l'inexistence d'une vision intégrée de l'agglomération urbaine, et l'absence de définition en relation à une politique métropolitaine pour l'eau et l'assainissement. En outre, il n'existe pas non plus de comptabilité entre les actions prévues dans les macro-programmes et les schémas directeurs municipaux. Ce qui signifie que les investissements ne s'adaptent pas nécessairement aux objectifs du développement urbain local.

Comme nous l'avons vu auparavant, la marge d'action pour les gouvernements municipaux dans le domaine des eaux et assainissement est très faible. La commune de Rio de Janeiro peut être considérée comme une exception à cette règle. Durant des années, elle a réussi à former une équipe technique compétente, ainsi que des instruments de contrôle du sol permettant une action effective de planification urbaine, qui a parfois abouti au développement d'actions plus structurées dans le domaine de l'eau et de l'assainissement. Dans les autres communes de l'agglomération urbaine, les actions sont extrêmement limitées. Malgré cette différenciation initiale, les actions municipales dans le secteur de l'assainissement, présentent les mêmes caractéristiques dans la commune de Rio de Janeiro que dans d'autres communes de l'agglomération urbaine, surtout dans celles qui composent la Baixada Fluminense : fragmentation et discontinuité. Nous ne pouvons donc pas parler de politiques municipales d'eau et d'assainissement, ni de plan municipal d'assainissement, car ceux-ci, en réalité, n'existent pas.

Dans la commune de Rio de Janeiro, sous la gestion du maire Cezar Maia (1993-1996), les actions municipales dans le domaine de l'eau et de l'assainissement se sont faites principalement sur deux fronts : dans les bidonvilles au travers du programme *Favela-Bairro*, qui, entre autres, visait à la régularisation des services d'approvisionnement en eau, égout et drainage dans les *favelas*[18] ; et dans la région ouest de la commune, dans les quartiers de Jacarepagua et Recreio dos Bandeirantes, par l'intermédiaire du Secrétariat des Travaux Publics, visant à l'implantation d'un système de collecte et traitement des égouts. Ces actions se sont prolongées sous la gestion de Luis Paulo Conde, surtout par des travaux de mise en place du système d'égout, avec réseau séparatif et station de traitement dans la région de Jacarepagua. Cependant, malgré la revendication municipale d'être titulaire des services, la commune n'a pas réussi, jusqu'à aujourd'hui, à planifier une intervention globale sur le territoire municipal, ni à négocier les actions réalisées par la CEDAE dans ce territoire.

Dans le cas des communes de la Baixada, malgré la faible capacité technique et d'investissement, des actions ponctuelles sont réalisées, pour le drainage et le revêtement des rues. Plusieurs de ces actions ont un net caractère de clientélisme, car c'est surtout à des époques proches des élections municipales que les rues connaissent des travaux de revêtement. La pratique consistant à donner des tuyaux à la population afin de canaliser les égouts, est alors fréquente[19]. Nous constatons une totale désarticulation entre ces actions locales et les actions découlant des macro-programmes, non seulement en termes de définition de zones qui devraient en bénéficier, mais aussi en termes de solution technique adoptée, ce qui génère de grands problèmes dans le système. Nous avons par exemple le cas de certaines mairies qui réalisent des travaux de connexion des égouts domestiques au réseau des eaux de pluie, alors que tous les macro-programmes définissent comme solution pour les égouts, le système séparatif. Ou encore dans les macro-programmes, beaucoup d'entre eux incluent des composants qui dépendent directement de l'action municipale, comme par exemple la question de la collecte de résidus solides et du micro-drainage. Nous observons cependant qu'au moment de l'élaboration du programme, il n'existe pas de discussion préliminaire avec la commune quant à la participation, ni d'évaluation objective de capacité de la commune à résoudre ce qui lui sera proposé/imposé. Le résultat est que dans tous les macro-programmes, les composants qui dépendent de l'action municipale voient leur réalisation compromise.

Cette désarticulation politique de l'eau et de l'assainissement ne peut plus être attribuée au modèle de gestion du PLANASA, qui durant les années 1970 et 1980 avait effectivement retiré des communes leur capacité d'intervention dans le secteur. Les caractéristiques autoritaires des contrats de concession qui protégeaient les intérêts du concessionnaire au détriment du concédant, surtout en termes d'indemnités et de prestation de comptes sur les investissements, rendaient difficile une plus grande participation de la commune dans la gestion des services. Cependant, le processus de démocratisation et de décentralisation des politiques urbaines qui a caractérisé les dix dernières années aurait pu donner l'opportunité d'une action plus effective des communes de l'agglomération urbaine de Rio dans le secteur, comme cela s'est passé dans d'autres métropoles du pays où la pression des communes a entraîné une restructuration des compagnies d'État, afin que les communes deviennent des co-gérants des services et de la politique d'eau et d'assainissement[20]. Dans l'agglomération urbaine de Rio de Janeiro, ceci ne se passe pas. La seule alternative pour la restructuration de la CEDAE et le modèle institutionnel de gestion des services d'eau et d'assainissement, passe aujourd'hui nécessairement par la privatisation de la compagnie. Dans ce processus, les communes, à l'exception de Rio de Janeiro et de Niterói, restent à la traîne dans les initiatives du gouvernement de l'État fédéré.

La politique de l'eau et de l'assainissement face à l'inégalité d'accès aux services et nouvelles perspectives pour une action publique et privée dans le secteur

Les impacts de la politique d'assainissement des années quatre-vingt-dix de l'agglomération de Rio de Janeiro sur l'inégalité d'accès aux services doivent être analysés en considérant les actions réalisées par le gouvernement de l'État fédéré et les actions municipales. À travers les macro-programmes d'État (Projet *Reconstrução Rio*, Programme de Dépollution de la Baie de Guanabara et Programme *Baixada Viva*), le gouvernement d'État a investi d'importantes ressources pour l'eau et l'assainissement dans l'agglomération de Rio de Janeiro (près d'un milliard sept cents millions de dollars). Cette somme a eu un grand impact au niveau de l'approvisionnement en eau, laissant à désirer au niveau de la collecte, du traitement et de la destination finale des eaux usées. Le modèle des inégalités dans l'accès à ces services tout au long de cette période n'a pas subi d'altération significative.

La généralisation de l'accès aux services des eaux et assainissement passe nécessairement par un ensemble de politiques et d'actions qui s'ajoutent et s'articulent au fil du temps, visant toujours à atteindre cet objectif. L'évolution des actions réalisées par le gouvernement de l'État de Rio dans l'agglomération de Rio de Janeiro au long des années quatre-vingt-dix, nous montre que cette logique ne s'est pas faite. Les actions ne se sont jamais articulées à un projet aussi large que la planification du développement urbain pour l'ensemble de la région. Dans le contexte intra-municipal, les différentes actions des communes pour élargir la couverture des services d'assainissement se sont faites de manière désarticulée entre elles et détachées d'un projet de politique urbaine majeur. Même dans la commune de Rio de Janeiro, où nous pouvons observer une certaine continuité dans l'action municipale, nous sommes encore face à un cadre de fragmentation de politique d'assainissement, car les actions n'obéissent pas à une planification générale pour l'eau et l'assainissement dans la commune.

En outre, nous sommes loin d'atteindre dans la gestion de l'eau et de l'assainissement une perspective d'assainissement environnementale. Les actions réalisées dans les différents secteurs de forme fragmentée, désarticulée et ponctuelle ont des impacts extrêmement négatifs sur la qualité de l'environnement dans la région, surtout en ce qui concerne la qualité des corps hydriques.

Aujourd'hui, les défis d'une administration municipale qui souhaite contribuer de manière effective pour l'universalité de l'accès aux services d'eaux et assainissement sont énormes. Le modèle de gestion à adopter est une grande question. Cependant, quel que soit le modèle de gestion choisi, il est nécessaire que la politique d'eau et d'assainissement réponde à certaines questions fondamentales. En premier lieu, il faut qualifier la demande exprimée pour les services, car il n'y a pas d'informations fiables sur ce sujet. En deuxième lieu, il faut, face au contexte de manque de ressources, élaborer une planification capable d'intégrer l'ensemble des organismes publics et leurs programmes et/ou projets respectifs pour garantir un plus grand impact dans les interventions réalisées. En ce sens, les programmes et projets de l'État fédéré doivent s'articuler de manière compatible avec les schémas directeurs, les directives de développement urbain et usage du sol, les politiques urbaines formulées au niveau municipal, et les directives relatives à la gestion des ressources hydriques au niveau des bassins hydrographiques.

La troisième question concerne la régulation des politiques. Malgré la création de l'ASEP, il n'existe pas encore de principes de régulation définis dans le secteur de l'eau et de l'assainissement. L'absence de ces principes et les imprécisions quant à la définition du pouvoir concédant dans l'agglomération de Rio font que la participation du secteur privé au travers des concessions est encore plus limitée (se limite aujourd'hui à la commune de Niterói). Cependant, dans le modèle de concessions qui se construit, l'existence de la régulation est essentielle pour que les services soient fournis efficacement et en suivant des principes d'équité sociale. Il s'agit pour nous d'articuler la régulation et le contrôle social. En ce sens, les principes et les règles qui orientent la régulation doivent être établis de manière à garantir son seulement la productivité et l'efficacité dans la prestation des services, mais aussi, et surtout, l'objectif d'équité et de justice sociale. L'action des entités régulatrices doit être tournée vers ces mêmes objectifs. Pour cela, il faut que les instruments et les instances de régulation créés se démocratisent et deviennent aussi des instruments et des instances pour le contrôle social de la gestion des services.

Enfin, notons que, face à la situation actuelle des services dans l'agglomération de Rio, il est difficile de penser que la concession au secteur privé soit une alternative viable pour la prestation des services. Nous pensons plutôt à une gestion publique partagée à partir d'une restructuration de la CEDAE, et à l'effectivité d'un partage des responsabilités avec l'exercice commun de la régulation et l'établissement d'une concertation entre l'État fédéré et les communes dans la définition des politiques et des investissements prioritaires.

Notes

1 Le Brésil est une république fédérative composée de 26 états et un district fédéral.

2 La région métropolitaine de Rio de Janeiro se situe dans l'État du même nom et elle est constituée par 20 municipes dont le plus important est celui de Rio de Janeiro.

3 À travers le PLANASA, le gouvernement central brésilien a fixé des priorités et a orienté l'allocation des ressources, il a créé une structure de financement des services avec des fonds publics gérés para la BNH. La majorité de ces fonds venaient du FGTS, épargne obligatoire, équivalent à 8 % de la fiche de paye, déposée à la BNH par l'employeur sur un compte bloqué au nom du travailleur. Cette épargne ne peut être débloquée qu'en cas de licenciement, de mise à la retraite, d'achat de logement et de décès. En même temps le gouvernement fédéral imposait au communes qui voulaient accéder à ces financements un modèle de gestion qui s'appuyait sur la concession des services à des entreprises publiques de l'eau et d'assainissement des États fédérés (les compagnies de l'État). Cela a entraîné une centralisation de la gestion des services au niveau des États fédérés.

4 Donnés présentées dans le *Catalogo Brasileiro de Engenharia Sanitária*, volume XVII de 1994.

5 La recette totale prévue du programme de privatisation pour l'année 1999 était de 27,8 milliards de Reais, et celle de la période 2000-2001 de 2,5 milliards.

6 Interview publiée au *Jornal do Brasil*, 22 janvier 1999.

7 Déclaration du Secrétaire de Développement Urbain du Gouvernement Fédéral au *Jornal do Brasil* du 11 juillet 1999.

8 Cette loi est l'objet de trois actions en justice mettant en cause sa constitutionnalité, mais il n'y a pas encore eu de réponse des instances juridiques compétentes.

9 Plusieurs actions questionnant la constitutionnalité du processus ont été présentées au Tribunal Suprême Fédéral et au *Tribunal de Contas do Estado* (TCE). Ce dernier a considéré illégal le dossier de privatisation, qui expliquait les règles de l'offre publique de vente. Selon le TCE, le dossier ne pouvait pas inclure les communes de Niterói, São João de Meriti et Nilópolis qui avaient élaboré des offres publiques pour la concession des services avant la Loi 87/97.

10 Les mairies signataires de l'accord sont : Belfort Roxo, Duque de Caxias, Japeri, Nova Iguacú, Paracambi, Queimados, Rio de Janeiro. Les maires des communes de Niterói, Nilópolis, São João de Meriti, São Gonçalo ne signèrent pas.

11 Dans la sous-section IV, consacrée au programme d'approvisionnement en eau, article 201 : la « promotion de la municipalisation, par étapes, des services de production et de distribution d'eau potable ».

12 Information de la *Fundação Instituto Rio Águas*.

13 La structure définitive du secteur aussi bien que le partage des responsabilités ne sont pas encore établis.

14 Britto, Ana Lucia e Porto, Helio Ricardo, 1999.

15 La CEDAE, responsable de l'approvisionnement en eau et de l'assainissement, la SERLA, responsable du macro-drainage, la SOSP, responsable de déchets, et la FEEMA, responsable des programmes environnementaux

16 Les quartiers concernés sont : Chatuba (Nova Iguaçu), Olavo Bilac (Duque de Caxias), Lote XV (Belfort Roxo) et Jardim Metrópole (São João de Meriti).

17 Une analyse plus détaillée des politiques se trouve dans Britto, Ana Lucia e Porto, Helio Ricardo, 1999.

18 Il faut souligner que dans le cas du Favela-Bairro, pour que le développement des services dans les *favelas* se fasse de manière efficace, la participation de la compagnie responsable des services, la CEDAE, est fondamentale dans le processus. Toutefois cette participation ne s'est pas faite de façon satisfaisante, en limitant l'étendue du programme. Sur la question de l'eau et de l'assainissement dans le programme Favela-Bairro voir Britto, Ana Lucia, 1997.

19 Il n'y avait pas le moindre contrôle sur les lieux où les canalisations allaient être placées ni sur la qualité technique des travaux

20 C'est le cas des agglomérations de Saõ Paulo et Belo Horizonte où les compagnies des eaux, Sabesp et Copasa ont été obligées de se réorganiser en fonction des nouveaux rapports qui se sont établis entre les États fédérés, les compagnies et les municipalités.

Bibliographie

Acqua-plan estudos projetos e consultoria, 1995, F*lexiblização Institucional da Prestação de Serviços de Saneamento*, Brasília, Ministério do Planejamento e Orçamento/Secretaria de política Urbana/IPEA.

Britto, A. L. et C. Pontes,1998, « As novas perspectivas para os serviços de saneamento : o PMSS e a questão da privatização da gestão dos serviços » dans Britto, Ana Lucia e Porto, Helio Ricardo Leite, *Serviços de Saneamento na Baixada Fluminense : Problemas e Perspectivas*, Rio de Janeiro, FASE/Caixa Econômica Federal.

Britto, A. L., 1998, « A Evolução dos Serviços de Saneamento na Baixada Fluminense » dans Britto, Ana Lucia e Porto, Helio Ricardo Leite, *Serviços de Saneamento na Baixada Fluminense : Problemas e Perspectivas*, Rio de Janeiro, FASE/Caixa Econômica Federal.

Britto, A. L.,1997, Qualidade de Serviços de Saneamento e Qualidade de Vida Urbana em Assentamentos Populares : uma discussão da proposta do Programa Favela-Bairro, dans *Anais do 7° Encontro Nacional da ANPUR*. Associação Nacional de Pós Graduação em Pesquisa em Planejamento Urbano e Regional, Recife, UFPE, p. 1851-1861.

Coing, H. et al., 1989, *Privatisation et Régulation des Services Urbains : une étude comparative*, Université de Paris Val de Marne/Ecole Nationale de Ponts et Chaussées, LATTS/MEM/PLAN URBAIN.

Granja S. I. B., 1996, *Novas formas de Gestão para o Setor de Saneamento. Cadernos*, FUNDAP.

Montenegro, M. H., 1999, *Retomar os Finaciamentos do FGTS para o Saneamento*, Brasíla, Câmara dos Deputados, Coordenação de Publicações.

Montenegro, M. H., 1995, Relatório Sobre a Gestão do Saneamento, dans IBAM. *Consulta Nacional sobre a Gestão do Saneamento e do Meio Ambiente Urbano*, Rio de Janeiro.

Najar, A. et C. Melamed, 1990, « Considerações para a Análise da Política de Saneamento no Ciclo do Planasa e a Formulação de Novas Diretrizes para o Setor ». *Revista de Administração Municipal*. 37 (194), p. 62-76.

CHANGEMENTS INSTITUTIONNELS DANS LE SECTEUR DE L'EAU ET DE L'ASSAINISSEMENT AU CHILI

EDMUNDO DUPRÉ-ECHEVERRIA*

POUR QUE SOIENT MENÉES À BIEN LES RÉFORMES de transfert de la sphère publique vers la sphère privée de la gestion des services de distribution d'eau et d'assainissement, plusieurs conditions institutionnelles doivent être impérativement respectées. Ce texte a pour objet de détailler la nature de ces conditions dans le contexte latino-américain actuel, en s'attachant plus en détail à l'exemple du Chili.

LES CONDITIONS INSTITUTIONNELLES NÉCESSAIRES À LA RÉUSSITE DES RÉFORMES

Les conditions institutionnelles nécessaires à la réussite des réformes renvoient, d'une part, à la production de services durables à des coûts socialement acceptables et, d'autre part, aux questions d'équité et d'égalité d'accès. Jusqu'ici la société civile a, selon nous de manière erronée, considéré l'eau comme un bien public, c'est-à-dire dont l'accès doit être garanti par l'État.

Sur le devoir de l'État

Le siècle qui se termine a enregistré diverses transformations du rôle de l'État dans l'économie depuis une vision libérale au début du siècle puis une autre où l'État devait être actif et intervenir sur le marché pour enfin, à partir de la crise des années quatre-vingt, envisager l'État non plus comme producteur mais comme régulateur. Or, cette dernière vision affecte tout particulièrement la fourniture des services d'assainissement.

* Consultant international, président de la Empresa Sanitaria de Valparaiso et directeur de Anglian Water Chile

Depuis la crise des années trente, les acteurs qui jouent un rôle important en matière économique en Amérique latine ont partagé l'idée qu'il faut profiter des économies d'échelle d'un monopole naturel. À cela s'est ajoutée la perception chaque fois plus forte que l'État était le seul acteur capable de garantir l'égalité d'accès à des biens considérés comme fondamentaux ou « de première nécessité » à des prix socialement raisonnables et que l'entreprise privée n'avait ni la capacité, ni l'expérience pour offrir ce type de services. D'autres facteurs tels que la réactivation des économies locales et le faible développement de l'industrie et de l'ingénierie expliquent les nombreuses raisons qui ont alors favorisé le transfert de la production de ces services à des entreprises directement ou indirectement contrôlées et gérées par l'État. Ainsi, depuis le début du siècle jusqu'aux années quatre-vingt, ces services ont été assurés par des entreprises ou des organismes centralisés et à caractère national dans les zones urbaines et décentralisés au niveau des petites agglomérations et des zones rurales.

Dans la plupart des pays d'Amérique latine d'importants investissements ont été réalisés dans le secteur de l'eau entre les années trente et 60. Ceux-ci n'ont pas toujours été très heureux du point de vue de leur rentabilité sociale car ils n'ont pas favorisé les secteurs urbains les plus pauvres ni les zones rurales. À partir des années soixante-dix et, en particulier, après le choc pétrolier on s'est contenté d'administrer ce qui existe déjà sans qu'il n'y ait d'investissements significatifs ni un entretien de ces services, ni non plus une extension des réseaux existants. Cela a entraîné une détérioration de la distribution, débouchant à son tour sur des rationnements et une mauvaise qualité de l'eau fournie, sans oublier les problèmes d'environnement associés aux eaux usées. Peu à peu, ce processus de détérioration s'est accompagné de dépenses courantes (donc, sans investissements) de plus en plus importantes pour l'État dans chacune de ces entreprises lesquelles, à leur tour, avaient des revenus moindres en raison de tarifs inopinément subventionnés, le tout baignant dans une productivité de plus en plus médiocre, la corruption et l'inefficacité institutionnelle.

C'est ainsi que s'est installée dans le public l'idée que les services de l'État sont inefficaces et corrompus et que celui-ci, en tant qu'acteur, a perdu sa légitimité.

Depuis le milieu des années quatre-vingt et à partir de la crise économique et sociale de l'Amérique latine, les organismes de financement internationaux et les agences multilatérales ont encouragé les privatisations comme une mesure d'« ajustement structurel » dans le but de stimuler les économies locales et de colmater les larges brèches des déficits fiscaux qui était alors la principale variable d'explication à la récession inflationniste. Par ailleurs, les expériences européennes de dérégulation et de privatisations, durant la même décennie, ainsi que la création de grands consortiums privés qui se sont consacrés à cette tâche, ont favorisé le développement de nouvelles approches théoriques et d'arrangements institutionnels inédits qui ont eu un puissant effet de démonstration pour faire admettre que ces politiques de privatisations étaient viables.

La dé-légitimation de la fourniture de services publics d'un côté, et l'effet de démonstration positive des politiques de privatisations de l'autre, ont favorisé l'adoption en Amérique latine de politiques de transfert de la fonction productrice de services d'eau et d'assainissement vers le secteur privé. Cependant, cela n'a pas pour autant signifié que la perception du public par rapport à la fourniture de ces services a cessé d'être considérée comme un bien « de première nécessité » pour devenir un bien rare ayant un prix sur un marché régulé. Cette conviction constituera l'un des facteurs politiques significatifs qui, s'il n'est pas résolu de manière adéquate, peut à son tour conduire à la perte de légitimité de la privatisation des services de distribution d'eau potable, de construction d'égouts et d'usines de traitement des eaux usées.

Il faut donc combiner une garantie à l'accès universel pour ces services et le paiement effectif des coûts et des investissements « efficaces » pour la fourniture desdits services. Vu que la politique adéquate est que « celui qui consomme, paie », il est nécessaire de trouver un financement qui garantisse une consommation de base minimale aux groupes en situation de pauvreté. Cet arrangement institutionnel doit être objectif et transparent à la source et être destiné effectivement au groupe « pauvre ». Dans le cas contraire, son application inadéquate peut finir par menacer la survie même du système privé, soit par le manque de recettes, soit par la perte de légitimité d'un système peu solidaire.

Sur l'institutionnalité

La fourniture des services d'eau potable, égouts et traitement des eaux usées, qu'elle soit faite par l'État ou par le secteur privé, requiert un contrat institutionnel entre le mandant (État ou Commune) et le mandataire (Entreprise ou Concessionnaire) qui établisse clairement les droits et devoirs de chaque partie, les formes de résolution rapide des conflits et la structure des sanctions en fonction de la nature des infractions. Tout ceci avec des garanties suffisantes d'indépendance et d'égalité de traitement pour les parties. De son côté, le mandant recevra le service selon la qualité et les volumes établis par le contrat en temps voulu en échange de quoi il cédera le droit de recouvrer et percevoir des tarifs pour les services ainsi fournis.

Ce contrat peut être établi à partir d'un ensemble de lois et de décrets ou bien à travers un contrat *ad hoc*, qui peut être ratifié par la loi ou par un décret gouvernemental. Plus le statut est légal et plus il est inchangeable, inflexible et peu adaptable aux aléas de la conjoncture. En revanche, plus il sera privé et flexible, plus il sera assujetti à des considérations à court terme alors qu'il s'agit d'une activité qui s'exerce avant tout à long terme.

Dans le cas qui présenté on appelle Contrat a priori (*ex ante*) l'arrangement légal indiqué et, ainsi, on entend souligner le fait que celui-ci ne dépend pas du bon vouloir des gouvernements qui se succèdent au pouvoir, ni de celui de l'entreprise concessionnaire chargée des services. Ainsi, strictement parlant, ce cadre régulateur devrait fonctionner pour les entreprises de services d'eau et d'assainissement, qu'elles aient un caractère étatique ou privé.

Malheureusement, l'expérience et la théorie nous montrent qu'il n'en est pas ainsi. D'une part, nous avons constaté que, dans la pratique, l'État, quand il doit faire face à un conflit avec les usagers ou avec les travailleurs de l'entreprise, opte pour ce qui est son objectif principal, le maintien de l'ordre et de la tranquillité sociale, en sacrifiant ses objectifs d'efficacité et d'auto-financement des entreprises concernées avec les conséquences que l'on connaît. Par ailleurs, nous savons que le coût de production de contrats complets, c'est-à-dire qui considèrent toutes les possibilités actuelles et futures, est énorme. Il existe une relation coût/bénéfice optimisée pour le nombre de variables à contrôler qui dépend de la situation particulière à chacune des entreprises concernées. Le mandant et le mandataire, quand il s'agit de l'État et du Secteur privé, doivent alors faire face à la nécessité d'accorder des conditions contractuelles à partir d'une « asymétrie d'informations », c'est-à-dire où l'une des parties à de meilleures informations que l'autre en ce qui concerne certaines variables présentes et futures. Enfin, ce contrat entre mandant et mandataire doit prendre soin que le mandant, qui n'est rien d'autre que « l'agent » de l'usager représente réellement les intérêts de celui-ci et non ses propres intérêts. Quand il n'en est pas ainsi nous parlerons de la « capture » du mandant ou régulateur.

L'expérience accumulée et la théorie indiquent les critères minimaux qui doivent être pris en compte pour structurer harmonieusement les éléments de ces contrats. Dans la mesure où de telles considérations sont présentes, le cadre régulateur a priori permettra de trouver les incitations suffisantes pour le secteur d'assainissement, afin de conduire le monopole naturel à des niveaux de fourniture du service qui soient « socialement optimales » et qui se traduisent dans une structure de tarif plafond qui assigne de façon efficace les ressources disponibles aujourd'hui et pour le futur.

Sur les tarifs

Les critères généraux sont déterminés par le cadre régulateur que représente le contrat *a priori*. Entre ces critères il y a les tarifs qui doivent tendre à ce que le monopole naturel soit produit selon des niveaux socialement désirables. Pour effectuer cette estimation, le mandant doit compter avec un organisme spécialisé qui soit capable de traiter de façon indépendante l'information sur la fonction de production du monopoliste ou concessionnaire et de vérifier que ses coûts sont ceux d'une entreprise efficace. Dans le cas contraire, il lui permettra d'obtenir les revenus nécessaires pour couvrir seulement les coûts de cette entreprise efficace. Ainsi on lui octroiera les incitations nécessaires pour tendre à devenir cette entreprise modèle.

Les méthodes de calcul et d'informations à traiter, varieront selon chaque période, en fonction de l'entreprise concernée et des technologies disponibles. Celles-ci sont donc essentiellement dynamiques et peuvent changer dans le temps selon les règles du jeu, c'est-à-dire que le concessionnaire peut fournir le tracé complet de son entreprise par étapes de production et zones ou régions géographiques. Ceci est, au début, exigé sous la forme de diagrammes de flux et, postérieurement, à travers des systèmes GIS ; de manière compacte pour commencer puis ensuite à un niveau très détaillé.

Avec une telle information on préparera un ensemble de paramètres de qualité tant au niveau des services que de l'attention donnée aux clients, de la qualité de l'eau potable et des effluves des eaux usées qui seront reversées dans d'autres cours d'eau, d'indicateurs de consommation de composants chimiques par rapport aux niveaux de production de l'eau potable ; enfin, ce que l'on appelle le benchmarking (prise de repères) de l'entreprise qui sera dépassé à chaque période en fonction des règles de l'art. Ceci conforme le Contrat *a posteriori* (*ex post*). Ce contrat doit être, à son tour, en conformité avec ce qui a été déterminé dans le Contrat *a priori* (*ex ante*) qui devra voir prévu par avance non seulement la manière dont sera négocié et déterminé ledit *benchmarking* avec l'autorité de tutelle mais aussi les sanctions à appliquer quand les objectifs ne sont pas atteints.

LE CAS DU CHILI

Au cours des dix dernières années, le Chili a connu une transformation rapide du schéma institutionnel régissant les services d'eau et d'assainissement.

Dans les années 1980, les services de l'ensemble du pays étaient assurés par un organisme étatique, dont le siège se situait à Santiago : celui-ci opérait et construisait la quasi-totalité des installations du pays.

L'État octroyait les fonds nécessaires à la réalisation des investissements. Les tarifs étaient établis sur la base de subventions croisées entre les régions bénéficiant d'une plus grande économie d'échelle et de coûts en conséquence inférieurs et les autres régions du pays, ceci en vue de satisfaire les besoins de la population. Le coût économique réel de la fourniture des services n'était pas pris en compte.

Entre 1988 et 1990, la situation change radicalement. Un cadre de régulation du secteur est défini en 1988 et l'organisme centralisé qui administrait le service au travers d'entreprises régionales (SENDOS) est démantelé en 1990. Il est remplacé par treize entreprises régionales correspondant aux treize régions du pays, lesquelles prennent la forme de sociétés anonymes, dont l'actionnaire principal est l'agence de développement de propriété fiscale, la CORFO (*Corporación de Fomento de la Producción*).

L'autonomie de la CORFO et le caractère juridique de société anonyme ont favorisé l'autonomie et la flexibilité de l'administration des entreprises. Au départ, la plupart des cadres et des dirigeants de ses entreprises étaient des fonctionnaires du ministère des Travaux Publics ou d'autres administrations régionales, de sorte que, dans la pratique, toutes les entreprises fonctionnaient encore sur la base d'une centralisation marquée au travers d'organismes *ad hoc* créés par les dirigeants eux-mêmes, le tout coordonné par le Superintendant des Services d'Eau et d'Assainissement et la sous-direction des services d'eau et d'assainissement de CORFO. Cependant, en 1993, de nombreux cadres et dirigeants – recrutés au travers de concours publics effectués par des entreprises spécialisées dans le secteur – avaient été remplacés. Cet apport de nouveaux acteurs, en provenance d'un monde extérieur au système antérieur, a favorisé le changement et une plus grande autonomie dans les entreprises. Finalement, au début de 1994, avec l'avènement du gouvernement d'Eduardo Frei, la CORFO a procédé à d'importants changements à l'intérieur de sa propre organisation, en vue de réduire sa taille et de modifier sa mission et sa stratégie, pour instaurer un mécanisme de financement des projets d'investissement basée sur une participation encore plus accrue du secteur privé dans les entreprises d'eau et d'assainissement. Cela a été un nouveau signal pour les dirigeants et les cadres des entreprises en ce qui concerne l'autonomie et la responsabilité de leurs fonctions. De fait, la CORFO a commencé à diriger les entreprises à la manière d'une « holding » économique, en fixant aux dirigeants des objectifs essentiellement liés au retour des investissements sur les actifs et le patrimoine, et en définissant une politique d'investissements et de distribution des dividendes qui stimule l'accès aux capitaux privés.

Malgré cela, le fait que la propriété demeure aux mains du fisc a généré des pressions de nature politique, en particulier au sein de la coalition gouvernementale : de plus, le résultat de la gestion de ces entreprises est encore comptabilisé au sein de l'item « secteur public », avec tout le poids que cela signifie du point de vue de la gestion macro-économique. En même temps, les besoins financiers correspondant aux projets d'eaux usées pour tout le Chili, s'élevaient à environ 3 milliards d'US $ pour la période 1995-2000, ce que les restrictions macroéconomiques d'origine fiscale ne permettaient pas de satisfaire. Tout ceci a conduit le gouvernement à établir de manière prioritaire un calendrier pour l'incorporation de capitaux privés pour différentes entreprises d'eau et d'assainissement.

Le cadre de régulation en vigueur jusqu'alors était constitué par trois lois spécifiquement sectorielles (et les règlements qui y sont attachés), ainsi que par deux autres lois complémentaires : une loi de subventions pour les consommateurs ayant de peu de ressources et l'eau potable en milieu rural, et la loi générale de l'environnement, qui établit le cadre de régulation qui contrôle ces aspects et leur lien avec les entreprises d'eau et d'assainissement.

La première des lois sectorielles est le Décret ayant force de loi n° 382. Celui-ci établit les territoires de concession des entreprises (dont le caractère juridique demeure indéfini) et régule : la procédure d'obtention des concessions, les délais de l'autorité pour y répondre, les modalités pour la remise des différentes zones de concession, les mécanismes de gestion des conflits (délais et modalités de résolution) et les conditions de résiliation des concessions. Le Décret ayant force de loi n° 70 établit les principes tarifaires et est complété par son décret d'application[2], qui définit les formules du calcul tarifaire applicables par le concessionnaire comme par le régulateur. La loi n° 18.902 de janvier 1990 stipule l'autonomie du régulateur, en l'occurrence la Superintendance des Services d'Eau et d'Assainissement, et définit sa composition, l'origine de son budget, ses missions et ses fonctions.

Pour accéder au financement privé au travers de la souscription d'actions, des modifications légales relatives à la constitution des entreprises furent nécessaires. Dans cet objectif, en 1995 le gouvernement envoya au Parlement un projet de loi qui renforce le cadre de régulation et permette l'incorporation de capitaux privés. Pour l'approuver, les parlementaires exigèrent de fixer un niveau maximal de participation privée : il fut stipulé que le fisc chilien ne pouvait pas posséder, au travers de CORFO, moins de 35 % du patrimoine de chacune des entreprises. Cette loi de février 1998 (n° 19.549) fut promulguée au début de l'année 1998.

Les modifications les plus importantes apportées au cadre de régulation sont les suivantes :

- La Superintendance des Services d'Eau et d'Assainissement est renforcée dans ses attributions et du point de vue organique. Son budget est augmenté et des directions régionales sont créées.
- Le régime de sanctions applicables aux entreprises d'eau et d'assainissement en cas de non-respect des normes est modifié. Le montant maximal d'amende passe de 1 000 à 10 000 unités d'impôt annuelles.
- Les limites de la zone de concession sont mises en cohérence avec les zones d'extension des services à partir d'un même instrument de planification territoriale.
- Un chapitre relatif à la qualité de l'accueil des usagers et de la prestation des services d'eau potable et d'égouts a été rajouté.
- Des normes spécifiques sont définies pour les grands consommateurs, de sorte à générer une concurrence en matière de fourniture d'eau potable et de services de traitement des eaux usées pour ce segment de clientèle.
- Les règles de propriété des entreprises d'eau et d'assainissement sont soumises à plusieurs restrictions :
  - Un même investisseur ou opérateur ne peut pas avoir de participation au capital dans un nombre d'entreprises supérieur à 49 % du nombre total des entreprises pour chaque groupe (grandes, moyennes, petites).
  - Un même investisseur ou opérateur ne peut pas participer au capital d'un ensemble d'entreprises dont le nombre total de clients d'eau potable et d'égouts est supérieur à 50 % du total des clients du pays.
  - Il est interdit aux personnes ou groupes de personnes qui contrôlent ou exercent une influence décisive sur l'administration d'entreprises concessionnaires de services publics détentrices d'un monopole naturel de distribution électrique ou de téléphonie locale, dont le nombre de clients situés dans la zone de concession d'une entreprise donnée de services d'eau et d'assainissement est supérieur à 50 % du total des usagers de cette zone pour les services considérés, de participer au capital de cette entreprise d'eau et d'assainissement.
- Le nouveau système tarifaire améliore la précision, la clarté et la transparence de la méthodologie et des procédures. Il réduit l'asymétrie d'information par rapport au prestataire du service, améliore la procédure de résolution des conflits par l'établissement d'un jugement dichotomique de la part de la commission d'experts. Le calcul du taux de coût du capital a été simplifié. Deux des trois charges fixes qui existaient auparavant ont également été supprimées. Le nouveau système introduit aussi une plus grande transparence et renforce la participation dans le processus de fixation des tarifs, du fait que soient rendus publics tous les antécédents, l'échange des études, le compte rendu du jugement des experts, et que le public peut émettre des observations concernant l'étude tarifaire.

Le système tarifaire actuel empêche que l'entreprise d'eau et d'assainissement, indépendamment de son caractère public ou privé, puisse recouvrir des tarifs qui ne correspondent pas au coût efficace de fourniture du service augmentée d'une rentabilité correspondant au capital investi.

Les treize entreprises d'eau et d'assainissement présentent des économies d'échelle, en dépit du fait de reposer sur une segmentation plus administrative que technique. Cependant, ces économies peuvent être améliorées par le regroupement de certaines d'entre elles, dont les limites sont données par les coûts associés aux « déséconomies » de concentration. Il est probable qu'avec l'arrivée du secteur privé, ces regroupements se produisent de toute façon, en raison des avantages évidents que cela signifie.

La loi de subventions garantit aux familles en situation de précarité le paiement direct par la municipalité d'une part de leur facture située en 20 et 80 %, ceci pour des consommations allant jusqu'à 20 m^3 mensuels. Cette loi établit également que les tarifs doivent être subventionnés en ce qui concerne l'eau potable en milieu rural.

Le nouveau cadre de régulation a pour objet de compenser les asymétries d'information et d'éviter la capture des agents publics, grâce au renforcement de la transparence dans les procédures de fourniture de l'information de base, selon des délais impératifs, pour le calcul de la structure tarifaire. En termes généraux, l'information doit indiquer si les niveaux de production des services sont ceux qui sont désirables socialement, et si ceux-ci sont assurés avec les niveaux de qualité stipulés tout en respectant la tarification maximale contractuellement autorisée.

Les problèmes de ce cadre de régulation résident en fait plus dans ce que nous appelons la « syntonie fine ». Il est relativement facile pour l'autorité d'exproprier les flux des entreprises pour les transférer aux usagers, en invoquant un objectif de référence, qui ne peut être atteint dans des délais raisonnables. Pour éviter ceci, il existe une commission constituée de trois experts qui règle les différends entre les parties. En général, c'est le troisième expert ou « expert de commun accord » qui emporte la décision finale. Celui-ci a tendance à chercher la « troisième voie technique », c'est-à-dire une solution que l'entreprise n'est pas obligée d'appliquer, mais qui permettra de reconnaître sa tarification.

Ainsi, les asymétries d'information entre l'entreprise et le (ou les) experts, se résolvent dès lors qu'il est possible de montrer que la solution technique proposée est faisable du point de vue hydraulique dans les conditions indiquées et aux prix stipulés. Toutefois, cela équivaut à convertir l'expert en directeur ou gérant technique de l'entreprise.

Il existe naturellement des alternatives techniques proposées à l'entreprise qui tournent autour de la seule question tarifaire et pour lesquelles la discussion générale suffit. Mais, le plus souvent, le débat au sein de la commission d'experts se centre sur les aspects qui une incidence forte sur la tarification finale (barrages, canalisations principales et stations de distribution). Il n'est pas possible alors de se soustraire au débat technique, de maintenir la discussion à un niveau de généralité économique (c'est-à-dire en considérant de façon agrégée les différents paramètres de la fonction de production). En même temps, il faut veiller à ce que ce débat d'experts ne signifie pas la cogestion de l'entreprise ou place l'entité de régulation dans l'obligation de caractériser la fonction de production de production de l'entreprise par un ensemble de variables si important, que la direction de cette dernière devienne extrêmement complexe et sujette à de nombreuses erreurs. La résolution de ce problème, et son obtention grâce à un consensus avec l'entreprise, constitue une point important – aujourd'hui encore non résolu – pour diminuer les asymétries et les possibilités de capture existantes dans le modèle.

Une fois que les solutions techniques ont été optimisées et les prix unitaires réels établis, l'application du calcul tarifaire est très simple et relativement bien définie. Cependant, il existe encore des points de désaccord importants entre l'entreprise et l'entité de régulation en ce qui concerne les niveaux et les délais pour obtenir des économies d'échelle et des gains de productivité implicites dans les modèles de calcul. Aussi, bien que le modèle ait permis de surmonter les divergences concernant les dépenses optimales de l'entreprise, il génère par la suite des difficultés qui n'ont pas été et ne seront pas discutées dans la commission d'experts.

Finalement, tous ces vides réglementaires et opérationnels du cadre de régulation imposent à l'entreprise comme à l'autorité de régulation des niveaux de risque non négligeables[3], ce qui les conduit tous deux à privilégier la recherche d'un accord tarifaire négocié par rapport à la résolution de conflits de la part de la commission d'experts. Car, dans ce cas, le modèle de calcul et les procédures utilisées ne sont alors peut-être qu'un prétexte pour aboutir à une tarification plafond convenue d'avance, mais dont la valeur ne répond à aucune vérité ou rationalité économiques et ne saurait donc non plus avoir une quelconque utilité statistique (pour mener des comparaisons futures). Il est toutefois possible que cela se fasse ainsi compte tenu de la législation et du *modus operandi* en vigueur au Chili.

Notes

1 Le Décret d'application de ce texte a été promulgué par le Décret Suprême DS n° 121 du ministère des Travaux Publics.

2 Ce Décret d'application est promulgué par le Décret Suprême DS n° 453 du ministère de l'Économie, du Développement et de la Reconstruction.

3 Le principal risque pour l'autorité est que, dans la commission d'experts et au travers de la boîte noire de calcul, elle obtienne un tarif qui ne peut être présenté en public, avec les conséquences politiques non négligeables qui en découlent. Cela est particulièrement vrai dans la conjoncture actuelle où le résultat de la renégociation des tarifs sera perçue par l'opinion publique comme l'effet direct de la politique d'incorporation de capitaux privés, ce qui générera un effet de démonstration face à toute politique similaire impulsée par le gouvernement. La renégociation des tarifs actuellement en cours au Chili (janvier 2000), est la troisième depuis qu'a débuté le nouveau cadre institutionnel tarifaire.

CONCLUSION

UN ÉGOUT DANS LE *TEMPLO MAYOR* (MEXICO). LES FOUILLES ENTREPRISES POUR DÉGAGER LES RUINES DU GRAND TEMPLE DE TENOCHTITLÁN, DANS LE CEBNTRE HISTORIQUE DE MEXICO, ONT PERMIS DE DÉCOUVRIR LES RESTES DE CANALISATIONS INSTALLÉES AU XIXe POUR ÉVACUER LES EAUX USÉES DE LA CAPITALE (CLICHÉ : ALAIN MUSSET).

« FAIRE PARLER LES RÉSEAUX : LE CAS DE L'EAU »

BILAN ET PERSPECTIVES

HORACIO CAPEL*

LE SÉMINAIRE INTERNATIONAL « Faire parler les réseaux : l'eau, Europe-Amérique latine » a été conçu comme une rencontre de chercheurs, de techniciens et de gestionnaires de différents domaines et disciplines allant de la géographie à l'économie, de l'anthropologie à la science politique. L'objectif a été de confronter des approches et de dresser un bilan des différentes visions sur la question du service urbain de l'eau, ceci afin d'établir des stratégies de recherche pour une étude comparative dans le contexte de la privatisation du service.

Ce fut un colloque dense et fructueux autant du point de vue des interventions que des débats très ouverts qui ont eu lieu, avec des interventions de grand intérêt. Certains problèmes conceptuels ou de vocabulaire ont pu apparaître, occasionnellement, mais ils ont été résolus avec facilité même si des différences idéologiques sont apparues de manière évidente en raison du caractère du problème traité. Elles se sont progressivement atténuées grâce aux analyses et aux débats. Le programme du colloque posait de nombreuses questions. Il n'y a pas eu de réponses pour toutes, mais les communications et les débats ont permis d'accomplir des avancées sensibles et de déboucher sur de nouvelles formulations. Voici un bilan de certains des thèmes traités.

MONDIALISATION ET CONCURRENCE

L'eau et l'assainissement comptent, aujourd'hui, parmi les composantes essentielles des services publics. Durant les vingt dernières années, d'importantes transformations se sont produites dans ces services, en raison des innovations techniques et des exigences dérivées de la protection de l'environnement (épuration des eaux usées) qui ont exigé de nombreux

* Géographe, professeur à l'Universidad de Barcelona

investissements économiques. Les politiques néolibérales qui ont conduit à la privatisation de nombreux services publics et à la croissante intervention des entreprises multinationales ont débuté dans le secteur de l'eau et de l'assainissement à partir de 1990. Dans les pays latino-américains, la Banque mondiale a encouragé le transfert des services vers le secteur privé, afin de réduire la dépense publique. Dans le cadre d'une réforme de l'État, elle a exigé la séparation des fonction de gestion et de régulation.

Le colloque s'est intéressé aux processus de privatisation qui se développent depuis quelques années dans le champ des services urbains d'eau et d'assainissement, ainsi que sur le rôle croissant des entreprises qui acquièrent une dimension multinationale et qui investissent d'importants capitaux dans ces services. L'accent a été mis sur les entreprises françaises qui jouent un rôle à l'échelle internationale et plus spécialement dans les pays latino-américains. Concrètement trois grandes compagnies se distinguent : Vivendi-Générale des Eaux, Suez-Lyonnaise des Eaux et Saur-Bouygues. La privatisation implique la réalisation d'appels d'offres internationaux, la sélection d'entreprises, la signature de contrats et la mise en place d'organismes de régulation. Lors du colloque, l'attention s'est portée sur la nature de ces contrats, les formes institutionnelles adoptées, l'efficacité de l'action des organismes de régulation, ainsi que la détermination du prix de l'eau et le rôle de l'État dans le financement des infrastructures.

Les entreprises privées qui ont participé aux processus de privatisation de l'eau sont en réalité d'énormes conglomérats d'entreprises qui se consacrent à des activités très variées et qui, à partir des services publics, se diversifient dans des domaines très divers : eau, construction, fourniture de matériels, communication, infrastructures et relations financières avec des groupes bancaires. Elles ont pour ambition d'intervenir dans tous les services publics avec une stratégie qui les mène à entretenir des relations avec des entreprises dont les activités sont en principe assez éloignées des leurs, et dont les liens transnationaux sont de plus en plus importants. Pour ces groupes multi-services, l'eau et l'assainissement servent à financer l'activité dans d'autres domaines, en transférant des recettes d'un secteur à l'autre.

Le rôle de ces « groupes de l'eau » est grandissant. En France, ils sont présents en tant que concessionnaires du service de l'eau et de l'assainissement dans la plupart des 36000 communes, agissant de cette manière dans une situation d'oligopole. Dans ce système de délégation du service public, les représentants politiques locaux ont pu bénéficier d'avancées techniques certaines, mais ils cèdent progressivement leur pouvoir et leur capacité de contrôle. Ce phénomène n'est pas nouveau, puisqu'il a commencé au XIXe siècle. Toutefois, il atteint aujourd'hui des dimensions inconnues auparavant, notamment avec la mise en place dans certains cas de politiques anticoncurrentielles au bénéfice des grandes compagnies. Le séminaire s'est interrogé sur le rôle des gouvernements dans l'aide au développement à l'ouverture internationale de ces grands conglomérats qui n'hésitent pas à exercer des pressions politiques et économiques sur les dirigeants des pays concernés.

L'opacité de ces groupes a également été analysée : peu de données fiables existent sur leurs coûts de production. Les rapports officiels (notamment les comptes-rendus d'activité) rendent difficile la compréhension de leur fonctionnement, l'investissement des bénéfices est difficile à suivre...

Une approche par la sociologie des organisations permettrait de comprendre l'évolution des stratégies des groupes, et notamment la signification des changements dans les conseils d'administration ou à la direction de certaines des compagnies[1], permettant de formuler des questions sur la rationalité du fonctionnement d'un groupe et sur les véritables détenteurs du pouvoir.

Le cas français témoigne d'une gestion publique du service qui s'effectue à travers des entités territoriales faibles, avec peu de capacité pour contrôler les entreprises de manière efficace. C'est ce qui explique que, de manière générale, les trois groupes de l'eau obtiennent des bénéfices supérieurs à ceux qu'ils auraient dans une situation de concurrence. L'activité des trois grands groupes s'effectue en France dans un marché fermé à la présence étrangère. C'est un modèle qui permet la capture de rentes et rend possible le financement du développement vers autres activités ou vers l'international. Des contrats croisés avec des filiales du groupe, pour des services (provision des risques, assurances) ou des fournitures confortent cette situation. En outre, les compagnies développent des formes de coopération tacite, qui aboutissent à une répartition « implicite » du marché, comme en témoigne la grande stabilité dans l'attribution des contrats de délégation par les municipalités. Selon des données présentées dans le colloque, en France, 90 % des appels d'offre sont gagnés par les groupes déjà en place, confortant l'idée de l'existence d'espaces « réservés » et « respectés » pour chacun d'entre eux. Ces accords permettent d'éviter des situations de concurrence qui feraient baisser les prix et la marge de bénéfices. De fait, il s'agit d'un comportement classique que l'on retrouve dans différentes entreprises de divers services publics comme – en référence au cas espagnol – nous avons eu l'occasion de l'observer dans l'étude du comportement des entreprises d'électricité en Catalogne au début du siècle (concrètement la *Compañia Barcelonesa de Electricidad* et la *Catalana de Gas y Electricidad*)[2].

L'analyse du marché français de l'eau a été élargie par une approche de l'action des groupes dans des pays étrangers, principalement latino-américains (Argentine, Chili, Mexique...). Au-delà de l'intérêt technique réel que représentent les privatisations, les groupes ont utilisé le continent latino-américain comme source pour l'extraction de rentes qui ne se limitent pas seulement à l'eau et à l'assainissement, mais à des services de plus en plus globaux.

PRIVATISATION ET RÉGULATIONS : CONTRATS ET RENÉGOCIATIONS

Au XXe siècle, dans la plupart des cas, le service de l'eau a été fourni sous un régime de monopole. Avec les réformes récentes, de nouveaux acteurs sont apparus - particulièrement des opérateurs de grande taille dont le pouvoir et l'influence sont importants. La rapidité extrême du processus a été accentuée par le manque d'expérience des communautés locales et a eu de graves conséquences.

Les privatisations revêtent une dimension politique importante. La privatisation et la signature de contrats de délégation constituent en réalité les volets d'une réforme de l'État. Il s'agit d'un processus qui doit conduire à une clarification des relations, ce qui renvoie à des problèmes de « gouvernance ». Au Mexique, le processus de privatisation a nécessité au préalable une transformation de la Constitution et de différents textes juridiques. La privatisation (ou la délégation de service) était sensée améliorer et accroître les services de l'eau et d'assainissement, ce qui, dans de nombreux cas, n'a pas toujours été vérifié. En revanche, l'augmentation des tarifs a provoqué de nombreux problèmes sociaux. Le cas du Venezuela a mis en évidence que la privatisation n'était pas une solution miraculeuse, celle-ci débouchant dans ce pays sur une situation d'irresponsabilité généralisée, au lieu d'une clarification effective des responsabilités de chacun des acteurs en présence. À plusieurs occasions, lors du colloque, on a évoqué le fait que, lorsque les entreprises de services publics sont dirigées par des sociétés publiques, le calcul économique des coûts est absent et le maniement des tarifs se réalise en fonction de différents objectifs, sociaux et politiques. C'est le cas des politiques anti-inflationnistes destinées à empêcher l'augmentation des tarifs afin de maintenir l'indice des prix. Au niveau de l'organisation interne de l'entreprise, on a souligné le manque d'efficacité du travail et les difficultés de mesure de la production. Tout cela est impensable dans les entreprises privées qui, aujourd'hui, se chargent des services (lesquels incluent nécessairement un calcul économique), et qui doivent répercuter les tarifs de la construction des infrastructures et de la gestion.

Ainsi, la question des stratégies suivies par l'administration publique et par les grandes entreprises de services publics, lors des appels d'offres et de la négociation des contrats, semble d'une importance essentielle pour comprendre le développement de la privatisation. Plusieurs caractéristiques communes à ces processus ont été longuement discutées.

Il s'agit avant tout d'emporter le marché et d'obtenir un contrat initial et, pour cela, il faut offrir des conditions favorables : en priorité, des tarifs plus bas que la concurrence. Il est également courant de s'associer avec des hommes politiques locaux et nationaux, et si cela est nécessaire, avec des entreprises du pays – de préférence celles du secteur de la construction. Les études préalables de définition des appels d'offres jouent également un rôle décisif dans la décision des compagnies de se présenter ou de ne pas se présenter. Ces études sont habituellement réalisées par des équipes techniques constituées essentiellement d'économistes et de spécialistes financiers appartenant à de grands cabinets d'étude internationaux. Ces équipes travaillent à court terme et disparaissent de la scène une fois le contrat signé, laissant les compagnies affronter les problèmes qui se présentent à moyen et à long terme. Ainsi, bien que des études économiques rigoureuses aient eu lieu avant la signature des contrats, certains aspects ne sont pas pris en compte : en particulier, il existe une grande imprécision sur les variables non techniques (taux prévisionnels d'inflation, capacité à payer…).

Les villes mexicaines illustrent bien ces problèmes car les entreprises internationales qui ont répondu aux appels d'offres ont essayé, en général, d'obtenir le contrat en proposant des tarifs bas, qui ont fait l'objet de renégociations par la suite. Les appels d'offres étaient organisés par les municipalités, mais leur conception avait été réalisée par des cabinets d'études travaillant à court terme. Or, comme les maires ne restent à leur poste que quatre ans, ils n'ont pas toujours pu participer activement aux négociations.

En général, une fois le contrat signé, les entreprises ne remplissent pas toutes leurs obligations mais se lancent dans un processus de renégociation en argumentant que l'information dont elles disposaient était insuffisante, ce qui, en général, est vrai. Plusieurs intervenants ont insisté sur la nécessité d'améliorer les mécanismes de concurrence pour attribuer les contrats et pour établir des procédures objectives et incitatives afin d'évaluer la situation de manière réaliste. Il a été mentionné que le régime tarifaire est pervers. Le concessionnaire essaie de diminuer son apport de capital propre et de limiter le risque de l'opération en s'occupant des habitants qui disposent de revenus suffisants, c'est-à-dire la demande solvable. Cela est patent dans le cas de la concession de Buenos Aires. Parfois, les prix payés par les compagnies privées n'ont pas de rationalité financière. C'est ce qui semble avoir eu lieu dans le cas du Chili. Les entreprises espèrent récupérer l'investissement en entrant dans un marché réservé avec toutes leurs filiales (travaux publics, communication, assurance...).

Cependant, les problèmes les plus importants dans les concessions apparaissent en général ensuite, une fois le contrat signé. L'absence d'une méthodologie claire pour aborder la renégociation des contrats a été constatée à plusieurs reprises. À Buenos Aires, après la signature du contrat (1993), une augmentation importante des tarifs a eu lieu dès la première année. Au bout de quatre ans, suite à de sérieux problèmes de recouvrement concernant la charge de raccordement aux réseaux, il a été nécessaire de renégocier. Dans ce contexte, les prévisions d'investissements de certains plans, comme le plan d'investissements de la concession de Buenos Aires, sont difficiles à réaliser. Les intervenants ont souligné la nécessité de mettre en œuvre des méthodes efficaces pour que, en cas de conflits, les administrations publiques puissent exiger des compagnies le respect du contrat, voire procéder à un nouvel appel d'offres si les clauses contractuelles n'ont pas été respectées. De plus, on a signalé qu'il fallait à la fois éviter les divergences d'information qui existent et améliorer la participation communautaire.

Le cas de l'Argentine, où fonctionnent depuis plusieurs années divers contrats de délégation de services d'eau et d'assainissement, a permis de mettre en évidence un processus d'élaboration d'arrangements post-contractuels qui se fait au fil du temps. Une sorte d'apprentissage relationnel se met progressivement en place entre les acteurs à partir de la signature du contrat. Ceux-ci apprennent peu à peu à négocier pour faire face aux problèmes qui émergent sur le terrain et auxquels il faut apporter une réponse urgente et pragmatique. Il en découle la production de règles de jeu nouvelles, formalisées ou non, qui n'étaient pas prévues initialement dans le contrat, voire qui entrent en contradiction avec les clauses contractuelles. Si cette logique a permis d'introduire certaines améliorations perceptibles sur le plan des services, elle pose une question de fond sur la manière dont doivent être rédigés les contrats pour demeurer efficaces tout en pouvant s'adapter aux situations imprévues.

Ces analyses sur les privatisations rejoignent les analyses de Simon Guy et Simon Marvin (1998) sur l'électricité, pour qui les privatisations ont supposé un changement par rapport à la logique homogène, technique et standardisée des infrastructures nationales. Face à cela, les compagnies privées organisent des réseaux d'infrastructures pour satisfaire le marché local solvable et retardent les investissements additionnels. Une nouvelle logique de distribution du service public et des infrastructures s'établit. Le coût de la distribution et la qualité de cette ressource sont redistribués dans l'espace et dans le temps, selon les différentes classes de clients (Guy et Marvin, 1998). À l'instar du secteur électrique, les compagnies d'eau s'intéresseraient plutôt aux grands consommateurs et négligeraient ceux dotés d'un faible pouvoir d'achat, qui ne contribuent que de façon marginale au chiffre d'affaire.

Une analyse des différences entre les modes d'action des entreprises privées et des entités publiques en matière de fourniture de services publics a sans doute manqué au colloque. La présentation d'autres modèles aurait certainement contribué à clarifier les discussions. Par exemple, il aurait semblé utile de donner des références sur le cas allemand, caractérisé par une longue tradition de participation du secteur public dans la distribution de l'eau.

LA NÉCESSITÉ D'UNE PERSPECTIVE HISTORIQUE

Par ailleurs, la présence d'historiens et une mise en perspective historique ont peut-être fait défaut. Il aurait été important de rappeler le caractère récent des privatisations des services urbains, qui se sont développées essentiellement à partir du XIXe siècle. Dans cette perspective, la notion de « droit à l'eau » est aussi un concept récent puisque l'approvisionnement en eau est traditionnellement une responsabilité du pouvoir public.

Rappelons qu'à l'époque romaine, l'État construisait des aqueducs pour transporter l'eau vers les villes où elle était distribuée à travers trois réseaux : un pour l'alimentation des sources et des fontaines publiques, un autre pour les bains publics dont l'utilisation était payante et un troisième pour les quelques rares bénéficiaires privés qui obtenaient exceptionnellement ce privilège de la part de l'empereur ou de son représentant local (Fernandez Vega, 1999:206). Pendant tout le Moyen Âge, la distribution d'eau apparaît comme une responsabilité publique aussi bien dans les ordonnances municipales que dans les traités de police, bien qu'il soit possible de trouver quelques cas de concession. Les conditions hygiéniques de nombreuses villes étaient mauvaises, en raison du manque d'un service d'assainissement et des problèmes de distribution d'eau. À Madrid, par exemple, au début du XVIIIe siècle, il n'existait pas de système de « tout-à-l'égout ». Les déchets et les eaux usées étaient jetées par les fenêtres avec le cri « ¡ agua va ! » (« L'eau arrive ! »). Les tentatives réalisées au début de ce siècle d'établir un système de puits et de canaux d'évacuation des eaux usées vers le fleuve Manzanares, se sont heurtées à la réticence des madrilènes qui ne voulaient pas contribuer à leur financement (Blasco Esquivias, 1998). Ce n'est qu'à partir de 1761, avec la volonté du Roi Charles III et des projets de l'ingénieur Sabattini, que le problème de l'assainissement a été abordé sérieusement ; il ne sera résolu définitivement qu'au cours du XIXe siècle.

Dès le XVIIIe siècle, l'idée que la responsabilité d'assurer les services urbains incombe à l'État et aux municipalités (ses représentants à l'échelle locale), s'impose progressivement. Bien que, dans les faits, une grande liberté soit laissée à l'initiative privée et que soit affirmée son intention d'agir de manière subsidiaire, l'État libéral légifère pour tous et affirme sa défense de l'intérêt général au travers de nombreux droits : dans l'éducation, dans la police, dans les réseaux télégraphiques, dans la législation des chemins de fer ou dans l'exploitation minière... C'est à partir de ce moment que les services publics assurés par l'État augmentent en nombre et en complexité et que, dans le monde anglo-saxon, sont créées les premières compagnies privées de distribution d'eau[3]. Au XIXe siècle, la croissance des villes et les avancées de la Révolution industrielle permettent de fournir de nouveaux services publics, utilisant des technologies nouvelles et exigeant d'importants capitaux pour la construction des infrastructures. L'éclairage, avec la substitution de l'huile par le gaz, la communication télégraphique puis le téléphone, l'électricité comme source d'énergie, l'eau et l'assainissement comptent parmi les services publics qui ont pu s'installer grâce aux technologies nouvelles et qui ont requis d'importants investissements.

Or, dès cette époque, on voit émerger certains des problèmes actuels concernant la gestion publique ou privée de ces services. Dans le cadre de changements accélérés du XIXe siècle, les municipalités n'avaient ni la capacité financière ni la compétence technique pour fournir des services. Des entrepreneurs privés ont obtenu des concessions auprès de municipalités qui, par manque d'expérience, ont parfois signé des contrats très avantageux pour le concessionnaire[4]. Les municipalités ont progressivement mis en place des mécanismes pour imposer le respect de leurs droits, notamment en ce qui concerne le sol urbain (avec des conséquences sur le tracé des réseaux) ou bien l'ornement de la ville – conditions qui ont influé sur les caractéristiques et la localisation des infrastructures (les poteaux par exemple). L'existence de différentes compagnies fournissant un même service a eu des conséquences sur le tracé et/ou la duplication des réseaux (distribution du gaz, de l'eau ou de l'électricité). Cette situation a entraîné progressivement la fusion des compagnies, avec pour conséquence la formation de situations monopolistiques et oligopolistiques.

Les carences de la gestion privée ont amené un contrôle municipal croissant des services et posé la question de leur municipalisation. Dès la fin du XIXe siècle, dans certains cas, des entreprises publiques ont été créées ; dans d'autres, des services ont été municipalisés. Cela a été fait en Grande-Bretagne pour étendre les réseaux aux quartiers ouvriers afin d'améliorer leurs conditions sanitaires, mais aussi en Allemagne, avec des entités privées municipales, financées par des caisses d'épargne municipales (Barraqué, 1999:176). Par la suite, la tendance a été à la nationalisation de certains services publics, comme le téléphone ou le chemin de fer.

En ce qui concerne l'approvisionnement en eau, l'extension du service a été réalisée, à partir du XIXe siècle, essentiellement par souci d'hygiène. Le problème fondamental était alors d'évacuer les eaux résiduelles pour des raisons de salubrité. Parmi les différents systèmes d'évacuation possibles, le tout-à-l'égout a été choisi. Ce fut une décision surprenante de prime abord, car la matière organique était traditionnellement un élément fondamental pour l'agriculture périurbaine. Cependant, les recherches de J. Liebig avaient permis de connaître les mécanismes de la nutrition des plantes et l'industrie des engrais chimiques commençait à se développer. Le service de l'eau à domicile est un corollaire du tout-à-l'égout, puisqu'il était nécessaire de disposer d'eau en abondance dans les maisons pour évacuer les résidus organiques (Capel-Tatjer, 1991). Les plans de distribution, élaborés dès la fin du XIXe siècle, abordent conjointement la construction du tout-à-l'égout et la fourniture de l'eau aux logements. L'eau à l'intérieur des maisons est donc un fait récent qui n'obéit pas à des motifs domestiques. En outre, il faut ajouter qu'en réalité l'eau a mis du temps à arriver dans la plupart des logements des villes des pays européens : ce n'est que dans les années 1950, et parfois plus tard, que cela a eu lieu. Jusqu'au milieu du XXe siècle, l'eau dans la maison a été réservée aux classes riches et aux classes moyennes aisées. Cela a été la situation normale dans les villes des pays européens, avec des logiques variables en fonction des différentes étapes de leur développement économique. Cette réalité n'était pas due à une situation « coloniale », comme on a pu l'entendre lors du Colloque, mais reflétait un certain état de développement.

Dans certaines villes de l'Europe d'Outre-Mer qu'est encore l'Amérique latine actuelle, on retrouve des situations qui, dans les villes d'Europe, étaient normales au cours des années 1940. Tel est le cas de Puebla (Mexique) où, comme dans d'autres villes du monde actuel, tout le monde ne boit pas la même eau : y coexistent des réseaux publics et des réseaux privés, des réseaux de consommation limitée et d'autres de consommation ouverte[5].

Malgré le développement spectaculaire des services d'eau et d'assainissement depuis le XIXe siècle, de nombreuses populations ne disposent toujours pas de ces services, y compris dans des métropoles de grand dynamisme, où les entreprises publiques ont accompli d'importants efforts. C'est le cas de Buenos Aires, où encore quatre millions de personnes n'ont pas accès à l'eau potable. L'universalité est un objectif déclaré mais non atteint. Comme on a pu le voir, cette question a constitué un argument important en faveur de la privatisation des services publics, particulièrement dans les pays latino-américains, touchés par la crise économique des années 1980 qui a fait diminuer dramatiquement les ressources et les capacités d'action de l'État. Pourtant, il ne semble pas que la privatisation puisse apporter une réponse à l'universalisation des services, comme les débats du colloque l'ont démontré.

Aujourd'hui, l'eau et l'assainissement sont reconnus comme des services publics essentiels. Pourtant, les changements techniques imposent la nécessité de grands investissements, et cela coïncide avec les crises économiques qui ont affecté de nombreux pays. En outre, dans de nombreux cas, il devient impérieux de moderniser les réseaux devenus obsolètes, principalement dans les quartiers anciens. À tout cela il convient d'ajouter les exigences récentes et de plus en plus pressantes en matière de contrôle et d'amélioration des services visant à protéger l'environnement. Dans cette optique, le traitement des eaux usées a été récemment inclus dans les factures d'eau. La technicisation croissante du secteur s'impose, notamment en raison de l'augmentation des réglementations dans le domaine de l'eau, particulièrement en ce qui concerne son traitement. Or, les normes de qualité ne sont pas uniquement municipales ou nationales mais de plus en plus supranationales, comme en témoignent l'Europe et les normes communautaires. Cela exige d'importants investissements. Dans la Directive sur les eaux résiduelles urbaines de l'Union Européenne (271/91), il a été évalué que les besoins sont de 12 milliards d'euros en Grande-Bretagne, 12 en France, 27 en Italie et 64 en Allemagne (Barraqué, 1999:173). Ces chiffres énormes pour des pays hautement développés réclament des décisions politiques. Dans les pays en développement, des problèmes similaires et souvent plus graves encore se posent en la matière, ce qui signifie que les besoins en financement sont encore supérieurs…

EAU ET RELATIONS SOCIALES

Les questions abordées au cours du colloque conduisent à mettre l'accent sur les problèmes de développement technique, économique et institutionnel des réseaux, dont le rôle devient de plus en plus important dans la théorie urbaine. Certains ouvrages récents, tels *L'urbanisme des réseaux* de Gabriel Dupuy, ont ouvert une voie intéressante en opposant deux conceptions du territoire : on est passé d'un espace « traditionnel », composé de zones délimitées par des frontières à l'intérieur desquelles s'exerce le pouvoir, à une vision réticulaire qui dépasse l'idée de zonage et de frontières, et dans lequel s'exercent des pouvoirs différents (Dupuy, 1991:13).

L'organisation des réseaux a été fondamentale pour le développement des villes et, aujourd'hui, une plus grande attention est portée à l'étude de leur implantation territoriale (réseaux de gaz, de téléphone, d'eau…), considérant qu'il s'agit d'un mécanisme fondamental de territorialisation. En ce sens, interroger la ville à partir des réseaux permet de poser de nouveaux problèmes. Concrètement, du point de vue social, l'accès aux réseaux pourrait constituer un paramètre essentiel pour définir la position relative des groupes sociaux. La pauvreté pourrait être définie au travers de l'absence d'accès à des services comme l'eau potable, ce qui conduirait à de nouvelles façons d'aborder l'étude de la géographie sociale dans la ville.

L'approvisionnement de l'eau est considéré comme un service auquel ont théoriquement droit tous les habitants, en particulier ceux des villes. Les discours politiques affirmant l'exigence de l'universalité du service sont, dans les faits, démentis par la fragmentation ou la segmentation de l'offre. De fait, dans les villes des pays en développement, il existe un « service pluriel », différencié selon les groupes sociaux, comme l'a montré le cas de plusieurs villes latino-américaines. Les pauvres n'ont pas disparu des villes des pays développés et le nombre de ceux qui vivent dans les pays en développement continue d'augmenter de manière considérable, en raison de l'arrivée toujours massive d'immigrés en provenance des zones rurales. Répondre à tous ces besoins exige d'importants investissements, tandis qu'en même temps les systèmes qui fonctionnaient à l'échelle locale en milieu rural se trouvent désorganisés.

Les titres des premier et dernier chapitres du livre de Peter Hall consacré à l'histoire du projet urbain au cours du XXe siècle expriment de manière explicite la permanence de taux de pauvreté importants dans les villes, malgré des avancées importantes et les investissements qui ont été réalisés en matière d'urbanisme (Hall, 1996)[6]. Le livre débute par un chapitre intitulé « La ville de la nuit épouvantable », qui fait référence aux conditions de pauvreté dans les grandes métropoles d'Europe et d'Amérique entre 1800 et 1900. Il se conclut – dans sa première édition – par un autre chapitre intitulé « La ville de l'éternelle pauvreté », dans lequel l'auteur montre que les quartiers défavorisés des grandes villes n'ont jamais été éradiqués par les mesures urbanistiques. Au contraire, ils se sont étendus à d'autres lieux.

En termes économiques, cela signifie que la demande non solvable se maintient et, dans de nombreux cas, s'accroît. Aussi, bien que les privatisations ait eu pour objectif l'universalité du service de l'eau, la réalité démontre que cela est impossible avec l'actuelle distribution des recettes. Les statistiques semblent indiquer que le nombre de pauvres ou de familles à bas revenus augmentent dans des pays comme l'Argentine, avec des poches de pauvreté dans les zones métropolitaines, y compris dans celles qui ont atteint un niveau élevé de développement, comme Buenos Aires.

Le colloque a ainsi mis en évidence comment l'accès à l'eau a une signification sociale. De façon générale, dans les villes latino-américaines, le niveau de service constitue un bon indicateur de la position des individus dans la hiérarchie sociale. Les contrastes sont en effet manifestes dans toutes les villes. D'un côté, se trouvent des quartiers où l'on gaspille l'eau : celle-ci est utilisée non seulement pour les nécessités domestiques mais également pour les jardins, les piscines, ainsi que pour les travaux continus de ménage réalisés par une main-d'œuvre bon marché. De l'autre côté, on trouve des quartiers sans accès à l'eau et à l'assainissement, obligés de s'approvisionner par des camions citernes ou par des sources éloignées ou contaminées. L'installation de l'eau ou de l'assainissement constitue d'ailleurs un facteur essentiel dans le changement de l'image du quartier, comme l'a montré l'exemple d'une favela de Recife présenté lors du colloque.

Les statistiques montrent que le nombre de familles qui ont des problèmes pour payer l'eau et l'assainissement est en augmentation. Or, il n'est pas possible de priver la population, même pauvre, de ce service, et cela pour des raisons d'ordre aussi bien hygiénique (le risque d'épidémies se propage aujourd'hui à nouveau dans le monde – Cueto, 1997 et Buj, 1999), que politique (l'incapacité à fournir ce service rend le pouvoir illégitime). C'est pour cela que des mécanismes divers sont établis pour tenter de pallier ce problème : tarifs sociaux (reposant sur des subventions aux groupes de bas revenus ou l'octroi gratuit de quelques mètres cubes) ; aide personnalisée aux familles à problèmes ; factures de nouveau type comportant des paiements échelonnés ; etc. Mais les problèmes ne sont pas résolus facilement. Le cas de Buenos Aires a déjà été évoqué. À Rio de Janeiro, les quartiers pauvres ont un service d'eau déficient, et la situation est plus grave en ce qui concerne les réseaux d'assainissement (qui souvent n'existent même pas). Dans beaucoup de villes latino-américaines, la privatisation s'est faite dans les communes riches. La périphérie reste aux mains des pouvoirs publics et les problèmes demeurent non résolus en raison du manque de moyens (qui s'explique aussi par le refus des classes riches et moyennes de tout type de réforme fiscale qui les obligerait à payer des impôts).

Enfin, il a été fait référence aux problèmes suscités par des attentes qui sont parfois créées et qui, ensuite, ne sont pas satisfaites. C'est le cas des villes africaines, où l'on espérait que l'indépendance mettrait un terme aux ségrégations d'origine coloniale. Mais, aujourd'hui, à cause de la diversité des demandes urbaines, on assiste à une segmentation croissante de l'offre - ce qui crée insatisfactions et problèmes. La difficulté n'est pas seulement celui de l'approvisionnement des villes, comme le montre Sylvy Jaglin. Il est aussi nécessaire d'approvisionner les zones rurales, où la densité de population peut parfois être importante et où le manque d'eau et d'assainissement peuvent générer de graves problèmes sanitaires et de contamination : tel est le cas de l'Égypte, où le contraste entre l'abondance et la pénurie d'eau est très fort. En tout cas, il convient de prendre conscience que l'histoire du service de l'eau potable est marquée par une succession de défis, « d'acquisitions fragiles et de solutions jamais définitives », comme l'a écrit Dany Fougères en référence à l'approvisionnement de l'eau à Montréal.

LES TRANSFORMATIONS RÉCENTES DANS LE SECTEUR DE L'EAU ET SES CONSÉQUENCES SOCIALES ET URBAINES

Au cours du colloque, on a abordé la question des pratiques à l'échelle urbaine et locale des grands groupes multinationaux intervenant dans les services publics de différentes villes. Comment ceux-ci influencent-ils la gestion urbaine et la politique de la ville ? Il est possible d'observer les effets de la mondialisation sur les espaces locaux. À ce titre, l'analyse des acteurs de la ville doit désormais incorporer celle des entreprises de services publics et notamment celles qui s'occupent de la gestion de l'eau.

Depuis le XIXe siècle, les compagnies privées ont essayé d'organiser des réseaux territoriaux, dans une stratégie d'extension et d'occupation de l'espace. Dans un premier temps, les municipalités ont pu leur attribuer des contrats et concéder à une entreprise le monopole pour fournir le service d'eau. Puis, les municipalités ont réagi et défendu leur droit de maîtriser l'espace face aux compagnies privées ou même à l'État[7]. Cette réaction a pris des formes différentes selon les pays et selon les villes. L'État lui-même a évolué : soit il a tenté d'assurer directement un service, soit il a laissé agir l'initiative privée. Les changements dans les politiques du gouvernement par rapport au caractère public ou privé des réseaux téléphoniques en Espagne et d'autres pays à la fin du XIXe siècle est à ce titre significatif (Capel, 1994).

La confrontation entre le public et le privé (dans les rues, urbanisation publique, dans le gaz, dans l'eau…) est l'un des conflits les plus intéressants de l'histoire urbaine, sociale, institutionnelle et politique. L'organisation et l'extension des réseaux ont été influencées par la diversité des institutions territoriales : dans le Grand Buenos Aires, on trouve à la fois les niveaux fédéral, provincial et local ; au Brésil, seulement les niveaux provincial et local - le niveau fédéral n'intervenant pas en ce qui concerne ces services publics. Parfois, la nécessité de gérer correctement les réseaux fait qu'il existe des institutions de coordination. D'un autre côté, comme cela été souligné pour Buenos Aires, la planification du réseau est une référence importante pour l'urbanisme de la ville. Parfois même, le manque de coordination en matière de gestion métropolitaine fait que les réseaux d'eau et d'assainissement deviennent l'aspect fondamental de l'urbanisme de l'agglomération. Les problèmes de financement de la construction des réseaux ont un grand intérêt : c'est le cas de la question de l'origine des fonds utilisés. Quelquefois, il s'agit de fonds privés, obtenus par des groupes industriels, mais d'autres sont obtenus par l'État lui-même ou avec l'aval de l'État ou de banques nationales. Comme les villes grandissent et que la mise en marche d'un service d'approvisionnement et d'assainissement ne peut être immédiat, en raison du temps nécessaire pour obtenir les capitaux, élaborer les projets et réaliser les travaux, le nombre de personnes sans accès à l'eau et à l'assainissement continue de croître. Cela est vrai en termes absolus, même si ce n'est pas toujours le cas en termes relatifs.

L'augmentation des coûts qui résulte de la privatisation laisse beaucoup d'habitants sans la possibilité de payer la connexion et le service de l'eau. C'est le cas à Buenos Aires, où des données précises ont été fournies. Cependant, les entreprises ne peuvent pas réduire leurs prix. De fait, elles obtiennent la majeure partie de leurs bénéfices auprès des groupes sociaux les plus riches et des entreprises qui consomment beaucoup d'eau. À Buenos Aires, les plus pauvres ont peu d'incidence sur les affaires de la compagnie, puisqu'ils re représentent que 7 % de ses bénéfices. Un fait similaire a lieu dans la distribution de l'électricité après les processus de privatisation (Guy et Marvin, 1998). Pour assurer la consommation et la développer, il est nécessaire d'obtenir des subventions publiques, puisque les compagnies n'ont aucun intérêt à apporter les sommes nécessaires pour ce négoce peu rentable. Mais si ces sommes doivent être apportées par des organismes publics, alors quel sens ont des privatisations qui sont incapables d'assurer l'universalité du service ?

USAGERS, CONSOMMATEURS ET CONFLITS

Le fonctionnement du service l'eau associe différents agents et acteurs : les compagnies privées, l'administration publique à différents niveaux techniques et les usagers. D'un côté, on trouve les grandes entreprises, et concrètement, pour la France et l'Amérique latine, les trois groupes déjà cités, largement internationaux. D'un autre côté, il est nécessaire de prendre en compte l'administration centrale de l'État et des gouvernements régionaux (*Länder*, Provinces, Communautés autonomes...), mais également le pouvoir municipal qui joue un rôle croissant, même si la superficie et la population ainsi que l'autonomie (politique et économique) sont très variables d'une municipalité à l'autre. Les processus de décentralisation qui se produisent dans de nombreux pays européens et américains sont également en train d'introduire un niveau intermédiaire régional doté de compétences importantes. En même temps, des organisations supranationales (UE, Mercosur...) sont en train d'acquérir des attributions qui dépassent la sphère des États.

L'administration publique intervient soit directement soit au travers d'organismes de régulation créés à cette fin. L'existence de différentes instances de régulation est nécessaire, depuis le niveau local jusqu'au supranational. Il a été souligné que toute régulation implique une série d'arbitrages entre des intérêts différents dus à la diversité des acteurs et aux échelles temporelles possibles (à court ou long terme). Les institutions publiques et les grands groupes privés ne sont pas des entités abstraites mais des organisations où agissent des dirigeants, des fonctionnaires de divers niveaux et des techniciens (ingénieurs, juristes, économistes...), animés par des intérêts divers qui peuvent être antagonistes. Il existe également des logiques corporatistes génératrices de tensions (comme cela peut avoir lieu entre ingénieurs et architectes). Enfin, les usagers peuvent être divisés en deux grands groupes : les grands et les petits consommateurs, ces derniers développant des actions individuelles ou collectives (au travers des associations de quartiers...). Tous ces acteurs agissent dans le cadre de normes juridiques et de règles du jeu plus ou moins bien établies et parfois violées, en raison de stratégies diverses mais aussi de la corruption, mécanisme mal compris mais auquel il a été fait allusion à plusieurs reprises.

Au fur et à mesure des progrès de la mondialisation, on voit se multiplier les conflits et les mouvements sociaux en relation avec l'usage et la gestion de l'eau. Lors du colloque, une tentative de comparaison de ces mouvements a été faite. L'idée était de vérifier si, dans les différents pays et dans tous les types de villes, les caractéristiques sont similaires. Les mouvements sociaux urbains sont étudiés depuis déjà plusieurs décennies, mais il reste à savoir si ceux-ci sont de même type et s'il est possible de les aborder avec les mêmes approches.

Les conflits entre les usagers et les compagnies privées (ou l'administration publique) surgissent, avant tout, à cause de l'existence d'une demande croissante pour l'eau et pour d'autres services urbains, le tout devant être mis en relation, depuis 1990, avec une forte montée des prix. Le prix de l'eau pèse de plus en plus dans le budget familial, ce qui génère du mécontentement. Dans certaines grandes agglomérations, les revenus des catégories populaires sont insuffisants pour payer un bon service d'eau et d'assainissement. Le système de paiement des factures est à l'origine de problèmes supplémentaires pour les familles, puisque nombreuses sont celles qui, vivant au jour le jour, n'ont pas la capacité d'épargner pour payer tous les deux mois les sommes facturées. Par ailleurs, dans l'organisation familiale du budget, d'autres choses (comme l'alimentation) sont plus prioritaires que l'eau. Soulignons enfin que, parfois, la facture d'eau augmente parce que certaines mairies y ajoutent des impôts (déchets, impôts municipaux)[8].

Dans certains cas, les conflits sont liés au désir des usagers de participer plus directement au contrôle des entreprises. Cette poussée de la société civile semble universelle et irréversible. Un fait nouveau apparaît dans l'actualité : celui de la multiplication d'actions collectives et organisées contre les grands groupes internationaux. En premier lieu, contre l'augmentation des factures : la décision de payer ou non dépasse le niveau purement individuel et devient la décision collective d'un groupe, voire de tout un quartier. De fait, la relation des compagnies privées avec les usagers est plus complexe que ce qui était imaginé au moment de la signature du contrat. Il ne s'agit pas de relations simples entre l'entreprise et des usagers individuels, mais entre l'entreprise et des associations de voisins organisées et militantes. C'est pourquoi les problèmes légaux, techniques et de tarifs deviennent des problèmes politiques. La société civile s'organise, déterminée à exercer un contre-pouvoir face à l'oligopole de l'eau.

L'adhésion à ces actions collectives reflète aussi la crise des partis politiques traditionnels; l'activité politique se dirige vers d'autres formes d'action. Ces mouvements ont des aspects positifs mais aussi des aspects moins reluisants, notamment l'absence de véritable contrôle démocratique, comme cela se produit dans de nombreuses ONG (voir dans ce livre les études de M. Murawski et R. Hauswald). Sans aucun doute, l'existence d'organisations de consommateurs est positive, puisque le nombre d'associations est un signe d'articulation sociale. Néanmoins, il n'est pas sûr que ces mouvements constituent toujours des formes de participation politique. Parfois, ils ne défendent que des privilèges et leur efficacité dépend de leur accès à la presse, fréquemment contrôlée par des groupes économiques.

Plusieurs interventions ont souligné que les compagnies commencent à se préoccuper du mouvement associatif et que des résultats sont en train d'être obtenus. On reconnaît qu'il y a un manque de transparence, que les factures sont confuses et difficiles à comparer et que les compagnies devraient établir des rapports de gestion plus clairs. Des mouvements organisés de consommateurs peuvent donc avoir de l'influence sur les grandes entreprises (Voir à ce sujet les travaux de S. Dall'Aglio).

Les actions menées témoignent de la capacité de mobilisation sociale, en faisant également pression sur les représentants municipaux pour qu'ils accroissent leur contrôle sur l'eau. Les usagers refusent de payer les factures et, parfois, les tribunaux leur donnent raison parce qu'il y a des irrégularités. Dans certains cas, la participation des usagers a acquis un caractère légal, grâce à des commissions de consommateurs qui agissent au sein d'organismes régulateurs, comme en Argentine. De manière plus générale, on assiste à l'apparition de nouveaux acteurs: associations de consommateurs et d'usagers, des parlementaires, des hommes politiques, l'Église, les ONG. Le nombre d'interventions des Défenseurs du peuple en matière de services publics, et en particulier pour l'eau, a augmenté. Les lois de défense des consommateurs et de défense de la concurrence sont des succès obtenus grâce à ses mouvements. Différents types d'actions locales ont été présentés: exigence d'informations plus précises sur la manière dont est établi le prix de l'eau, négociation de la baisse des tarifs... Certaines associations tentent de dépasser le niveau local et de s'organiser à l'échelle nationale, ce qui pose des problèmes spécifiques de concertation.

Les conflits liés à la gestion de l'eau sont d'un type nouveau. Lorsque le responsable du service était l'État, le conflit était de nature politique et idéologique. En effet, si la distribution de l'eau est assurée par l'administration publique, elle en est responsable et les réclamations acquièrent un caractère politique. Avec la privatisation, les pouvoirs publics évitent les responsabilités et les canalisent au travers des sociétés privées concessionnaires. Mais de nouveaux problèmes surgissent. En particulier, on assiste à un phénomène de « juridiciarisation » croissante. En effet, avec les compagnies privées, la décision de ne pas payer les factures ou le raccordement au réseau risque fort de conduire le contrevenant devant les tribunaux.

Certaines expériences présentées tentent de résoudre le problème de l'eau et de l'assainissement pour les usagers défavorisés à travers des initiatives concrètes de coopération. Bien qu'intéressantes et bien intentionnées, ces expériences paraissent d'une ampleur bien modeste au regard de l'ampleur des problèmes. L'échelle de l'intervention se limite à quelques secteurs alors que les problèmes touchent des millions de personnes.

DIFFÉRENTES OPTIONS

Actuellement, il n'existe qu'une alternative claire en ce qui concerne les services publics. L'une est la poursuite et l'intensification des privatisations qui ont démarré au cours des années 1980 et qui se sont étendus aux services d'eau et d'assainissement durant la décennie 1990. Il s'agit de l'approfondissement d'un processus qui s'étend avec la privatisation des espaces publics, des entreprises publiques, de la santé, de l'éducation, du droit à la violence et à la punition. Il existe des propositions pour privatiser de la faune sauvage et les ressources végétales de la planète – sans compter la privatisation des connaissances sur le génome humain. Naturellement, cette tendance devrait s'étendre à l'air, toujours plus pollué, et pour lequel la pureté devient quelque chose de rare. Ainsi, un jour viendra peut-être où des « respiromètres » payants seront installés pour permettre de disposer de l'air pur. les riches se feront remarquer parce qu'ils pourront respirer avec force, gonfler leur poitrine, courir, soupirer et souffler à satiété, tandis que les pauvres devront se limiter à aspirer de l'air en petites quantités et se distingueront par leur démarche tranquille et posée[9]. L'autre option consiste à opérer un changement de stratégie et à admettre la nécessité de maintenir ces services sous le contrôle de l'État et de ses représentants. Il s'agit donc de mettre un terme à la commercialisation de l'eau, de cesser de la considérer comme un simple produit marchand.

La privatisation s'est appuyée sur l'idée qu'il y avait pour cela une demande populaire, motivée par le fait que le service était inefficace. Cela a pu être le cas. Toutefois, lorsque des enquêtes rigoureuses ont été faites, on a pu démontrer l'existence d'une opinion contraire, ce qui a parfois paralysé les projets, comme à Montréal en 1994. Il arrive que, derrière les projets de privatisation, on découvre en réalité les mêmes entreprises de services ou des entreprises d'ingénierie, notamment quand « l'absence de grands projets fait de la gestion et de la distribution de l'eau un objet convoité » (Fougères, 1998:212).

Il n'est pas sur que si le fonctionnement des services publics ne donne pas satisfaction, cette attitude corresponde à une critique de l'État : c'est plutôt son fonctionnement qui est en cause. Sans aucun doute, il était nécessaire d'améliorer certaines situations, de corriger des structures administratives et de revoir l'organisation des entreprises publiques utilisées par les hommes politiques et par certains fonctionnaires comme des vaches à lait. Dans certains cas, une réforme fiscale était nécessaire pour donner davantage de ressources à l'État, afin de faire payer ceux qui ont le plus et de redistribuer la richesse. Cependant, il n'est pas démontré que l'État soit plus inefficient et corrompu que l'entreprise privée et que les groupes financiers qui agissent au plan mondial, comme la presse se charge de nous rappeler chaque jour. Mieux encore, il est clair que l'État constitue l'unique institution efficace pour assurer la redistribution des ressources et pour défendre les plus pauvres. On peut donc se demander à qui bénéficient les processus de délégitimation de l'État.

Le colloque a analysé les multiples facettes de la privatisation du service de l'eau, notamment dans le cadre de l'opposition public/privé (intérêt général, long terme/court terme, bureaucratie/entreprise privée). Actuellement, certains insistent sur le fait qu'il peut y avoir des services à gestion publique et d'autres à gestion privée. Cela apparaît de cette manière dans la définition des services publics : « une activité d'intérêt général, gérée par l'administration ou par une personne privée qui a reçu la délégation de leur part et est soumise à une certaine forme de contrôle administratif » (Bertrand, 1999:19). La concession à des personnes privées de la distribution d'un service public (à travers la location de celui-ci, par exemple) est une pratique qui a été introduite au cours de l'époque moderne, mais qui exige toujours de la vigilance et du contrôle.

Le débat entre le monopole et la concurrence a pris une grande ampleur dès le milieu du XIXe siècle. De la même manière, certains tentaient de défendre les consommateurs, à travers des politiques de libre-échange, tandis que d'autres voulaient défendre l'emploi grâce à des politiques protectionnistes. Dans certains pays européens, comme l'Espagne, la seconde option triomphait dès la fin du siècle, au moins en ce qui concerne la politique industrielle (ce n'était pas le cas dans d'autres secteurs d'activité). Dans les pays latino-américains, jusqu'en 1930, l'option libre-échangiste a été privilégiée – mais avec de nombreuses exceptions en ce qui concerne les services publics. À cette époque, de nombreuses mesures protectionnistes ont été approuvées, afin de favoriser l'industrie nationale par la substitution des importations. Dans le champ des services publics, cette politique a provoqué de fréquentes interventions de la part des différentes administrations de l'État.

Plusieurs des problèmes posés dans la seconde moitié du XIXe siècle ou dans premier tiers du XXe siècle, sont toujours d'actualité. Le cas des contrats signés pour la privatisation du service de l'eau par de nombreuses villes, en Europe et en Amérique latine, montre qu'il ne semble pas y avoir de mémoire historique, puisqu'il s'agit souvent de contrats signés rapidement, les administrations publiques faisant preuve d'un incroyable manque d'expérience.

Il convient de ne pas oublier que les problèmes de pauvreté étaient les mêmes dans le passé – quand ils n'étaient pas pires – comme l'étaient aussi les difficultés pour assurer le service de l'eau. Pour les résoudre, plusieurs années ont été nécessaires, ainsi que d'importants investissements publics et privés, ou privés avec l'appui public. Dès le XIXe siècle, les investissements d'infrastructures en Europe ont été fréquemment réalisés par le pouvoir public et financés pour une bonne part par le budget de l'État ou des municipalités. C'était une forme de redistribution des ressources, financée par un impôt sur les infrastructures, plus que d'une aide directe du gouvernement central. La différence est qu'aujourd'hui, il existe plus d'expectatives par rapport à ce type de services. En outre, la pression sociale est forte pour qu'ils soient mis en place très vite.

La privatisation du service de l'eau et de l'assainissement a été faite de manière spéciale, différente de celle du téléphone, de l'électricité ou des chemins de fers. Dans le cas de l'eau, la gestion des réseaux se fait de manière intégrée, sans établir de différence entre production, distribution et commercialisation. Dans les autres services, en revanche, il est admis d'introduire des différences entre, par exemple, la production et la distribution de l'électricité, ou entre les opérateurs (lignes téléphoniques ou voies de chemin de fers) et les flux ou le matériel qui circule. Heureusement, ce n'est pas le cas du service de l'eau potable bien que l'on commence à penser à la possibilité de faire coexister deux réseaux, celui de l'eau pour les service domestiques et celui de l'eau potable pour la consommation humaine.

Les stratégies suivies par les grands groupes industriels qui interviennent dans ce type de service posent problème. On peut en effet se demander s'il est utile d'associer la distribution de l'eau à d'autres activités (par exemple, les communications téléphoniques), et s'il est sûr que ses conglomérats, dont les intérêts apparaissent très vastes et trop variés, vont agir avec plus de rationalité que les entreprises et l'administration publiques.

Avec la privatisation de l'eau, ceux qui n'ont pas de ressources ne peuvent pas payer, et ce d'autant plus que, comme nous l'avons vu, le prix de l'eau a augmenté au cours des dix dernières années. Or, il semble clair que cette courbe va se poursuivre, compte tenu des exigences écologiques dans le traitement des eaux résiduelles, qu'on ne peut plus simplement rejeter dans un fleuve ou à la mer comme on avait trop souvent l'habitude de le faire. Il semble clair que l'eau doit être payée proportionnellement à sa consommation . C'est une ressource peu abondante, et il est donc nécessaire d'inclure dans son prix le coût de sa conservation et des réseaux de distribution. Cependant, le problème reste de savoir ce qu'il faut faire en ce qui concerne les groupes sociaux qui ont des difficultés pour avoir accès à l'eau et pour la payer.

* * *

Le service public de l'eau exige la création de mécanismes de solidarité et de redistribution, des options politiques et l'organisation des institutions publiques. Malgré l'actuelle vague néolibérale et la mode des privatisations, nombreux sont ceux qui pensent que l'accès et la gestion de l'eau sont avant tout un service public. La question est de savoir comment le faire.

C'est de la responsabilité des pouvoirs publics d'assurer l'universalité du service en cherchant les ressources nécessaires pour la construction des infrastructures, la fourniture de quantités minimales d'eau et l'évacuation et le traitement des eaux résiduelles. Au cours du XIXe siècle, des raisons hygiénistes ont été avancées afin de lancer l'organisation de réseaux de distribution d'eau et d'assainissement. Ces mêmes raisons continuent d'être valables, avec le retour des épidémies.

La distribution de l'eau pour l'utilisation personnelle (et pour d'autres utilisations) est une chose qui doit être assurée par l'administration publique. Il semble clair que les pouvoirs publics devraient réglementer, établir des normes de qualité et éviter les situations de monopole et d'oligopole. Le contrôle de l'eau, qui est une ressource peu abondante, doit être une responsabilité de l'administration publique. Certains pensent que l'existence d'un organisme public de régulation indépendant est une solution. Cependant, le terme indépendant est ambigu : à mes yeux, il ne devrait pas signifier indépendant de l'État.

L'eau est une ressource peu abondante, surtout dans certains pays. Dans son prix, il y a deux composantes principales : celle qui correspond à la construction des infrastructures et celle qui correspond à la consommation. Le fait que le système assure la distribution et l'évacuation de l'eau, y compris pour les familles les plus pauvres, ne signifie pas qu'il soit possible de consommer toute l'eau souhaitée. Il faut répéter que l'eau – comme d'autres ressources de la terre – est gaspillée. En outre, le modèle de consommation ne peut pas être le même que celui des pays les plus avancés[10]. Dans ces derniers, le gaspillage devrait être puni, en pénalisant fortement les consommations réalisées au-dessus de certains niveaux correspondant à la taille de la famille.

Les données sur l'eau montrent qu'en plus d'être une ressource peu abondante, elle est distribuée de façon inégalitaire. Le Fond mondial pour la nature estime que deux milliards de personnes souffrent du manque d'eau. Il a signalé que, dans les vingt-cinq prochaines années, il y aura de graves problèmes de distribution dans soixante pays – ce qui représentera les deux tiers de l'humanité[11].

Des solutions radicales s'imposent, donc. Il faut étudier des mécanismes pour réduire la consommation d'eau et pour pénaliser les excès. Le modèle devrait être celui d'un chiffre maximum d'eau par personne, avec des tarifs très élevés, afin de décourager le gaspillage. Récemment, la Commission mondiale de l'eau soutenue par la Banque Mondiale a proclamé que les avancées, au cours de ces vingt dernières années, ont été considérables, puisque 2,4 milliards de personnes ont eu accès pour la première fois à l'eau potable et 600 millions à des installations d'assainissement. Néanmoins, il faut noter que plus de trois milliards de personnes, c'est-à-dire la moitié de la population mondiale, n'ont pas encore accès aux services d'assainissement et d'eau et que 1,2 milliard d'êtres humains manquent d'eau potable. La croissance démographique (on estime que la population mondiale atteindra huit milliards dans vingt-cinq ans) va considérablement aggraver la situation.

Le 2ème Forum Mondial de l'eau qui vient d'avoir lieu à La Haye avec la participation de 3 500 experts et hommes politiques a montré, une fois de plus, les contradictions et les conflits existant autour de l'évaluation des politiques destinées à résoudre le problème de l'eau à l'échelle planétaire[12]. Bien que les partisans de la privatisation insistent sur le fait que seules les grandes entreprises multinationales sont en mesure de réaliser les énormes investissements nécessaires, d'autres, qui ne sont pas moins nombreux, rejettent ce discours et appellent à une intervention publique active. Dans tous les cas, le débat est d'une extrême urgence, ce qui rend d'autant plus importantes les réunions internationales comme celle de Paris.

Notes

1 Comme introduction au thème, l'œuvre de Alfred D. Chandler Jr. (voir Arroyo Huguet, 1999) peut être intéressante. Voir également Garmendia et Luna, 1993 et Ziegler, 1993.

2 Capel (Dir.). *Las Tres Chimeneas*, chapitre 2.

3 Par exemple en 1801, la Compagnie des Propriétaires des Eaux de Montréal avait obtenu le monopole de l'exploitation pour 50 ans. Le service n'a été municipal qu'en 1845, après l'obtention du statut de municipalité pour les villes (Fougères, 1998, p. 205).

4 Un cas concret est celui du contrat pour la distribution du gaz à Barcelone, signé en 1842 et qui a été très bien étudié par Mercedes Arroyo, 1996.

5 Certaines données et références sur Barcelone et d'autres villes espagnoles figurent dans Capel, 1999.

6 Je fais référence à la première édition de 1988, puisque dans la seconde un autre chapitre final a été ajouté.

7 Comme nous l'avons montré, ce fut le cas de la municipalité de Barcelone pour le transfert du câble souterrain de télégraphe pour l'État dans les rues de la ville (Capel-Tatjer, 1994).

8 Comme dans le cas de Barcelone, voir Morera et Perxachs 2000.

9 J'ai lu, il y a quelques années, un amusant conte de l'écrivain espagnol Alvaro de la Iglesia, dont j'ai oublié le titre, qui décrivait un hôtel avec ses respiromètres.

10 Une ample bibliographie sur l'eau en Espagne existe chez Martin Lou, Muscar Benasayag et Ruiz de Temiño, 1999 ; cela comprend des travaux sur 1°) distribution, usages et demande ; 2°) politique hydraulique et gestion de l'eau ; 3°) législation ; 4°) qualité et contrôle, contamination, traitements ; 5°) eau continentale ; 6°) économie de l'eau.

11 *El País*, 2 février 2000, p. 30. Sur le cas espagnol, voir aussi Moral Ituarte, 1996.

12 *El País*, 19 mars 2000, p. 39. Le titre de l'article dit : « La privatisation de l'eau avance plus dans les pays du tiers-monde que dans les pays occidentaux. Le Forum de La Haye révèle le manque d'accords sur l'inefficacité de la gestion publique de l'eau ».

Bibliographie

Arroyo Huguet M., 1996, *La industria del gas en Barcelona, 1841-1933. Innovación tecnológica, territorio urbano y conflicto de intereses.* Barcelona, Ediciones del Serbal (Colección « La Estrella Polar »), 420 p.

Arroyo Huguet M. et I. Cerdá, 1997, « El desarrollo del gas en Barcelona », dans *Scripta Nova,* Universidad de Barcelone, vol. I, nº 2.

Arroyo Huguet M., 1998, « La articulación de las redes de gas desde Barcelona. Empresas privadas, gestión municipal y consumo particular », dans Capel, Horacio & Linteau, Paul-André (Coords.), pp. 163-78.

Arroyo Huguet M., 1998, « El gas en un municipio del Pla de Barcelona, Sant Andreu del Palomar (1856-1923) », dans Checa, Martín (Coord.). *Sant Andreu, de poble a ciutat (1875-1936).* Barcelona, Centre d'Estudis Ignasi Iglèsies, pp. 49-60.

Arroyo Huguet M. et D. Chandler Junior, 1999, *Le débat autour de son œuvre intellectuelle* dans *Biblio 3W, Revista Bibliográfica de Geografía y Ciencias Sociales,* Universidad de Barcelona, vol. IV, nº 141.

Barraqué B., 1999, « Les services publics d'eau et de l'assainissement en Europe : la problématique public-privé est-elle pertinente ? », dans Petitet, Sylvain et Varaschin, Denis (Eds.), pp. 191-198.

Blasco Esquivias B., 1998, *La higiene urbana en Madrid (1561-1761).* Madrid, Caja Madrid (Colección Marqués de Pontejos), 246 p.

Buj A., 1999, « El reto de las epidemias ante el nuevo milenio », dans *Scripta Nova. Revista Electrónica de Geografía y Ciencias Sociales,* Universidad de Barcelona, vol. III, nº 45 (29).

Capel H, 1999, *Las Tres Chimeneas. Implantación industrial, cambio tecnológico y transformación de un espacio urbano barcelonés.* Barcelona : Fuerzas Eléctricas de Cataluña, 3 vols.

Capel, Horacio,1994, *El rec Comtal de Barcelona y otros canales mediterráneos. Biblio 3W,* Universidad de Barcelona, vol. IV, nº 157.

Capel H. et Linteau P. A., 1998, *Barcelona-Montréal. Desarrollo urbano comparado/développement urbain comparé.* Barcelona, Publications Universidad de Barcelona (Collection Geocrítica. Textes d'Apoyo, nª 14), 498 p.

Capel H. et Tatjer M, 1994, « La organización de la red telegráfica española », dans Capel H., López Piñero J. M. et Pardo J., 1994, *Ideología y ciencia en la ciudad.* Valencia, Consellería de Obres Públiques, Urbanisme i transport de la Generalitat Valenciana, vol. II, pp. 23-69.

Capel H. et Tatjer M., 1994, « La innovación tecnológica en la ciudad : el telégrafo en Barcelona, dans *Tiempo y espacio en el Arte. Homenaje al Profesor Antonio Bonet Correa,* Madrid, Editorial Complutense, vol. II, pp. 1065-1102.

Capel H. et Tatjer M., 1991, « Reforma social, serveis assistencials i higienisme a la Barcelona de final del segle XIX (1876-1900) », dans *Cent anys de salut publica a Barcelona,* Barcelona, Ajuntament de Barcelona, pp. 31-73.

Cueto M., 1997, *El regreso de las epidemias. Salud y sociedad en el Perú del siglo XX.* Lima, Instituto de Estudios Peruanos, 256 p.

Dupuy G., 1999, *El urbanismo de las redes.* Barcelona : Oikos-Tau, 1998, 214 p.

Dall'Aglio, Sandrine, 1999, « Le développement de mouvements associatifs dans le domaine de l'eau : quels enjeux pour le modèle français des services urbains ? », dans Sylvain Petitet et Denis Varaschin (éd.), pp. 225-238.

El Faiz M., 1999, « La problématique de la délégation de la gestion des services publics de distribution de l'eau et de l'assainissement au Maroc », dans Sylvain Petitet et Denis Varaschin (éd.).

Fernandez Vega P. A., 1999, *La casa romana.* Madrid, Akal, 463 p.

Fougères D., 1998, « Une approche socio-technique pour l'étude historique des infrastructures et des services urbains : l'exemple du service de l'eau potable à Montréal », H. Capel et P.A. Linteau, *Barcelona-Montréal. Desarrollo urbano comparado/développement urbain comparé,* pp. 201-218.

Fougères D., 1999, « Les premières décennies du service d'approvisionnement en eau potable à Montréal, 1801-1845 : du privé au public », dans Sylvain Petitet et Denis Varaschin, pp. 251-262.

Garmendia J.A. et Luna F.P., 1993, *Sociología industrial y de los recursos humanos.* Madrid, Taurus, 245 p.

Guy S. et Marvin S., 1998, « Reestructuración de servicios esenciales : la energía en la ciudad », dans *Scripta Nova. Revista Electronónica de Geografía y Ciencias Sociales,* Universidad de Barcelona, vol. II, nº 26.

Hugues T. P., 1983, *Networks of power. Electrificacion in Western Society, 1880-1930.* Baltimore, Johns Hopkins University Press, 474 p. Compte rendu de Mercedes Arroyo dans *Biblio 3W, Revista Bibliográfica de Geografía y Ciencias Sociales,* Universidad de Barcelona, vol. III, nº 44.

Martin Lou M. A., Muscar Benasayag E. et Ruiz De Temiño C., 1999, « Agua y medio ambiente en España. En torno al uso de información ambiental española : bancos de datos documentales sobre el agua como recurso total », dans *Anales de Geografía de la Universidad Complutense,* Madrid, nº 19, pp. 365-379.

Moral Ituarte L., 1996, « Sequía y crisis de sostenibilidad del modelo », dans Marzol, M. V., Dorta, P. et Valladares, P. (ed.). *La gestión de un recurso climático.* Tenerife, p. 179-188.

Morera E. Et Perxachs H., 2000, « El conflicte del rebut de l'aigua : el cas de Barcelona », dans *Biblio 3W. Revista Bibliográfica de Geografía y Ciencias Sociales,* Universidad de Barcelona, vol. V, nº 253.

Petitet S. et D. Varaschin (Ed.), 1999, « Intérêts publics et initiatives privées. Initiatives publiques et intérêts privés. Travaux et services publics en perspective », dans *Actes du Colloque international tenu dans le cadre des Onzièmes entretiens du centre Jacques-Artier, décembre 1998.* Saint-Etienne, ENTPE/Université d'Artois, 462 p.

Ziegler R., 1993, *Sociología industrial y de los recursos humanos.* Madrid, Taurus.

Festival international de l'eau à Toluca (Mexique). En février 2003, la municipalité de Toluca a organisé une grande manifestation destiné à faire prendre conscience aux habitants des problèmes posés par la gestion de l'eau : "cuida el agua" ("sauve l'eau"), proclame un des chars de la parade (Cliché : Alain Musset).

TABLE DES MATIÈRES

PREMIÈRE PARTIE :
USAGERS, CONSOMMATEURS, CITOYENS...

DEUXIÈME PARTIE :
GESTION URBAINE, GESTION SOCIALE

TROISIÈME PARTIE :
CHANGEMENTS INSTITUTIONNELS ET RÉGULATION

CONCLUSION

Achevé d'imprimer Le Clavier
Novembre 2003 – Dépôt légal n° 510